W0085890

Gesetzestexte

zu den Lehrbüchern

Lohn und Gehalt 1 / für Einsteiger

Auszüge aus ...

POD 23.0 Druckversion vom 30.01.2023
© 2005 - 2023 EduMedia GmbH, Ilmenau

Alle Rechte vorbehalten.
Internetadresse: https://www.edumedia.de
Verlag: EduMedia GmbH, Ziegelhüttenweg 4,
98693 Ilmenau
Redaktion: Julia Koschig
Layout, Satz und Druck: Schlötel GmbH,
Arnoldstraße 13, 04299 Leipzig

Printed in Germany

Rechtsstand: Januar 2023

Diese Beilage enthält den letzten aktuellen Stand der Original-Gesetzestexte, wie sie dem Verlag zum Zeitpunkt der Drucklegung des Lehrbuches vorlagen. Je nach Erscheinungstermin des jährlichen Fundstellennachweises für Änderungsanweisungen des Bundesgesetzblattes kann der Abdruck der Original-Gesetzestexte in dieser Beilage vom Erscheinungstermin des Lehrbuches abweichen.

Vollständige aktuelle Gesetzestexte finden Sie auch im Internet unter https://www.gesetze-im-internet.de

Viertes Buch Sozialgesetzgebung

§ 8
Geringfügige Beschäftigung und geringfügige selbständige Tätigkeit; Geringfügigkeitsgrenze

(1) Eine geringfügige Beschäftigung liegt vor, wenn

1. das Arbeitsentgelt aus dieser Beschäftigung regelmäßig die Geringfügigkeitsgrenze nicht übersteigt,

2. die Beschäftigung innerhalb eines Kalenderjahres auf längstens drei Monate oder 70 Arbeitstage nach ihrer Eigenart begrenzt zu sein pflegt oder im Voraus vertraglich begrenzt ist, es sei denn, dass die Beschäftigung berufsmäßig ausgeübt wird und die Geringfügigkeitsgrenze übersteigt.

(1a) Die Geringfügigkeitsgrenze im Sinne des Sozialgesetzbuchs bezeichnet das monatliche Arbeitsentgelt, das bei einer Arbeitszeit von zehn Wochenstunden zum Mindestlohn nach § 1 Absatz 2 Satz 1 des Mindestlohngesetzes in Verbindung mit der auf der Grundlage des § 11 Absatz 1 Satz 1 des Mindestlohngesetzes jeweils erlassenen Verordnung erzielt wird. Sie wird berechnet, indem der Mindestlohn mit 130 vervielfacht, durch drei geteilt und auf volle Euro aufgerundet wird. Die Geringfügigkeitsgrenze wird jeweils vom Bundesministerium für Arbeit und Soziales im Bundesanzeiger bekannt gegeben.

(1b) Ein unvorhersehbares Überschreiten der Geringfügigkeitsgrenze steht dem Fortbestand einer geringfügigen Beschäftigung nach Absatz 1 Nummer 1 nicht entgegen, wenn die Geringfügigkeitsgrenze innerhalb des für den jeweiligen Entgeltabrechnungszeitraum zu bildenden Zeitjahres in nicht mehr als zwei Kalendermonaten um jeweils einen Betrag bis zur Höhe der Geringfügigkeitsgrenze überschritten wird."

(2) [1]Bei der Anwendung des Absatzes 1 sind mehrere geringfügige Beschäftigungen nach Nummer 1 oder Nummer 2 sowie geringfügige Beschäftigungen nach Nummer 1 mit Ausnahme einer geringfügigen Beschäftigung nach Nummer 1 und nicht geringfügige Beschäftigungen zusammenzurechnen. [2]Eine geringfügige Beschäftigung liegt nicht mehr vor, sobald die Voraussetzungen des Absatzes 1 entfallen. [3]Wird beim Zusammenrechnen nach Satz 1 festgestellt, dass die Voraussetzungen einer geringfügigen Beschäftigung nicht mehr vorliegen, tritt die Versicherungspflicht erst mit dem Tag ein, an dem die Entscheidung über die Versicherungspflicht nach § 37 des Zehnten Buches durch die Einzugsstelle nach § 28i Satz 5 oder einen anderen Träger der Rentenversicherung bekannt gegeben wird. [4]Dies gilt nicht, wenn der Arbeitgeber vorsätzlich oder grob fahrlässig versäumt hat, den Sachverhalt für die versicherungsrechtliche Beurteilung der Beschäftigung aufzuklären.

(3) [1]Die Absätze 1, 1a und 2 gelten entsprechend, soweit anstelle einer Beschäftigung eine selbständige Tätigkeit ausgeübt wird. [2]Dies gilt nicht für das Recht der Arbeitsförderung.

§ 8 a
Geringfügige Beschäftigung in Privathaushalten

[1]Werden geringfügige Beschäftigungen ausschließlich in Privathaushalten ausgeübt, gilt § 8. [2]Eine geringfügige Beschäftigung im Privathaushalt liegt vor, wenn diese durch einen privaten Haushalt begründet ist und die Tätigkeit sonst gewöhnlich durch Mitglieder des privaten Haushalts erledigt wird.

Einkommensteuergesetz

§ 3
Steuerfreie Einnahmen

Steuerfrei sind ...

63. Beiträge des Arbeitgebers aus dem ersten Dienstverhältnis an einen Pensionsfonds, eine Pensionskasse oder für eine Direktversicherung zum Aufbau einer kapitalgedeckten betrieblichen Altersversorgung, bei der eine Auszahlung der zugesagten Alters-, Invaliditäts- oder Hinterbliebenenversorgungsleistungen entsprechend § 82 Abs. 2 Satz 2 vorgesehen ist, soweit die Beiträge im Kalenderjahr 8 Prozent der Beitragsbemessungsgrenze in der allgemeinen Rentenversicherung nicht übersteigen. [2]Dies gilt nicht, soweit der Arbeitnehmer nach § 1 a Absatz 3 des Betriebsrentengesetzes verlangt hat, dass die Voraussetzungen für eine Förderung nach § 10 a oder Abschnitt XI erfüllt werden. [3]Aus Anlass der Beendigung des Dienstverhältnisses geleistete Beiträge im Sinne des Satzes 1 sind steuerfrei, soweit sie 4 Prozent der Beitragsbemessungsgrenze in der allgemeinen Rentenversicherung, vervielfältigt mit der Anzahl der Kalenderjahre, in denen das Dienstverhältnis des Arbeitnehmers zu dem Arbeitgeber bestanden hat, höchstens jedoch zehn Kalenderjahre, nicht übersteigen. [4]Beiträge im Sinne des Satzes 1, die für Kalenderjahre nachgezahlt werden, in denen das erste Dienstverhältnis ruhte und vom Arbeitgeber im Inland kein steuerpflichtiger Arbeitslohn bezogen wurde, sind steuerfrei, soweit sie 8 Prozent der Beitragsbemessungsgrenze in der allgemeinen Rentenversicherung, vervielfältigt mit der Anzahl dieser Kalenderjahre, höchstens jedoch zehn Kalenderjahre, nicht übersteigen.

§ 3 b
Steuerfreiheit von Zuschlägen für Sonntags-, Feiertags- oder Nachtarbeit

(1) Steuerfrei sind Zuschläge, die für tatsächlich geleistete Sonntags-, Feiertags- oder Nachtarbeit neben dem Grundlohn gezahlt werden, soweit sie

1. für Nachtarbeit 25 Prozent,

2. vorbehaltlich der Nummern 3 und 4 für Sonntagsarbeit 50 Prozent,

3. vorbehaltlich der Nummer 4 für Arbeit am 31. Dezember ab 14 Uhr und an den gesetzlichen Feiertagen 125 Prozent,

4. für Arbeit am 24. Dezember ab 14 Uhr, am 25. und 26. Dezember sowie am 1. Mai 150 Prozent

des Grundlohns nicht übersteigen.

(2) [1]Grundlohn ist der laufende Arbeitslohn, der dem Arbeitnehmer bei der für ihn maßgebenden regelmäßigen Arbeitszeit für den jeweiligen Lohnzahlungszeitraum zusteht; er ist in einen Stundenlohn umzurechnen und mit höchstens 50 Euro anzusetzen. [2]Nachtarbeit ist die Arbeit in der Zeit von 20 Uhr bis 6 Uhr. [3]Sonntagsarbeit und Feiertagsarbeit ist die Arbeit in der Zeit von 0 Uhr bis 24 Uhr des jeweiligen Tages. [4]Die gesetzlichen Feiertage werden durch die am Ort der Arbeitsstätte geltenden Vorschriften bestimmt.

(3) Wenn die Nachtarbeit vor 0 Uhr aufgenommen wird, gilt abweichend von den Absätzen 1 und 2 Folgendes:

1. Für Nachtarbeit in der Zeit von 0 Uhr bis 4 Uhr erhöht sich der Zuschlagssatz auf 40 Prozent,

2. als Sonntagsarbeit und Feiertagsarbeit gilt auch die Arbeit in der Zeit von 0 Uhr bis 4 Uhr des auf den Sonntag oder Feiertag folgenden Tages.

§ 8
Einnahmen

(1) [1]Einnahmen sind alle Güter, die in Geld oder Geldeswert bestehen und dem Steuerpflichtigen im Rahmen einer der Einkunftsarten des § 2 Absatz 1 Satz 1 Nummer 4 bis 7 zufließen. [2]Zu den Einnahmen in Geld gehören auch zweckgebundene Geldleistungen, nachträgliche Kostenerstattungen, Geldsurrogate und andere Vorteile, die auf einen Geldbetrag lauten. [3]Satz 2 gilt nicht bei Gutscheinen und Geldkarten, die ausschließlich zum Bezug von Waren oder Dienstleistungen berechtigen und die Kriterien des § 2 Absatz 1 Nummer 10 des Zahlungsdiensteaufsichtsgesetzes erfüllen.

(2) [1]Einnahmen, die nicht in Geld bestehen (Wohnung, Kost, Waren, Dienstleistungen und sonstige Sachbezüge), sind mit den um übliche Preisnachlässe geminderten üblichen Endpreisen am Abgabeort anzusetzen. [2]Für die private Nutzung eines betrieblichen Kraftfahrzeugs zu privaten Fahrten gilt § 6 Absatz 1 Nummer 4 Satz 2 entsprechend. [3]Kann das Kraftfahrzeug auch für Fahrten zwischen Wohnung und erster Tätigkeitsstätte sowie Fahrten nach § 9 Absatz 1 Satz 3 Nummer 4a Satz 3 genutzt werden, erhöht sich der Wert in Satz 2 für jeden Kalendermonat um 0,03 Prozent des Listenpreises im Sinne des § 6 Absatz 1 Nummer 4 Satz 2 für jeden Kilometer der Entfernung zwischen Wohnung und erster Tätigkeitsstätte sowie der Fahrten nach § 9 Absatz 1 Satz 3 Nummer 4a Satz 3. [4]Der Wert nach den Sätzen 2 und 3 kann mit dem auf die private Nutzung und die Nutzung zu Fahrten zwischen Wohnung und erster Tätigkeitsstätte sowie Fahrten nach § 9 Absatz 1 Satz 3 Nummer 4a Satz 3 entfallenden Teil der gesamten Kraftfahrzeugaufwendungen angesetzt werden, wenn die durch das Kraftfahrzeug insgesamt entstehenden Aufwendungen durch Belege und das Verhältnis der privaten Fahrten und der Fahrten zwischen Wohnung und erster Tätigkeitsstätte sowie Fahrten nach § 9 Absatz 1 Satz 3 Nummer 4a Satz 3 zu den übrigen Fahrten durch ein ordnungsgemäßes Fahrtenbuch nachgewiesen werden; § 6 Absatz 1 Nummer 4 Satz 3 zweiter Halbsatz gilt entsprechend. [5]Die Nutzung des Kraftfahrzeugs zu einer Familienheimfahrt im Rahmen einer doppelten Haushaltsführung ist mit 0,002 Prozent des Listenpreises im Sinne des § 6 Absatz 1 Nummer 4 Satz 2 für jeden Kilometer der Entfernung zwischen dem Ort des eigenen Hausstands und dem Beschäftigungsort anzusetzen; dies gilt nicht, wenn für diese Fahrt ein Abzug von Werbungskosten nach § 9 Absatz 1 Satz 3 Nummer 5 Satz 5 und 6 in Betracht käme; Satz 4 ist sinngemäß anzuwenden. [6]Bei Arbeitnehmern, für deren Sachbezüge durch Rechtsverordnung nach § 17 Absatz 1 Satz 1 Nummer 4 des Vierten Buches Sozialgesetzbuch Werte bestimmt worden sind, sind diese Werte maßgebend. [7]Die Werte nach Satz 6 sind auch bei Steuerpflichtigen anzusetzen, die nicht der gesetzlichen Rentenversicherungspflicht unterliegen. [8]Wird dem Arbeitnehmer während einer beruflichen Tätigkeit außerhalb seiner Wohnung und ersten Tätigkeitsstätte oder im Rahmen einer beruflich veranlassten doppelten Haushaltsführung vom Arbeitgeber oder auf dessen Veranlassung von einem Dritten eine Mahlzeit zur Verfügung gestellt, ist diese Mahlzeit mit dem Wert nach Satz 6 (maßgebender amtlicher Sachbezugswert nach der Sozialversicherungsentgeltverordnung) anzusetzen, wenn der Preis für die Mahlzeit 60 Euro nicht übersteigt. [9]Der Ansatz einer nach Satz 8 bewerteten Mahlzeit unterbleibt, wenn beim Arbeitnehmer für ihm entstehende Mehraufwendungen für Verpflegung ein Werbungskostenabzug nach § 9 Absatz 4a Satz 1 bis 7 in Betracht käme. [10]Die oberste Finanzbehörde eines Landes kann mit Zustimmung des Bundesministeriums der Finanzen für weitere Sachbezüge der Arbeitnehmer Durchschnittswerte festsetzen. [11]Sachbezüge, die nach Satz 1 zu bewerten sind, bleiben außer Ansatz, wenn die sich nach Anrechnung der vom Steuerpflichtigen gezahlten Entgelte ergebenden Vorteile insgesamt 50 Euro im Kalendermonat nicht übersteigen; die nach Absatz 1 Satz 3 nicht zu den Einnahmen in Geld gehörenden Gutscheine und Geldkarten bleiben nur dann außer Ansatz, wenn sie zusätzlich zum ohnehin geschuldeten Arbeitslohn gewährt werden. [12]Der Ansatz eines Sachbezugs für eine dem Arbeitnehmer vom Arbeitgeber, auf dessen Veranlassung von einem verbundenen Unternehmen (§ 15 des Aktiengesetzes) oder bei einer juristischen Person des öffentlichen Rechts als Arbeitgeber auf dessen Veranlassung von einem entsprechend verbundenen Unternehmen zu eigenen Wohnzwecken überlassene Wohnung unterbleibt, soweit das vom Arbeitnehmer gezahlte Entgelt mindestens zwei Drittel des ortsüblichen Mietwerts und dieser nicht mehr als 25 Euro je Quadratmeter ohne umlagefähige Kosten im Sinne der Verordnung über die Aufstellung von Betriebskosten beträgt.

(3) [1]Erhält ein Arbeitnehmer auf Grund seines Dienstverhältnisses Waren oder Dienstleistungen, die vom Arbeitgeber nicht überwiegend für den Bedarf seiner Arbeitnehmer hergestellt, vertrieben oder erbracht werden und deren Bezug nicht nach § 40 pauschal versteuert wird, so gelten als deren Werte abweichend von Absatz 2 die um 4 Prozent geminderten Endpreise, zu denen der Arbeitgeber oder der dem Abgabeort nächstansässige Abnehmer die Waren oder Dienstleistungen fremden Letztverbrauchern im allgemeinen Geschäftsverkehr anbietet. [2]Die sich nach Abzug der vom Arbeitnehmer gezahlten Entgelte ergebenden Vorteile sind steuerfrei, soweit sie aus dem Dienstverhältnis insgesamt 1 080 Euro im Kalenderjahr nicht übersteigen.

(4) [1]Im Sinne dieses Gesetzes werden Leistungen des Arbeitgebers oder auf seine Veranlassung eines Dritten (Sachbezüge oder Zuschüsse) für eine Beschäftigung nur dann zusätzlich zum ohnehin geschuldeten Arbeitslohn erbracht, wenn

1. die Leistung nicht auf den Anspruch auf Arbeitslohn angerechnet,

2. der Anspruch auf Arbeitslohn nicht zugunsten der Leistung herabgesetzt,

3. die verwendungs- oder zweckgebundene Leistung nicht anstelle einer bereits vereinbarten künftigen Erhöhung des Arbeitslohns gewährt und

4. bei Wegfall der Leistung der Arbeitslohn nicht erhöht wird. [2]Unter den Voraussetzungen des Satzes 1 ist von einer zusätzlich zum ohnehin geschuldeten Arbeitslohn erbrachten Leistung auch dann auszugehen, wenn der Arbeitnehmer arbeitsvertraglich oder auf Grund einer anderen arbeitsoder dienstrechtlichen Rechtsgrundlage (wie Einzelvertrag, Betriebsvereinbarung, Tarifvertrag, Gesetz) einen Anspruch auf diese hat.

* Zur Anwendung des § 8 siehe § 52 Absatz 23c.

§ 32 a
Einkommensteuertarif

(1) [1]Die tarifliche Einkommensteuer bemisst sich nach dem zu versteuernden Einkommen. [2]Sie beträgt ab dem Veranlagungszeitraum 2023 vorbehaltlich der §§ 32b, 32d, 34, 34a, 34b und 34c jeweils in Euro für zu versteuernde Einkommen

1. bis 10 908 Euro (Grundfreibetrag):
   0;

2. von 10 909 Euro bis 15 999 Euro:
   $(979{,}18 \cdot y + 1\,400) \cdot y$;

3. von 16 000 Euro bis 62 809 Euro:
   $(192{,}59 \cdot z + 2\,397) \cdot z + 966{,}53$;

3

4. von 62 810 Euro bis 277 825 Euro:
   0,42 · x – 9 972,98;

5. von 277 826 Euro an:
   0,45 · x – 18 307,73.

[3]Die Größe „y" ist ein Zehntausendstel des den Grundfreibetrag übersteigenden Teils des auf einen vollen Euro-Betrag abgerundeten zu versteuernden Einkommens. [4]Die Größe „z" ist ein Zehntausendstel des 15 999 Euro übersteigenden Teils des auf einen vollen Euro-Betrag abgerundeten zu versteuernden Einkommens. [5]Die Größe „x" ist das auf einen vollen Euro-Betrag abgerundete zu versteuernde Einkommen.[6]Der sich ergebende Steuerbetrag ist auf den nächsten vollen Euro-Betrag abzurunden.

(2) bis (4) weggefallen

(5) Bei Ehegatten, die nach den §§ 26, 26 b zusammen zur Einkommensteuer veranlagt werden, beträgt die tarifliche Einkommensteuer vorbehaltlich der §§ 32 b, 32 d, 34, 34 a, 34 b und 34 c das Zweifache des Steuerbetrags, der sich für die Hälfte ihres gemeinsam zu versteuernden Einkommens nach Absatz 1 ergibt (Splitting-Verfahren).

(6) [1]Das Verfahren nach Absatz 5 ist auch anzuwenden zur Berechnung der tariflichen Einkommensteuer für das zu versteuernde Einkommen

1. bei einem verwitweten Steuerpflichtigen für den Veranlagungszeitraum, der dem Kalenderjahr folgt, in dem der Ehegatte verstorben ist, wenn der Steuerpflichtige und sein verstorbener Ehegatte im Zeitpunkt seines Todes die Voraussetzungen des § 26 Absatz 1 Satz 1 erfüllt haben,

2. bei einem Steuerpflichtigen, dessen Ehe in dem Kalenderjahr, in dem er sein Einkommen bezogen hat, aufgelöst worden ist, wenn in diesem Kalenderjahr
   a) der Steuerpflichtige und sein bisheriger Ehegatte die Voraussetzungen des § 26 Absatz 1 Satz 1 erfüllt haben,
   b) der bisherige Ehegatte wieder geheiratet hat und
   c) der bisherige Ehegatte und dessen neuer Ehegatte ebenfalls die Voraussetzungen des § 26 Absatz 1 Satz 1 erfüllen.

[2]Voraussetzung für die Anwendung des Satzes 1 ist, dass der Steuerpflichtige nicht nach den §§ 26, 26 a einzeln zur Einkommensteuer veranlagt wird.

§ 38 b
Lohnsteuerklassen, Zahl der Kinderfreibeträge

(1) [1]Für die Durchführung des Lohnsteuerabzugs werden Arbeitnehmer in Steuerklassen eingereiht. [2]Dabei gilt Folgendes:

1. In die Steuerklasse I gehören Arbeitnehmer, die
   a) unbeschränkt einkommensteuerpflichtig und
      aa) ledig sind,
      bb) verheiratet, verwitwet oder geschieden sind und bei denen die Voraussetzungen für die Steuerklasse III oder IV nicht erfüllt sind; oder
   b) beschränkt einkommensteuerpflichtig sind;

2. in die Steuerklasse II gehören die unter Nummer 1 Buchstabe a bezeichneten Arbeitnehmer, wenn bei ihnen der Entlastungsbetrag für Alleinerziehende (§ 24 b) zu berücksichtigen ist;

3. in die Steuerklasse III gehören Arbeitnehmer,
   a) die verheiratet sind, wenn beide Ehegatten unbeschränkt einkommensteuerpflichtig sind und nicht dauernd getrennt leben und der Ehegatte

des Arbeitnehmers auf Antrag beider Ehegatten in die Steuerklasse V eingereiht wird,
   b) die verwitwet sind, wenn sie und ihr verstorbener Ehegatte im Zeitpunkt seines Todes unbeschränkt einkommensteuerpflichtig waren und in diesem Zeitpunkt nicht dauernd getrennt gelebt haben, für das Kalenderjahr, das dem Kalenderjahr folgt, in dem der Ehegatte verstorben ist,
   c) deren Ehe aufgelöst worden ist, wenn
      aa) im Kalenderjahr der Auflösung der Ehe beide Ehegatten unbeschränkt einkommensteuerpflichtig waren und nicht dauernd getrennt gelebt haben und
      bb) der andere Ehegatte wieder geheiratet hat, von seinem neuen Ehegatten nicht dauernd getrennt lebt und er und sein neuer Ehegatte unbeschränkt einkommensteuerpflichtig sind,für das Kalenderjahr, in dem die Ehe aufgelöst worden ist;

4. in die Steuerklasse IV gehören Arbeitnehmer, die verheiratet sind, wenn beide Ehegatten unbeschränkt einkommensteuerpflichtig sind und nicht dauernd getrennt leben; dies gilt auch, wenn einer der Ehegatten keinen Arbeitslohn bezieht und kein Antrag nach Nummer 3 Buchstabe a gestellt worden ist;

5. in die Steuerklasse V gehören die unter Nummer 4 bezeichneten Arbeitnehmer, wenn der Ehegatte des Arbeitnehmers auf Antrag beider Ehegatten in die Steuerklasse III eingereiht wird;

6. die Steuerklasse VI gilt bei Arbeitnehmern, die nebeneinander von mehreren Arbeitgebern Arbeitslohn beziehen, für die Einbehaltung der Lohnsteuer vom Arbeitslohn aus dem zweiten und einem weiteren Dienstverhältnis sowie in den Fällen des § 39c.

[3]Als unbeschränkt einkommensteuerpflichtig im Sinne der Nummern 3 und 4 gelten nur Personen, die die Voraussetzungen des § 1 Absatz 1 oder 2 oder des § 1 a erfüllen.

(2) Für ein minderjähriges und nach § 1 Absatz 1 unbeschränkt einkommensteuerpflichtiges Kind im Sinne des § 32 Absatz 1 Nummer 1 und Absatz 3 werden bei der Anwendung der Steuerklassen I bis IV die Kinderfreibeträge als Lohnsteuerabzugsmerkmal nach § 39 Absatz 1 wie folgt berücksichtigt:

1. mit Zähler 0,5, wenn dem Arbeitnehmer der Kinderfreibetrag nach § 32 Absatz 6 Satz 1 zusteht, oder

2. mit Zähler 1, wenn dem Arbeitnehmer der Kinderfreibetrag zusteht, weil
   a) die Voraussetzungen des § 32 Absatz 6 Satz 2 vorliegen oder
   b) der andere Elternteil vor dem Beginn des Kalenderjahres verstorben ist oder
   c) der Arbeitnehmer allein das Kind angenommen hat.

Soweit dem Arbeitnehmer Kinderfreibeträge nach § 32 Absatz 1 bis 6 zustehen, die nicht nach Satz 1 berücksichtigt werden, ist die Zahl der Kinderfreibeträge auf Antrag vorbehaltlich des § 39a Absatz 1 Nummer 6 zu Grunde zu legen. In den Fällen des Satzes 2 können die Kinderfreibeträge für mehrere Jahre gelten, wenn nach den tatsächlichen Verhältnissen zu erwarten ist, dass die Voraussetzungen bestehen bleiben. Bei Anwendung der Steuerklassen III und IV sind auch Kinder des Ehegatten bei der Zahl der Kinderfreibeträge zu berücksichtigen. Der Antrag kann nur nach amtlich vorgeschriebenem Vordruck gestellt werden.

(3) Auf Antrag des Arbeitnehmers kann abweichend von Absatz 1 oder 2 eine für ihn ungünstigere Steuerklasse oder geringere Zahl der Kinderfreibeträge als Lohnsteuerabzugsmerkmal gebildet werden. Der Wechsel von der Steuerklasse III oder V in die Steuerklasse IV ist auch auf Antrag nur eines Ehegatten möglich mit der Folge, dass beide Ehegatten in die Steuerklasse IV eingereiht werden. Diese Anträge sind nach amtlich vorgeschriebenem Vordruck zu stellen und vom Antragsteller eigenhändig zu unterschreiben.

§ 41
Aufzeichnungspflichten beim Lohnsteuerabzug

(1) ...[9]Die Lohnkonten sind bis zum Ablauf des sechsten Kalenderjahres, das auf die zuletzt eingetragene Lohnzahlung folgt, aufzubewahren. ...

Übungs-
Lohnsteuertabelle
Lohn und Gehalt 1 / für Einsteiger

Die Übungs-Lohnsteuertabelle veranschaulicht den Aufbau einer klassischen Lohnsteuertabelle und verwendet dafür exemplarische Werte. Sie stellt alle Steuerbeträge zur Verfügung, die in den Beispielen und Übungen des Lehrbuches und des Übungsbuches verwendet wurden.

Die in der Übungs-Lohnsteuertabelle aufgeführten Steuerbeträge sind daher nicht identisch mit den gültigen Werten des aktuellen Jahres.

Druckversion vom 30.01.2023, POD-23.0
© 2005 - 2023 EduMedia GmbH, Ilmenau

Druck: Schlötel GmbH, Leipzig
Printed in Germany

Monatstabelle

Allgemeine

Solidaritätszuschlag und Kirchensteuer für 0 bis 3 Kinderfreibeträge

Brutto bis	StKl	LSt	0,0 SolZ	0,0 KiSt 8%	0,0 KiSt 9%	0,5 SolZ	0,5 KiSt 8%	0,5 KiSt 9%	1,0 SolZ	1,0 KiSt 8%	1,0 KiSt 9%	1,5 SolZ	1,5 KiSt 8%	1,5 KiSt 9%	2,0 SolZ	2,0 KiSt 8%	2,0 KiSt 9%	2,5 SolZ	2,5 KiSt 8%	2,5 KiSt 9%	3,0 SolZ	3,0 KiSt 8%	3,0 KiSt 9%
500,99	I																						
	II																						
	III																						
	IV																						
	V	63,58		5,09	5,72		5,09	5,72		5,09	5,72		5,09	5,72		5,09	5,72		5,09	5,72		5,09	5,72
	VI	75,08		6,01	6,76		6,01	6,76		6,01	6,76		6,01	6,76		6,01	6,76		6,01	6,76		6,01	6,76
602,99	I																						
	II																						
	III																						
	IV																						
	V	78,91		6,31	7,10		6,31	7,10		6,31	7,10		6,31	7,10		6,31	7,10		6,31	7,10		6,31	7,10
	VI	90,41		7,23	8,14		7,23	8,14		7,23	8,14		7,23	8,14		7,23	8,14		7,23	8,14		7,23	8,14
767,99	I																						
	II																						
	III																						
	IV																						
	V	103,66		8,29	9,33		8,29	9,33		8,29	9,33		8,29	9,33		8,29	9,33		8,29	9,33		8,29	9,33
	VI	117,41		9,39	10,57		9,39	10,57		9,39	10,57		9,39	10,57		9,39	10,57		9,39	10,57		9,39	10,57
830,99	I																						
	II																						
	III																						
	IV																						
	V	113,08		9,05	10,18		9,05	10,18		9,05	10,18		9,05	10,18		9,05	10,18		9,05	10,18		9,05	10,18
	VI	143,91		11,51	12,95		11,51	12,95		11,51	12,95		11,51	12,95		11,51	12,95		11,51	12,95		11,51	12,95
842,99	I																						
	II																						
	III																						
	IV																						
	V	116,75		9,34	10,51		9,34	10,51		9,34	10,51		9,34	10,51		9,34	10,51		9,34	10,51		9,34	10,51
	VI	148,91		11,91	13,40		11,91	13,40		11,91	13,40		11,91	13,49		11,91	13,40		11,91	13,40		11,91	13,40
1.001,99	I	13,16		1,05	1,18																		
	II																						
	III																						
	IV	13,16		1,05	1,18																		
	V	183,50		14,68	16,52		14,68	16,52		14,68	16,52		14,68	16,52		14,68	16,52		14,68	16,52		14,68	16,52
	VI	215,75		17,26	19,42		17,26	19,42		17,26	19,42		17,26	19,42		17,26	19,42		17,26	19,42		17,26	19,42
1.553,99	I	141,25		11,30	12,71		6,53	7,35		2,40	2,70												
	II	114,00		9,12	10,26		4,55	5,11		0,86	0,97												
	III																						
	IV	141,25		11,30	12,71		8,88	9,99		6,53	7,35		4,34	4,88		2,40	2,70		0,71	0,79			
	V	387,66		31,01	34,89		31,01	34,89		31,01	34,89		31,01	34,89		31,01	34,89		31,01	34,89		31,01	34,89
	VI	414,50		33,16	37,31		33,16	37,31		33,16	37,31		33,16	37,31		33,16	37,31		33,16	37,31		33,16	37,31
1.802,99	I	207,75		16,62	18,70		11,58	13,03		6,80	7,65		2,61	2,94									
	II	179,00		14,32	16,11		9,39	10,57		4,79	5,38		1,05	1,18									
	III	12,66		1,01	1,14																		
	IV	207,75		16,62	18,70		14,07	15,82		11,58	13,03		9,16	10,31		6,80	7,65		4,58	5,15		2,61	2,94
	V	476,83		38,15	42,91		38,15	42,91		38,15	42,91		38,15	42,91		38,15	42,91		38,15	42,91		38,15	42,91
	VI	505,50		40,44	45,49		40,44	45,49		40,44	45,49		40,44	45,49		40,44	45,49		40,44	45,49		40,44	45,49

Monatstabelle

Allgemeine

Solidaritätszuschlag und Kirchensteuer für ⅓ bis 3 Kinderfreibeträge

Brutto bis	StKl	LSt	0,0 SolZ	0,0 KiSt 8%	0,0 KiSt 9%	0,5 SolZ	0,5 KiSt 8%	0,5 KiSt 9%	1,0 SolZ	1,0 KiSt 8%	1,0 KiSt 9%	1,5 SolZ	1,5 KiSt 8%	1,5 KiSt 9%	2,0 SolZ	2,0 KiSt 8%	2,0 KiSt 9%	2,5 SolZ	2,5 KiSt 8%	2,5 KiSt 9%	3,0 SolZ	3,0 KiSt 8%	3,0 KiSt 9%
1.961,99	I	250,83		20,07	22,57		14,86	16,72		9,91	11,15		5,25	5,91		1,40	1,58						
	II	221,16		17,69	19,90		12,60	14,18		7,77	8,74		3,39	3,82									
	III	33,66		2,69	3,03																		
	IV	250,83		20,07	22,57		17,43	19,61		14,86	16,72		12,35	13,90		9,91	11,15		7,53	8,47		5,25	5,91
	V	537,16		42,97	48,34		42,97	48,34		42,97	48,34		42,97	48,34		42,97	48,34		42,97	48,34		42,97	48,34
	VI	567,16		45,37	51,04		45,37	51,04		45,37	51,04		45,37	51,04		45,37	51,04		45,37	51,04		45,37	51,04
2.000,99	I	261,66		20,93	23,55		15,68	17,64		10,69	12,03		5,97	6,71		1,95	2,20						
	II	231,66		18,53	20,85		13,40	15,08		8,53	9,59		4,03	4,54		0,47	0,53						
	III	39,16		3,13	3,52																		
	IV	261,66		20,93	23,55		18,27	20,56		15,68	17,64		13,15	14,80		10,69	12,03		8,29	9,33		5,97	6,71
	V	552,33		44,19	49,71		44,19	49,71		44,19	49,71		44,19	49,71		44,19	49,71		44,19	49,71		44,19	49,71
	VI	582,83		46,63	52,45		46,63	52,45		46,63	52,45		46,63	52,45		46,63	52,45		46,63	52,45		46,63	52,45
2.021,99	I	267,50		21,40	24,07		16,13	18,14		11,11	12,50		6,36	7,16		2,27	2,55						
	II	237,41		18,99	21,37		13,84	15,57		8,94	10,06		4,39	4,94		0,75	0,84						
	III	42,00		3,36	3,78		0,19	0,21															
	IV	267,50		21,40	24,07		18,73	21,07		16,13	18,14		13,59	15,28		11,11	12,50		8,71	9,79		6,36	7,16
	V	560,66		44,85	50,46		44,85	50,46		44,85	50,46		44,85	50,46		44,85	50,46		44,85	50,46		44,85	50,46
	VI	591,16		47,29	53,20		47,29	53,20		47,29	53,20		47,29	53,20		47,29	53,20		47,29	53,20		47,29	53,20
2.096,99	I	288,58		23,09	25,97		17,73	19,95		12,64	14,22		7,81	8,78		3,43	3,85		0,02	0,02			
	II	258,00		20,64	23,22		15,41	17,33		10,43	11,74		5,73	6,44		1,77	1,99						
	III	54,83		4,39	4,93		1,05	1,18															
	IV	288,58		23,09	25,97		20,38	22,93		17,73	19,95		15,15	17,05		12,64	14,22		10,19	11,47		7,81	8,78
	V	590,50		47,24	53,15		47,24	53,15		47,24	53,15		47,24	53,15		47,24	53,15		47,24	53,15		47,24	53,15
	VI	621,83		49,75	55,96		49,75	55,96		49,75	55,96		49,75	55,96		49,75	55,96		49,75	55,96		49,75	55,96
2.102,99	I	290,25		23,22	26,12		17,87	20,10		12,77	14,36		7,92	8,91		3,53	3,97		0,09	0,10			
	II	259,66		20,77	23,37		15,53	17,47		10,55	11,87		5,83	6,56		1,85	2,08						
	III	56,00		4,48	5,04		1,13	1,27															
	IV	290,25		23,22	26,12		20,51	23,08		17,87	20,10		15,28	17,19		12,77	14,36		10,31	11,60		7,92	8,91
	V	593,00		47,44	53,37		47,44	53,37		47,44	53,37		47,44	53,37		47,44	53,37		47,44	53,37		47,44	53,37
	VI	624,33		49,95	56,19		49,95	56,19		49,95	56,19		49,95	56,19		49,95	56,19		49,95	56,19		49,95	56,19
2.105,99	I	291,08		23,29	26,20		17,93	20,17		12,83	14,43		7,98	8,98		3,57	4,02		0,13	0,14			
	II	260,50		20,84	23,45		15,60	17,55		10,61	11,94		5,89	6,62		1,90	2,14						
	III	56,50		4,52	5,09		1,17	1,32															
	IV	291,08		23,29	26,20		20,58	23,15		17,93	20,17		15,35	17,26		12,83	14,43		10,37	11,67		7,98	8,98
	V	594,33		47,55	53,49		47,55	53,49		47,55	53,49		47,55	53,49		47,55	53,49		47,55	53,49		47,55	53,49
	VI	625,66		50,05	56,31		50,05	56,31		50,05	56,31		50,05	56,31		50,05	56,31		50,05	56,31		50,05	56,31
2.108,99	I	292,00		23,36	26,28		17,99	20,24		12,89	14,50		8,04	9,04		3,62	4,07		0,17	0,19			
	II	261,33		20,91	23,52		15,66	17,62		10,67	12,01		5,95	6,69		1,94	2,18						
	III	57,00		4,56	5,13		1,21	1,36															
	IV	292,00		23,36	26,28		20,64	23,22		17,99	20,24		15,41	17,33		12,89	14,50		10,43	11,74		8,04	9,04
	V	595,33		47,63	53,58		47,63	53,58		47,63	53,58		47,63	53,58		47,63	53,58		47,63	53,58		47,63	53,58
	VI	626,66		50,13	56,40		50,13	56,40		50,13	56,40		50,13	56,40		50,13	56,40		50,13	56,40		50,13	56,40
2.111,99	I	292,83		23,43	26,35		18,06	20,32		12,95	14,56		8,10	9,11		3,67	4,13		0,20	0,23			
	II	262,16		20,97	23,59		15,73	17,69		10,73	12,07		6,00	6,75		1,99	2,23						
	III	57,50		4,60	5,17		1,24	1,40															
	IV	292,83		23,43	26,35		20,71	23,29		18,06	20,32		15,47	17,41		12,95	14,56		10,49	11,80		8,10	9,11
	V	596,66		47,73	53,70		47,73	53,70		47,73	53,70		47,73	53,70		47,73	53,70		47,73	53,70		47,73	53,70
	VI	628,00		50,24	56,52		50,24	56,52		50,24	56,52		50,24	56,52		50,24	56,52		50,24	56,52		50,24	56,52

Monatstabelle

Allgemeine

Solidaritätszuschlag und Kirchensteuer für 0 bis 3 Kinderfreibeträge

Brutto bis	StKl	LSt	0,0			0,5			1,0			1,5			2,0			2,5			3,0		
			SolZ	KiSt 8%	KiSt 9%	SolZ	KiSt 8%	KiSt 9%	SolZ	KiSt 8%	KiSt 9%	SolZ	KiSt 8%	KiSt 9%	SolZ	KiSt 8%	KiSt 9%	SolZ	KiSt 8%	KiSt 9%	SolZ	KiSt 8%	KiSt 9%
2.120,99	I	295,33		23,63	26,58		18,25	20,53		13,13	14,77		8,27	9,31		3,82	4,30		0,31	0,35			
	II	264,66		21,17	23,82		15,91	17,90		10,91	12,28		6,17	6,94		2,12	2,39						
	III	59,16		4,73	5,32		1,36	1,53																
	IV	295,33		23,63	26,58		20,91	23,52		18,25	20,53		15,66	17,62		13,13	14,77		10,67	12,01		8,27	9,31
	V	600,33		48,03	54,03		48,03	54,03		48,03	54,03		48,03	54,03		48,03	54,03		48,03	54,03		48,03	54,03
	VI	631,66		50,53	56,85		50,53	56,85		50,53	56,85		50,53	56,85		50,53	56,85		50,53	56,85		50,53	56,85
2.123,99	I	296,25		23,70	26,66		18,32	20,61		13,20	14,85		8,33	9,37		3,87	4,35		0,35	0,39			
	II	265,50		21,24	23,90		15,98	17,98		10,97	12,34		6,23	7,00		2,16	2,43						
	III	59,83		4,79	5,38		1,40	1,58																
	IV	296,25		23,70	26,66		20,97	23,59		18,32	20,61		15,73	17,69		13,20	14,85		10,73	12,07		8,33	9,37
	V	601,50		48,12	54,13		48,12	54,13		48,12	54,13		48,12	54,13		48,12	54,13		48,12	54,13		48,12	54,13
	VI	633,00		50,64	56,97		50,64	56,97		50,64	56,97		50,64	56,97		50,64	56,97		50,64	56,97		50,64	56,97
2.141,99	I	301,33		24,11	27,12		18,71	21,04		13,57	15,26		8,69	9,77		4,17	4,69		0,58	0,65			
	II	270,58		21,65	24,35		16,36	18,41		11,34	12,76		6,57	7,39		2,43	2,73						
	III	63,16		5,05	5,68		1,63	1,83																
	IV	301,33		24,11	27,12		21,38	24,05		18,71	21,04		16,11	18,12		13,57	15,26		11,09	12,48		8,69	9,77
	V	608,83		48,71	54,79		48,71	54,79		48,71	54,79		48,71	54,79		48,71	54,79		48,71	54,79		48,71	54,79
	VI	640,33		51,23	57,63		51,23	57,63		51,23	57,63		51,23	57,63		51,23	57,63		51,23	57,63		51,23	57,63
2.249,99	I	331,91		26,55	29,87		21,04	23,67		15,79	17,76		10,79	12,14		6,05	6,81		2,03	2,28			
	II	300,50		24,04	27,05		18,64	20,97		13,51	15,19		8,63	9,70		4,12	4,63		0,54	0,61			
	III	83,66		6,69	7,53		3,07	3,45																
	IV	331,91		26,55	29,87		23,77	26,74		21,04	23,67		18,38	20,68		15,79	17,76		13,26	14,92		10,79	12,14
	V	653,50		52,28	58,81		52,28	58,81		52,28	58,81		52,28	58,81		52,28	58,81		52,28	58,81		52,28	58,81
	VI	685,66		54,85	61,71		54,85	61,71		54,85	61,71		54,85	61,71		54,85	61,71		54,85	61,71		54,85	61,71
2.450,99	I	390,33		31,23	35,13		25,51	28,69		20,05	22,55		14,84	16,70		9,89	11,13		5,23	5,89		1,39	1,56
	II	357,75		28,62	32,20		23,01	25,89		17,67	19,87		12,58	14,15		7,75	8,71		3,38	3,80			
	III	125,33		10,03	11,28		5,99	6,73		2,44	2,75														
	IV	390,33		31,23	35,13		28,33	31,87		25,51	28,69		22,75	25,59		20,05	22,55		17,41	19,58		14,84	16,70
	V	737,91		59,03	66,41		59,03	66,41		59,03	66,41		59,03	66,41		59,03	66,41		59,03	66,41		59,03	66,41
	VI	770,08		61,61	69,31		61,61	69,31		61,61	69,31		61,61	69,31		61,61	69,31		61,61	69,31		61,61	69,31
2.510,99	I	408,25		32,66	36,74		26,87	30,23		21,35	24,01		16,08	18,09		11,07	12,45		6,31	7,10		2,23	2,51
	II	375,25		30,02	33,77		24,35	27,40		18,95	21,31		13,79	15,52		8,89	10,00		4,35	4,90		0,71	0,80
	III	138,50		11,08	12,47		6,92	7,79		3,25	3,66		0,09	0,10									
	IV	408,25		32,66	36,74		29,73	33,45		26,87	30,23		24,08	27,09		21,35	24,01		18,68	21,02		16,08	18,09
	V	763,08		61,05	68,68		61,05	68,68		61,05	68,68		61,05	68,68		61,05	68,68		61,05	68,68		61,05	68,68
	VI	795,25		63,62	71,57		63,62	71,57		63,62	71,57		63,62	71,57		63,62	71,57		63,62	71,57		63,62	71,57
2.522,99	I	411,83		32,95	37,06		27,15	30,55		21,61	24,31		16,33	18,37		11,31	12,72		6,54	7,36		2,41	2,71
	II	378,83		30,31	34,09		24,63	27,70		19,20	21,60		14,04	15,80		9,13	10,27		4,55	5,12		0,87	0,98
	III	141,16		11,29	12,70		7,11	7,99		3,43	3,85		0,23	0,25									
	IV	411,83		32,95	37,06		30,02	33,77		27,15	30,55		24,35	27,40		21,61	24,31		18,94	21,31		16,33	18,37
	V	768,16		61,45	69,13		61,45	69,13		61,45	69,13		61,45	69,13		61,45	69,13		61,45	69,13		61,45	69,13
	VI	800,33		64,03	72,03		64,03	72,03		64,03	72,03		64,03	72,03		64,03	72,03		64,03	72,03		64,03	72,03
2.588,99	I	431,75		34,54	38,86		28,67	32,26		23,07	25,95		17,72	19,93		12,63	14,20		7,79	8,77		3,41	3,84
	II	398,33		31,87	35,85		26,12	29,39		20,63	23,20		15,39	17,32		10,41	11,71		5,71	6,42		1,76	1,98
	III	156,33		12,51	14,07		8,19	9,21		4,36	4,91		1,04	1,17									
	IV	431,75		34,54	38,86		31,57	35,52		28,67	32,26		25,84	29,07		23,07	25,95		20,36	22,91		17,72	19,93
	V	795,83		63,67	71,62		63,67	71,62		63,67	71,62		63,67	71,62		63,67	71,62		63,67	71,62		63,67	71,62
	VI	828,08		66,25	74,53		66,25	74,53		66,25	74,53		66,25	74,53		66,25	74,53		66,25	74,53		66,25	74,53

Monatstabelle

Allgemeine

Solidaritätszuschlag und Kirchensteuer für 0 bis 3 Kinderfreibeträge

Brutto bis	StKl	LSt	0,0			0,5			1,0			1,5			2,0			2,5			3,0		
			SolZ	KiSt 8%	KiSt 9%	SolZ	KiSt 8%	KiSt 9%	SolZ	KiSt 8%	KiSt 9%	SolZ	KiSt 8%	KiSt 9%	SolZ	KiSt 8%	KiSt 9%	SolZ	KiSt 8%	KiSt 9%	SolZ	KiSt 8%	KiSt 9%
2.726,99	I	474,16		37,93	42,67		31,92	35,91		26,17	29,44		20,68	23,27		15,44	17,37		10,46	11,77		5,75	6,47
	II	439,91		35,19	39,59		29,30	32,96		23,67	26,62		18,29	20,57		13,17	14,81		8,31	9,34		3,85	4,33
	III	191,83		15,35	17,26		10,76	12,11		6,64	7,47		3,01	3,39									
	IV	474,16		37,93	42,67		34,89	39,25		31,92	35,91		29,01	32,64		26,17	29,44		23,39	26,32		20,68	23,27
	V	853,83		68,31	76,84		68,31	76,84		68,31	76,84		68,31	76,84		68,31	76,84		68,31	76,84		68,31	76,84
	VI	886,00		70,88	79,74		70,88	79,74		70,88	79,74		70,38	79,74		70,88	79,74		70,88	79,74		70,88	79,74
2.750,99	I	481,58		38,53	43,34		32,49	36,55		26,72	30,06		21,20	23,85		15,94	17,93		10,93	12,30		6,19	6,97
	II	447,25		35,78	40,25		29,86	33,59		24,20	27,23		18,80	21,15		13,65	15,36		8,77	9,86		4,24	4,77
	III	198,66		15,89	17,88		11,27	12,67		7,09	7,98		3,40	3,83		0,21	0,24						
	IV	481,58		38,53	43,34		35,48	39,91		32,49	36,55		29,57	33,27		26,72	30,06		23,93	26,92		21,20	23,85
	V	863,91		69,11	77,75		69,11	77,75		69,11	77,75		69,11	77,75		69,11	77,75		69,11	77,75		69,11	77,75
	VI	896,08		71,69	80,65		71,69	80,65		71,69	80,65		71,69	80,65		71,69	80,65		71,69	80,65		71,69	80,65
2.801,99	I	497,58		39,81	44,78		33,72	37,94		27,89	31,38		22,32	25,11		17,01	19,13		11,95	13,44		7,15	8,04
	II	462,91		37,03	41,66		31,06	34,94		25,35	28,51		19,89	22,38		14,69	16,53		9,75	10,97		5,11	5,74
	III	213,16		17,05	19,18		12,37	13,92		8,07	9,07		4,25	4,78		0,95	1,06						
	IV	497,58		39,81	44,78		36,73	41,32		33,72	37,94		30,77	34,62		27,89	31,38		25,07	28,21		22,32	25,11
	V	885,33		70,83	79,68		70,83	79,68		70,83	79,68		70,83	79,68		70,83	79,68		70,83	79,68		70,83	79,68
	VI	917,50		73,40	82,58		73,40	82,58		73,40	82,58		73,40	82,58		73,40	82,58		73,40	82,58		73,40	82,58
2.867,99	I	518,50		41,48	46,66		35,32	39,73		29,43	33,10		23,79	26,76		18,40	20,70		13,27	14,93		8,41	9,46
	II	483,41		38,67	43,51		32,63	36,71		26,85	30,21		21,33	23,99		16,06	18,07		11,05	12,43		6,30	7,09
	III	232,00		18,56	20,88		13,83	15,55		9,37	10,54		5,41	6,09		1,93	2,17						
	IV	518,50		41,48	46,66		38,37	43,16		35,32	39,73		32,34	36,38		29,43	33,10		26,57	29,89		23,79	26,76
	V	913,00		73,04	82,17		73,04	82,17		73,04	82,17		73,04	82,17		73,04	82,17		73,04	82,17		73,04	82,17
	VI	945,25		75,62	85,07		75,62	85,07		75,62	85,07		75,62	85,07		75,62	85,07		75,62	85,07		75,62	85,07
2.894,99	I	527,08		42,17	47,44		35,99	40,48		30,06	33,82		24,39	27,44		18,98	21,35		13,83	15,55		8,93	10,04
	II	491,91		39,35	44,27		33,29	37,45		27,47	30,91		21,92	24,66		16,63	18,70		11,59	13,03		6,81	7,66
	III	239,66		19,17	21,57		14,44	16,25		9,92	11,16		5,89	6,63		2,36	2,66						
	IV	527,08		42,17	47,44		39,05	43,93		35,99	40,48		32,99	37,11		30,06	33,82		27,19	30,59		24,39	27,44
	V	924,33		73,95	83,19		73,95	83,19		73,95	83,19		73,95	83,19		73,95	83,19		73,95	83,19		73,95	83,19
	VI	956,58		76,53	86,09		76,53	86,09		76,53	86,09		76,53	86,09		76,53	86,09		76,53	86,09		76,53	86,09
3.077,99	I	586,50		46,92	52,79		40,55	45,61		34,43	38,73		28,57	32,14		22,97	25,84		17,62	19,82		12,53	14,10
	II	550,16		44,01	49,51		37,76	42,48		31,75	35,72		26,01	29,26		20,53	23,09		15,30	17,21		10,33	11,62
	III	293,00		23,44	26,37		18,59	20,91		13,87	15,60		9,40	10,58		5,44	6,12		1,96	2,21			
	IV	586,50		46,92	52,79		43,70	49,16		40,55	45,61		37,45	42,13		34,43	38,73		31,47	35,40		28,57	32,14
	V	1.001,25		80,10	90,11		80,10	90,11		80,10	90,11		80,10	90,11		80,10	90,11		80,10	90,11		80,10	90,11
	VI	1.033,41		82,67	93,01		82,67	93,01		82,67	93,01		82,67	93,01		82,67	93,01		82,67	93,01		82,67	93,01
3.116,99	I	599,33		47,95	53,94		41,53	46,72		35,38	39,80		29,48	33,16		23,83	26,81		18,45	20,75		13,32	14,98
	II	562,83		45,03	50,65		38,73	43,57		32,69	36,77		26,91	30,27		21,38	24,05		16,11	18,12		11,09	12,48
	III	304,50		24,36	27,41		19,48	21,91		14,73	16,57		10,20	11,48		6,13	6,90		2,57	2,89			
	IV	599,33		47,95	53,94		44,71	50,29		41,53	46,72		38,43	43,23		35,38	39,80		32,39	36,44		29,48	33,16
	V	1.017,58		81,41	91,58		81,41	91,58		81,41	91,58		81,41	91,58		81,41	91,58		81,41	91,58		81,41	91,58
	VI	1.049,83		83,99	94,48		83,99	94,48		83,99	94,48		83,99	94,48		83,99	94,48		83,99	94,48		83,99	94,48
3.359,99	I	681,41		54,51	61,33		47,85	53,83		41,44	46,62		35,29	39,70		29,39	33,06		23,75	26,71		18,37	20,66
	II	643,50		51,48	57,91		44,93	50,54		38,63	43,46		32,59	36,67		26,81	30,16		21,29	23,95		16,03	18,03
	III	370,66		29,65	33,36		24,64	27,72		19,76	22,23		15,00	16,88		10,44	11,75		6,35	7,14		2,76	3,11
	IV	681,41		54,51	61,33		51,15	57,54		47,85	53,83		44,61	50,18		41,44	46,62		38,33	43,12		35,29	39,70
	V	1.119,66		89,57	100,77		89,57	100,77		89,57	100,77		89,57	100,77		89,57	100,77		89,57	100,77		89,57	100,77
	VI	1.151,83		92,15	103,65		92,15	103,66		92,15	103,66		92,15	103,66		92,15	103,66		92,15	103,66		92,15	103,66

Monatstabelle
Allgemeine

Solidaritätszuschlag und Kirchensteuer für 0 bis 3 Kinderfreibeträge

Brutto bis	StKl	LSt	0,0 SolZ	0,0 KiSt 8%	0,0 KiSt 9%	0,5 SolZ	0,5 KiSt 8%	0,5 KiSt 9%	1,0 SolZ	1,0 KiSt 8%	1,0 KiSt 9%	1,5 SolZ	1,5 KiSt 8%	1,5 KiSt 9%	2,0 SolZ	2,0 KiSt 8%	2,0 KiSt 9%	2,5 SolZ	2,5 KiSt 8%	2,5 KiSt 9%	3,0 SolZ	3,0 KiSt 8%	3,0 KiSt 9%
3.404,99	I	697,00		55,76	62,73		49,04	55,17		42,59	47,91		36,39	40,93		30,44	34,24		24,76	27,86		19,33	21,74
	II	658,75		52,70	59,29		46,10	51,86		39,76	44,73		33,68	37,89		27,85	31,33		22,28	25,07		16,97	19,09
	III	382,50		30,60	34,43		25,56	28,75		20,65	23,23		15,88	17,87		11,25	12,66		7,08	7,96		3,39	3,81
	IV	697,00		55,76	62,73		52,37	58,91		49,04	55,17		45,78	51,50		42,59	47,91		39,45	44,38		36,39	40,93
	V	1.138,58		91,09	102,47		91,09	102,47		91,09	102,47		91,09	102,47		91,09	102,47		91,09	102,47		91,09	102,47
	VI	1.170,75		93,66	105,37		93,66	105,37		93,66	105,37		93,66	105,37		93,66	105,37		93,66	105,37		93,66	105,37
3.407,99	I	698,00		55,84	62,82		49,13	55,27		42,67	48,00		36,46	41,02		30,51	34,33		24,83	27,93		19,39	21,82
	II	659,83		52,79	59,38		46,18	51,95		39,84	44,82		33,75	37,97		27,92	31,41		22,35	25,14		17,03	19,16
	III	383,33		30,67	34,50		25,63	28,83		20,72	23,31		15,93	17,92		11,31	12,72		7,12	8,01		3,43	3,85
	IV	698,00		55,84	62,82		52,45	59,01		49,13	55,27		45,86	51,59		42,67	48,00		39,53	44,47		36,46	41,02
	V	1.139,83		91,19	102,58		91,19	102,58		91,19	102,58		91,19	102,58		91,19	102,58		91,19	102,58		91,19	102,58
	VI	1.172,00		93,76	105,48		93,76	105,48		93,76	105,48		93,76	105,48		93,76	105,48		93,76	105,48		93,76	105,48
3.440,99	I	709,50		56,76	63,86		50,01	56,26		43,51	48,95		37,27	41,93		31,29	35,20		25,57	28,77		20,11	22,62
	II	671,08		53,69	60,40		47,05	52,93		40,67	45,76		34,55	38,86		28,69	32,27		23,08	25,97		17,73	19,94
	III	392,00		31,36	35,28		26,31	29,59		21,37	24,04		16,57	18,64		11,92	13,41		7,67	8,62		3,91	4,39
	IV	709,50		56,76	63,86		53,35	60,02		50,01	56,26		46,73	52,57		43,51	48,95		40,36	45,41		37,27	41,93
	V	1.153,66		92,29	103,83		92,29	103,83		92,29	103,83		92,29	103,83		92,29	103,83		92,29	103,83		92,29	103,83
	VI	1.185,91		94,87	106,73		94,87	106,73		94,87	106,73		94,87	106,73		94,87	106,73		94,87	106,73		94,87	106,73
3.533,99	I	742,08		59,37	66,79		52,52	59,09		45,93	51,67		39,59	44,54		33,52	37,71		27,70	31,16		22,13	24,90
	II	703,16		56,25	63,28		49,52	55,71		43,05	48,43		36,83	41,43		30,87	34,72		25,16	28,31		19,71	22,18
	III	416,66		33,33	37,50		28,23	31,75		23,25	26,16		18,41	20,71		13,69	15,40		9,24	10,40		5,29	5,95
	IV	742,08		59,37	66,79		55,91	62,90		52,52	59,09		49,19	55,34		45,93	51,67		42,73	48,07		39,59	44,54
	V	1.192,75		95,42	107,35		95,42	107,35		95,42	107,35		95,42	107,35		95,42	107,35		95,42	107,35		95,42	107,35
	VI	1.224,91		97,99	110,24		97,99	110,24		97,99	110,24		97,99	110,24		97,99	110,24		97,99	110,24		97,99	110,24
3.992,99	I	909,91		72,79	81,89		65,47	73,65		58,39	65,69		51,58	58,03		45,03	50,65		38,73	43,57		32,69	36,77
	II	868,25		69,46	78,14		62,25	70,03		55,29	62,20		48,59	54,67		42,16	47,43		35,97	40,47		30,05	33,80
	III	542,16		43,37	48,79		38,03	42,78		32,80	36,90		27,71	31,17		22,75	25,59		17,92	20,16		13,21	14,86
	IV	909,91		72,79	81,89		69,09	77,73		65,47	73,65		61,90	69,64		58,39	65,69		54,95	61,82		51,58	58,03
	V	1.385,50		110,84	124,70		110,84	124,70		110,84	124,70		110,84	124,70		110,84	124,70		110,84	124,70		110,84	124,70
	VI	1.417,75	0,56	113,42	127,60	0,56	113,42	127,60	0,56	113,42	127,60	0,56	113,42	127,60	0,56	113,42	127,60	0,56	113,42	127,60	0,56	113,42	127,60
4.040,99	I	928,08		74,25	83,53		66,87	75,22		59,75	67,21		52,89	59,50		46,28	52,06		39,93	44,92		33,84	38,07
	II	886,08		70,89	79,75		63,63	71,58		56,63	63,70		49,88	56,12		43,39	48,81		37,15	41,80		31,18	35,08
	III	555,66		44,45	50,01		39,08	43,97		33,83	38,05		28,71	32,29		23,72	26,69		18,87	21,22		14,13	15,90
	IV	928,08		74,25	83,53		70,53	79,34		66,87	75,22		63,27	71,18		59,75	67,21		56,29	63,32		52,89	59,50
	V	1.405,66		112,45	126,51		112,45	126,51		112,45	126,51		112,45	126,51		112,45	126,51		112,45	126,51		112,45	126,51
	VI	1.437,91	2,96	115,03	129,41	2,96	115,03	129,41	2,96	115,03	129,41	2,96	115,03	129,41	2,96	115,03	129,41	2,96	115,03	129,41	2,96	115,03	129,41
4.688,99	I	1.185,41		94,83	106,69		86,79	97,63		78,99	88,87		71,45	80,38		64,17	72,19		57,15	64,29		50,38	56,68
	II	1.139,75		91,18	102,58		83,24	93,64		75,57	85,01		68,14	76,66		60,97	68,59		54,07	60,82		47,42	53,35
	III	741,00		59,28	66,69		53,57	60,27		47,99	53,98		42,53	47,85		37,20	41,85		32,00	36,00		26,93	30,30
	IV	1.185,41		94,83	106,69		90,78	102,13		86,79	97,63		82,85	93,21		78,99	88,87		75,19	84,58		71,45	80,38
	V	1.677,83	31,51	134,23	151,00	31,51	134,23	151,00	31,51	134,23	151,00	31,51	134,23	151,00	31,51	134,23	151,00	31,51	134,23	151,00	31,51	134,23	151,00
	VI	1.710,08	35,35	136,81	153,91	35,35	136,81	153,91	35,35	136,81	153,91	35,35	136,81	153,91	35,35	136,81	153,91	35,35	136,81	153,91	35,35	136,81	153,91
4.901,99	I	1.273,16		101,85	114,58		93,72	105,44		85,70	96,41		77,94	87,68		70,44	79,25		63,19	71,09		56,21	63,23
	II	1.227,41		98,19	110,47		90,08	101,34		82,17	92,44		74,53	83,85		67,15	75,54		60,01	67,51		53,14	59,78
	III	804,00		64,32	72,36		58,49	65,80		52,80	59,40		47,23	53,13		41,79	47,01		36,48	41,04		31,29	35,20
	IV	1.273,16		101,85	114,58		97,79	110,01		93,72	105,44		89,68	100,89		85,70	96,41		81,79	92,02		77,94	87,68
	V	1.767,33	42,16	141,39	159,06	42,16	141,39	159,06	42,16	141,39	159,06	42,16	141,39	159,06	42,16	141,39	159,06	42,16	141,39	159,06	42,16	141,39	159,06
	VI	1.799,50	45,99	143,96	161,96	45,99	143,96	161,96	45,99	143,96	161,96	45,99	143,96	161,96	45,99	143,96	161,96	45,99	143,96	161,96	45,99	143,96	161,96

Monatstabelle

Allgemeine

			Solidaritätszuschlag und Kirchensteuer für 0 bis 3 Kinderfreibeträge																				
			0,0			0,5			1,0			1,5			2,0			2,5			3,0		
Brutto bis	StKl	LSt	SolZ	KiSt 8%	KiSt 9%	SolZ	KiSt 8%	KiSt 9%	SolZ	KiSt 8%	KiSt 9%	SolZ	KiSt 8%	KiSt 9%	SolZ	KiSt 8%	KiSt 9%	SolZ	KiSt 8%	KiSt 9%	SolZ	KiSt 8%	KiSt 9%
377,99	I																						
	II																						
	III																						
	IV																						
	V	45,16		3,61	4,06		3,61	4,06		3,61	4,06		3,61	4,06		3,61	4,06		3,61	4,06		3,61	4,06
	VI	56,66		4,53	5,10		4,53	5,10		4,53	5,10		4,53	5,10		4,53	5,10		4,53	5,10		4,53	5,10
701,99	I																						
	II																						
	III																						
	IV																						
	V	93,75		7,50	8,44		7,50	8,44		7,50	8,44		7,50	8,44		7,50	8,44		7,50	8,44		7,50	8,44
	VI	105,25		8,42	9,47		8,42	9,47		8,42	9,47		8,42	9,47		8,42	9,47		8,42	9,47		8,42	9,47
1.484,99	I	121,16		9,69	10,90		5,05	5,68		1,25	1,41													
	II	94,41		7,55	8,50		3,22	3,62															
	III																						
	IV	121,16		9,69	10,93		7,32	8,23		5,05	5,68		3,03	3,40		1,25	1,41						
	V	364,33		29,15	32,79		29,15	32,79		29,15	32,79		29,15	32,79		29,15	32,79		29,15	32,79		29,15	32,79
	VI	390,50		31,24	35,15		31,24	35,15		31,24	35,15		31,24	35,15		31,24	35,15		31,24	35,15		31,24	35,15
1.553,99	I	141,25		11,30	12,71		6,53	7,35		2,40	2,70													
	II	114,00		9,12	10,26		4,55	5,11		0,86	0,97													
	III																						
	IV	141,25		11,30	12,71		8,88	9,99		6,53	7,35		4,34	4,88		2,40	2,70		0,71	0,79			
	V	387,66		31,01	34,89		31,01	34,89		31,01	34,89		31,01	34,89		31,01	34,89		31,01	34,89		31,01	34,89
	VI	414,50		33,16	37,31		33,16	37,31		33,16	37,31		33,16	37,31		33,16	37,31		33,16	37,31		33,16	37,31
2.000,99	I	261,66		20,93	23,55		15,68	17,64		10,69	12,03		5,97	6,71		1,95	2,20						
	II	231,66		18,53	20,85		13,40	15,08		8,53	9,59		4,03	4,54		0,47	0,53						
	III	39,16		3,13	3,52																		
	IV	261,66		20,93	23,55		18,27	20,56		15,68	17,64		13,15	14,80		10,69	12,03		8,29	9,33		5,97	6,71
	V	552,33		44,19	49,71		44,19	49,71		44,19	49,71		44,19	49,71		44,19	49,71		44,19	49,71		44,19	49,71
	VI	582,83		46,63	52,45		46,63	52,45		46,63	52,45		46,63	52,45		46,63	52,45		46,63	52,45		46,63	52,45
2.750,99	I	481,58		38,53	43,34		32,49	36,55		26,72	30,06		21,20	23,85		15,94	17,93		10,93	12,30		6,19	6,97
	II	447,25		35,78	40,25		29,86	33,59		24,20	27,23		18,80	21,15		13,65	15,36		8,77	9,86		4,24	4,77
	III	198,66		15,89	17,88		11,27	12,67		7,09	7,98		3,40	3,83		0,21	0,24						
	IV	481,58		38,53	43,34		35,48	39,91		32,49	36,55		29,57	33,27		26,72	30,06		23,93	26,92		21,20	23,85
	V	863,91		69,11	77,75		69,11	77,75		69,11	77,75		69,11	77,75		69,11	77,75		69,11	77,75		69,11	77,75
	VI	896,08		71,69	80,65		71,69	80,65		71,69	80,65		71,69	80,65		71,69	80,65		71,69	80,65		71,69	80,65
3.002,99	I	561,91		44,95	50,57		38,66	43,49		32,62	36,70		26,84	30,20		21,31	23,98		16,05	18,05		11,04	12,42
	II	526,08		42,09	47,35		35,91	40,39		29,98	33,73		24,32	27,36		18,91	21,27		13,76	15,48		8,87	9,97
	III	271,00		21,68	24,39		16,88	18,99		12,20	13,73		7,92	8,91		4,13	4,65		0,84	0,95			
	IV	561,91		44,95	50,57		41,77	46,99		38,66	43,49		35,61	40,06		32,62	36,70		29,69	33,40		26,84	30,20
	V	969,75		77,58	87,28		77,58	87,28		77,58	87,28		77,58	87,28		77,58	87,28		77,58	87,28		77,58	87,28
	VI	1.001,91		80,15	90,17		80,15	90,17		80,15	90,17		80,15	90,17		80,15	90,17		80,15	90,17		80,15	90,17

Monatstabelle

Allgemeine — Solidaritätszuschlag und Kirchensteuer für 0 bis 3 Kinderfreibeträge

Brutto bis	StKl	LSt	0,0 SolZ	0,0 KiSt 8%	0,0 KiSt 9%	0,5 SolZ	0,5 KiSt 8%	0,5 KiSt 9%	1,0 SolZ	1,0 KiSt 8%	1,0 KiSt 9%	1,5 SolZ	1,5 KiSt 8%	1,5 KiSt 9%	2,0 SolZ	2,0 KiSt 8%	2,0 KiSt 9%	2,5 SolZ	2,5 KiSt 8%	2,5 KiSt 9%	3,0 SolZ	3,0 KiSt 8%	3,0 KiSt 9%
3.359,99	I	681,41		54,51	61,33		47,85	53,83		41,44	46,62		35,29	39,70		29,39	33,06		23,75	26,71		18,37	20,66
	II	643,50		51,48	57,91		44,93	50,54		38,63	43,46		32,59	36,67		26,81	30,16		21,29	23,95		16,03	18,03
	III	370,66		29,65	33,36		24,64	27,72		19,76	22,23		15,00	16,88		10,44	11,75		6,35	7,14		2,76	3,11
	IV	681,41		54,51	61,33		51,15	57,54		47,85	53,83		44,61	50,18		41,44	46,62		38,33	43,12		35,29	39,70
	V	1.119,66		89,57	100,77		89,57	100,77		89,57	100,77		89,57	100,77		89,57	100,77		89,57	100,77		89,57	100,77
	VI	1.151,83		92,15	103,66		92,15	103,66		92,15	103,66		92,15	103,66		92,15	103,66		92,15	103,66		92,15	103,66
3.404,99	I	697,00		55,76	62,73		49,04	55,17		42,59	47,91		36,39	40,93		30,44	34,24		24,76	27,86		19,33	21,74
	II	658,75		52,70	59,29		46,10	51,86		39,76	44,73		33,68	37,89		27,85	31,33		22,28	25,07		16,97	19,09
	III	382,50		30,60	34,43		25,56	28,75		20,65	23,23		15,88	17,87		11,25	12,66		7,08	7,96		3,39	3,81
	IV	697,00		55,76	62,73		52,37	58,91		49,04	55,17		45,78	51,50		42,59	47,91		39,45	44,38		36,39	40,93
	V	1.138,58		91,09	102,47		91,09	102,47		91,09	102,47		91,09	102,47		91,09	102,47		91,09	102,47		91,09	102,47
	VI	1.170,75		93,66	105,37		93,66	105,37		93,66	105,37		93,66	105,37		93,66	105,37		93,66	105,37		93,66	105,37
3.440,99	I	709,50		56,76	63,86		50,01	56,26		43,51	48,95		37,27	41,93		31,29	35,20		25,57	28,77		20,11	22,62
	II	671,08		53,69	60,40		47,05	52,93		40,67	45,76		34,55	38,86		28,69	32,27		23,08	25,97		17,73	19,94
	III	392,00		31,36	35,28		26,31	29,59		21,37	24,04		16,57	18,64		11,92	13,41		7,67	8,62		3,91	4,39
	IV	709,50		56,76	63,86		53,35	60,02		50,01	56,26		46,73	52,57		43,51	48,95		40,36	45,41		37,27	41,93
	V	1.153,66		92,29	103,83		92,29	103,83		92,29	103,83		92,29	103,83		92,29	103,83		92,29	103,83		92,29	103,83
	VI	1.185,91		94,87	106,73		94,87	106,73		94,87	106,73		94,87	106,73		94,87	106,73		94,87	106,73		94,87	106,73
4.202,99	I	990,33		79,23	89,13		71,68	80,64		64,39	72,44		57,36	64,53		50,59	56,91		44,07	49,58		37,81	42,54
	II	947,50		75,80	85,28		68,37	76,91		61,19	68,84		54,28	61,06		47,62	53,57		41,22	46,37		35,07	39,46
	III	601,50		48,12	54,13		42,65	47,98		37,32	41,98		32,12	36,13		27,05	30,43		22,11	24,87		17,28	19,44
	IV	990,33		79,23	89,13		75,42	84,85		71,68	80,64		68,01	76,51		64,39	72,44		60,85	68,45		57,36	64,53
	V	1.473,75	7,22	117,90	132,64	7,22	117,90	132,64	7,22	117,90	132,64	7,22	117,90	132,64	7,22	117,90	132,64	7,22	117,90	132,64	7,22	117,90	132,64
	VI	1.505,91	11,05	120,47	135,53	11,05	120,47	135,53	11,05	120,47	135,53	11,05	120,47	135,53	11,05	120,47	135,53	11,05	120,47	135,53	11,05	120,47	135,53
4.454,99	I	1.090,00		87,20	98,10		79,39	89,31		71,84	80,82		64,55	72,61		57,51	64,69		50,73	57,07		44,21	49,73
	II	1.045,58		83,65	94,10		75,95	85,45		68,52	77,09		61,34	69,01		54,42	61,22		47,76	53,73		41,35	46,52
	III	673,33		53,87	60,60		48,27	54,30		42,80	48,15		37,47	42,15		32,27	36,30		27,19	30,58		22,24	25,02
	IV	1.090,00		87,20	98,10		83,26	93,67		79,39	89,31		75,58	85,03		71,84	80,82		68,16	76,68		64,55	72,61
	V	1.579,58	19,82	126,37	142,16	19,82	126,37	142,16	19,82	126,37	142,16	19,82	126,37	142,16	19,82	126,37	142,16	19,82	126,37	142,16	19,82	126,37	142,16
	VI	1.611,75	23,65	128,94	145,06	23,65	128,94	145,06	23,65	128,94	145,06	23,65	128,94	145,06	23,65	128,94	145,06	23,65	128,94	145,06	23,65	128,94	145,06
4.751,99	I	1.211,41		96,91	109,03		88,81	99,91		80,95	91,07		73,35	82,52		66,01	74,26		58,91	66,28		52,09	58,60
	II	1.165,58		93,25	104,90		85,25	95,90		77,50	87,19		70,01	78,76		62,78	70,63		55,81	62,78		49,09	55,23
	III	759,50		60,76	68,36		55,01	61,89		49,40	55,58		43,91	49,39		38,55	43,36		33,31	37,47		28,21	31,74
	IV	1.211,41		96,91	109,03		92,84	104,45		88,81	99,91		84,85	95,46		80,95	91,07		77,12	86,76		73,35	82,52
	V	1.704,33	34,66	136,35	153,39	34,66	136,35	153,39	34,66	136,35	153,39	34,66	136,35	153,39	34,66	136,35	153,39	34,66	136,35	153,39	34,66	136,35	153,39
	VI	1.736,50	38,49	138,92	156,29	38,49	138,92	156,29	38,49	138,92	156,29	38,49	138,92	156,29	38,49	138,92	156,29	38,49	138,92	156,29	38,49	138,92	156,29
5.000,99	I	1.313,91		105,11	118,25		96,99	109,11		88,89	100,00		81,03	91,15		73,42	82,60		66,07	74,32		58,98	66,35
	II	1.268,16		101,45	114,13		93,32	104,99		85,31	95,98		77,57	87,26		70,08	78,84		62,85	70,70		55,87	62,85
	III	833,66		66,69	75,03		60,81	68,41		55,07	61,95		49,44	55,62		43,96	49,45		38,59	43,41		33,36	37,53
	IV	1.313,91		105,11	118,25		101,05	113,68		96,99	109,11		92,91	104,53		88,89	100,00		84,93	95,54		81,03	91,15
	V	1.808,91	47,11	144,71	162,80	47,11	144,71	162,80	47,11	144,71	162,80	47,11	144,71	162,80	47,11	144,71	162,80	47,11	144,71	162,80	47,11	144,71	162,80
	VI	1.841,08	50,94	147,29	165,70	50,94	147,29	165,70	50,94	147,29	165,70	50,94	147,29	165,70	50,94	147,29	165,70	50,94	147,29	165,70	50,94	147,29	165,70

Monatstabelle

Allgemeine

			Solidaritätszuschlag und Kirchensteuer für 0 bis 3 Kinderfreibeträge																				
			0,0			0,5			1,0			1,5			2,0			2,5			3,0		
Brutto bis	StKl	LSt	SolZ	KiSt 8%	KiSt 9%	SolZ	KiSt 8%	KiSt 9%	SolZ	KiSt 8%	KiSt 9%	SolZ	KiSt 8%	KiSt 9%	SolZ	KiSt 8%	KiSt 9%	SolZ	KiSt 8%	KiSt 9%	SolZ	KiSt 8%	KiSt 9%
6.926,99	I	2.121,25	84,28	169,70	190,91	80,24	161,57	181,76	76,20	153,43	172,61	72,16	145,50	163,46	68,12	137,17	154,32	64,08	129,04	145,17	60,04	120,91	136,02
	II	2.075,41	78,82	166,03	186,79	74,95	157,90	177,64	71,09	149,77	168,49	67,23	141,64	159,35	63,37	133,51	150,19	59,51	125,38	141,05	55,65	117,25	131,90
	III	1.474,16		117,93	132,67		111,04	124,92		104,27	117,30		97,63	109,83		91,12	102,51		84,73	95,32		78,48	88,29
	IV	2.121,25	84,28	169,70	190,91	82,26	165,63	186,34	80,24	161,57	181,76	78,22	157,30	177,19	76,20	153,43	172,61	74,18	149,37	168,04	72,16	145,30	163,46
	V	2.617,83	143,37	209,43	235,60	143,37	209,43	235,60	143,37	209,43	235,60	143,37	209,43	235,60	143,37	209,43	235,60	143,37	209,43	235,60	143,37	209,43	235,60
	VI	2.650,00	145,75	212,00	238,50	145,75	212,00	238,50	145,75	212,00	238,50	145,75	212,00	238,50	145,75	212,00	238,50	145,75	212,00	238,50	145,75	212,00	238,50
7.706,99	I	2.448,83	123,26	195,91	220,35	118,14	187,77	211,24	113,02	179,64	202,10	107,91	171,51	192,95	102,79	163,38	183,80	97,67	155,25	174,65	92,56	147,12	165,51
	II	2.403,00	117,81	192,24	216,27	112,82	184,11	207,13	107,84	175,98	197,98	102,86	167,85	188,83	97,87	159,72	179,69	92,89	151,59	170,53	87,91	143,45	161,38
	III	1.763,16		141,05	158,68		133,73	150,45		126,55	142,36		119,49	134,43		112,57	126,64		105,77	118,99		99,09	111,48
	IV	2.448,83	123,26	195,91	220,39	120,70	191,84	215,82	118,14	187,77	211,24	115,58	183,71	206,67	113,02	179,64	202,10	110,47	175,58	197,53	107,91	171,51	192,95
	V	2.945,41	161,99	235,63	265,09	161,99	235,63	265,09	161,99	235,63	265,09	161,99	235,63	265,09	161,99	235,63	265,09	161,99	235,63	265,09	161,99	235,63	265,09
	VI	2.977,58	165,76	238,21	267,98	163,76	238,21	267,98	163,76	238,21	267,98	163,76	238,21	267,98	163,76	238,21	267,98	163,76	238,21	267,98	163,76	238,21	267,98

Monatstabelle

Solidaritätszuschlag und Kirchensteuer für 0 bis 3 Kinderfreibeträge

Besondere Brutto bis	StKl	LSt	0,0			0,5			1,0			1,5			2,0			2,5			3,0		
			SolZ	KiSt 8%	KiSt 9%	SolZ	KiSt 8%	KiSt 9%	SolZ	KiSt 8%	KiSt 9%	SolZ	KiSt 8%	KiSt 9%	SolZ	KiSt 8%	KiSt 9%	SolZ	KiSt 8%	KiSt 9%	SolZ	KiSt 8%	KiSt 9%
3.440,99	I	733,41		58,67	66,00		51,85	58,33		45,28	50,94		38,98	43,85		32,92	37,04		27,13	30,52		21,59	24,29
	II	694,66		55,57	62,52		48,86	54,97		42,41	47,71		36,22	40,74		30,28	34,07		24,60	27,68		19,18	21,58
	III	414,16		33,13	37,27		28,04	31,54		23,06	25,95		18,22	20,50		13,50	15,19		9,08	10,21		5,14	5,79
	IV	733,41		58,67	66,00		55,23	62,13		51,85	58,33		48,54	54,60		45,28	50,94		42,10	47,36		38,98	43,85
	V	1.153,66	23,11	92,29	103,83	23,11	92,29	103,83	23,11	92,29	103,83	23,11	92,29	103,83	23,11	92,29	103,83	23,11	92,29	103,83	23,11	92,29	103,83
	VI	1.185,91	26,95	94,87	106,73	26,95	94,87	106,73	26,95	94,87	106,73	26,95	94,87	106,73	26,95	94,87	106,73	26,95	94,87	106,73	26,95	94,87	106,73
4.520,99	I	1.153,25		92,26	103,79		84,29	94,83		76,58	86,15		69,12	77,76		61,92	69,66		54,98	61,85		48,29	54,33
	II	1.108,00		88,64	99,72		80,78	90,88		73,18	82,33		65,84	74,07		58,76	66,10		51,93	58,42		45,36	51,03
	III	718,33		57,46	64,65		51,78	58,26		46,24	52,02		40,82	45,93		35,53	39,97		30,37	34,17		25,34	28,51
	IV	1.153,25		92,26	103,79		88,24	99,27		84,29	94,83		80,40	90,45		76,58	86,15		72,82	81,92		69,12	77,76
	V	1.607,25	23,11	128,58	144,65	23,11	128,58	144,65	23,11	128,58	144,65	23,11	128,58	144,65	23,11	128,58	144,65	23,11	128,58	144,65	23,11	128,58	144,65
	VI	1.639,50	26,95	131,16	147,55	26,95	131,16	147,55	26,95	131,16	147,55	26,95	131,16	147,55	26,95	131,16	147,55	26,95	131,16	147,55	26,95	131,16	147,55
5.000,99	I	1.354,91		108,39	121,94		100,26	112,79		92,12	103,64		84,16	94,68		76,45	86,01		69,00	77,62		61,80	69,53
	II	1.309,08		104,72	117,81		96,60	108,67		88,50	99,57		80,66	90,74		73,06	82,20		65,72	73,94		58,64	65,97
	III	863,66		69,09	77,73		63,16	71,05		57,36	64,53		51,69	58,15		46,14	51,91		40,73	45,82		35,45	39,88
	IV	1.354,91		108,39	121,94		104,32	117,36		100,26	112,79		96,19	108,21		92,12	103,64		88,11	99,12		84,16	94,68
	V	1.808,91	47,11	144,71	162,80	47,11	144,71	162,80	47,11	144,71	162,80	47,11	144,71	162,80	47,11	144,71	162,80	47,11	144,71	162,80	47,11	144,71	162,80
	VI	1.841,08	50,94	147,28	165,69	50,94	147,28	165,69	50,94	147,28	165,69	50,94	147,28	165,69	50,94	147,28	165,69	50,94	147,28	165,69	50,94	147,28	165,69
7.706,99	I	2.491,41	128,33	199,31	224,22	123,09	191,18	215,07	117,85	183,04	205,92	112,62	174,92	196,78	107,38	166,78	187,63	102,15	158,65	178,48	96,91	150,52	169,34
	II	2.445,58	122,87	195,64	220,10	117,77	187,52	210,96	112,65	179,38	201,81	107,55	171,25	192,66	102,44	163,12	183,51	97,33	154,99	174,36	92,23	146,86	165,21
	III	1.801,83		144,14	162,16		136,78	153,88		129,54	145,74		122,42	137,73		115,45	129,88		108,60	122,17		101,88	114,61
	IV	2.491,41	128,33	199,31	224,22	125,71	195,24	219,65	123,09	191,18	215,07	120,48	187,11	210,50	117,85	183,04	205,92	115,24	178,98	201,36	112,62	174,92	196,78
	V	2.945,41	161,99	235,63	265,08	161,99	235,63	265,08	161,99	235,63	265,08	161,99	235,63	265,08	161,99	235,63	265,08	161,99	235,63	265,08	161,99	235,63	265,08
	VI	2.977,58	163,76	238,20	267,98	163,76	238,20	267,98	163,76	238,20	267,98	163,76	238,20	267,98	163,76	238,20	267,98	163,76	238,20	267,98	163,76	238,20	267,98

Jahrestabelle

Allgemeine

Solidaritätszuschlag und Kirchensteuer für 0 bis 3 Kinderfreibeträge

Brutto bis	StKl	LSt	0 SolZ	0 K St 8%	0 KiSt 9%	0,5 SolZ	0,5 KiSt 8%	0,5 KiSt 9%	1,0 SolZ	1,0 KiSt 8%	1,0 KiSt 9%	1,5 SolZ	1,5 KiSt 8%	1,5 KiSt 9%	2,0 SolZ	2,0 KiSt 8%	2,0 KiSt 9%	2,5 SolZ	2,5 KiSt 8%	2,5 KiSt 9%	3,0 SolZ	3,0 KiSt 8%	3,0 KiSt 9%
17.387,99	I	1.330,00		106,40	119,70		78,16	87,93		51,92	58,41		28,54	32,22		8,32	9,36						
	II	1.012,00		80,96	91,08		30,80	34,65															
	III																						
	IV	1.330,00		106,40	119,70		78,16	87,93		51,92	58,41		28,54	32,22		8,32	9,36						
	V	4.226,00		338,08	380,34		338,08	380,34		338,08	380,34		338,08	380,34		338,08	380,34		338,08	380,34		338,08	380,34
	VI	4.538,00		363,04	408,42		363,04	408,42		363,04	408,42		363,04	408,42		363,04	408,42		363,04	408,42		363,04	408,42
22.571,99	I	2.745,00		219,60	247,05		158,08	177,84		99,76	112,23		46,24	52,02		4,08	4,59						
	II	2.394,00		191,52	215,46		131,44	147,87		74,48	83,79		25,76	28,98									
	III	272,00		21,76	24,48																		
	IV	2.745,00		219,60	247,05		158,08	177,84		99,76	112,23		46,24	52,02		4,08	4,59						
	V	6.074,00		485,92	546,66		485,92	546,66		485,92	546,66		485,92	546,66		485,92	546,66		485,92	546,66		485,92	546,66
	VI	6.426,00		514,08	578,34		514,08	578,34		514,08	578,34		514,08	578,34		514,08	578,34		514,08	578,34		514,08	578,34
27.215,99	I	4.044,00		323,52	363,96		257,20	289,35		193,92	218,16		133,76	150,48		76,64	86,22		27,44	30,87			
	II	3.666,00		293,28	329,94		228,32	256,86		166,40	187,20		107,68	121,14		53,04	59,67		9,20	10,35			
	III	1.048,00		83,84	94,32		39,68	44,64		1,60	1,80												
	IV	4.044,00		323,52	363,96		257,20	289,35		193,92	218,16		133,76	150,48		76,64	86,22		27,44	30,87			
	V	7.932,00		634,56	713,88		634,56	713,88		634,56	713,88		634,56	713,88		634,56	713,88		634,56	713,88		634,56	713,88
	VI	8.319,00		665,52	748,71		665,52	748,71		665,52	748,71		665,52	748,71		665,52	748,71		665,52	748,71		665,52	748,71
28.475,99	I	4.409,00		352,72	396,81		285,04	320,67		220,48	248,04		158,96	178,83		100,56	113,13		46,96	52,83		4,56	5,13
	II	4.023,00		321,84	362,07		255,60	287,55		192,40	216,45		132,32	148,86		75,28	84,69		26,40	29,70			
	III	1.304,00		104,32	117,36		57,76	64,98		17,12	19,26												
	IV	4.409,00		352,72	396,81		285,04	320,67		220,48	248,04		158,96	178,83		100,56	113,13		46,96	52,83		4,56	5,13
	V	8.462,00		676,96	761,58		676,96	761,58		676,96	761,58		676,96	761,58		676,96	761,58		676,96	761,58		676,96	761,58
	VI	8.848,00		707,84	796,32		707,84	796,32		707,84	796,32		707,84	796,32		707,84	796,32		707,84	796,32		707,84	796,32
29.807,99	I	4.802,00		384,16	432,18		315,12	354,51		249,12	280,26		186,24	209,52		126,48	142,29		69,84	78,57		22,16	24,93
	II	4.408,00		352,64	396,72		285,04	320,67		220,40	247,95		158,96	178,83		100,56	113,13		46,88	52,74		4,56	5,13
	III	1.590,00		127,20	143,10		77,92	87,66		34,56	38,88												
	IV	4.802,00		384,16	432,18		315,12	354,51		249,12	280,26		186,24	209,52		126,48	142,29		69,84	78,57		22,16	24,93
	V	9.021,00		721,68	811,89		721,68	811,89		721,68	811,89		721,68	811,89		721,68	811,89		721,68	811,89		721,68	811,89
	VI	9.407,00		752,56	846,63		752,56	846,63		752,56	846,63		752,56	846,63		752,56	846,63		752,56	846,63		752,56	846,63
30.167,99	I	4.910,00		392,80	441,90		323,36	363,78		256,96	289,08		193,76	217,98		133,60	150,30		76,48	86,04		27,28	30,69
	II	4.514,00		361,12	406,26		293,04	329,67		228,08	256,59		166,24	187,02		107,44	120,87		52,88	59,49		9,04	10,17
	III	1.670,00		133,60	150,30		83,68	94,14		39,52	44,46		1,44	1,62									
	IV	4.910,00		392,80	441,90		323,36	363,78		256,96	289,08		193,76	217,98		133,60	150,30		76,48	86,04		27,28	30,69
	V	9.172,00		733,76	825,48		733,76	825,48		733,76	825,48		733,76	825,48		733,76	825,48		733,76	825,48		733,76	825,48
	VI	9.559,00		764,72	860,31		764,72	860,31		764,72	860,31		764,72	860,31		764,72	860,31		764,72	860,31		764,72	860,31
30.455,99	I	4.996,00		399,68	449,64		329,92	371,16		263,28	296,19		199,76	224,73		139,28	156,69		81,92	92,16		31,52	35,46
	II	4.599,00		367,92	413,91		299,52	336,96		234,32	263,61		172,16	193,68		113,04	127,17		57,76	64,98		12,80	14,40
	III	1.736,00		138,88	156,24		88,16	99,18		43,52	48,96		4,96	5,58									
	IV	4.996,00		399,68	449,64		329,92	371,16		263,28	296,19		199,76	224,73		139,28	156,69		81,92	92,16		31,52	35,46
	V	9.293,00		743,44	836,37		743,44	836,37		743,44	836,37		743,44	836,37		743,44	836,37		743,44	836,37		743,44	836,37
	VI	9.680,00		774,40	871,20		774,40	871,20		774,40	871,20		774,40	871,20		774,40	871,20		774,40	871,20		774,40	871,20
30.671,99	I	5.061,00		404,88	455,49		334,96	376,83		268,08	301,59		204,24	229,77		143,60	161,55		86,00	96,75		34,80	39,15
	II	4.662,00		372,96	419,58		304,40	342,45		238,96	268,83		176,56	198,63		117,28	131,94		61,52	69,21		15,68	17,64
	III	1.784,00		142,72	160,56		91,68	103,14		46,72	52,56		7,52	8,46									
	IV	5.061,00		404,88	455,49		334,96	376,83		268,08	301,59		204,24	229,77		143,60	161,55		86,00	96,75		34,80	39,15
	V	9.384,00		750,72	844,56		750,72	844,56		750,72	844,56		750,72	844,56		750,72	844,56		750,72	844,56		750,72	844,56
	VI	9.770,00		781,60	879,30		781,60	879,30		781,60	879,30		781,60	879,30		781,60	879,30		781,60	879,30		781,60	879,30

Jahrestabelle
Allgemeine

Solidaritätszuschlag und Kirchensteuer für 0 bis 3 Kinderfreibeträge

Brutto bis	StKl	LSt	0,0 SolZ	0,0 KiSt 8%	0,0 KiSt 9%	0,5 SolZ	0,5 KiSt 8%	0,5 KiSt 9%	1,0 SolZ	1,0 KiSt 8%	1,0 KiSt 9%	1,5 SolZ	1,5 KiSt 8%	1,5 KiSt 9%	2,0 SolZ	2,0 KiSt 8%	2,0 KiSt 9%	2,5 SolZ	2,5 KiSt 8%	2,5 KiSt 9%	3,0 SolZ	3,0 KiSt 8%	3,0 KiSt 9%
32.183,99	I	5.522,00		441,76	496,98		370,24	416,52		301,84	339,57		236,48	266,04		174,16	195,93		114,96	129,33		59,44	66,87
	II	5.115,00		409,20	460,35		339,04	381,42		272,00	306,00		208,00	234,00		147,12	165,51		89,36	100,53		37,60	42,30
	III	2.152,00		172,16	193,68		118,08	132,84		69,76	78,48		27,52	30,96									
	IV	5.522,00		441,76	496,98		405,60	456,30		370,24	416,52		335,60	377,55		301,84	339,57		268,72	302,31		236,48	266,04
	V	10.019,00		801,52	901,71		801,52	901,71		801,52	901,71		801,52	901,71		801,52	901,71		801,52	901,71		801,52	901,71
	VI	10.405,00		832,40	936,45		832,40	936,45		832,40	936,45		832,40	936,45		832,40	936,45		832,40	936,45		832,40	936,45
32.543,99	I	5.634,00		450,72	507,06		378,80	426,15		309,92	348,66		244,24	274,77		181,60	204,30		122,00	137,25		65,76	73,98
	II	5.224,00		417,92	470,16		347,36	390,78		280,00	315,00		215,60	242,55		154,40	173,70		96,16	108,18		43,20	48,60
	III	2.252,00		180,16	202,68		125,44	141,12		76,32	85,86		33,28	37,44									
	IV	5.634,00		450,72	507,06		414,32	466,11		378,80	426,15		344,00	387,00		309,92	348,66		276,72	311,31		244,24	274,77
	V	10.170,00		813,60	915,30		813,60	915,30		813,60	915,30		813,60	915,30		813,60	915,30		813,60	915,30		813,60	915,30
	VI	10.557,00		844,56	950,13		844,56	950,13		844,56	950,13		844,56	950,13		844,56	950,13		844,56	950,13		844,56	950,13
33.011,99	I	5.779,00		462,32	520,11		389,92	438,66		320,64	360,72		254,40	286,20		191,28	215,19		131,20	147,60		74,32	83,61
	II	5.367,00		429,36	483,03		358,32	403,11		290,40	326,70		225,60	253,80		163,84	184,32		105,20	118,35		50,88	57,24
	III	2.384,00		190,72	214,56		135,20	152,10		85,12	95,76		40,80	45,90		2,56	2,88						
	IV	5.779,00		462,32	520,11		425,76	478,98		389,92	438,66		354,88	399,24		320,64	360,72		287,12	323,01		254,40	286,20
	V	10.367,00		829,36	933,03		829,36	933,03		829,36	933,03		829,36	933,03		829,36	933,03		829,36	933,03		829,36	933,03
	VI	10.753,00		860,24	967,77		860,24	967,77		860,24	967,77		860,24	967,77		860,24	967,77		860,24	967,77		860,24	967,77
33.623,99	I	5.971,00		477,68	537,39		404,64	455,22		334,72	376,56		267,84	301,32		204,08	229,59		143,36	161,28		85,76	96,48
	II	5.555,00		444,40	499,95		372,72	419,31		304,16	342,18		238,72	268,56		176,32	198,36		117,04	131,67		61,28	68,94
	III	2.558,00		204,64	230,22		148,48	167,04		96,80	108,90		51,04	57,42		11,36	12,78						
	IV	5.971,00		477,68	537,39		440,80	495,90		404,64	455,22		369,28	415,44		334,72	376,56		300,88	338,49		267,84	301,32
	V	10.624,00		849,92	956,16		849,92	956,16		849,92	956,16		849,92	956,16		849,92	956,16		849,92	956,16		849,92	956,16
	VI	11.010,00		880,80	990,90		880,80	990,90		880,80	990,90		880,80	990,90		880,80	990,90		880,80	990,90		880,80	990,90
33.911,99	I	6.062,00		484,96	545,58		411,60	463,05		341,36	384,03		274,24	308,52		210,16	236,43		149,12	167,76		91,28	102,69
	II	5.644,00		451,52	507,96		379,60	427,05		310,72	349,56		244,96	275,58		182,32	205,11		122,72	138,06		66,40	74,70
	III	2.640,00		211,20	237,60		154,72	174,06		102,40	115,20		56,00	63,00		15,68	17,64						
	IV	6.062,00		484,96	545,58		447,92	503,91		411,60	463,05		376,08	423,09		341,36	384,03		307,44	345,87		274,24	308,52
	V	10.745,00		859,60	967,05		859,60	967,05		859,60	967,05		859,60	967,05		859,60	967,05		859,60	967,05		859,60	967,05
	VI	11.131,00		890,48	1.001,79		890,48	1.001,79		890,48	1.001,79		890,48	1.001,79		890,48	1.001,79		890,48	1.001,79		890,48	1.001,79
34.523,99	I	6.256,00		500,48	563,04		426,56	479,88		355,60	400,05		287,84	323,82		223,12	251,01		161,52	181,71		102,96	115,83
	II	5.835,00		466,80	525,15		394,24	443,52		324,72	365,31		258,32	290,61		194,96	219,33		134,72	151,56		77,60	87,30
	III	2.814,00		225,12	253,26		168,48	189,54		114,72	129,06		66,88	75,24		24,96	28,08						
	IV	6.256,00		500,48	563,04		463,12	521,01		426,56	479,88		390,72	439,56		355,60	400,05		321,36	361,53		287,84	323,82
	V	11.002,00		880,16	990,18		880,16	990,18		880,16	990,18		880,16	990,18		880,16	990,18		880,16	990,18		880,16	990,18
	VI	11.388,00		911,04	1.024,92		911,04	1.024,92		911,04	1.024,92		911,04	1.024,92		911,04	1.024,92		911,04	1.024,92		911,04	1.024,92
35.603,99	I	6.603,00		528,24	594,27		453,12	509,76		381,12	428,76		312,24	351,27		246,40	277,20		183,60	206,55		123,92	139,41
	II	6.175,00		494,00	555,75		420,32	472,86		349,68	393,39		282,16	317,43		217,76	244,98		156,40	175,95		98,08	110,34
	III	3.126,00		250,08	281,34		192,80	216,90		137,12	154,26		86,72	97,56		42,24	47,52		3,84	4,32			
	IV	6.603,00		528,24	594,27		490,32	551,61		453,12	509,76		416,72	468,81		381,12	428,76		346,32	389,61		312,24	351,27
	V	11.455,00		916,40	1.030,95		916,40	1.030,95		916,40	1.030,95		916,40	1.030,95		916,40	1.030,95		916,40	1.030,95		916,40	1.030,95
	VI	11.842,00		947,36	1.065,78		947,36	1.065,78		947,36	1.065,78		947,36	1.065,78		947,36	1.065,78		947,36	1.065,78		947,36	1.065,78
36.035,99	I	6.743,00		539,44	606,87		463,92	521,91		391,44	440,37		322,08	362,34		255,76	287,73		192,56	216,63		132,48	149,04
	II	6.313,00		505,04	568,17		430,88	484,74		359,76	404,73		291,84	328,32		226,88	255,24		165,12	185,76		106,40	119,70
	III	3.252,00		260,16	292,68		202,56	227,88		146,40	164,70		95,04	106,92		49,60	55,80		10,08	11,34			
	IV	6.743,00		539,44	606,87		501,28	563,94		463,92	521,91		427,28	480,69		391,44	440,37		356,32	400,86		322,08	362,34
	V	11.637,00		930,96	1.047,33		930,96	1.047,33		930,96	1.047,33		930,96	1.047,33		930,96	1.047,33		930,96	1.047,33		930,96	1.047,33
	VI	12.023,00		961,84	1.082,07		961,84	1.082,07		961,84	1.082,07		961,84	1.082,07		961,84	1.082,07		961,84	1.082,07		961,84	1.082,07

Jahrestabelle

Allgemeine

Solidaritätszuschlag und Kirchensteuer für 0 bis 3 Kinderfreibeträge

Brutto bis	StKl	LSt	\(0,0\) SolZ	KiSt 8%	KiSt 9%	\(0,5\) SolZ	KiSt 8%	KiSt 9%	\(1,0\) SolZ	KiSt 8%	KiSt 9%	\(1,5\) SolZ	KiSt 8%	KiSt 9%	\(2,0\) SolZ	KiSt 8%	KiSt 9%	\(2,5\) SolZ	KiSt 8%	KiSt 9%	\(3,0\) SolZ	KiSt 8%	KiSt 9%
37.727,99	I	7.300,00		584,00	657,00		506,64	569,97		432,48	486,54		361,28	406,44		293,28	329,94		228,32	256,86		166,40	187,20
	II	6.860,00		548,80	617,40		472,88	531,99		400,00	450,00		330,24	371,52		263,60	296,55		200,00	225,00		139,52	156,96
	III	3.750,00		300,00	337,50		241,28	271,44		184,16	207,18		129,12	145,26		79,68	89,64		36,00	40,50			
	IV	7.300,00		584,00	657,00		544,96	613,08		506,64	569,97		469,20	527,85		432,48	486,54		396,48	446,04		361,28	406,44
	V	12.347,00	29,15	987,76	1.111,23	29,15	987,76	1.111,23	29,15	987,76	1.111,23	29,15	987,76	1.111,23	29,15	987,76	1.111,23	29,15	987,76	1.111,23	29,15	987,76	1.111,23
	VI	12.734,00	75,08	1.018,72	1.146,06	75,08	1.018,72	1.146,06	75,08	1.018,72	1.146,06	75,08	1.018,72	1.146,06	75,08	1.018,72	1.146,06	75,08	1.018,72	1.146,06	75,08	1.018,72	1.146,06
40.751,99	I	8.326,00		666,08	749,34		585,60	658,80		508,24	571,77		434,00	488,25		362,80	408,15		294,64	331,47		229,60	258,30
	II	7.868,00		629,44	708,12		550,40	619,20		474,40	533,70		401,52	451,71		331,68	373,14		264,96	298,08		201,36	226,53
	III	4.562,00		364,96	410,58		304,48	342,54		245,76	276,48		188,48	212,04		133,12	149,76		83,20	93,60		39,20	44,10
	IV	8.326,00		666,08	749,34		625,44	703,62		585,60	658,80		545,56	614,88		508,24	571,77		470,72	529,56		434,00	488,25
	V	13.617,00	29,15	1.089,36	1.225,53	29,15	1.089,36	1.225,53	29,15	1.089,36	1.225,53	29,15	1.089,36	1.225,53	29,15	1.089,36	1.225,53	29,15	1.089,36	1.225,53	29,15	1.089,36	1.225,53
	VI	14.004,00	75,08	1.120,32	1.260,36	75,08	1.120,32	1.260,36	75,08	1.120,32	1.260,36	75,08	1.120,32	1.260,36	75,08	1.120,32	1.260,36	75,08	1.120,32	1.260,36	75,08	1.120,32	1.260,36
41.075,99	I	8.439,00		675,12	759,51		594,32	668,61		516,56	581,13		441,92	497,16		370,40	416,70		302,00	339,75		236,56	266,13
	II	7.979,00		638,32	718,11		558,88	628,74		482,56	542,88		409,36	460,53		339,20	381,60		272,16	306,18		208,16	234,18
	III	4.646,00		371,68	418,14		311,20	350,10		252,16	283,68		194,72	219,06		139,04	156,42		88,48	99,54		43,84	49,32
	IV	8.439,00		675,12	759,51		634,32	713,61		594,32	668,61		555,04	624,42		516,56	581,13		478,88	538,74		441,92	497,16
	V	13.754,00	29,15	1.100,32	1.237,86	29,15	1.100,32	1.237,86	29,15	1.100,32	1.237,86	29,15	1.100,32	1.237,86	29,15	1.100,32	1.237,86	29,15	1.100,32	1.237,86	29,15	1.100,32	1.237,86
	VI	14.140,00	75,08	1.131,20	1.272,60	75,08	1.131,20	1.272,60	75,08	1.131,20	1.272,60	75,08	1.131,20	1.272,60	75,08	1.131,20	1.272,60	75,08	1.131,20	1.272,60	75,08	1.131,20	1.272,60
42.227,99	I	8.842,00		707,36	795,78		625,36	703,53		546,48	614,79		470,64	529,47		397,92	447,66		328,24	369,27		261,68	294,39
	II	8.376,00		670,08	753,84		589,44	663,12		511,92	575,91		437,44	492,12		366,16	411,93		297,84	335,07		232,72	261,81
	III	4.952,00		396,16	445,68		335,04	376,92		275,36	309,78		217,28	244,44		160,80	180,90		107,84	121,32		60,80	68,40
	IV	8.842,00		707,36	795,78		666,00	749,25		625,36	703,53		585,52	658,71		546,48	614,79		508,16	571,68		470,64	529,47
	V	14.237,00	29,15	1.138,96	1.281,33	29,15	1.138,96	1.281,33	29,15	1.138,96	1.281,33	29,15	1.138,96	1.281,33	29,15	1.138,96	1.281,33	29,15	1.138,96	1.281,33	29,15	1.138,96	1.281,33
	VI	14.624,00	75,08	1.169,92	1.316,16	75,08	1.169,92	1.316,16	75,08	1.169,92	1.316,16	75,08	1.169,92	1.316,16	75,08	1.169,92	1.316,16	75,08	1.169,92	1.316,16	75,08	1.169,92	1.316,16
43.379,99	I	9.251,00		740,08	832,59		656,88	738,99		576,80	648,90		499,76	562,23		425,76	478,98		354,96	399,33		287,20	323,10
	II	8.778,00		702,24	790,02		620,40	697,95		541,68	609,39		456,08	524,34		393,52	442,71		324,00	364,50		257,68	289,89
	III	5.262,00		420,96	473,58		359,04	403,92		298,88	336,24		240,16	270,18		183,04	205,92		128,16	144,18		78,72	88,56
	IV	9.251,00		740,08	832,59		698,08	785,34		656,88	738,99		616,40	693,45		576,80	648,90		537,84	605,07		499,76	562,23
	V	14.721,00	29,15	1.177,68	1.324,89	29,15	1.177,68	1.324,89	29,15	1.177,68	1.324,89	29,15	1.177,68	1.324,89	29,15	1.177,68	1.324,89	29,15	1.177,68	1.324,89	29,15	1.177,68	1.324,89
	VI	15.108,00	75,08	1.208,64	1.359,72	75,08	1.208,64	1.359,72	75,08	1.208,64	1.359,72	75,08	1.208,64	1.359,72	75,08	1.208,64	1.359,72	75,08	1.208,64	1.359,72	75,08	1.208,64	1.359,72
49.283,99	I	11.439,00		915,12	1.029,51		825,76	928,98		739,52	831,96		656,32	738,36		576,24	648,27		499,28	561,69		425,36	478,53
	II	10.931,00		874,48	983,79		786,56	884,88		701,68	789,39		619,92	697,41		541,20	608,85		465,60	523,80		393,04	442,17
	III	6.890,00		551,20	620,10		486,40	547,20		422,88	475,74		361,12	406,26		300,80	338,40		242,08	272,34		184,96	208,08
	IV	11.439,00		915,12	1.029,51		870,08	978,84		825,76	928,98		782,24	880,02		739,52	831,96		697,52	784,71		656,32	738,36
	V	17.201,00	29,15	1.376,08	1.548,09	29,15	1.376,08	1.548,09	29,15	1.376,08	1.548,09	29,15	1.376,08	1.548,09	29,15	1.376,08	1.548,09	29,15	1.376,08	1.548,09	29,15	1.376,08	1.548,09
	VI	17.587,00	75,08	1.406,96	1.582,83	75,08	1.406,96	1.582,83	75,08	1.406,96	1.582,83	75,08	1.406,96	1.582,83	75,08	1.406,96	1.582,83	75,08	1.406,96	1.582,83	75,08	1.406,96	1.582,83
50.543,99	I	11.926,00		954,08	1.073,34		863,44	971,37		775,84	872,82		691,36	777,78		609,92	686,16		531,60	598,05		456,40	513,45
	II	11.411,00		912,88	1.026,99		823,60	926,55		737,36	829,53		654,32	736,11		574,24	646,02		497,36	559,53		423,52	476,46
	III	7.248,00		579,84	652,32		514,24	578,52		450,24	506,52		387,84	436,32		326,88	367,74		267,36	300,78		209,60	235,80
	IV	11.926,00		954,08	1.073,34		908,32	1.021,86		863,44	971,37		819,20	921,60		775,84	872,82		733,20	824,85		691,36	777,78
	V	17.730,00	92,10	1.418,40	1.595,70	92,10	1.418,40	1.595,70	92,10	1.418,40	1.595,70	92,10	1.418,40	1.595,70	92,10	1.418,40	1.595,70	92,10	1.418,40	1.595,70	92,10	1.418,40	1.595,70
	VI	18.117,00	138,15	1.449,36	1.630,53	138,15	1.449,36	1.630,53	138,15	1.449,36	1.630,53	138,15	1.449,36	1.630,53	138,15	1.449,36	1.630,53	138,15	1.449,36	1.630,53	138,15	1.449,36	1.630,53
54.035,99	I	13.312,00		1.064,96	1.198,08		970,64	1.091,97		879,44	989,37		791,28	890,19		706,24	794,52		624,32	702,36		545,44	613,62
	II	12.776,00		1.022,08	1.149,84		929,20	1.045,35		839,36	944,28		752,56	846,63		668,96	752,58		588,40	661,95		510,88	574,74
	III	8.244,00		659,52	741,96		592,16	666,18		526,24	592,02		461,92	519,66		399,20	449,10		337,92	380,16		278,24	313,02
	IV	13.312,00		1.064,96	1.198,08		1.017,36	1.144,53		970,64	1.091,97		924,64	1.040,22		879,44	989,37		834,96	939,33		791,28	890,19
	V	19.197,00	266,67	1.535,76	1.727,73	266,67	1.535,76	1.727,73	266,67	1.535,76	1.727,73	266,67	1.535,76	1.727,73	266,67	1.535,76	1.727,73	266,67	1.535,76	1.727,73	266,67	1.535,76	1.727,73
	VI	19.583,00	312,61	1.566,64	1.762,47	312,61	1.566,64	1.762,47	312,61	1.566,64	1.762,47	312,61	1.566,64	1.762,47	312,61	1.566,64	1.762,47	312,61	1.566,64	1.762,47	312,61	1.566,64	1.762,47

Jahrestabelle

Allgemeine

			Solidaritätszuschlag und Kirchensteuer für 0 bis 3 Kinderfreibeträge																				
			0,0			0,5			1,0			1,5			2,0			2,5			3,0		
Brutto bis	StKl	LSt	SolZ	KiSt 8%	KiSt 9%	SolZ	KiSt 8%	KiSt 9%	SolZ	KiSt 8%	KiSt 9%	SolZ	KiSt 8%	KiSt 9%	SolZ	KiSt 8%	KiSt 9%	SolZ	KiSt 8%	KiSt 9%	SolZ	KiSt 8%	KiSt 9%
56.267,99	I	14.225,00		1.138,00	1.280,25		1.041,44	1.171,62		947,92	1.066,41		857,44	964,62		770,08	866,34		685,76	771,48		604,56	680,13
	II	13.677,00		1.094,16	1.230,93		998,88	1.123,74		906,80	1.020,15		817,68	919,89		731,68	823,14		648,80	729,90		569,04	640,17
	III	8.892,00		711,36	800,28		642,88	723,24		575,84	647,82		510,40	574,20		446,40	502,20		384,00	432,00		323,20	363,60
	IV	14.225,00		1.138,00	1.280,25		1.089,36	1.225,53		1.041,44	1.171,62		994,24	1.118,52		947,92	1.066,41		902,24	1.015,02		857,44	964,62
	V	20.134,00	378,18	1.610,72	1.812,06	378,18	1.610,72	1.812,06	378,18	1.610,72	1.812,06	378,18	1.610,72	1.812,06	378,18	1.610,72	1.812,06	378,18	1.610,72	1.812,06	378,18	1.610,72	1.812,06
	VI	20.521,00	424,23	1.641,68	1.846,89	424,23	1.641,68	1.846,89	424,23	1.641,68	1.846,89	424,23	1.641,68	1.846,89	424,23	1.641,68	1.846,89	424,23	1.641,68	1.846,89	424,23	1.641,68	1.846,89
56.483,99	I	14.314,00		1.145,12	1.288,26		1.048,40	1.179,45		954,64	1.073,97		863,92	971,91		776,32	873,36		691,84	778,32		610,40	686,70
	II	13.765,00		1.101,20	1.238,85		1.005,76	1.131,48		913,36	1.027,53		824,08	927,09		737,92	830,16		654,80	736,65		574,72	646,56
	III	8.956,00		716,48	806,04		647,84	728,82		580,64	653,22		515,04	579,42		451,04	507,42		388,48	437,04		327,52	368,46
	IV	14.314,00		1.145,12	1.288,26		1.096,40	1.233,45		1.048,40	1.179,45		1.001,12	1.126,26		954,64	1.073,97		908,88	1.022,49		863,92	971,91
	V	20.225,00	389,01	1.618,00	1.820,25	389,01	1.618,00	1.820,25	389,01	1.618,00	1.820,25	389,01	1.618,00	1.820,25	389,01	1.618,00	1.820,25	389,01	1.618,00	1.820,25	389,01	1.618,00	1.820,25
	VI	20.611,00	434,94	1.648,88	1.854,99	434,94	1.648,88	1.854,99	434,94	1.648,88	1.854,99	434,94	1.648,88	1.854,99	434,94	1.648,88	1.854,99	434,94	1.648,88	1.854,99	434,94	1.648,88	1.854,99
57.743,99	I	14.833,00		1.186,64	1.334,97		1.089,20	1.225,35		994,08	1.118,34		902,08	1.014,84		813,20	914,85		727,36	818,28		644,64	725,22
	II	14.284,00		1.142,72	1.285,56		1.046,00	1.176,75		952,32	1.071,36		861,68	969,39		774,16	870,93		689,76	775,98		608,40	684,45
	III	9.326,00		746,08	839,34		676,80	761,40		608,96	685,08		542,72	610,56		478,08	537,84		414,88	466,74		353,28	397,44
	IV	14.833,00		1.186,64	1.334,97		1.137,84	1.280,07		1.089,20	1.225,35		1.041,28	1.171,44		994,08	1.118,34		947,76	1.066,23		902,08	1.014,84
	V	20.754,00	451,96	1.660,32	1.867,86	451,96	1.660,32	1.867,86	451,96	1.660,32	1.867,86	451,96	1.660,32	1.867,86	451,96	1.660,32	1.867,86	451,96	1.660,32	1.867,86	451,96	1.660,32	1.867,86
	VI	21.141,00	498,01	1.691,28	1.902,69	498,01	1.691,28	1.902,69	498,01	1.691,28	1.902,69	498,01	1.691,28	1.902,69	498,01	1.691,28	1.902,69	498,01	1.691,28	1.902,69	498,01	1.691,28	1.902,69
67.319,99	I	18.817,00	221,45	1.505,36	1.693,53	207,09	1.407,76	1.583,73	192,73	1.310,16	1.473,93	178,38	1.212,64	1.364,22	164,03	1.115,04	1.254,42	149,92	1.019,12	1.146,51	136,27	926,32	1.042,11
	II	18.267,00	156,00	1.461,36	1.644,03	145,58	1.363,84	1.534,32	135,17	1.266,24	1.424,52	124,75	1.168,64	1.314,72	114,37	1.071,44	1.205,37	104,28	976,96	1.099,08	94,52	885,52	996,21
	III	12.292,00		983,36	1.106,28		908,56	1.022,58		836,16	940,68		764,80	860,40		695,20	782,10		626,88	705,24		560,32	630,36
	IV	18.817,00	221,45	1.505,36	1.693,53	214,27	1.456,56	1.638,63	207,09	1.407,76	1.583,73	199,91	1.358,96	1.528,83	192,73	1.310,16	1.473,93	185,56	1.261,44	1.419,12	178,38	1.212,64	1.364,22
	V	24.776,00	930,58	1.982,08	2.229,84	930,58	1.982,08	2.229,84	930,58	1.982,08	2.229,84	930,58	1.982,08	2.229,84	930,58	1.982,08	2.229,84	930,58	1.982,08	2.229,84	930,58	1.982,08	2.229,84
	VI	25.162,00	976,51	2.012,96	2.264,58	976,51	2.012,96	2.264,58	976,51	2.012,96	2.264,58	976,51	2.012,96	2.264,58	976,51	2.012,96	2.264,58	976,51	2.012,96	2.264,58	976,51	2.012,96	2.264,58

Jahrestabelle

Allgemeine

Solidaritätszuschlag und Kirchensteuer für 0 bis 3 Kinderfreibeträge

Brutto bis	StKl	LSt	0,0			0,5			1,0			1,5			2,0			2,5			3,0		
			SolZ	KiSt 8%	KiSt 9%	SolZ	KiSt 8%	KiSt 9%	SolZ	KiSt 8%	KiSt 9%	SolZ	KiSt 8%	KiSt 9%	SolZ	KiSt 8%	KiSt 9%	SolZ	KiSt 8%	KiSt 9%	SolZ	KiSt 8%	KiSt 9%
24.407,99	I	3.250,00		260,00	292,50		196,64	221,22		136,32	153,36		79,04	88,92		29,36	33,03						
	II	2.888,00		231,04	259,92		169,04	190,17		110,16	123,93		55,20	62,10		10,80	12,15						
	III	524,00		41,92	47,16		3,52	3,96																
	IV	3.250,00		260,00	292,50		227,92	256,41		196,64	221,22		166,08	186,84		136,32	153,36		107,28	120,69		79,04	88,92
	V	6.784,00		542,72	610,56		542,72	610,56		542,72	610,56		542,72	610,56		542,72	610,56		542,72	610,56		542,72	610,56
	VI	7.152,00		572,16	643,68		572,16	643,68		572,16	643,68		572,16	643,68		572,16	643,68		572,16	643,68		572,16	643,68
24.767,99	I	3.351,00		268,08	301,59		204,32	229,86		143,60	161,55		86,00	96,75		34,88	39,24						
	II	2.987,00		238,96	268,83		176,56	198,63		117,28	131,94		61,52	69,21		15,68	17,64						
	III	588,00		47,04	52,92		7,84	8,82																
	IV	3.351,00		268,08	301,59		235,84	265,32		204,32	229,86		173,60	195,30		143,60	161,55		114,40	128,70		86,00	96,75
	V	6.928,00		554,24	623,52		554,24	623,52		554,24	623,52		554,24	623,52		554,24	623,52		554,24	623,52		554,24	623,52
	VI	7.300,00		584,00	657,00		584,00	657,00		584,00	657,00		584,00	657,00		584,00	657,00		584,00	657,00		584,00	657,00
33.623,99	I	5.971,00		477,68	537,39		404,64	455,22		334,72	376,56		267,84	301,32		204,08	229,59		143,36	161,28		85,76	96,48
	II	5.555,00		444,40	499,95		372,72	419,31		304,16	342,18		238,72	268,56		176,32	198,36		117,04	131,67		61,28	68,94
	III	2.558,00		204,64	230,22		148,48	167,04		96,80	108,90		51,04	57,42		11,36	12,78						
	IV	5.971,00		477,68	537,39		440,80	495,90		404,64	455,22		369,28	415,44		334,72	376,56		300,88	338,49		267,84	301,32
	V	10.624,00		849,92	956,16		849,92	956,16		849,92	956,16		849,92	956,16		849,92	956,16		849,92	956,16		849,92	956,16
	VI	11.010,00		880,80	990,90		880,80	990,90		880,80	990,90		880,80	990,90		880,80	990,90		880,80	990,90		880,80	990,90
33.911,99	I	6.062,00		484,96	545,58		411,60	463,05		341,36	384,03		274,24	308,52		210,16	236,43		149,12	167,76		91,28	102,69
	II	5.644,00		451,52	507,96		379,60	427,05		310,72	349,56		244,96	275,58		182,32	205,11		122,72	138,06		66,40	74,70
	III	2.640,00		211,20	237,60		154,72	174,06		102,40	115,20		56,00	63,00		15,68	17,64						
	IV	6.062,00		484,96	545,58		447,92	503,91		411,60	463,05		376,08	423,09		341,36	384,03		307,44	345,87		274,24	308,52
	V	10.745,00		859,60	967,05		859,60	967,05		859,60	967,05		859,60	967,05		859,60	967,05		859,60	967,05		859,60	967,05
	VI	11.131,00		890,48	1.001,79		890,48	1.001,79		890,48	1.001,79		890,48	1.001,79		890,48	1.001,79		890,48	1.001,79		890,48	1.001,79
35.099,99	I	6.441,00		515,28	579,69		440,64	495,72		369,20	415,35		300,80	338,40		235,44	264,87		173,28	194,94		114,08	128,34
	II	6.016,00		481,28	541,44		408,08	459,09		338,00	380,25		270,96	304,83		207,04	232,92		146,24	164,52		88,48	99,54
	III	2.980,00		238,40	268,20		181,28	203,94		126,56	142,38		77,28	86,94		34,08	38,34						
	IV	6.441,00		515,28	579,69		477,60	537,30		440,64	495,72		404,56	455,13		369,20	415,35		334,64	376,47		300,80	338,40
	V	11.244,00		899,52	1.011,96		899,52	1.011,96		899,52	1.011,96		899,52	1.011,96		899,52	1.011,96		899,52	1.011,96		899,52	1.011,96
	VI	11.630,00		930,40	1.046,70		930,40	1.046,70		930,40	1.046,70		930,40	1.046,70		930,40	1.046,70		930,40	1.046,70		930,40	1.046,70
35.603,99	I	6.603,00		528,24	594,27		453,12	509,76		381,12	428,76		312,24	351,27		246,40	277,20		183,60	206,55		123,92	139,41
	II	6.175,00		494,00	555,75		420,32	472,86		349,68	393,39		282,16	317,43		217,76	244,98		156,40	175,95		98,08	110,34
	III	3.126,00		250,08	281,34		192,80	216,90		137,12	154,26		86,72	97,56		42,24	47,52		3,84	4,32			
	IV	6.603,00		528,24	594,27		490,32	551,61		453,12	509,76		416,72	468,81		381,12	428,76		346,32	389,61		312,24	351,27
	V	11.455,00		916,40	1.030,95		916,40	1.030,95		916,40	1.030,95		916,40	1.030,95		916,40	1.030,95		916,40	1.030,95		916,40	1.030,95
	VI	11.842,00		947,36	1.065,78		947,36	1.065,78		947,36	1.065,78		947,36	1.065,78		947,36	1.065,78		947,36	1.065,78		947,36	1.065,78
36.035,99	I	6.743,00		539,44	606,87		463,92	521,91		391,44	440,37		322,08	362,34		255,76	287,73		192,56	216,63		132,48	149,04
	II	6.313,00		505,04	568,17		430,88	484,74		359,76	404,73		291,84	328,32		226,88	255,24		165,12	185,76		106,40	119,70
	III	3.252,00		260,16	292,68		202,56	227,88		146,40	164,70		95,04	106,92		49,60	55,80		10,08	11,34			
	IV	6.743,00		539,44	606,87		501,28	563,94		463,92	521,91		427,28	480,69		391,44	440,37		356,32	400,86		322,08	362,34
	V	11.637,00		930,96	1.047,33		930,96	1.047,33		930,96	1.047,33		930,96	1.047,33		930,96	1.047,33		930,96	1.047,33		930,96	1.047,33
	VI	12.023,00		961,84	1.082,07		961,84	1.082,07		961,84	1.082,07		961,84	1.082,07		961,84	1.082,07		961,84	1.082,07		961,84	1.082,07

Jahrestabelle

Allgemeine

Solidaritätszuschlag und Kirchensteuer für 0 bis 3 Kinderfreibeträge

Brutto bis	StKl	LSt	0,0 SolZ	0,0 KiSt 8%	0,0 KiSt 9%	0,5 SolZ	0,5 KiSt 8%	0,5 KiSt 9%	1,0 SolZ	1,0 KiSt 8%	1,0 KiSt 9%	1,5 SolZ	1,5 KiSt 8%	1,5 KiSt 9%	2,0 SolZ	2,0 KiSt 8%	2,0 KiSt 9%	2,5 SolZ	2,5 KiSt 8%	2,5 KiSt 9%	3,0 SolZ	3,0 KiSt 8%	3,0 KiSt 9%
36.719,99	I	6.967,00		557,36	627,03		481,04	541,17		407,84	458,91		337,84	380,07		270,80	304,65		206,88	232,74		146,08	164,34
	II	6.532,00		522,56	587,88		447,76	503,73		375,92	422,91		307,28	345,69		241,60	271,80		179,12	201,51		119,68	134,64
	III	3.452,00		276,16	310,68		218,08	245,34		161,60	181,80		108,48	122,04		61,44	69,12		20,16	22,68			
	IV	6.967,00		557,36	627,03		518,80	583,65		481,04	541,17		444,08	499,59		407,92	458,91		372,48	419,04		337,84	380,07
	V	11.924,00		953,92	1.073,16		953,92	1.073,16		953,92	1.073,16		953,92	1.073,16		953,92	1.073,16		953,92	1.073,16		953,92	1.073,16
	VI	12.310,00		984,80	1.107,90		984,80	1.107,90		984,80	1.107,90		984,80	1.107,90		984,80	1.107,90		984,80	1.107,90		984,80	1.107,90
60.011,99	I	15.767,00		1.261,36	1.419,03		1.163,84	1.309,32		1.066,64	1.199,97		972,32	1.093,86		881,04	991,17		792,80	891,90		707,76	796,23
	II	15.218,00		1.217,44	1.369,62		1.119,84	1.259,82		1.023,76	1.151,73		930,80	1.047,15		840,96	946,08		754,16	848,43		670,40	754,20
	III	10.004,00		800,32	900,36		729,76	820,98		660,80	743,40		593,28	667,44		527,52	593,46		463,04	520,92		400,32	450,36
	IV	15.767,00		1.261,36	1.419,03		1.212,56	1.364,13		1.163,84	1.309,32		1.114,96	1.254,33		1.066,64	1.199,97		1.019,12	1.146,51		972,32	1.093,86
	V	21.707,00	565,36	1.736,56	1.953,63	565,36	1.736,56	1.953,63	565,36	1.736,56	1.953,63	565,36	1.736,56	1.953,63	565,36	1.736,56	1.953,63	565,36	1.736,56	1.953,63	565,36	1.736,56	1.953,63
	VI	22.093,00	611,30	1.767,44	1.988,37	611,30	1.767,44	1.988,37	611,30	1.767,44	1.988,37	611,30	1.767,44	1.988,37	611,30	1.767,44	1.988,37	611,30	1.767,44	1.988,37	611,30	1.767,44	1.988,37
60.875,99	I	16.123,00		1.289,84	1.451,07		1.192,24	1.341,27		1.094,72	1.231,56		999,52	1.124,46		907,36	1.020,78		818,24	920,52		732,24	823,77
	II	15.574,00		1.245,92	1.401,66		1.148,32	1.291,86		1.051,44	1.182,87		957,60	1.077,30		866,80	975,15		779,12	876,51		694,48	781,29
	III	10.264,00		821,12	923,76		750,24	844,02		680,80	765,90		612,80	689,40		546,56	614,88		481,76	541,98		418,40	470,70
	IV	16.123,00		1.289,84	1.451,07		1.241,04	1.396,17		1.192,24	1.341,27		1.143,44	1.286,37		1.094,72	1.231,56		1.046,72	1.177,56		999,52	1.124,46
	V	22.070,00	608,56	1.765,60	1.986,30	608,56	1.765,60	1.986,30	608,56	1.765,60	1.986,30	608,56	1.765,60	1.986,30	608,56	1.765,60	1.986,30	608,56	1.765,60	1.986,30	608,56	1.765,60	1.986,30
	VI	22.456,00	654,50	1.796,48	2.021,04	654,50	1.796,48	2.021,04	654,50	1.796,48	2.021,04	654,50	1.796,48	2.021,04	654,50	1.796,48	2.021,04	654,50	1.796,48	2.021,04	654,50	1.796,48	2.021,04
63.035,99	I	17.018,00	7,37	1.361,44	1.531,62	6,84	1.263,84	1.421,82	6,31	1.166,24	1.312,02	5,78	1.069,04	1.202,67	5,27	974,64	1.096,47	4,78	883,28	993,69	4,30	795,04	894,42
	II	16.468,00		1.317,44	1.482,12		1.219,92	1.372,41		1.122,32	1.262,61		1.026,16	1.154,43		933,12	1.049,76		843,12	948,51		756,24	850,77
	III	10.928,00		874,24	983,52		802,08	902,34		731,52	822,96		662,56	745,38		595,04	669,42		529,12	595,26		464,80	522,90
	IV	17.018,00	7,37	1.361,44	1.531,62	7,10	1.312,64	1.476,72	6,84	1.263,84	1.421,82	6,57	1.215,04	1.366,92	6,31	1.166,24	1.312,02	6,04	1.117,44	1.257,12	5,78	1.069,04	1.202,67
	V	22.977,00	716,49	1.838,16	2.067,93	716,49	1.838,16	2.067,93	716,49	1.838,16	2.067,93	716,49	1.838,16	2.067,93	716,49	1.838,16	2.067,93	716,49	1.838,16	2.067,93	716,49	1.838,16	2.067,93
	VI	23.363,00	762,43	1.869,04	2.102,67	762,43	1.869,04	2.102,67	762,43	1.869,04	2.102,67	762,43	1.869,04	2.102,67	762,43	1.869,04	2.102,67	762,43	1.869,04	2.102,67	762,43	1.869,04	2.102,67
63.431,99	I	17.184,00	27,13	1.374,72	1.546,56	25,20	1.277,12	1.436,76	23,27	1.179,60	1.327,05	21,35	1.082,16	1.217,43	19,48	987,36	1.110,78	17,67	895,52	1.007,46	15,92	806,88	907,74
	II	16.635,00		1.330,80	1.497,15		1.233,20	1.387,35		1.135,60	1.277,55		1.039,04	1.168,92		945,60	1.063,80		855,20	962,10		767,92	863,91
	III	11.052,00		884,16	994,68		811,84	913,32		741,12	833,76		671,84	755,82		604,16	679,68		538,08	605,34		473,44	532,62
	IV	17.184,00	27,13	1.374,72	1.546,56	26,16	1.325,92	1.491,66	25,20	1.277,12	1.436,76	24,24	1.228,32	1.381,86	23,27	1.179,60	1.327,05	22,31	1.130,80	1.272,15	21,35	1.082,16	1.217,43
	V	23.143,00	736,25	1.851,44	2.082,87	736,25	1.851,44	2.082,87	736,25	1.851,44	2.082,87	736,25	1.851,44	2.082,87	736,25	1.851,44	2.082,87	736,25	1.851,44	2.082,87	736,25	1.851,44	2.082,87
	VI	23.529,00	782,18	1.882,32	2.117,61	782,18	1.882,32	2.117,61	782,18	1.882,32	2.117,61	782,18	1.882,32	2.117,61	782,18	1.882,32	2.117,61	782,18	1.882,32	2.117,61	782,18	1.882,32	2.117,61
64.619,99	I	17.683,00	86,51	1.414,64	1.591,47	80,54	1.317,04	1.481,67	74,57	1.219,44	1.371,87	68,60	1.121,92	1.262,16	62,72	1.025,76	1.153,98	57,03	932,72	1.049,31	51,53	842,80	948,15
	II	17.133,00	21,06	1.370,64	1.541,97	19,56	1.273,12	1.432,26	18,06	1.175,52	1.322,46	16,56	1.078,24	1.213,02	15,11	983,44	1.106,37	13,70	891,84	1.003,32	12,34	803,28	903,69
	III	11.428,00		914,24	1.028,52		841,28	946,44		769,76	865,98		700,00	787,50		631,68	710,64		564,96	635,58		499,68	562,14
	IV	17.683,00	86,51	1.414,64	1.591,47	83,52	1.365,84	1.536,57	80,54	1.317,04	1.481,67	77,55	1.268,24	1.426,77	74,57	1.219,44	1.371,87	71,59	1.170,72	1.317,06	68,60	1.121,92	1.262,16
	V	23.642,00	795,63	1.891,36	2.127,78	795,63	1.891,36	2.127,78	795,63	1.891,36	2.127,78	795,63	1.891,36	2.127,78	795,63	1.891,36	2.127,78	795,63	1.891,36	2.127,78	795,63	1.891,36	2.127,78
	VI	24.028,00	841,56	1.922,24	2.162,52	841,56	1.922,24	2.162,52	841,56	1.922,24	2.162,52	841,56	1.922,24	2.162,52	841,56	1.922,24	2.162,52	841,56	1.922,24	2.162,52	841,56	1.922,24	2.162,52
65.015,99	I	17.849,00	106,26	1.427,92	1.606,41	98,99	1.330,32	1.496,61	91,73	1.232,80	1.386,90	84,47	1.135,20	1.277,10	77,29	1.038,72	1.168,56	70,33	945,20	1.063,35	63,61	854,88	961,74
	II	17.300,00	40,93	1.384,00	1.557,00	38,04	1.286,40	1.447,20	35,15	1.188,80	1.337,40	32,27	1.091,36	1.227,78	29,46	996,24	1.120,77	26,73	904,16	1.017,18	24,10	815,20	917,10
	III	11.554,00		924,32	1.039,86		851,04	957,42		779,52	876,96		709,44	798,12		640,96	721,08		573,92	645,66		508,48	572,04
	IV	17.849,00	106,26	1.427,92	1.606,41	102,62	1.379,12	1.551,51	98,99	1.330,32	1.496,61	95,37	1.281,60	1.441,80	91,73	1.232,80	1.386,90	88,10	1.184,00	1.332,00	84,47	1.135,20	1.277,10
	V	23.808,00	815,38	1.904,64	2.142,72	815,38	1.904,64	2.142,72	815,38	1.904,64	2.142,72	815,38	1.904,64	2.142,72	815,38	1.904,64	2.142,72	815,38	1.904,64	2.142,72	815,38	1.904,64	2.142,72
	VI	24.195,00	861,44	1.935,60	2.177,55	861,44	1.935,60	2.177,55	861,44	1.935,60	2.177,55	861,44	1.935,60	2.177,55	861,44	1.935,60	2.177,55	861,44	1.935,60	2.177,55	861,44	1.935,60	2.177,55

Jahrestabelle

Allgemeine

Solidaritätszuschlag und Kirchensteuer für 0 bis 3 Kinderfreibeträge

Brutto bis	StKl	LSt	0.0 SolZ	0.0 KiSt 8%	0.0 KiSt 9%	0.5 SolZ	0.5 KiSt 8%	0.5 KiSt 9%	1.0 SolZ	1.0 KiSt 8%	1.0 KiSt 9%	1.5 SolZ	1.5 KiSt 8%	1.5 KiSt 9%	2.0 SolZ	2.0 KiSt 8%	2.0 KiSt 9%	2.5 SolZ	2.5 KiSt 8%	2.5 KiSt 9%	3.0 SolZ	3.0 KiSt 8%	3.0 KiSt 9%
66.167,99	I	18.333,00	163,86	1.466,64	1.649,97	152,95	1.369,04	1.540,17	142,05	1.271,52	1.430,46	131,15	1.173,92	1.320,66	120,28	1.076,64	1.211,22	109,70	981,92	1.104,66	99,47	890,32	1.001,61
	II	17.784,00	98,53	1.422,72	1.600,56	91,77	1.325,12	1.490,76	85,01	1.227,52	1.380,96	78,25	1.130,01	1.271,25	71,58	1.033,60	1.162,80	65,12	940,32	1.057,86	58,87	850,08	956,34
	III	11.922,00		953,76	1.072,98		880,00	990,00		807,68	908,64		736,96	829,08		667,84	751,32		600,32	675,36		534,24	601,02
	IV	18.333,00	163,86	1.466,64	1.649,97	54,01	1.417,84	1.595,07	152,95	1.369,04	1.540,17	147,50	1.320,24	1.485,27	142,05	1.271,52	1.430,46	136,60	1.222,72	1.375,56	131,15	1.173,92	1.320,66
	V	24.292,00	872,98	1.943,36	2.186,28	872,98	1.943,36	2.186,28	872,98	1.943,35	2.186,28	872,98	1.943,35	2.186,28	872,98	1.943,36	2.186,28	872,98	1.943,36	2.186,28	872,98	1.943,36	2.186,28
	VI	24.679,00	919,03	1.974,32	2.221,11	919,03	1.974,32	2.221,11	919,03	1.974,32	2.221,11	919,03	1.974,32	2.221,11	919,03	1.974,32	2.221,11	919,03	1.974,32	2.221,11	919,03	1.974,32	2.221,11
75.527,99	I	22.264,00	631,65	1.781,12	2.003,76	597,06	1.683,60	1.894,05	562,45	1.586,00	1.784,25	527,84	1.488,40	1.674,45	493,23	1.390,80	1.564,65	458,64	1.293,28	1.454,94	424,03	1.195,68	1.345,14
	II	21.715,00	566,52	1.737,20	1.954,35	534,49	1.639,60	1.844,55	490,29	1.542,00	1.734,75	459,28	1.444,48	1.625,04	428,25	1.346,88	1.515,24	397,21	1.249,28	1.405,44	366,21	1.151,76	1.295,73
	III	15.024,00		1.201,92	1.352,16		1.123,20	1.263,60		1.046,08	1.176,84		970,40	1.091,70		896,32	1.008,36		823,68	926,64		752,64	846,72
	IV	22.264,00	631,65	1.781,12	2.003,76	614,34	1.732,32	1.948,86	597,06	1.683,60	1.894,05	579,76	1.634,80	1.839,15	562,45	1.586,00	1.784,25	545,14	1.537,20	1.729,35	527,84	1.488,40	1.674,45
	V	28.223,00	1.340,77	2.257,84	2.540,07	1.340,77	2.257,84	2.540,07	1.340,77	2.257,84	2.540,07	1.340,77	2.257,84	2.540,07	1.340,77	2.257,84	2.540,07	1.340,77	2.257,84	2.540,07	1.340,77	2.257,84	2.540,07
	VI	28.610,00	1.386,82	2.288,80	2.574,90	1.386,82	2.288,80	2.574,90	1.386,82	2.288,80	2.574,90	1.386,82	2.288,80	2.574,90	1.386,82	2.288,80	2.574,90	1.386,82	2.288,80	2.574,90	1.386,82	2.288,80	2.574,90
78.767,99	I	23.625,00	793,61	1.890,00	2.126,25	752,62	1.792,40	2.016,45	711,67	1.694,88	1.906,74	670,69	1.597,28	1.796,94	629,71	1.499,68	1.687,14	588,76	1.402,16	1.577,43	547,77	1.304,56	1.467,63
	II	23.076,00	728,28	1.846,08	2.076,84	689,77	1.748,48	1.967,04	651,27	1.650,88	1.857,24	612,79	1.553,36	1.747,53	574,30	1.455,76	1.637,73	535,79	1.358,16	1.527,93	497,32	1.260,64	1.418,22
	III	16.146,00		1.291,68	1.453,14		1.211,20	1.362,60		1.132,32	1.273,86		1.054,88	1.186,74		979,04	1.101,42		904,80	1.017,90		832,00	936,00
	IV	23.625,00	793,61	1.890,00	2.126,25	773,11	1.841,20	2.071,35	752,62	1.792,40	2.016,45	732,13	1.743,60	1.961,55	711,67	1.694,88	1.906,74	691,18	1.646,08	1.851,84	670,69	1.597,28	1.796,94
	V	29.584,00	1.502,73	2.366,72	2.662,56	1.502,73	2.366,72	2.662,56	1.502,73	2.366,72	2.662,56	1.502,73	2.366,72	2.662,56	1.502,73	2.366,72	2.662,56	1.502,73	2.366,72	2.662,56	1.502,73	2.366,72	2.662,56
	VI	29.971,00	1.548,78	2.397,68	2.697,39	1.548,78	2.397,68	2.697,39	1.548,78	2.397,68	2.697,39	1.548,78	2.397,68	2.697,39	1.548,78	2.397,68	2.697,39	1.548,78	2.397,68	2.697,39	1.548,78	2.397,68	2.697,39
83.123,99	I	25.455,00	1.011,28	2.036,40	2.290,95	962,90	1.938,80	2.181,15	914,43	1.841,20	2.071,35	865,95	1.743,60	1.961,55	817,52	1.646,08	1.851,84	769,05	1.548,48	1.742,04	720,57	1.450,88	1.632,24
	II	24.905,00	945,53	1.992,40	2.241,45	899,59	1.894,80	2.131,65	853,28	1.797,28	2.021,94	806,95	1.699,68	1.912,14	760,61	1.602,08	1.802,34	714,31	1.504,56	1.692,63	667,97	1.406,96	1.582,83
	III	17.690,00		1.415,20	1.592,10		1.332,48	1.499,04		1.251,20	1.407,60		1.171,52	1.317,96		1.093,44	1.230,12		1.016,80	1.143,90		941,76	1.059,48
	IV	25.455,00	1.011,28	2.036,40	2.290,95	987,14	1.987,60	2.236,05	962,90	1.938,80	2.181,15	938,67	1.890,00	2.126,25	914,43	1.841,20	2.071,35	890,19	1.792,40	2.016,45	865,95	1.743,60	1.961,55
	V	31.414,00	1.720,50	2.513,12	2.827,26	1.720,50	2.513,12	2.827,26	1.720,50	2.513,12	2.827,26	1.720,50	2.513,12	2.827,26	1.720,50	2.513,12	2.827,26	1.720,50	2.513,12	2.827,26	1.720,50	2.513,12	2.827,26
	VI	31.800,00	1.749,00	2.544,00	2.862,00	1.749,00	2.544,00	2.862,00	1.749,00	2.544,00	2.862,00	1.749,00	2.544,00	2.862,00	1.749,00	2.544,00	2.862,00	1.749,00	2.544,00	2.862,00	1.749,00	2.544,00	2.862,00
83.771,99	I	25.727,00	1.043,54	2.058,16	2.315,43	994,24	1.960,56	2.205,63	944,74	1.862,96	2.095,83	895,29	1.765,44	1.986,12	845,79	1.667,84	1.876,32	796,30	1.570,24	1.766,52	746,85	1.472,72	1.656,81
	II	25.177,00	978,29	2.014,16	2.265,93	930,92	1.916,64	2.156,22	883,51	1.819,04	2.046,42	836,11	1.721,44	1.936,62	788,54	1.623,92	1.826,91	741,34	1.526,32	1.717,11	693,93	1.428,72	1.607,31
	III	17.924,00		1.433,92	1.613,16		1.350,88	1.519,74		1.269,28	1.427,94		1.189,12	1.337,76		1.110,72	1.249,56		1.033,76	1.162,98		958,40	1.078,20
	IV	25.727,00	1.043,54	2.058,16	2.315,43	1.018,98	2.009,36	2.260,53	994,24	1.960,56	2.205,63	969,49	1.911,76	2.150,73	944,74	1.862,96	2.095,83	919,99	1.814,16	2.040,93	895,29	1.765,44	1.986,12
	V	31.686,00	1.742,73	2.534,88	2.851,74	1.742,73	2.534,88	2.851,74	1.742,73	2.534,88	2.851,74	1.742,73	2.534,88	2.851,74	1.742,73	2.534,88	2.851,74	1.742,73	2.534,88	2.851,74	1.742,73	2.534,88	2.851,74
	VI	32.072,00	1.763,96	2.565,76	2.886,48	1.763,96	2.565,76	2.886,48	1.763,96	2.565,76	2.886,48	1.763,96	2.565,76	2.886,48	1.763,96	2.565,76	2.886,48	1.763,96	2.565,76	2.886,48	1.763,96	2.565,76	2.886,48
98.747,99	I	32.017,00	1.760,53	2.561,36	2.881,53	1.693,84	2.463,76	2.771,73	1.626,74	2.366,16	2.661,93	1.559,69	2.268,64	2.552,22	1.492,59	2.171,04	2.442,42	1.425,49	2.073,44	2.332,62	1.358,44	1.975,92	2.222,91
	II	31.467,00	1.726,80	2.517,36	2.832,03	1.659,91	2.419,84	2.722,32	1.592,96	2.322,24	2.612,52	1.526,01	2.224,64	2.502,72	1.459,12	2.127,12	2.393,01	1.392,17	2.029,52	2.283,21	1.325,21	1.931,92	2.173,41
	III	23.588,00		1.887,04	2.122,92		1.796,00	2.020,50		1.706,40	1.919,70		1.618,56	1.820,88		1.532,00	1.723,50		1.447,04	1.627,92		1.363,68	1.534,14
	IV	32.017,00	1.760,53	2.561,36	2.881,53	1.727,39	2.512,56	2.826,63	1.693,84	2.463,76	2.771,73	1.660,29	2.414,96	2.716,83	1.626,74	2.366,16	2.661,93	1.593,18	2.317,36	2.607,03	1.559,69	2.268,64	2.552,22
	V	37.976,00	2.088,68	3.038,08	3.417,84	2.088,68	3.038,08	3.417,84	2.088,68	3.038,08	3.417,84	2.088,68	3.038,08	3.417,84	2.088,68	3.038,08	3.417,84	2.088,68	3.038,08	3.417,84	2.088,68	3.038,08	3.417,84
	VI	38.362,00	2.109,91	3.068,96	3.452,58	2.109,91	3.068,96	3.452,58	2.109,91	3.068,96	3.452,58	2.109,91	3.068,96	3.452,58	2.109,91	3.068,96	3.452,58	2.109,91	3.068,96	3.452,58	2.109,91	3.068,96	3.452,58
117.611,99	I	39.939,00	2.196,65	3.195,12	3.594,51	2.129,60	3.097,60	3.484,80	2.062,50	3.000,00	3.375,00	1.995,40	2.902,40	3.265,20	1.928,36	2.804,88	3.155,49	1.861,26	2.707,28	3.045,69	1.794,16	2.609,68	2.935,89
	II	39.390,00	2.166,65	3.151,20	3.545,10	2.099,35	3.053,60	3.435,30	2.032,31	2.956,00	3.325,50	1.965,22	2.858,44	3.215,74	1.898,11	2.760,88	3.105,99	1.831,06	2.663,36	2.996,28	1.763,96	2.565,76	2.886,48
	III	31.380,00		2.510,40	2.824,20		2.412,80	2.714,40		2.315,20	2.604,60		2.217,60	2.494,80		2.121,12	2.386,26		2.026,24	2.279,52		1.932,80	2.174,40
	IV	39.939,00	2.196,65	3.195,12	3.594,51	2.163,11	3.146,40	3.539,70	2.129,60	3.097,60	3.484,80	2.096,05	3.048,80	3.429,90	2.062,50	3.000,00	3.375,00	2.028,95	2.951,20	3.320,10	1.995,40	2.902,40	3.265,20
	V	45.899,00	2.524,45	3.671,92	4.130,91	2.524,45	3.671,92	4.130,91	2.524,45	3.671,92	4.130,91	2.524,45	3.671,92	4.130,91	2.524,45	3.671,92	4.130,91	2.524,45	3.671,92	4.130,91	2.524,45	3.671,92	4.130,91
	VI	46.285,00	2.545,68	3.702,80	4.165,65	2.545,68	3.702,80	4.165,65	2.545,68	3.702,80	4.165,65	2.545,68	3.702,80	4.165,65	2.545,68	3.702,80	4.165,65	2.545,68	3.702,80	4.165,65	2.545,68	3.702,80	4.165,65

Jahrestabelle

			Solidaritätszuschlag und Kirchensteuer für 0 bis 3 Kinderfreibeträge																				
			0,0			0,5			1,0			1,5			2,0			2,5			3,0		
Brutto bis	StKl	LSt	SolZ	KiSt 8%	KiSt 9%	SolZ	KiSt 8%	KiSt 9%	SolZ	KiSt 8%	KiSt 9%	SolZ	KiSt 8%	KiSt 9%	SolZ	KiSt 8%	KiSt 9%	SolZ	KiSt 8%	KiSt 9%	SolZ	KiSt 8%	KiSt 9%
60.011,99	I	16.259,00		1.300,68	1.463,28		1.203,12	1.353,48		1.105,44	1.243,68		1.009,92	1.136,16		917,40	1.032,12		828,00	931,44		741,60	834,36
	II	15.709,00		1.256,64	1.413,72		1.159,20	1.304,04		1.062,00	1.194,84		967,92	1.088,88		876,72	986,40		788,64	887,28		703,68	791,64
	III	10.364,00		829,08	932,76		757,92	852,60		688,32	774,36		620,28	697,80		553,68	622,92		488,76	549,84		425,40	478,56
	IV	16.259,00		1.300,68	1.463,28		1.251,84	1.408,32		1.203,12	1.353,48		1.154,28	1.298,52		1.105,44	1.243,68		1.057,32	1.189,44		1.009,92	1.136,16
	V	21.707,00	565,36	1.736,52	1.953,60	565,36	1.736,52	1.953,60	565,36	1.736,52	1.953,60	565,36	1.736,52	1.953,60	565,36	1.736,52	1.953,60	565,36	1.736,52	1.953,60	565,36	1.736,52	1.953,60
	VI	22.093,00	611,30	1.767,36	1.988,28	611,30	1.767,36	1.988,28	611,30	1.767,36	1.988,28	611,30	1.767,36	1.988,28	611,30	1.767,36	1.988,28	611,30	1.767,36	1.988,28	611,30	1.767,36	1.988,28
60.875,99	I	16.621,00		1.329,60	1.495,80		1.232,16	1.386,12		1.134,48	1.276,32		1.038,00	1.167,84		944,64	1.062,72		854,16	960,96		767,04	862,92
	II	16.072,00		1.285,68	1.446,48		1.188,12	1.336,68		1.090,68	1.227,00		995,52	1.119,96		903,48	1.016,40		814,56	916,32		728,64	819,72
	III	10.632,00		850,56	956,88		779,04	876,36		708,96	797,52		640,44	720,48		573,36	645,12		507,96	571,44		444,12	499,68
	IV	16.621,00		1.329,60	1.495,80		1.280,88	1.441,08		1.232,16	1.386,12		1.183,32	1.331,28		1.134,48	1.276,32		1.085,88	1.221,60		1.038,00	1.167,84
	V	22.070,00	608,56	1.765,56	1.986,24	608,56	1.765,56	1.986,24	608,56	1.765,56	1.986,24	608,56	1.765,56	1.986,24	608,56	1.765,56	1.986,24	608,56	1.765,56	1.986,24	608,56	1.765,56	1.986,24
	VI	22.456,00	654,50	1.796,40	2.021,04	654,50	1.796,40	2.021,04	654,50	1.796,40	2.021,04	654,50	1.796,40	2.021,04	654,50	1.796,40	2.021,04	654,50	1.796,40	2.021,04	654,50	1.796,40	2.021,04
78.731,99	I	24.121,00	852,63	1.929,60	2.170,80	809,51	1.832,04	2.061,00	766,40	1.734,48	1.951,32	723,28	1.636,92	1.841,52	680,17	1.539,36	1.731,72	637,06	1.441,80	1.622,04	593,94	1.344,24	1.512,24
	II	23.572,00	787,30	1.885,68	2.121,48	746,56	1.788,12	2.011,68	705,82	1.690,56	1.901,88	665,08	1.593,00	1.792,08	624,34	1.495,44	1.682,28	583,60	1.397,76	1.572,48	542,86	1.300,32	1.462,80
	III	16.560,00		1.324,80	1.490,40		1.243,68	1.399,08		1.164,12	1.309,68		1.086,00	1.221,84		1.009,56	1.135,80		934,68	1.051,56		861,36	969,12
	IV	24.121,00	852,63	1.929,60	2.170,80	831,03	1.880,88	2.115,96	809,51	1.832,04	2.061,00	787,92	1.783,20	2.006,16	766,40	1.734,48	1.951,32	744,88	1.685,76	1.896,48	723,28	1.636,92	1.841,52
	V	29.569,00	1.500,94	2.365,44	2.661,12	1.500,94	2.365,44	2.661,12	1.500,94	2.365,44	2.661,12	1.500,94	2.365,44	2.661,12	1.500,94	2.365,44	2.661,12	1.500,94	2.365,44	2.661,12	1.500,94	2.365,44	2.661,12
	VI	29.955,00	1.546,88	2.396,40	2.695,92	1.546,88	2.396,40	2.695,92	1.546,88	2.396,40	2.695,92	1.546,88	2.396,40	2.695,92	1.546,88	2.396,40	2.695,92	1.546,88	2.396,40	2.695,92	1.546,88	2.396,40	2.695,92
78.767,99	I	24.136,00	854,42	1.930,80	2.172,24	811,24	1.833,24	2.062,44	768,06	1.735,68	1.952,64	724,88	1.638,12	1.842,84	681,71	1.540,56	1.733,04	638,53	1.443,00	1.623,36	595,35	1.345,44	1.513,56
	II	23.587,00	789,08	1.886,88	2.122,80	748,27	1.789,32	2.013,00	707,47	1.691,76	1.903,20	666,66	1.594,20	1.793,52	625,86	1.496,64	1.683,72	585,05	1.398,96	1.573,92	544,25	1.301,52	1.464,12
	III	16.572,00		1.325,76	1.491,48		1.244,64	1.400,16		1.165,08	1.310,76		1.086,96	1.222,92		1.010,52	1.136,88		935,64	1.052,64		862,20	969,96
	IV	24.136,00	854,42	1.930,80	2.172,24	832,79	1.882,08	2.117,28	811,24	1.833,24	2.062,44	789,69	1.784,52	2.007,60	768,00	1.735,68	1.952,64	746,43	1.686,96	1.897,80	724,88	1.638,12	1.842,84
	V	29.584,00	1.502,73	2.366,64	2.662,56	1.502,73	2.366,64	2.662,56	1.502,73	2.366,64	2.662,56	1.502,73	2.366,64	2.662,56	1.502,73	2.366,64	2.662,56	1.502,73	2.366,64	2.662,56	1.502,73	2.366,64	2.662,56
	VI	29.971,00	1.548,78	2.397,60	2.697,36	1.548,78	2.397,60	2.697,36	1.548,78	2.397,60	2.697,36	1.548,78	2.397,60	2.697,36	1.548,78	2.397,60	2.697,36	1.548,78	2.397,60	2.697,36	1.548,78	2.397,60	2.697,36
98.711,99	I	32.513,00	1.788,12	2.601,00	2.926,08	1.721,88	2.503,44	2.816,28	1.653,96	2.405,76	2.706,48	1.586,88	2.308,32	2.596,80	1.519,80	2.210,64	2.487,00	1.452,72	2.113,08	2.377,20	1.385,64	2.015,52	2.267,52
	II	31.963,00	1.757,88	2.556,96	2.876,64	1.690,92	2.459,52	2.766,96	1.623,72	2.361,84	2.657,16	1.556,64	2.264,28	2.547,36	1.489,56	2.166,72	2.437,56	1.422,48	2.069,16	2.327,76	1.355,40	1.971,60	2.217,96
	III	24.056,00	1.788,12	1.924,64	2.165,04	1.754,64	1.832,76	2.061,84	1.721,04	1.742,64	1.960,56	1.687,56	1.654,08	1.860,84	1.653,96	1.566,96	1.762,92	1.620,36	1.481,40	1.666,56	1.586,88	1.397,40	1.572,12
	IV	32.513,00	1.788,12	2.601,00	2.926,08	1.754,64	2.552,16	2.871,24	1.721,04	2.503,44	2.816,28	1.687,56	2.454,60	2.761,44	1.653,96	2.405,76	2.706,48	1.620,36	2.357,04	2.651,64	1.586,88	2.308,32	2.596,80
	V	37.961,00	2.087,76	3.036,84	3.416,40	2.087,76	3.036,84	3.416,40	2.087,76	3.036,84	3.416,40	2.087,76	3.036,84	3.416,40	2.087,76	3.036,84	3.416,40	2.087,76	3.036,84	3.416,40	2.087,76	3.036,84	3.416,40
	VI	38.347,00	2.109,00	3.067,68	3.451,20	2.109,00	3.067,68	3.451,20	2.109,00	3.067,68	3.451,20	2.109,00	3.067,68	3.451,20	2.109,00	3.067,68	3.451,20	2.109,00	3.067,68	3.451,20	2.109,00	3.067,68	3.451,20
98.747,99	I	32.528,00	1.788,96	2.602,20	2.927,52	1.721,88	2.504,64	2.817,72	1.654,80	2.406,96	2.707,92	1.587,72	2.309,52	2.598,12	1.520,64	2.211,84	2.488,32	1.453,56	2.114,28	2.378,52	1.386,48	2.016,72	2.268,84
	II	31.978,00	1.758,72	2.558,16	2.877,96	1.691,64	2.460,72	2.768,28	1.624,56	2.363,04	2.658,48	1.557,48	2.265,48	2.548,68	1.490,40	2.167,92	2.439,00	1.423,32	2.070,36	2.329,20	1.356,24	1.972,80	2.219,40
	III	24.072,00	1.925,76	1.925,76	2.166,48	1.833,84	1.833,84	2.063,16	1.743,84	1.743,84	1.961,76	1.655,16	1.655,16	1.862,04	1.567,92	1.567,92	1.764,00	1.482,48	1.482,48	1.667,88	1.398,36	1.398,36	1.573,20
	IV	32.528,00	1.788,96	2.602,20	2.927,52	1.755,48	2.553,36	2.872,56	1.721,88	2.504,64	2.817,72	1.688,28	2.455,80	2.762,76	1.654,80	2.406,96	2.707,92	1.621,32	2.358,24	2.653,08	1.587,48	2.309,52	2.598,12
	V	37.976,00	2.088,60	3.038,04	3.417,84	2.088,60	3.038,04	3.417,84	2.088,60	3.038,04	3.417,84	2.088,60	3.038,04	3.417,84	2.088,60	3.038,04	3.417,84	2.088,60	3.038,04	3.417,84	2.088,60	3.038,04	3.417,84
	VI	38.362,00	2.109,84	3.068,88	3.452,52	2.109,84	3.068,88	3.452,52	2.109,84	3.068,88	3.452,52	2.109,84	3.068,88	3.452,52	2.109,84	3.068,88	3.452,52	2.109,84	3.068,88	3.452,52	2.109,84	3.068,88	3.452,52

Tagestabelle

Allgemeine

Solidaritätszuschlag und Kirchensteuer für 0 bis 3 Kinderfreibeträge

Brutto bis	StKl	LSt	SolZ (0,0)	KiSt 8%	KiSt 9%	SolZ (0,5)	KiSt 8%	KiSt 9%	SolZ (1,0)	KiSt 8%	KiSt 9%	SolZ (1,5)	KiSt 8%	KiSt 9%	SolZ (2,0)	KiSt 8%	KiSt 9%	SolZ (2,5)	KiSt 8%	KiSt 9%	SolZ (3,0)	KiSt 8%	KiSt 9%
58,29	I	6,44		0,52	0,58		0,35	0,39		0,19	0,22		0,06	0,07		0,00	0,00		0,00	0,00		0,00	0,00
	II	5,49		0,44	0,49		0,28	0,31		0,13	0,15		0,01	0,01		0,00	0,00		0,00	0,00		0,00	0,00
	III	0,19		0,02	0,02		0,00	0,00		0,00	0,00		0,00	0,00		0,00	0,00		0,00	0,00		0,00	0,00
	IV	6,44		0,52	0,58		0,43	0,49		0,35	0,39		0,27	0,30		0,19	0,22		0,12	0,14		0,06	0,07
	V	15,22		1,22	1,37		1,22	1,37		1,22	1,37		1,22	1,37		1,22	1,37		1,22	1,37		1,22	1,37
	VI	16,17		1,29	1,46		1,29	1,46		1,29	1,46		1,29	1,46		1,29	1,46		1,29	1,46		1,29	1,46
114,79	I	23,68		1,89	2,13		1,67	1,88		1,45	1,63		1,24	1,40		1,04	1,18		0,85	0,96		0,67	0,76
	II	22,40		1,79	2,02		1,57	1,77		1,36	1,53		1,15	1,30		0,96	1,08		0,77	0,87		0,59	0,67
	III	13,09		1,05	1,18		0,88	0,99		0,71	0,80		0,55	0,62		0,40	0,45		0,26	0,29		0,13	0,15
	IV	23,68		1,89	2,13		1,78	2,00		1,67	1,88		1,56	1,76		1,45	1,63		1,35	1,52		1,24	1,40
	V	38,49		3,08	3,46		3,08	3,46		3,08	3,46		3,08	3,46		3,08	3,46		3,08	3,46		3,08	3,46
	VI	39,56		3,16	3,56		3,16	3,56		3,16	3,56		3,16	3,56		3,16	3,56		3,16	3,56		3,16	3,56
120,09	I	25,55		2,04	2,30		1,81	2,04		1,59	1,79		1,38	1,55		1,17	1,32		0,98	1,10		0,79	0,89
	II	24,24		1,94	2,18		1,71	1,93		1,49	1,68		1,28	1,44		1,08	1,22		0,89	1,00		0,71	0,79
	III	14,50		1,16	1,30		0,99	1,11		0,82	0,92		0,66	0,74		0,50	0,56		0,35	0,39		0,21	0,24
	IV	25,55		2,04	2,30		1,93	2,17		1,81	2,04		1,70	1,91		1,59	1,79		1,48	1,67		1,38	1,55
	V	40,72		3,26	3,66		3,26	3,66		3,26	3,66		3,26	3,66		3,26	3,66		3,26	3,66		3,26	3,66
	VI	41,79		3,34	3,76		3,34	3,76		3,34	3,76		3,34	3,76		3,34	3,76		3,34	3,76		3,34	3,76
122,79	I	26,52		2,12	2,39		1,89	2,12		1,66	1,87		1,45	1,63		1,24	1,39		1,04	1,17		0,85	0,95
	II	25,19		2,02	2,27		1,79	2,01		1,56	1,76		1,35	1,52		1,15	1,29		0,95	1,07		0,77	0,86
	III	15,23		1,22	1,37		1,05	1,18		0,88	0,99		0,71	0,80		0,55	0,62		0,40	0,45		0,26	0,29
	IV	26,52		2,12	2,39		2,00	2,25		1,89	2,12		1,77	2,00		1,66	1,87		1,55	1,75		1,45	1,63
	V	41,85		3,35	3,77		3,35	3,77		3,35	3,77		3,35	3,77		3,35	3,77		3,35	3,77		3,35	3,77
	VI	42,93		3,43	3,86		3,43	3,86		3,43	3,86		3,43	3,86		3,43	3,86		3,43	3,86		3,43	3,86
137,59	I	32,04		2,56	2,88		2,31	2,60		2,07	2,33		1,84	2,07		1,62	1,82		1,40	1,58		1,20	1,35
	II	30,62		2,45	2,76		2,20	2,48		1,97	2,21		1,74	1,96		1,52	1,71		1,31	1,47		1,11	1,25
	III	19,33		1,55	1,74		1,37	1,54		1,19	1,34		1,02	1,14		0,85	0,96		0,69	0,77		0,53	0,59
	IV	32,04		2,56	2,88		2,44	2,74		2,31	2,60		2,19	2,47		2,07	2,33		1,96	2,20		1,84	2,07
	V	48,07	0,11	3,85	4,33	0,11	3,85	4,33	0,11	3,85	4,33	0,11	3,85	4,33	0,11	3,85	4,33	0,11	3,85	4,33	0,11	3,85	4,33
	VI	49,14	0,24	3,93	4,42	0,24	3,93	4,42	0,24	3,93	4,42	0,24	3,93	4,42	0,24	3,93	4,42	0,24	3,93	4,42	0,24	3,93	4,42
163,69	I	42,56		3,40	3,93		3,13	3,53		2,87	3,22		2,61	2,93		2,36	2,65		2,11	2,38		1,88	2,12
	II	41,03		3,28	3,69		3,01	3,39		2,75	3,09		2,49	2,80		2,25	2,53		2,01	2,26		1,78	2,00
	III	26,88		2,15	2,42		1,96	2,20		1,77	1,99		1,58	1,78		1,40	1,57		1,22	1,37		1,05	1,18
	IV	42,56		3,40	3,83		3,27	3,68		3,13	3,53		3,00	3,37		2,87	3,22		2,74	3,08		2,61	2,93
	V	59,03	1,41	4,72	5,31	1,41	4,72	5,31	1,41	4,72	5,31	1,41	4,72	5,31	1,41	4,72	5,31	1,41	4,72	5,31	1,41	4,72	5,31
	VI	60,10	1,54	4,81	5,41	1,54	4,81	5,41	1,54	4,81	5,41	1,54	4,81	5,41	1,54	4,81	5,41	1,54	4,81	5,41	1,54	4,81	5,41
173,39	I	46,60		3,73	4,19		3,46	3,89		3,19	3,58		2,92	3,28		2,66	2,99		2,40	2,70		2,16	2,43
	II	45,07		3,61	4,06		3,33	3,75		3,06	3,45		2,80	3,15		2,54	2,86		2,29	2,58		2,05	2,31
	III	29,86		2,39	2,65		2,19	2,46		1,99	2,24		1,80	2,03		1,62	1,82		1,43	1,61		1,26	1,41
	IV	46,60		3,73	4,19		3,59	4,04		3,46	3,90		3,32	3,74		3,19	3,58		3,05	3,43		2,92	3,28
	V	63,13	1,90	5,05	5,68	1,90	5,05	5,68	1,90	5,05	5,68	1,90	5,05	5,68	1,90	5,05	5,68	1,90	5,05	5,68	1,90	5,05	5,68
	VI	64,20	2,03	5,14	5,78	2,03	5,14	5,78	2,03	5,14	5,78	2,03	5,14	5,78	2,03	5,14	5,78	2,03	5,14	5,78	2,03	5,14	5,78

Jahrestabelle

Besondere

Brutto bis	StKl	LSt	_ Solidaritätszuschlag und Kirchensteuer für 0 bis 3 Kinderfreibeträge _			0,5			1,0			1,5			2,0			2,5			3,0		
			SolZ	KiSt 8%	KiSt 9%	SolZ	KiSt 8%	KiSt 9%	SolZ	KiSt 8%	KiSt 9%	SolZ	KiSt 8%	KiSt 9%	SolZ	KiSt 8%	KiSt 9%	SolZ	KiSt 8%	KiSt 9%	SolZ	KiSt 8%	KiSt 9%
15.551,95	I	1.074,00		85,92	96,66		34,80	39,15		13,68	15,39												
	II	768,00		61,44	69,12		15,60	17,55															
	III																						
	IV	1.074,00		85,92	96,66		58,88	66,24		34,80	39,15		13,68	15,39									
	V	3.592,00		287,36	323,28		287,36	323,28		287,36	323,28		287,36	323,28		287,36	323,28		287,36	323,28		287,36	323,28
	VI	3.912,00		312,96	352,08		312,96	352,08		312,96	352,08		312,96	352,08		312,96	352,08		312,96	352,08		312,96	352,08
17.063,95	I	1.444,00		115,52	129,96		66,00	74,25		14,48	16,29												
	II	1.123,00		89,84	101,07		38,00	42,75															
	III																						
	IV	1.444,00		115,52	129,96		87,12	98,01		60,00	67,50		35,76	40,23		14,48	16,29						
	V	4.116,00		329,28	370,44		329,28	370,44		329,28	370,44		329,28	370,44		329,28	370,44		329,28	370,44		329,28	370,44
	VI	4.428,00		354,24	398,52		354,24	398,52		354,24	398,52		354,24	398,52		354,24	398,52		354,24	398,52		354,24	398,52

Monatstabelle

Besondere

Brutto bis	StKl	LSt	_ Solidaritätszuschlag und Kirchensteuer für 0 bis 3 Kinderfreibeträge _			0,5			1,0			1,5			2,0			2,5			3,0		
			SolZ	KiSt 8%	KiSt 9%	SolZ	KiSt 8%	KiSt 9%	SolZ	KiSt 8%	KiSt 9%	SolZ	KiSt 8%	KiSt 9%	SolZ	KiSt 8%	KiSt 9%	SolZ	KiSt 8%	KiSt 9%	SolZ	KiSt 8%	KiSt 9%
842,99	I	4,58		0,37	0,41																		
	II																						
	III																						
	IV	4,58		0,36	0,41																		
	V	116,75		9,34	10,50		9,34	10,50		9,34	10,50		9,34	10,50		9,34	10,50		9,34	10,50		9,34	10,50
	VI	148,91		11,91	13,40		11,91	13,40		11,91	13,40		11,91	13,40		11,91	13,40		11,91	13,40		11,91	13,40
1.295,99	I	89,50		7,16	8,05		2,90	3,26		1,14	1,28													
	II	64,00		5,12	5,76		1,30	1,46															
	III																						
	IV	89,50		7,16	8,05		4,90	5,52		2,90	3,26		1,14	1,28									
	V	299,33		23,95	26,94		23,95	26,94		23,95	26,94		23,95	26,94		23,95	26,94		23,95	26,94		23,95	26,94
	VI	326,00		26,08	29,34		26,08	29,34		26,08	29,34		26,08	29,34		26,08	29,34		26,08	29,34		26,08	29,34

Tagestabelle

Besondere

Brutto bis	StKl	LSt	_ Solidaritätszuschlag und Kirchensteuer für 0 bis 3 Kinderfreibeträge _			0,5			1,0			1,5			2,0			2,5			3,0		
			SolZ	KiSt 8%	KiSt 9%	SolZ	KiSt 8%	KiSt 9%	SolZ	KiSt 8%	KiSt 9%	SolZ	KiSt 8%	KiSt 9%	SolZ	KiSt 8%	KiSt 9%	SolZ	KiSt 8%	KiSt 9%	SolZ	KiSt 8%	KiSt 9%
114,59	I	24,42		1,96	2,20		1,73	1,95		1,51	1,70		1,30	1,46		1,10	1,24		0,91	1,02		0,72	0,81
	II	23,12		1,85	2,09		1,63	1,83		1,42	1,59		1,21	1,36		1,01	1,14		0,82	0,92		0,64	0,72
	III	13,78		1,11	1,24		0,94	1,05		0,77	0,87		0,61	0,69		0,45	0,51		0,31	0,34		0,17	0,20
	IV	24,42		1,96	2,20		1,84	2,07		1,73	1,95		1,62	1,82		1,51	1,70		1,41	1,58		1,30	1,46
	V	38,42		3,08	3,46		3,08	3,46		3,08	3,46		3,08	3,46		3,08	3,46		3,08	3,46		3,08	3,46
	VI	39,49		3,16	3,56		3,16	3,56		3,16	3,56		3,16	3,56		3,16	3,56		3,16	3,56		3,16	3,56
114,69	I	24,45		1,96	2,20		1,73	1,95		1,51	1,70		1,30	1,47		1,10	1,24		0,91	1,02		0,72	0,81
	II	23,16		1,86	2,09		1,63	1,84		1,42	1,60		1,21	1,36		1,01	1,14		0,82	0,93		0,64	0,72
	III	13,81		1,11	1,25		0,94	1,06		0,77	0,87		0,61	0,69		0,45	0,51		0,31	0,35		0,18	0,20
	IV	24,45		1,96	2,20		1,85	2,08		1,73	1,95		1,62	1,82		1,51	1,70		1,41	1,58		1,30	1,47
	V	38,46		3,08	3,47		3,08	3,47		3,08	3,47		3,08	3,47		3,08	3,47		3,08	3,47		3,08	3,47
	VI	39,54		3,17	3,56		3,17	3,56		3,17	3,56		3,17	3,56		3,17	3,56		3,17	3,56		3,17	3,56

Lohn und Gehalt für Einsteiger

Schritt für Schritt vom Brutto zum Netto. So beherrschen Sie die Lohnabrechnung, Lohnsteuer, Sozialversicherungsbeiträge, Sachbezüge, SV-Meldungen, betriebliche Altersvorsorge, geringfügige Beschäftigung, Reisekosten, u.v.m.

Marita Schwarzbach

Lohn und Gehalt für Einsteiger. Schritt für Schritt vom Brutto zum Netto. So beherrschen Sie die Lohnabrechnung, Lohnsteuer, Sozialversicherungsbeiträge, Sachbezüge, SV-Meldungen, betriebliche Altersvorsorge, geringfügige Beschäftigung, Reisekosten, u.v.m.

Autorin:
Marita Schwarzbach,
Dozentin für Lohn und Gehalt, Rechnungswesen

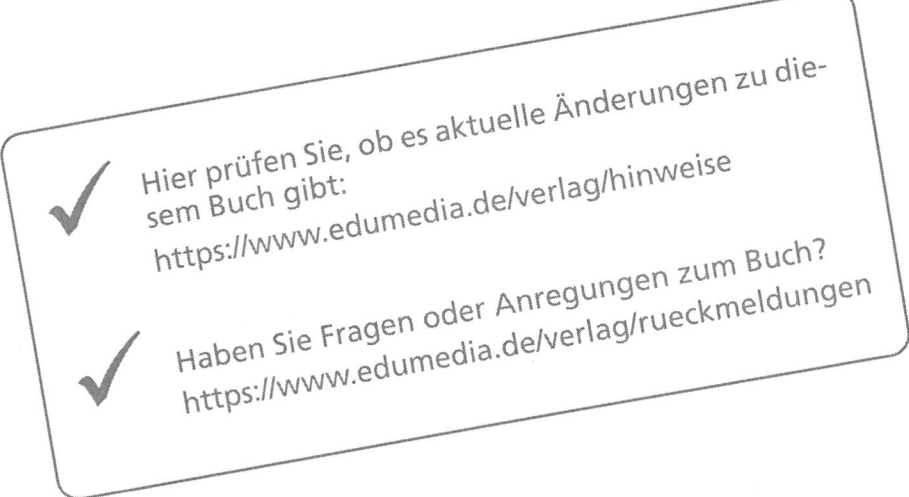

✓ Hier prüfen Sie, ob es aktuelle Änderungen zu diesem Buch gibt:
https://www.edumedia.de/verlag/hinweise

✓ Haben Sie Fragen oder Anregungen zum Buch?
https://www.edumedia.de/verlag/rueckmeldungen

1. Auflage, Druckversion vom 30.01.2023, POD-23.0

Verlag: EduMedia GmbH, Ziegelhüttenweg 4, 98693 Ilmenau
Redaktion: Julia Koschig
Layout, Satz und Druck: Schlötel GmbH, Arnoldstraße 13, 04299 Leipzig
Printed in Germany

Internetadresse: https://www.edumedia.de

ISBN 978-3-86718-**806**-7

Lernen leicht gemacht!

Für Ihren optimalen Lernerfolg enthält dieses Buch ...

Basiswissen:
verständliche Texte, hilfreiche Grafiken und Tabellen

Beispiele:
Anwendungsszenarien aus der beruflichen Praxis

Wissenskontrollfragen:
das erworbene Wissen wiedergeben

Übungen:
das erworbene Wissen anwenden

Glossar:
die wichtigsten Fachbegriffe auf einen Blick

Anhang:
Formulare, Übersichten und Lernhilfen

Gesetzestexte:
die wichtigsten Gesetze als Beilage zum Buch

Lohnsteuertabelle:
Übungs-Lohnsteuertabelle zur Bearbeitung der Übungen

Was Sie wissen sollten ...

Aus Gründen der besseren Lesbarkeit wird bei Personenbezeichnungen und personenbezogenen Hauptwörtern auf die gleichzeitige Verwendung der Sprachformen männlich, weiblich und divers (m/w/d) verzichtet. Entsprechende Begriffe gelten im Sinne der Gleichbehandlung grundsätzlich für alle Geschlechter. Die verkürzte Sprachform hat nur redaktionelle Gründe und beinhaltet keine Wertung.

Unser Unterrichtsmaterial soll Kursteilnehmenden helfen, Zusammenhänge zu erkennen und Verfahren zu erlernen - unabhängig von den im konkreten Einzelfall eingesetzten Rechenwerten. Aus didaktischen Gründen wurden daher die in Beispielen und Übungen verwendeten Lohnsteuerbeträge und Vorsorgeaufwendungen nicht aus der aktuellen Lohnsteuertabelle, sondern aus der beiliegenden Übungs-Lohnsteuertabelle ermittelt.

Bei der Ermittlung der Lohnsteuerbeträge wird in den Beispielen, wie auch in den Aufgaben, auf die Ermittlung der tatsächlichen Vorsorgeaufwendungen verzichtet. Es sind die beigefügten Muster-Lohnsteuertabellen (A und B) zu verwenden.

Wird der Begriff Ehegatten verwendet, sind damit auch gleichzeitig Lebenspartnerschaften gemeint. Weiterhin werden die Begriffe Arbeitsverhältnis und Dienstverhältnis synonym verwendet – auf Ausnahmen wird an gegebener Stelle hingewiesen.

Inhaltsverzeichnis

Arbeitsvertragliche Grundlagen

Dieses Kapitel führt in die arbeitsrechtlichen Grundlagen ein. Es vermittelt einen Überblick der wichtigsten Arbeitsgesetze sowie grundlegende Kenntnisse der Personalverwaltung und Lohnbuchführung.

Inhalt

- Arbeitnehmer und Arbeitgeber
- Gesetzliche Grundlagen
- Vertragliche Grundlagen
- Personalakte (Exkurs)

1.1 Arbeitnehmer und Arbeitgeber

Beispiel: Arbeitnehmer und Arbeitgeber

Frau Lehmann ist in der Firma ModeFix GmbH als Buchhalterin angestellt und arbeitet 40 Stunden in der Woche. Ihr Mann ist Drehbuchautor und hat eine Stelle bei einer Filmproduktionsfirma. Da beide berufstätig sind, haben sie sich ein Kindermädchen gesucht, das ihre Tochter aus dem Kindergarten abholt und zwei Stunden betreut, bis die Mutter von der Arbeit kommt. Das Kindermädchen bekommt für ihre regelmäßigen Dienste 520,00 € im Monat. Wer ist in diesem Beispiel Arbeitnehmer und wer Arbeitgeber?

1.1.1 Wer ist Arbeitnehmer?

Arbeitsverhältnis

Arbeitnehmer ist, wer sich vertraglich gegenüber einem anderen gegen Arbeitsentgelt zur Leistung von Diensten verpflichtet hat (§§ 611 und 611a BGB). Dies können z.B. Angestellte, Arbeiter, Beamte oder Auszubildende sein. Entscheidend für das Vorhandensein eines Arbeitsverhältnisses ist die **persönliche Abhängigkeit** des Beschäftigten vom Arbeitgeber. Arbeitnehmer unterliegen den Weisungen des Arbeitgebers, sind fest in die Arbeitsorganisation des Betriebes eingebunden und tragen kein eigenes unternehmerisches Risiko.

Der Arbeitnehmer ist **Schuldner von Arbeitsleistung** und **Gläubiger von Arbeitsentgelt**.

Beispiel: Arbeitnehmer und Arbeitgeber

Frau Lehmann ist demnach Arbeitnehmerin der ModeFix GmbH, Herr Lehmann ist Arbeitnehmer der Filmproduktion und das Kindermädchen ist Arbeitnehmerin bei Familie Lehmann in einem geringfügigen Beschäftigungsverhältnis.

1.1.2 Wer ist Arbeitgeber?

Als Arbeitgeber ist jeder anzusehen, der einen anderen als Arbeitnehmer beschäftigt. Arbeitgeber können Unternehmen aller Rechtsformen (AG, GmbH, KG, OHG, usw.) sein, aber auch Freiberufler, Gewerbetreibende, die öffentliche Hand (Bund, Länder und Gemeinden oder ein Privathaushalt (wenn z. B. regelmäßig eine Reinigungskraft beschäftigt wird). Entscheidend dabei ist, dass der Arbeitgeber Gläubiger von Arbeitsleistung und Schuldner von Arbeitsentgelt ist.

Beispiel: Arbeitnehmer und Arbeitgeber

In unserem Beispiel sind die Eheleute Lehmann also als Arbeitgeber gegenüber dem Kindermädchen anzusehen. Die Tatsache, dass sie gleichzeitig Arbeitnehmer sind, bleibt dabei unerheblich. Der Status eines Arbeitnehmers oder Arbeitgebers schließt nicht aus, dass die betreffende Person in einem anderen Arbeitsverhältnis den jeweils anderen Status einnimmt.

1.2 Gesetzliche Grundlagen

Der Arbeitgeber behält im Rahmen der Lohn- und Gehaltsabrechnung Steuerbeträge vom Arbeitnehmer ein und führt diese an das Betriebsstättenfinanzamt ab (Lohnsteuer, Kirchensteuer und Solidaritätszuschlag). Die gesetzlichen Vorschriften hierzu sind im Einkommensteuergesetz (EStG) geregelt. Ergänzend dazu gibt es die Einkommensteuer-Richtlinien (EStR), Lohnsteuer-Richtlinien (LStR), Einkommensteuer-Durchführungsverordnung (EStDV) und die Lohnsteuer-Durchführungsverordnung (LStDV). Ein gesondertes „Lohnsteuergesetz" gibt es nicht, da die Lohnsteuer keine eigenständige Steuer ist, sondern eine besondere Erhebungsform der Einkommensteuer darstellt. **Gesetze** regeln, ob ein bestimmter Anspruch besteht. **Durchführungsverordnungen** regeln das „wie". Verwaltung und Gerichte sind daran gebunden. **Richtlinien** sind Verwaltungsanweisungen, sie geben wieder, wie die Gesetze und die Durchführungsverordnungen auszulegen sind.

Steuergesetze

Neben den Steuern werden die **Sozialversicherungsbeiträge** vom Arbeitgeber einbehalten und abgeführt. Die Besonderheit dabei ist, dass der Arbeitgeber zusätzlich einen eigenen Anteil an den Sozialversicherungsbeiträgen zahlt. Die gesetzlichen Regelungen dazu sind in den Sozialgesetzbüchern (SGB) zu finden.

Sozialversicherungsrecht

In einer Reihe von Arbeitsgesetzen ist das Berufsleben und die Rechte und Pflichten von Arbeitnehmer und Arbeitgeber geregelt. Arbeitsgesetze dienen vor allem dazu, Beschäftigte vor gesundheitlichen Gefahren, sozialen Belastungen oder der Willkür des Arbeitgebers zu schützen und Mitbestimmungsmöglichkeiten einzuräumen. Indem beispielsweise Arbeitszeiten, Teilzeitarbeit oder Urlaubsansprüche geregelt werden, haben diese Gesetze unmittelbaren Einfluss auf die Lohn- und Gehaltsabrechnung:

Arbeitsgesetze

- Arbeitszeitgesetz
- Bundesurlaubsgesetz
- Entgeltfortzahlungsgesetz
- Mutterschutzgesetz
- Tarifvertragsgesetz
- Jugendarbeitsschutzgesetz
- Nachweisgesetz
- Mindestlohngesetz

Seit 01.01.2015 gilt der gesetzliche Mindestlohn, d. h. jeder Arbeitnehmer hat Anspruch auf Zahlung eines gesetzlichen Mindestlohnes pro Stunde, sofern für seine Branche oder seinen Betrieb keine anderen Mindestlohnregelungen in einem Tarifvertrag oder in einer Betriebsvereinbarung festgelegt sind. Der von der Mindestlohnkommission jeweils beschlossene aktuelle Mindestlohn gilt ausnahmslos für alle Branchen.

Gesetzlicher Mindestlohn

Zeitraum	Mindestlohn pro Stunde
01.01.2022 - 30.06.2022	9,82 €
01.07.2022 – 30.09.2022	10,45 €
ab dem 01.10.2022	12,00 €

Gemäß § 22 MiLoG sind vom Mindestlohn ausgenommen:

- Auszubildende

- Praktikanten*

- Minderjährige ohne abgeschlossene Berufsausbildung, z. B. Schüler

- in Werkstätten beschäftigte behinderte Menschen

- Strafgefangene

- Personen, die einen Freiwilligendienst leisten

- ehrenamtlich tätige Personen

- Langzeitarbeitslose gemäß § 18 SGB III in den ersten sechs Monaten des Beschäftigungsverhältnisses

* Sonderregelungen dazu finden Sie im Lehrbuch für Fortgeschrittene Kapitel 6.6.

1.3 Vertragliche Grundlagen

Arbeitsverträge

Arbeitsverträge sind Dienstverträge im Sinne des § 611 ff BGB und begründen das Arbeitsverhältnis zwischen Arbeitgeber und Arbeitnehmer. Als „Dienst" ist hier die Arbeitsleistung des Arbeitnehmers und als „Vergütung" das Arbeitsentgelt des Arbeitgebers zu sehen. Arbeitsverträge werden durch die zwingenden Bestimmungen der §§ 611 ff BGB in ihrer Vertragsfreiheit eingeschränkt (z. B. Verbot der geschlechtsbezogenen Benachteiligung, Maßregelungsverbot, Pflicht zu Schutzmaßnahmen). Die nicht zwingenden Bestimmungen können abgeändert werden.

1.3.1 Arten von Verträgen

> **Beispiel: Vertragsarten**
>
> In der ModeFix GmbH arbeiten neben Frau Lehmann 21 weitere Angestellte und zwei Außendienstmitarbeiter. Während Frau Lehmann einen Urlaubsanspruch von 28 Arbeitstagen im Jahr hat, haben die übrigen Angestellten einen Urlaubsanspruch von 26 Arbeitstagen bzw. 25 Arbeitstagen für die Außendienstmitarbeiter. Wie kommt es zu diesen Unterschieden, obwohl die ModeFix GmbH tarifgebunden ist?
>
> Der Grund liegt in unterschiedlichen Arten von Verträgen, die auch nebeneinander gültig sein können.

Tarifvertrag

Kollektivverträge

Tarifverträge sind so genannte Kollektivverträge, deren Bedingungen für eine bestimmte Gruppe von Arbeitnehmern und Arbeitgebern gelten. Sie werden zwischen Gewerkschaften und Arbeitgeberverbänden oder einzelnen Arbeitgebern abgeschlossen und gelten in der Regel für ein bestimmtes Tarifgebiet und eine Branche.

Tarifvertragsinhalte:

- Arbeitszeiten (z. B. Normalzeit, Nachtzeit)

- Freizeiten (Erholungsurlaub, Sonderurlaub)

- Grundentgelte

- Zuschläge für Arbeiten zu „Unzeiten" (z.B. Nachtarbeit)

- Arbeitgeberanteile zur Vermögensbildung

▩ Tarifliche Sonderleistungen (z. B. Urlaubsgeld, Weihnachtsgeld)

▩ Bemessungsgrundlagen für Urlaubsentgelt

▩ Verlängerung von Entgeltfortzahlung im Krankheitsfall bei langer Betriebszugehörigkeit

Ein Tarifvertrag zwischen einer Gewerkschaft und einem Arbeitgeberverband wird als **Verbandstarifvertrag** (auch Flächen- oder Branchentarifvertrag) bezeichnet. Vom Haustarifvertrag (oder Firmentarifvertrag) wird gesprochen, wenn die Regelungen zwischen einer Gewerkschaft und einem einzelnen Arbeitgeber zustande kommen. Die Tarifverträge regeln die Rechte und Pflichten der Tarifvertragsparteien (§ 1 Tarifvertragsgesetz). Tarifverträge bedürfen der Schriftform.

Tarifvertragsarten

Um eine höhere Flexibilität zu ermöglichen werden die Regelungsbereiche in getrennten Tarifverträgen ausgehandelt, die z. B. unterschiedliche Laufzeiten haben können. Inhaltlich werden daher **Rahmen- bzw. Manteltarifverträge** und **Vergütungstarifverträge** (z.B. Lohntarifverträge) unterschieden.

In **Manteltarifverträgen** werden die allgemeinen Arbeitsbedingungen (z. B. Kündigung, Arbeitszeiten, Urlaub usw.) geregelt. Oftmals werden bestimmte Rahmenbedingungen auch in weiteren Einzeltarifverträgen geregelt (z. B. Tarifverträge über Altersteilzeit, Urlaub oder Zusatzleistungen). Manteltarifverträge laufen meist über mehrere Jahre.

Festlegungen zur Höhe und Zusammensetzung der Vergütung werden entweder einheitlich in Entgelttarifverträgen geregelt oder in einzelnen Lohn-, Gehalts- und Ausbildungsvergütungstarifverträgen. **Vergütungstarifverträge** werden meist für eine Laufzeit von zwölf Monaten abgeschlossen.

Tarifverträge gelten für Arbeitnehmer, die Mitglied in der entsprechenden Gewerkschaft sind und deren Arbeitgeber entweder selbst Tarifvertragspartei ist (z. B. bei einem Haustarifvertrag) oder Mitglied in einem Arbeitgeberverband, der Tarifvertragspartei ist. Arbeitgeber, die in keinem Verband sind und selbst keinen Haustarifvertrag abgeschlossen haben sind auch Beschäftigten gegenüber, die Gewerkschaftsmitglieder sind, nicht tarifgebunden. Umgekehrt gelten Tarifverträge grundsätzlich zunächst nur für diejenigen Beschäftigten eines Betriebes, die Mitglied in der Gewerkschaft sind. Jedoch werden aufgrund des Gleichbehandlungsgrundsatzes auch Nicht-Gewerkschaftler den gewerkschaftlich organisierten Arbeitnehmern oftmals gleichgestellt.

Personenkreis

Das Bundesministerium für Arbeit und Soziales kann gemäß § 5 TVG einen Tarifvertrag für allgemeinverbindlich erklären. In diesem Fall sind alle Arbeitnehmer und Arbeitgeber dieser Branche tarifgebunden, egal ob sie Mitglied einer Tarifvertragspartei sind.

Allgemeinverbindlichkeit

Betriebsvereinbarung

Betriebsvereinbarungen zählen ebenso zu den kollektiven Arbeitsverträgen wie Tarifverträge. Sie werden zwischen dem Arbeitgeber und dem Betriebsrat abgeschlossen und haben somit **nur für diesen Betrieb Gültigkeit**. Durch Betriebsvereinbarungen können in nicht tarifgebundenen Betrieben entsprechende Regelungen getroffen oder aber bestehende Tarifverträge ergänzt werden. Die Arbeitnehmerbedingungen gültiger Tarifverträge dürfen durch zusätzliche Betriebsvereinbarungen nicht verschlechtert werden (Günstigkeitsprinzip).

Kollektivverträge

Für die Lohn- und Gehaltsrechnung sind oftmals betriebliche Regelungen zu folgenden Punkten von Bedeutung:

- Aufteilung der Arbeitszeit
- Zeitraum für Zeitausgleich
- Gleitzeit
- Schichtzeit

- Schichtzulagen
- Einstufungsrichtlinien
- Fahrtkostenzuschüsse
- Jahresprämie

Einzelarbeitsvertrag

Individueller Einzelvertrag

Der Einzelarbeitsvertrag ist ein **Individualvertrag** zwischen einem Arbeitgeber und einem einzelnen Arbeitnehmer. Für Einzelarbeitsverträge gilt grundsätzlich Vertragsfreiheit, allerdings dürfen geltende gesetzliche, tarifliche oder betriebliche Regelungen aus Sicht des Arbeitnehmers nicht verschlechtert werden.

Vor allem in Betrieben, in denen weder ein Tarifvertrag noch eine Betriebsvereinbarung gilt, kommt dem Einzelarbeitsvertrag besondere Bedeutung zu, da in ihm dann alle Regelungen, die das Beschäftigungsverhältnis betreffen festgehalten werden.

Zusammenspiel der Vertragsarten nach dem Günstigkeitsprinzip

Günstigkeitsprinzip

Die **Mindestbedingungen** für die Gestaltung eines Arbeitsverhältnisses bilden die gesetzlichen Regelungen. Diese dürfen weder durch Tarifverträge, noch durch Betriebsvereinbarungen oder Einzelarbeitsverträge unterlaufen werden. Ein tarifgebundenes Unternehmen darf die tariflichen Arbeitnehmerbedingungen nicht durch Betriebsvereinbarungen verschlechtern, es sei denn, es besteht eine gesetzliche Öffnungsklausel. Gleiches gilt für Einzelarbeitsverträge.

> **Beispiel: Vertragsarten**
>
> Die ModeFix GmbH unterliegt einem Tarifvertrag, in dem ein Jahresurlaub von 26 Arbeitstagen festgelegt ist. Außendienstmitarbeiter sind von dieser Regelung allerdings ausgenommen; sie hätten somit den gesetzlichen Urlaubsanspruch auf 24 Werktage. In einer Betriebsvereinbarung werden die Außendienstmitarbeiter der ModeFix GmbH aber bessergestellt, indem ihnen 25 Arbeitstage Urlaub im Jahr gewährt werden. Da ModeFix GmbH ein kinderfreundlicher Arbeitgeber sein möchte, wurde berücksichtigt, dass Frau Lehmann die einzige Angestellte mit einem schulpflichtigen Kind ist. In einem Einzelvertrag sind für sie daher zwei zusätzliche Urlaubstage festgelegt, die den tariflichen Anspruch von 26 Arbeitstagen auf 28 Arbeitstage erhöhen. *(Näheres zu Urlaubsregelungen finden Sie in Kapitel 6.3.5)*

1.3.2 Inhalt und Formerfordernis bei Arbeitsverträgen

> **Beispiel: Inhalt und Form von Arbeitsverträgen**
>
> Frau Lehmann hat bei ihrer Anstellung bei der ModeFix GmbH einen schriftlichen Arbeitsvertrag unterschrieben. Das Kindermädchen, das für Frau Lehmann arbeitet, hat dagegen keinen schriftlichen Arbeitsvertrag bekommen, es wurde nur eine mündliche Vereinbarung getroffen. Ist diese Vereinbarung überhaupt rechtswirksam?

Form von Arbeits-, Ausbildungs- und befristeten Verträgen

Grundsätzlich bedarf ein Arbeitsvertrag nicht der Schriftform. Mündliche Verträge sind ebenso rechtswirksam. In einigen Tarifverträgen ist allerdings die Schriftform des Arbeitsvertrages vorgeschrieben. Befristete Arbeitsverträge und Ausbildungsverträge bedürfen zwingend der Schriftform. In der Praxis empfiehlt es sich in jedem Fall einen detaillierten Arbeitsvertrag schriftlich festzuhalten und je ein Exemplar an Arbeitgeber und Arbeitnehmer auszuhändigen. Missverständnisse, die später eventuell zu Rechtsstreitigkeiten führen, können so ausgeschlossen werden.

Vertragsformen

Zudem hat jeder Arbeitnehmer Anspruch auf einen **schriftlichen Nachweis** über die wesentlichen Bedingungen des Arbeitsverhältnisses *(siehe auch Kapitel 1.3.3)*.

> **Beispiel: Inhalt und Form von Arbeitsverträgen**
>
> Die mündliche Vereinbarung mit dem Kindermädchen ist als rechtswirksamer Arbeitsvertrag anzusehen. Allerdings ist Frau Lehmann gegenüber dem Kindermädchen zur Aushändigung eines schriftlichen Nachweises über die wesentlichen Bedingungen des Arbeitsverhältnisses verpflichtet.

Inhalt von Arbeitsverträgen

Inhaltlich besteht für Arbeitsverträge grundsätzlich Vertragsfreiheit. Diese wird allerdings durch die §§ 611 ff BGB, durch verschiedene Arbeitsgesetze und durch Tarifverträge oder Betriebsvereinbarungen eingeschränkt. Wenn eine einzelne Regelung in einem Arbeitsvertrag einer geltenden gesetzlichen, tariflichen oder betrieblichen Festlegung widerspricht, wird dadurch nicht der gesamte Arbeitsvertrag nichtig. Anstelle der einzelnen Regelung gilt die entsprechende Mindestbestimmung aus Gesetz, Tarifvertrag oder Betriebsvereinbarung.

Vertragsfreiheit

In einem schriftlichen Arbeitsvertrag sollten die folgenden Angaben enthalten sein:

Inhalte eines Arbeitsvertrages

- Name und Anschrift der Vertragsparteien
- Beginn des Arbeitsverhältnisses
- Beginn und Ende des Arbeitsverhältnisses bei befristeten Arbeitsverträgen
- Dauer der Probezeit
- Arbeitsort/Arbeitsorte
- Beschreibung der zu leistenden Tätigkeiten
- regelmäßige monatliche/wöchentliche/tägliche Arbeitszeit
- Überstundenregelung
- Sachbezüge, Einmalzahlungen, Altersvorsorge, vermögenswirksame Leistungen
- Entgeltfortzahlungsregelungen
- Untersagung oder Anzeigepflicht von Nebentätigkeiten
- Anzahl der Urlaubstage
- Kündigungsfristen
- Wettbewerbsverbot für eine bestimmte Zeit nach Beendigung des Arbeitsverhältnisses
- Geheimhaltungsverpflichtungen

Ungültige Arbeitsverträge

Die Regelungen des Bürgerlichen Gesetzbuches zur Ungültigkeit von Rechtsgeschäften und Verträgen finden auch auf Arbeitsverträge Anwendung. Demnach sind Arbeitsverträge ungültig, wenn sie z. B. gegen die guten Sitten (§ 138 Abs. 1 BGB) oder gegen gesetzliche **Beschäftigungsverbote** (§ 134 BGB) verstoßen. Ein Arbeitsvertrag ist auch nichtig, wenn einer der Vertragsparteien **geschäftsunfähig** (nach § 104 BGB) ist oder wenn einer der Parteien die Erbringung der vertraglich festgelegten Leistung (Arbeitsleistung bzw. Vergütung) objektiv unmöglich ist (§ 306 BGB). Bei **beschränkter Geschäftsfähigkeit** einer Vertragspartei (§ 107 BGB) ist der Vertrag schwebend unwirksam und bedarf der nachträglichen Genehmigung durch einen gesetzlichen Vertreter.

Ausbildungsverträge

Wer einen anderen zur Berufsausbildung einstellt (Ausbildender), hat mit dem Auszubildenden einen **Berufsausbildungsvertrag** zu schließen (§ 10 Abs. 1 BBiG). Dabei sind grundsätzlich die Rechtsvorschriften und Rechtsgrundsätze anzuwenden, die auch für Arbeitsverträge gelten (§ 10 Abs. 2 BBiG). **Minderjährige** Auszubildende müssen durch ihre gesetzlichen Vertreter (Eltern) bevollmächtigt werden, eine Berufsausbildung aufzunehmen und einen entsprechenden Ausbildungsvertrag abzuschließen. Darüber hinaus gelten für Ausbildungsverhältnisse besondere Regelungen:

Besonderheiten bei
Auszubildenden

- Die Berufsausbildung von unter 18jährigen darf nur in anerkannten Ausbildungsberufen erfolgen, für die entsprechende Ausbildungsordnungen gelten.

- Der Arbeitgeber hat unverzüglich nach Abschluss des Ausbildungsvertrages, spätestens vor Ausbildungsbeginn, eine Niederschrift der wesentlichen Vertragsinhalte anzufertigen und diese selbst zu unterschreiben, sowie durch den Auszubildenden und dessen gesetzlichem Vertreter unterzeichnen zu lassen.

- Dem Auszubildenden ist durch den Arbeitgeber eine angemessene Vergütung zu zahlen. Ausbildungsverträge, die eine unangemessen niedrige oder gar keine Vergütung vorsehen sind nichtig. Der Verkauf von Ausbildungsplätzen, d. h. das Verlangen des Ausbildenden, der Auszubildende solle für die Ausbildung an ihn zahlen, ist sogar strafbar.

- Die Ausbildungsvergütung ist mindestens zu jedem neuen Ausbildungsjahr zu erhöhen. Eine innerbetriebliche unterschiedliche Bezahlung von Auszubildenden des gleichen Berufs (z. B. nach Leistung) ist nicht zulässig.

- Die Ausbildungsvergütung darf nicht vollständig aus Sachbezügen bestehen. Mindestens 25 % der Bruttoausbildungsvergütung ist als Geldbezug zu gewähren (§ 17 Abs. 6 BBiG).

- Der Ausbildende hat den Auszubildenden für die Teilnahme am Berufsschulunterricht und an Prüfungen sowie für Ausbildungsmaßnahmen außerhalb der Ausbildungsstätte freizustellen. Für die Zeit dieser Freistellungen ist die Vergütung weiterzuzahlen. Entgeltfortzahlung für bis zu sechs Wochen ist auch verpflichtend, bei Krankheit oder wenn der Auszubildende sich zur Ausbildung bereithält, diese aber nicht stattfindet (§ 19 BBiG).

- Die Probezeit für eine Berufsausbildung muss mindestens einen Monat und darf höchstens vier Monate dauern (§ 20 BBiG).

- Der Ausbildende hat dem Auszubildenden bei Beendigung des Berufsausbildungsverhältnisses ein Zeugnis auszustellen.

- Bei einem Nichtbestehen der Abschlussprüfung durch den Auszubildenden verlängert sich das Ausbildungsverhältnis bis zur nächsten Wiederholungsprüfung (höchstens um ein Jahr).

- Vor Ausbildungsbeginn ist für minderjährige Auszubildende durch einen Arzt eine gesundheitliche Unbedenklichkeitsbescheinigung auszustellen.

Befristete Arbeitsverträge

Auch für befristete Arbeitsverträge gelten besondere Regelungen, welche im Teilzeit- und Befristungsgesetz (TzBfG) geregelt sind. Vor allem bedürfen befristete Arbeitsverträge zu ihrer Wirksamkeit der Schriftform.

In der Lohnabrechnung ist speziell bei der Beurteilung über das Vorliegen einer kurzfristigen Beschäftigung *(siehe dazu Kapitel 10.6)* die Laufzeit eines solchen Vertrages von Bedeutung.

Besondere Regelungen

1.3.3 Nachweisgesetz

Arbeitgeberverpflichtung durch das Nachweisgesetz

Arbeitsverträge können sowohl schriftlich als auch mündlich vereinbart werden. Allerdings haben alle Arbeitnehmer einen Anspruch auf einen **schriftlichen Nachweis** über die wesentlichen Bedingungen des Arbeitsverhältnisses.

Der Arbeitgeber muss dem Arbeitnehmer am ersten Arbeitstag folgende Vertragsbedingungen aushändigen:

Aushändigung der Vertragsdaten

- Namen und Anschriften der Vertragsparteien
- Arbeitsentgelt (Höhe und Zusammensetzung)
- Arbeitszeiten

Innerhalb von 7 Arbeitstagen muss der Arbeitgeber dem Arbeitnehmer folgende Vertragsbedingungen aushändigen:

- Beginn des Arbeitsverhältnisses
- Tätigkeitsstätte
- Tätigkeitsbeschreibung
- Beginn und Ende von befristeten Arbeitsverhältnissen
- Dauer der Probezeit

Alle anderen Vertragsbedingungen muss der Arbeitgeber dem Arbeitnehmer gemäß § 2 Nachweisgesetz (NachwG) innerhalb von 1 Monat nach Arbeitsbeginn aushändigen.

Die Vertragsbedingungen müssen dem Arbeitnehmer unaufgefordert und in Schriftform übergeben werden; die elektronische Form ist ausgeschlossen.

Folgen bei Verstößen gegen das Nachweisgesetz

Verstöße gegen das Nachweisgesetz sind Ordnungswidrigkeiten, die mit Geldbußen bis zu 2.000,00 € pro Verstoß geahndet werden können.

Verstöße § 4 Nachweisgesetz (NachwG)

1.4 Die Personalakte (Exkurs)

Arbeitgeber führen für jeden Arbeitnehmer eine Personalakte. Darin sind alle Unterlagen und Informationen, die für das Arbeitsverhältnis von Bedeutung sind, enthalten. Die Personalakte kann in Papierform oder in elektronischer Form (digitale Personalakte) geführt werden.

Vollständige, aktuelle und sorgfältig geführte Personalakten sind ein unerlässliches Hilfsmittel für die Personalabteilung. Sie erleichtern die Personalverwaltung, -planung und -führung und erleichtern es dem Unternehmen, seinen steuer- und sozialversicherungsrechtlichen Pflichten nachzukommen.

Papierform – elektronische Form

Ab dem 01.01.2022 müssen gemäß § 8 Abs. 2 Beitragsverfahrensverordnung (BVV) alle Personalunterlagen in elektronischer Form aufbewahrt werden. Bis zum 31.12.2026 haben Arbeitgeber die Möglichkeit sich von der elektronischen Aufbewahrungspflicht befreien zu lassen, in dem sie einen Antrag auf "Befreiung von der elektronischen Aufbewahrungspflicht" beim Prüfdienst der Deutschen Rentenversicherung stellen.

Inhalt von Personalakten

In einer Personalakte sollten alle Unterlagen enthalten sein, die mit dem **Arbeitsverhältnis** und der **Person** des betreffenden Arbeitnehmers in Zusammenhang stehen. Dies können u. a. sein:

- Lohnsteuerabzugsmerkmale
- Sozialversicherungsunterlagen
- Arbeitsvertrag
- Gehaltsabrechnungen
- Personenstand
- Bewerbungsunterlagen
- Berufsausbildung, berufliche Entwicklung

- Beurteilungen
- Fähigkeiten, Leistungsindikatoren
- ärztliche Gutachten
- Arbeitsunfälle
- Krankheitszeiten
- Schriftwechsel
- Urlaubsvertretungen
- Verwarnungen, Abmahnungen

Einsichtnahme

Bisher ist nicht eindeutig gesetzlich geregelt, wer außer dem Arbeitgeber und dem betreffenden Arbeitnehmer **Einsicht** in eine Personalakte nehmen darf. Um seiner Fürsorgepflicht nachzukommen und dem Persönlichkeitsrecht des Arbeitnehmers gerecht zu werden hat der Arbeitgeber grundsätzlich Sorge zu tragen, dass **kein Unbefugter** Kenntnis über den Inhalt einer Personalakte erlangen kann. Betriebsfremden Dritten ist die Einsicht grundsätzlich nur mit dem Einverständnis des Arbeitnehmers gestattet. Aber auch betriebsintern ist der Kreis der einsichtsberechtigten Personen so klein wie möglich zu halten und vertraulich mit den Inhalten der Personalakte umzugehen.

Datenschutz

Bei Akten und Unterlagensammlungen, die nicht elektronisch erfasst sind, handelt es sich nicht um Dateien im Sinne des Bundesdatenschutzgesetzes. Personalakten unterliegen dem **Datenschutz**, egal ob sie in elektronischer Form gespeichert oder mittels Papier und Aktenmappe angelegt sind. Der Arbeitgeber hat daher sicherzustellen, dass die Personalakte vor falschen Eingaben, unbefugten Veränderungen oder der Information Dritter geschützt ist. Die Anzahl der Mitarbeiter, die eine Personalakte führen (Personalwesen) ist möglichst gering zu halten. Sämtliche Personalunterlagen, die elektronisch gespeichert sind, unterliegen den Regelungen des Bundesdatenschutzgesetzes (BDSG).

Jeder Arbeitnehmer ist berechtigt die über ihn geführte Personalakte **ohne Angabe von Gründen** einzusehen. Dabei darf er sich Notizen über deren Inhalt anfertigen. Einen Anspruch auf Fotokopien hat der Arbeitnehmer zwar nicht, in der Regel wird dies durch den Arbeitgeber aber gestattet. Darüber hinaus ist der Arbeitnehmer berechtigt ein Betriebsratsmitglied seiner Wahl zur Einsichtnahme hinzuzuziehen.

Rechte des Arbeitnehmers

Wenn der Beschäftigte mit bestimmten Inhalten (z. B. Beurteilungen) der Personalakte nicht einverstanden ist, kann er eine **schriftliche Stellungnahme** verfassen, die auf sein Verlangen der Personalakte hinzugefügt werden muss. Unrichtige Angaben müssen aus der Personalakte entfernt oder richtiggestellt werden. Vor allem Beurteilungen der fachlichen Eignung, Befähigung und Leistung eines Arbeitnehmers führen nicht selten zu Differenzen. Der Arbeitgeber ist verpflichtet solche Beurteilungen zu **begründen**. Im Streitfall kann der Arbeitnehmer das Arbeitsgericht anrufen und feststellen lassen, ob die zur Begründung angegebenen Sachverhalte tatsächlich zutreffen.

Praxisübungen

Die Lösungen finden Sie unter https://www.edumedia.de/verlag/loesungen.

Aufgabe 1: Arbeitsverträge

▨ Beantworten Sie folgende Fragen.

a) Welche Verträge bezeichnet man als Kollektivverträge?

----

b) Wer schließt einen Tarifvertrag ab?

----

c) Wer schließt Betriebsvereinbarungen ab?

----

d) Der Bäckermeister Krüger hat eine Konditorei mit Café eröffnet. Weder er noch seine Angestellten sind Mitglied in einer Gewerkschaft bzw. einem Arbeitgeberverband. Muss Herr Krüger beachten, ob es für ihn tarifvertragsrechtliche Regelungen gibt?

----

e) Der Kellner Schmidt beginnt am 01.02.2023 seine Arbeit im Restaurant Mehlig. Welche Angaben zum Arbeitsverhältnis muss die Niederschrift, die Herr Schmidt am ersten Arbeitstag erhält, gemäß Nachweisgesetz (NachwG) mindestens beinhalten?

Bleiben Sie Up-To-Date.

Die Broschüren Up-To-Date Finanzbuchhaltung und Up-To-Date Lohn und Gehalt enthalten alle wichtigen gesetzlichen Neuregelungen für das aktuelle Kalenderjahr übersichtlich dargestellt und anhand von Beispielen erklärt.

Bestellen Sie Ihr Vorteils-Abo für

nur 12,95 €[1] pro Jahr

✔ ohne Mindestlaufzeit
✔ jederzeit kündbar

Ich möchte einmal jährlich[2] die aktuelle Broschüre

☐ Up-To-Date **Finanzbuchhaltung** ab Ausgabe 20___

☐ Up-To-Date **Lohn und Gehalt** ab Ausgabe 20___

zum Jahres-Abo-Preis von jeweils 12,95 €[1]
an folgende Anschrift geliefert bekommen:

Name:_____ **Telefon:**_____

Vorname:_____ **E-Mail-Adresse:**_____

Straße, Hausnummer:_____ **Datum:**_____

PLZ, Ort:_____ **Unterschrift[3]:**_____

[1] zzgl. 3,95 € Versand

[2] Die Lieferung der Broschüre erfolgt einmal jährlich im Januar bis auf Widerruf. Ich kann das Abo jederzeit, ohne Kündigungsfrist mit einem formlosen Brief an EduMedia-Kundenservice, Ziegelhüttenweg 4, 98693 Ilmenau kündigen.

[3] Mit meiner Unterschrift bestätige ich die Allgemeinen Geschäfts- und Lieferbedingungen der EduMedia GmbH, Ilmenau, die ich auf www.edumedia.de einsehen kann.

EduMedia-Verlag
Fax: (05031) 90 98 01
Tel.: (05031) 90 98 00
E-Mail: info@edumedia.de
www.edumedia.de

Fachwissen. Immer auf dem neusten Stand.

2

Lohnabrechnung und Lohnkonto

In diesem Kapitel werden Ihnen die Grundbegriffe der Lohn- und Gehaltsabrechnung vorgestellt sowie Form, Inhalte und Funktionen eines Lohnkontos erläutert.

Inhalt

- Lohn- und Gehaltsabrechnung
- Gesamt-Brutto
- Gesetzliche Abzugsbeträge und Nettoverdienst
- Nettobezüge, Nettoabzüge und Auszahlungsbetrag
- Lohnkonto

2.1 Lohn- und Gehaltsabrechnung

Steuern und SV-Beiträge

Jeder Arbeitnehmer ist verpflichtet **Lohnsteuer, Solidaritätszuschlag** und ggf. **Kirchensteuer** an das Finanzamt zu zahlen. Ist er als sozialversicherungspflichtiger Arbeitnehmer in der Kranken-, Pflege-, Renten- oder Arbeitslosenversicherung beitragspflichtig, so sind entsprechende **Sozialversicherungsbeiträge** zu entrichten. Die Berechnung und Abführung der Abgaben übernimmt der Arbeitgeber und zieht die entsprechenden Beträge im Rahmen der Lohn- und Gehaltsabrechnung vom Arbeitsentgelt des Arbeitnehmers ab.

Brutto und Netto

Sowohl die Lohnsteuer als auch die Sozialversicherungsbeiträge richten sich in ihrer Höhe nach dem Arbeitseinkommen des Beschäftigten. Der Arbeitgeber berechnet die abzuführenden Beträge, zieht sie vom Gesamt-Brutto des Arbeitnehmers ab und entrichtet sie an das Finanzamt bzw. die Krankenkasse. Lohnsteuern, Solidaritätszuschlag, Kirchensteuer und Sozialabgaben werden als **gesetzliche Abzugsbeträge** bezeichnet. Der Arbeitnehmer bekommt vom Arbeitgeber dann nur noch den Auszahlungsbetrag.

2.2 Gesamt-Brutto

Formen des Gesamt-Brutto

Als **Gesamt-Brutto** werden alle Bezüge bezeichnet, die einem Arbeitnehmer als Vergütung seiner geleisteten Arbeit vom Arbeitgeber zufließen - unabhängig von ihrer steuerlichen und sozialversicherungsrechtlichen Behandlung. Dazu gehören sowohl **laufende Bezüge** (z. B. Lohn oder Gehalt), als auch **Einmalzahlungen** (z. B. Weihnachtgeld) und **Sachbezüge** (geldwerte Vorteile). Das Gesamt-Brutto ist arbeitsvertraglich für einen bestimmten Lohnabrechnungszeitraum (z. B. Monat oder Jahr) festgelegt.

laufende Bezüge	Einmalzahlungen	Sachbezüge
▪ Lohn oder Gehalt ▪ Überstundenvergütungen ▪ Zuschläge ▪ laufende Prämien ▪ Entgeltfortzahlung im Krankheitsfall ▪ Urlaubsentgelt ▪ Zuschuss zum Mutterschaftsgeld ▪ Zuschuss zur Vermögensbildung ▪ Zuschuss zur Altersversorgung	▪ Weihnachtsgeld ▪ Urlaubsgeld ▪ Tantiemen ▪ Jubiläumszulagen ▪ Heirats- und Geburtszulagen	▪ freie oder verbilligte Mahlzeiten ▪ freie oder verbilligte Unterkunft ▪ private Nutzung von Firmenwagen ▪ Rabatte ▪ Gutscheine, Geldkarten

2.3 Gesetzliche Abzugsbeträge und Nettoverdienst

Die einzelnen Bestandteile des Gesamt-Brutto sind zunächst hinsichtlich ihrer steuerlichen und sozialversicherungsrechtlichen Behandlung zu prüfen. Vom steuer- und sozialversicherungspflichtigen Brutto sind durch den Arbeitgeber die **gesetzlichen Abzugsbeträge** einzubehalten und an die zuständigen Stellen abzuführen.

Zu den **Steuerabzugsbeträgen** gehört die Lohnsteuer, der Solidaritätszuschlag und ggf. die Kirchensteuer. Sie werden aus dem steuerpflichtigen Brutto (Steuer-Brutto) ermittelt und an das Finanzamt abgeführt.

Steuern

Als **Sozialabgaben** sind die Arbeitnehmerbeiträge zur Kranken-, Pflege-, Renten- und Arbeitslosenversicherung vom sozialversicherungspflichtigen Bruttoentgelt (SV-Brutto) zu ermitteln und vom Gesamt-Brutto abzuziehen und zusammen mit den Arbeitgeberanteilen an die Krankenkasse des Arbeitnehmers zu entrichten.

Sozialversicherungsbeiträge

Nach Abzug der Steuerbeträge und der Sozialversicherungsbeiträge vom Gesamt-Brutto ergibt sich der **Nettoverdienst**.

Nettoverdienst

> Gesamt-Brutto
>
> - Steuerabzugsbeträge
>
> - Arbeitnehmeranteil der Pflichtsozialversicherungsbeiträge
>
> ─────────────────────────
>
> = Nettoverdienst

2.4 Nettobezüge, Nettoabzüge und Auszahlungsbetrag

Nicht immer ist der Nettoverdienst auch der Auszahlungsbetrag. Bezüge oder Abzüge, die kein steuer- und sozialversicherungspflichtiges Entgelt darstellen werden hinzugerechnet (Nettobezüge) oder abgezogen (Nettoabzüge).

Bezüge und Abzüge

> Nettoverdienst
>
> + steuer- und sozialversicherungsfreie Lohnarten, z. B. Kindergartenzuschuss oder Arbeitgeberzuschuss zur Kranken- und Pflegeversicherung für privat und freiwillig versicherte Arbeitnehmer
>
> - steuer- und sozialversicherungsfreie Lohnarten, z. B. Vorschuss, Tilgung eines zinslosen Arbeitgeberdarlehen
>
> Gesamtbeiträge zur Kranken- und Pflegeversicherung für freiwillig versicherte Arbeitnehmer
>
> - geldwerte Vorteile
>
> - Beiträge zur Vermögensbildung und Altersvorsorge
>
> ─────────────────────────
>
> = Auszahlungsbetrag

2.5 Abrechnung der Brutto-Netto-Bezüge (Lohnabrechnung)

Lohnabrechnung

Jeder Arbeitnehmer erhält zum Ende eines jeden Lohnabrechnungszeitraumes eine **Lohnabrechnung**. Die Lohnabrechnung beinhaltet neben den Personalstammdaten das Gesamtbrutto, das Steuerbrutto, das Sozialversicherungsbrutto, eventuelle Zuschüsse und/oder Abzüge, die Steuerabzugsbeträge, die Sozialversicherungsbeiträge bis hin zum Auszahlungsbetrag.

2.6 Lohnkonto

Sowohl im Steuer- als auch im Sozialversicherungsrecht sind die **Aufzeichnungspflichten** des Arbeitgebers geregelt. Danach hat er für jeden Beschäftigten und für jedes Kalenderjahr ein **Lohnkonto** zu führen.

Beim Lohnkonto handelt es sich nicht um ein Konto im Sinne der Finanzbuchführung, sondern um eine **Sammlung von Daten**, anhand derer zum einen die Lohnsteuerbescheinigung und die Meldung zur Sozialversicherung erstellt werden und zum anderen das zuständige Betriebsstättenfinanzamt und die Sozialversicherungsträger die korrekte Abführung der Steuern und Sozialversicherungsbeiträge überprüfen können.

Form von Lohnkonten

Die Form, in der das Lohnkonto geführt wird, ist nicht gesetzlich vorgeschrieben. Es ist daher unerheblich, ob es sich um eine Karteikarte, einen Ordner oder eine Computerdatei handelt. Da jedoch die Lohnsteuerbescheinigung und die Meldung zur Sozialversicherung elektronisch zu übermitteln sind wird in der Regel auch das Lohnkonto mittels EDV geführt.

Inhalt eines Lohnkontos

In das Lohnkonto sind zum einen die Stammdaten des Arbeitsnehmers, wie z. B. Anschrift, Vorname, Familienname und Geburtstag zu übernehmen, zum anderen die Merkmale, die für den Lohnsteuerabzug erforderlich sind. Außerdem werden die Versicherungsnummer, die Krankenversicherungsdaten und eventuell Daten zu vermögenswirksamen Leistungen und betriebliche Altersversorgung übernommen. Des Weiteren sind bei jeder Lohnzahlung detaillierte Angaben zur Art und Höhe des gezahlten Arbeitslohns einzutragen. Dazu gehören u. a.:

Angaben zu Lohnzahlungen

- Tag der Lohnzahlung und Lohnzahlungszeitraum, Unterbrechungszeiten
- steuerfreie Bezüge
- Sachbezüge und Versorgungsbezüge[1]
- einbehaltene und/oder übernommene Lohnabzugsbeträge
- Kurzarbeitergeld[1], Saison-Kurzarbeitergeld[1]
- Zuschuss zum Mutterschaftsgeld
- steuerfreie Aufstockungsbeträge[1]

Aufbewahrungsfristen

Der Arbeitgeber ist verpflichtet bestimmte Personalunterlagen für festgelegte Zeiträume **aufzubewahren**. Aus handels- und steuerrechtlicher Sicht sind Lohnunterlagen, soweit sie Buchungsgrundlage sind, **zehn Jahre** aufzubewahren (§ 257 Abs. 4 HGB, § 147 Abs. 3 AO). Die **Lohnkonten** und alle weiteren Unterlagen, die zum Lohnkonto eines

---

[1] *Auf diese Lohnzahlungen wird im Lehrbuch für Fortgeschrittene näher eingegangen.*

Arbeitnehmers gehören, sind **sechs Jahre** aufzubewahren *(§ 41 Abs. 1 Satz 9 EStG, siehe beiliegende Gesetzestexte).* Die Aufbewahrungsfristen beginnen im Folgejahr, das der Belegausstellung folgt.

Beispiel: Aufbewahrungsfrist

Herr Peter Müller kündigt sein Arbeitsverhältnis zum 30.04.2023. Der Arbeitgeber muss die Lohnkonten bis zum 31.12.2029 und alle buchungsrelevanten Lohnunterlagen bis zum 31.12.2033 aufbewahren.

Mit der Einführung des Mindestlohnes wurden für geringfügig und kurzfristig Beschäftigte gemäß § 17 Mindestlohngesetz (MiLoG) und für alle Arbeitnehmer in sofortmeldepflichtigen Wirtschaftsbereichen/Wirtschaftszweigen gemäß § 2a des Schwarzarbeitsbekämpfungsgesetz (SchwarzArbG) ausführliche Aufzeichnungspflichten eingeführt.

Aufzeichnungspflichten

Zu den sofortmeldepflichtigen Wirtschaftsbereichen/Wirtschaftszweigen gehören:

- Baugewerbe
- Gaststätten- und Beherbergungsgewerbe
- Personenbeförderungsgewerbe
- Speditions- Transport- und damit verbundenen Logistikgewerbe
- Schaustellergewerbe
- Unternehmen der Forstwirtschaft
- Gebäudereinigungsgewerbe
- Unternehmen die am Auf- und Abbau von Messen und Ausstellungen beteiligt sind
- Fleischwirtschaft
- Wach- und Sicherheitsgewerbe

Unternehmen, die zu den oben aufgeführten Wirtschaftsbereichen/Wirtschaftszweigen gehören, unterliegen der Sofortmeldepflicht in der Sozialversicherung. Diese Unternehmen müssen neue Arbeitnehmer spätestens am ersten Arbeitstag bei der Krankenkasse des Arbeitnehmers oder der Knappschaft-Bahn-See anmelden.

Der Arbeitgeber hat Beginn, Ende und Dauer der täglichen Arbeitszeit aller Arbeitnehmer bis zum Ablauf des siebten Tages nach erbrachter Arbeitsleistung zu dokumentieren (ausführliche Aufzeichnungspflicht) und diese Aufzeichnungen mindestens zwei Jahre lang aufzubewahren. Eine Aufbewahrungspflicht besteht immer dann, wenn auch eine Aufzeichnungspflicht besteht.

Bei geringfügig Beschäftigten in Privathaushalten entfällt die ausführliche Aufzeichnungspflicht. Der Arbeitgeber muss nur Datum und Anzahl der geleisteten Arbeitsstunden dokumentieren.

2.7 Elektronische Führung begleitender Arbeitsentgeltunterlagen

Ab dem 01.01.2022 sind Arbeitgeber und Arbeitnehmer verpflichtet begleitende und erläuternde Arbeitsentgeltunterlagen gemäß § 8 Abs. 2 Beitragsverfahrensverordnung (BVV) elektronisch zur Verfügung zu stellen und elektronisch zu verwalten.

Der **Arbeitgeber** hat nachfolgende Unterlagen und Daten elektronisch zur Verfügung zu stellen:

- Mitgliedsbescheinigung der Krankenkasse
- Daten zu Meldungen und Rückmeldungen der Krankenkasse
- Niederschrift gemäß § 2 Nachweisgesetz (NachwG)
- Krankenkassenbescheid bezüglich der Feststellung der Versicherungspflicht
- Aufzeichnungen und Bescheide gemäß dem Mindestlohngesetz (MiLoG) und dem Arbeitnehmer-Entsendegesetz (AEntG)

Der **Arbeitnehmer** hat nachfolgende Unterlagen und Daten elektronisch zur Verfügung zu stellen:

- Unterlagen zur Staatsangehörigkeit
- Unterlagen zu einer Versicherungsfreiheit oder Befreiung von der Versicherungspflicht
- Anträge von geringfügig Beschäftigten zur Befreiung von der Rentenversicherungspflicht
- Erklärung von geringfügig Beschäftigten/kurzfristig Beschäftigten über weitere geringfügige/kurzfristig Beschäftigungen
- Unterlagen bei einem Statusfeststellungsverfahren
- Immatrikulationsbescheinigung
- Nachweis der Elterneigenschaft

Aufbewahrung
Die Entgeltunterlagen werden gemäß den "Grundsätzen zur ordnungsgemäßen Führung und Aufbewahrung von Büchern, Aufzeichnungen und Unterlagen in elektronischer Form sowie zum Datenzugriff (GoBD)" geführt. Erlaubt sind PDF-Dateien und Bilddateien in den Formaten jpeg, bmp, png und tiff.

Elektronische Signatur
Mit einer qualifizierten elektronischen Signatur können elektronische Anträge und Erklärungen unterschrieben werden und ersetzen damit die handschriftliche Unterschrift.

Praxisübungen

Die Lösungen finden Sie unter https://www.edumedia.de/verlag/loesungen.

Aufgabe 1: Aufbewahrungspflichten und Meldepflichten

▥ Beurteilen Sie folgenden Fall.

a) Der Unternehmer Danz betreibt eine Gebäudereinigungsfirma, er beschäftigt neben Festangestellten auch geringfügige und kurzfristige Mitarbeiter. Leider ist es so, dass ein ständiger Wechsel bei den Mitarbeitern stattfindet. Da er nicht über die entsprechenden Räumlichkeiten verfügt, entsorgt er jedes Jahr alle Personalunterlagen mit Ausnahme der Lohnkonten; diese bewahrt er zwei Jahre auf. Ist dies korrekt?

Begründen Sie Ihre Antwort.

b) Welche Sofortmeldepflicht und welche Aufzeichnungspflicht muss Unternehmer Danz beachten? Benennen Sie die jeweilige dazugehörige gesetzliche Grundlage.

Aufgabe 2: Aufzeichnungspflichten

Welche Aufzeichnungspflichten wurden gemäß § 17 Mindestlohngesetz (MiLog) für geringfügig und kurzfristig Beschäftigte und für alle Arbeitnehmer die nach § 2a Schwarz arbeitsbekämpfungsgesetz (SchwarzArbG) beschäftigt sind, eingeführt?

3

Grundlagen Lohnsteuer

In diesem Kapitel lernen Sie die Steuerabzugsbeträge kennen, mit der Lohnsteuerabzugsmerkmale und Lohnsteuertabellen umzugehen sowie die Kirchensteuer und den Solidaritätszuschlag zu ermitteln.

Inhalt

- Steuerabzugsbeträge
- Grundlagen für den Lohnsteuerabzug
- Daten der ELStAM und deren Maßgeblichkeit
- Steuerklassen
- Freibeträge und Hinzurechnungsbeträge
- Lohnsteuertabelle
- Kirchensteuer und Solidaritätszuschlag

3.1 Die Steuerabzugsbeträge

Jeder Arbeitgeber ist verpflichtet, die **Lohnsteuer** als besondere Form der Einkommensteuervorauszahlung vom steuerpflichtigen Bruttoarbeitslohn des Arbeitnehmers einzubehalten und an das Betriebsstättenfinanzamt abzuführen. Neben der Lohnsteuer hat der Arbeitgeber noch den **Solidaritätszuschlag** und ggf. die **Kirchensteuer** einzubehalten und abzuführen.

Steuerabzugsbeträge sind:

- Lohnsteuer
- Solidaritätszuschlag
- Kirchensteuer

3.2 Arbeitsunterlagen in der Lohnsteuer

Lohnsteuerabzugsmerkmale

Um bei Arbeitnehmern die Lohnsteuer korrekt vom Steuer-Brutto abzuziehen und an das Betriebsstättenfinanzamt abzuführen, benötigt der Arbeitgeber die Lohnsteuerabzugsmerkmale des Arbeitnehmers.

- Steuerklasse (§ 38b EStG)
- Faktorverfahren anstelle Steuerklassenkombination III/V (§ 39f EStG)
- Zahl der Kinderfreibeträge bei den Steuerklassen I bis IV (§ 38b EStG)
- Festsetzung und Erhebung von Zuschlagsteuern (§ 51a EStG)
- Steuerfreibetrag und Hinzurechnungsbetrag (§ 39a EStG)

Nach § 42d Abs. 1 EStG haftet der Arbeitgeber für die Einbehaltung und Abführung der Steuerbeträge vom steuerpflichtigen Brutto des Arbeitnehmers. In diesem Zusammenhang ist es von Bedeutung, ob ein Mitarbeiter den Status eines Arbeitnehmers trägt oder selbständig ist.

Nach Definition des § 1 LStDV sind Arbeitnehmer Personen, die im öffentlichen oder privaten Dienst gegen Entgelt beschäftigt sind. Der Arbeitnehmer schuldet die vereinbarte Arbeitsleistung und der Arbeitgeber schuldet den vereinbarten Lohn. Zur Abgrenzung zu Nicht-Arbeitnehmern (Selbstständige, Freiberufler) muss der Arbeitnehmer im betrieblichen Organismus des Arbeitgebers eingegliedert sein und dessen Weisungen unterliegen.

Nach der gängigen Rechtsprechung ist weiterhin von der Annahme eines Beschäftigungsverhältnisses aus Sicht der Lohnsteuer auszugehen, wenn der Arbeitnehmer u. a. wirtschaftlich abhängig ist, der Arbeitgeber über Ort, Zeit und Inhalt der Tätigkeit bestimmt, der Arbeitnehmer kein unternehmerisches Risiko (z. B. Kapitaleinsatz) trägt und der Arbeitnehmer in den Betrieb eingegliedert ist.

Die Arbeitnehmereigenschaft ist nach dem Gesamtbild der Verhältnisse zu beurteilen.

Wie erhält der Arbeitgeber die benötigten Informationen?

Die erforderlichen Daten werden durch den Arbeitgeber beim **Bundeszentralamt für Steuern (BZSt)** elektronisch abgerufen (Elektronische LohnSteuerAbzugsMerkmale = ELStAM).

ELStAM-Verfahren

Zum Abruf der elektronischen Lohnsteuerabzugsmerkmale muss der Arbeitgeber folgende Angaben machen:

- Steuer-Identifikationsnummer des Arbeitnehmers
- Geburtsdatum des Arbeitnehmers
- Beginn des Arbeitsverhältnisses
- Angabe, ob es sich um das erste oder ein weiteres Arbeitsverhältnis handelt – wird hierüber keine Angabe gemacht, geht die Finanzverwaltung automatisch von einem weiteren Arbeitsverhältnis aus
- Angabe, ob und in welcher Höhe ein Freibetrag abgerufen werden soll

Der Arbeitgeber ist verpflichtet, die elektronischen Lohnsteuerabzugsmerkmale monatlich abzurufen. Um diesen Arbeitsaufwand zu verringern, besteht für den Arbeitgeber die Möglichkeit, einen Mitteilungsservice beim Betriebsstättenfinanzamt zu aktivieren. Der Arbeitgeber wird durch diesen Mitteilungsservice über Änderungen per E-Mail informiert. Erfährt er durch Mitteilungsservice, dass sich keine Änderungen ergeben haben, braucht er die elektronischen Lohnsteuerabzugsmerkmale nicht abzurufen. Wird ihm mitgeteilt, dass sich Änderungen ergeben haben, ist er zum Abruf verpflichtet. | Mitteilungsservice

Auszubildende müssen, wie jeder Arbeitnehmer, dem Ausbildungsbetrieb die Steueridentifikationsnummer und das Geburtsdatum mitteilen und eine schriftliche Erklärung abgeben, in welcher der Auszubildende bestätigt, dass es sich hier um das erste Arbeitsverhältnis/Ausbildungsverhältnis handelt. | Auszubildende

> **Beispiel: ELStAM**
>
> Der 17-jährige Christian Schmidt, der bisher Schüler war, beginnt am 01.08.2023 eine Ausbildung zum Mechatroniker. Er muss seinem Arbeitgeber seine Steuer-Identifikationsnummer und sein Geburtsdatum mitteilen, damit dieser auf seine elektronischen Daten (ELStAM) zugreifen kann.

Einbehaltung der Lohnsteuer ohne Lohnsteuerabzugsmerkmale

Wurden die ELStAM-Daten erfolgreich abgerufen und verwendet und es kommt im laufenden Verfahren zu technischen Problemen, kann der Arbeitgeber für einen Übergangszeitraum von drei Monaten die bisherigen Lohnsteuerabzugsmerkmale zugrunde legen. Wenn für einen neu eingestellten Mitarbeiter die ELStAM-Daten aufgrund einer falschen oder nicht vorhandenen Steueridentifikationsnummer nicht abgerufen werden können, kann der Arbeitgeber für einen Übergangszeitraum von drei Monaten die voraussichtlichen Lohnsteuerabzugsmerkmale zugrunde legen. Hat der Arbeitnehmer nach Ablauf der drei Monate die Identifikationsnummer sowie den Tag der Geburt nicht mitgeteilt, ist rückwirkend nach der Steuerklasse VI abzurechnen. | Technische Probleme

Bei Austritt eines Arbeitnehmers muss der Arbeitgeber dem Betriebsstättenfinanzamt den Tag der Beendigung des Arbeitsverhältnisses elektronisch übermitteln. | Austritt eines Arbeitnehmers

3.3 Daten der ELStAM und deren Maßgeblichkeit

Steuerabzug durch AG Der Arbeitgeber muss also für jeden Arbeitnehmer die Höhe der **Steuerabzugsbeträge** ermitteln, um den korrekten Betrag abführen zu können. Dazu reicht nicht allein die Höhe des Arbeitsentgeltes als Berechnungsgrundlage aus. Vor allem die Lohnsteuerklasse aber auch andere persönliche Daten des Beschäftigten entnimmt der Arbeitgeber der elektronischen Datei **ELStAM**. Die in der ELStAM-Datei enthaltenen Daten (z. B. Lohnsteuerklasse, Konfessionszugehörigkeit) sind maßgeblich und bindend für den Einbehalt der Steuerbeträge, selbst dann, wenn die Angaben unzutreffend sein sollten.

3.3.1 Die Lohnsteuerklassen

§ 38b EStG In Deutschland werden Arbeitnehmer in Abhängigkeit ihrer persönlichen Verhältnisse unterschiedlich besteuert. Dadurch sollen z. B. Familien finanziell begünstigt werden. Arbeitnehmer werden einer von sechs **Lohnsteuerklassen** zugeordnet *(§ 38b EStG, siehe beiliegende Gesetzestexte).*

Steuerklassen Die vom Arbeitgeber einzubehaltende Lohnsteuer richtet sich nach der in der ELStAM-Datei eingetragenen **Lohnsteuerklasse**. Die jeweilige Lohnsteuerklasse beeinflusst also die monatliche Steuerbelastung des Arbeitnehmers und wirkt sich somit auf seinen **Nettoverdienst** aus. Da die Lohnsteuer aber nur eine Erhebungsform der Einkommensteuer ist, muss der Arbeitnehmer letztlich seine Einkünfte aus nichtselbstständiger Arbeit in seiner **Einkommensteuererklärung** angeben. Bei der Einkommensteuererklärung spielt es keine Rolle, welcher Steuerklasse der Arbeitnehmer angehört. Hier gibt es für Ledige die so genannte **Grundtabelle** und für Verheiratete die so genannte **Splittingtabelle**.

Lohnsteuerklasse I

Der Steuerklasse I werden folgende Arbeitnehmer zugeordnet:

- Ledige, Geschiedene, Verwitwete
- ganzjährig dauernd getrennt lebende Ehegatten

Lohnsteuerklasse II

§ 24b EStG In die Steuerklasse II werden alleinerziehende Arbeitnehmer eingeordnet, die entweder ledig, dauernd getrennt lebend, verwitwet oder geschieden sind und denen der **Entlastungsbetrag für Alleinerziehende** (§ 24b EStG) zusteht. Der Entlastungsbetrag steht alleinstehenden Steuerpflichtigen zu, die mit mindestens einem minderjährigen oder volljährigen Kind, für das Sie Anspruch auf Kindergeld bzw. einen Kinderfreibetrag haben, in einer Haushaltsgemeinschaft leben. Als alleinstehend gelten Personen, die nicht die Voraussetzungen für die Ehegattenveranlagung erfüllen und keine Haushaltsgemeinschaft mit einer anderen volljährigen Person bilden, es sei denn, für diese andere Person steht ihnen Kindergeld oder ein Kinderfreibetrag zu.

Lohnsteuerklasse III

Der Steuerklasse III werden folgende Arbeitnehmer zugeordnet:

Verheiratete Arbeitnehmer

- Verheiratete, wenn beide Personen unbeschränkt einkommensteuerpflichtig sind und nicht dauernd getrennt leben
- der Ehegatte des Arbeitnehmers, der keinen Arbeitslohn bezieht
- der Ehegatte des Arbeitnehmers, der Arbeitslohn bezieht und Steuerklasse V hat

Die Steuerklassenkombination III/V sollte gewählt werden, wenn der Ehegatte mit Steuerklasse III circa 60 % und der Ehegatte mit Steuerklasse V circa 40 % des gemeinsamen Arbeitseinkommens verdient.

Wenn ein Ehepartner stirbt, wird für den **verwitweten** Arbeitnehmer die Steuerklasse III für das Sterbejahr und das Folgejahr gewährt. Sobald der Tod eines Ehegatten von der zuständigen Meldebehörde an das Bundeszentralamt für Steuern (BZSt) übermittelt wurde, werden die Lohnsteuerabzugsmerkmale des Verstorbenen gesperrt und es erfolgt eine automatische Änderung der Steuerklasse für den hinterbliebenen Ehegatten.

Voraussetzung dafür ist, dass zum Zeitpunkt des Todes beide Ehegatten unbeschränkt einkommensteuerpflichtig waren, nicht dauernd getrennt gelebt haben und am 1. Januar des Kalenderjahres in der Bundesrepublik Deutschland gewohnt haben.

Lohnsteuerklasse IV

Der Steuerklasse IV werden verheiratete Arbeitnehmer zugeordnet, wenn:

- der Ehegatte unbeschränkt einkommensteuerpflichtig ist und
- die Ehepartner nicht dauerhaft getrennt leben und
- die Ehegatten in etwa gleicher Höhe Arbeitslohn beziehen.

Ehegatten, welche die Steuerklassenkombination IV/IV gewählt haben, können einen zusätzlichen Berechnungsfaktor (Faktorverfahren) beim zuständigen Wohnsitzfinanzamt eintragen lassen.

Lohnsteuerklasse V

In die Steuerklasse V gehören Arbeitnehmer, die die Bedingungen für Steuerklasse IV erfüllen und bei denen der Ehegatte auf Antrag beider Ehepartner die **Steuerklasse III** erhalten hat.

Anmerkung: Die Entscheidung, ob sie in die Steuerklassen III/V oder IV/IV eingestuft werden wollen, liegt bei den steuerpflichtigen Ehegatten, sofern die Kriterien dafür erfüllt sind.

Lohnsteuerklasse VI

Die Steuerklasse VI wird für ein zweites und für jedes weitere Arbeitsverhältnis angewandt, wenn der Arbeitnehmer Arbeitsentgelt von mehreren Arbeitgebern bezieht.

Sonderregelungen

Im Trennungsjahr können die Ehegatten die bisherigen Steuerklassen behalten. Nach Ablauf des Trennungsjahres haben die Ehepartner den Status „dauernd getrennt lebend" und müssen dann beim Wohnsitzfinanzamt die Steuerklasse I oder II beantragen. Erfolgt eine Scheidung bereits im Trennungsjahr, muss mit der Scheidungsurkunde ein Steuerklassenwechsel bei Wohnsitzfinanzamt beantragt werden.

Freibetrag in der ELStAM-Datei

Steuerfreie Lohnanteile

Um bestimmte Personengruppen steuerlich zu entlasten, hat der Gesetzgeber eine Reihe von Freibeträgen festgelegt (§ 39a EStG). Auf diese Beträge des Arbeitslohns werden keine Steuern gezahlt. Dabei wird zwischen Freibeträgen, die bereits in der Lohnsteuertabelle eingearbeitet sind und solchen, die in der ELStAM-Datei eingetragen sind unterschieden. Letztere muss der Arbeitgeber zur Berechnung der Lohnsteuer von der Bemessungsgrundlage abziehen.

In der Lohnsteuertabelle eingearbeitete Freibeträge:
Grundfreibetrag für Alleinstehende 10.908,00 €, für Verheiratete 21.816,00 € (stellt das Existenzminimum steuerfrei)
Arbeitnehmer-Pauschbetrag für Werbungskosten 1.230,00 €
Sonderausgaben-Pauschbetrag für Alleinstehende 36,00 €, für Verheiratete 72,00 €
Vorsorgepauschale je nach Arbeitslohn (individuell)
Entlastungsbetrag für Alleinerziehende 4.260,00 €   Der Entlastungsbetrag erhöht sich gemäß § 24b Abs. 2 EStG um jeweils 240,00 € für jedes weitere zum Haushalt gehörende Kind.
Kinderfreibeträge (nur für Annexsteuern)

In der ELStAM-Datei eingetragene Freibeträge:
▪ Pauschbeträge für Behinderte
▪ Pauschbeträge für Hinterbliebene
▪ Freibetrag für erhöhte Werbungskosten
▪ Freibetrag für außergewöhnliche Belastungen
▪ Freibetrag für erhöhte Sonderausgaben
▪ negative Einkünfte aus anderen Einkunftsarten
▪ Freibetrag für zweites Arbeitsverhältnis

Seit 1996 werden die Kinderfreibeträge nur noch für die Berechnung der Zuschlagssteuern (Kirchensteuer und Solidaritätszuschlag) berücksichtigt. Für die Lohnsteuer können die Kinderfreibeträge erst im Rahmen der jährlichen Einkommensteuererklärung geltend gemacht werden. Freibeträge für Kinder, Stief-, Pflege- und Enkelkinder über 18 Jahre werden auf Antrag (Vereinfachter Antrag auf Lohnsteuermäßigung) durch das Wohnsitzfinanzamt in der ELStAM-Datei eingetragen. Die zu berücksichtigenden Kinder werden in der ELStAM-Datei wie folgt eingetragen:

Steuerklasse I und II:

▓ Aufteilung bei den Eltern mit 0,5 pro Kind oder bei einem Elternteil mit 1,0 pro Kind

Steuerklasse III und IV:

▓ keine Aufteilung, immer 1,0 pro Kind bei jedem Elternteil (außer bei Kind/Kindern aus früherer Ehe)

Steuerklasse V und VI:

▓ keine Eintragung von Kinderfreibeträgen

Mit dem ab dem Jahr 2010 eingeführten „Bürgerentlastungsgesetz" (BürgEntlG) wurde die steuerliche Berücksichtigung von Vorsorgeaufwendungen bezüglich der Kranken- und Pflegeversicherungsbeiträge verbessert.

In der Allgemeinen Lohnsteuertabelle ist der abzugsfähige Teil des Arbeitnehmeranteils zur Rentenversicherung sowie die Mindestvorsorgepauschale für sonstige Vorsorgeaufwendungen enthalten.

Freibeträge, die in der ELStAM-Datei eingetragen sind, zieht der Arbeitgeber vom Bruttoarbeitslohn ab, bevor die Lohnsteuertabelle zur Ermittlung des Steuerbetrages angewendet wird. Der Arbeitnehmer muss die Eintragung eines Freibetrages in seiner ELStAM-Datei beim Wohnsitzfinanzamt beantragen. Außerdem muss der Arbeitgeber u. U. Freibeträge selbst ermitteln und beim Lohnsteuerabzug berücksichtigen, wie z. B. beim Altersentlastungsbetrag *(siehe Kapitel 10.2)*. Der Altersentlastungsbetrag ist bei Erreichen einer bestimmten Altersgrenze zu berücksichtigen und wird nicht in die ELStAM-Datei eingetragen.

Zu beachten ist, dass sich Steuerfreibeträge nicht mindernd auf die Bemessungsgrundlage der Sozialversicherungsbeiträge auswirken.

Hinzurechnungsbetrag

Arbeitnehmern, die in einem zweiten Arbeitsverhältnis beschäftigt sind, wird der Arbeitslohn nach Lohnsteuerklasse VI besteuert. Wird der Grundfreibetrag und ein eventuell eingetragener Steuerfreibetrag mit dem Arbeitslohn aus dem ersten Arbeitsverhältnis nicht ausgeschöpft, kann für das zweite Arbeitsverhältnis ein entsprechender Steuerfreibetrag in der ELStAM-Datei eingetragen werden.

Im Gegenzug wird in der ELSTAM-Datei für das erste Arbeitsverhältnis ein Hinzurechnungsbetrag eingetragen, der in seiner Höhe dem Freibetrag für das zweite Arbeitsverhältnis entspricht. Der Freibetrag im zweiten Arbeitsverhältnis ist auf den freibleibenden Betrag begrenzt, der im ersten Arbeitsverhältnis nicht ausgeschöpft wird. Der Hinzurechnungsbetrag wird vor Ermittlung des Lohnsteuerabzuges zur Bemessungsgrundlage des ersten Arbeitsverhältnisses hinzugerechnet.

Marginalien:
Kinderfreibeträge

Vorsorgepauschale

Freibeträge

Steuerfreibeträge und SV

Mehrere Arbeitsverhältnisse

Beispiel: Ermittlung der Steuerabzugsbeträge

Herr Gerner hat zwei Arbeitsverhältnisse. Für den Lohnsteuerabzug im ersten Arbeitsverhältnis liegen folgende Daten vor:

1.   Gehalt: 840,00 €

2.   elektronische Lohnsteuerabzugsmerkmale: II/0,5/-

Für den Lohnsteuerabzug im zweiten Arbeitsverhältnis liegen folgende Daten vor:

1.   Gehalt: 760,00 €

2.   elektronische Lohnsteuerabzugsmerkmale: VI/0/-

Um Steuern zu sparen lässt sich Herr Gerner für das zweite Arbeitsverhältnis den vorhandenen Freibetrag zwischen dem Gehalt in Höhe von 840,00 € und der Lohnsteueransatzgrenze der Steuerklasse II/0,5/- von 160,00 € als Steuerfreibetrag und im Gegenzug für das erste Arbeitsverhältnis den gleichen Wert als Hinzurechnungsbetrag durch das Wohnsitzfinanzamt in der ELStAM-Datei eintragen.

erstes Arbeitsverhältnis

Lohnsteuer II lt. LSt-Tabelle aus:	840,00 € + 160,00 € = 1.000,00 €	0,00 €
Solidaritätszuschlag		0,00 €
Steuerabzugsbeträge gesamt		**0,00 €**

zweites Arbeitsverhältnis

Lohnsteuer VI lt. LSt-Tabelle aus:	760,00 € - 160,00 € = 600,00 €	90,41 €
Solidaritätszuschlag		0,00 €
Steuerabzugsbeträge gesamt		**90,41 €**

Die Steuerabzüge aus beiden Arbeitsverhältnissen mit Hinzurechnungsbetrag betragen 90,41 €.

Faktorverfahren

Ehegatten mit der Steuerklassenkombination IV/IV haben nach § 39f EStG die Möglichkeit, sich beim Wohnsitzfinanzamt einen zusätzlichen Berechnungsfaktor eintragen zu lassen. Der jeweilige Faktor wird auf Antrag durch das zuständige Finanzamt ermittelt und in der ELStAM-Datei für die Ehegatten eingetragen. In diesem Faktor werden auch sonstige Freibeträge berücksichtigt, sodass neben dem Faktor kein weiterer Freibetrag eingetragen wird.

Die Errechnung des Faktors erfolgt, indem man die voraussichtlich zu zahlende Jahreslohnsteuer ins Verhältnis zu der zu zahlenden Lohnsteuer nach Steuerklasse IV setzt. Die Anwendung des Faktorverfahrens ist nur gestattet, wenn der Faktor kleiner als 1 ist.

Mit dem Faktorverfahren sollen hohe Steuernachzahlungen an das Finanzamt vermieden werden. Die monatliche Lohnsteuer ist somit sehr nahe an der tatsächlichen Jahreslohnsteuer.

3.3.2 Tarifformel und Lohnsteuertabellen

Im Mittelalter gab es den so genannten Kirchenzehnten. Die Steuerschuld war damals sehr einfach und für alle gleich zu ermitteln: Ein Zehntel der Bemessungsgrundlage waren als Steuern abzuführen. Basierend auf dem **Solidarprinzip** der sozialen Marktwirtschaft gestaltet sich die heutige Einkommenssteuer dagegen **progressiv**. Das heißt, höhere Einkommen werden proportional stärker belastet als geringere Einkommen. Der aktuelle Steuersatz liegt zwischen 0 % und 45 %. Dies hat zur Folge, dass sich bei unterschiedlich hohen Bemessungsgrundlagen die Berechnungsformeln für die Steuerschuld ändern (§ 32a EStG, siehe beiliegende Gesetzestexte).

Progressiver Steuersatz

Um den Arbeitgebern die korrekte Abführung der Lohnsteuer zu ermöglichen, stellt das Bundesfinanzministerium einen Programmablaufplan (PAP) zur Erstellung der im Folgejahr aktuellen Lohnsteuerberechnungssoftware zur Verfügung. Einschlägige Verlage veröffentlichen aber weiterhin aktuelle Lohnsteuertabellen, die sie anhand des gültigen Programmablaufplanes erstellt haben.

Lohnsteuertabellen

Allgemeine und besondere Tabellen

In der **allgemeinen Lohnsteuertabelle A** ist die normale Vorsorgepauschale berücksichtigt. Sie gilt für sozialversicherungspflichtige Arbeitnehmer. Die **besondere Lohnsteuertabelle B** berücksichtigt eine gekürzte Vorsorgepauschale (ohne den Anteil der Rentenversicherung) und wird daher für Beschäftigte angewendet, die nicht rentenversicherungspflichtig sind und Pensionsansprüche haben. Zu diesen Arbeitnehmern zählen:

Vorsorgepauschale

- Arbeitnehmer, die in der gesetzlichen Rentenversicherung versicherungsfrei sind (§ 5 SGB VI) und denen nach Beendigung des Beschäftigungsverhältnisses eine lebenslängliche Versorgung zusteht (z. B. Beamte, Richter, Berufssoldaten, Kirchenbedienstete mit Anspruch auf Versorgungsbezüge).

Besondere Lohnsteuertabelle

- Arbeitnehmer, die nicht der gesetzlichen Rentenversicherungspflicht unterliegen und im Zusammenhang mit ihrer Berufstätigkeit vertraglich vereinbarte Ansprüche auf eine Altersversorgung haben, auch wenn sie für diese ganz oder teilweise eine eigene Beitragsleistung erbringen müssen (z. B. Vorstandsmitglieder von Aktiengesellschaften mit Pensionszusage).

- Arbeitnehmer, die Versorgungsbezüge im Sinne des § 19 Abs. 2 Nr. 1 EStG erhalten (z. B. pensionierte Beamte und Angestellte öffentlich-rechtlicher Körperschaften, Empfänger von Witwen- oder Waisengeld nach beamtenrechtlichen Vorschriften).

- Arbeitnehmer, die Altersrente nach Erreichen der Regelaltersgrenze aus der gesetzlichen Rentenversicherung beziehen.

Bei der elektronischen Lohnabrechnung muss der Arbeitgeber entscheiden, ob nach der allgemeinen oder nach der besonderen Lohnsteuertabelle abgerechnet wird.

Hinweis: Bei der Ermittlung der Lohnsteuerbeträge in den Beispielen und in den Aufgaben werden die Übungslohnsteuertabellen im Anhang verwendet.

Tages-, Monats- und Jahreslohnsteuertabelle

Die Lohnsteuertabellen werden für die Abrechnungszeiträume **Tag, Woche, Monat** und **Jahr** herausgegeben. Am gebräuchlichsten ist die Monatslohnsteuertabelle, da sie für Arbeitnehmer angewendet wird, die regelmäßiges monatliches Arbeitsentgelt erhalten *(zur Anwendung der einzelnen Lohnsteuertabellen siehe Kapitel 7)*.

■ Die **Tageslohnsteuertabelle** ist bei täglicher Lohnzahlung bzw. Lohnabrechnung anzuwenden. Sie ist aber auch anzuwenden, wenn ein Arbeitnehmer innerhalb des monatlichen oder wöchentlichen Lohnabrechnungs- oder Lohnauszahlungszeitraumes in den Betrieb eintritt oder aus ihm ausscheidet. Die Tagelohnsteuertabelle ist mit 1/360 aus der Jahreslohnsteuertabelle herausgerechnet.

■ Die **Monatslohnsteuertabelle** ist für das laufende Arbeitsentgelt bei monatlicher Lohnzahlung bzw. Lohnabrechnung anzuwenden Die Beträge der Monatslohnsteuertabelle sind aus der Jahreslohnsteuertabelle mit jeweils einem Zwölftel abgeleitet.

■ Die **Jahreslohnsteuertabelle** wird für die Ermittlung der Lohnsteuer für sonstige Bezüge (z. B. Weihnachtsgeld) angewandt.

Aufbau einer Lohnsteuertabelle

In der ersten Spalte einer Lohnsteuertabelle sind die **Bemessungsgrundlagen** (steuerpflichtiger Bruttoarbeitslohn) in Schritten aufgeführt. Der Arbeitgeber ordnet den Arbeitnehmer zunächst nach dem so genannten Obergrenzverfahren in eine dieser Lohn- bzw. Gehaltsstufen (falls nicht passend, immer die nächsthöhere) ein. Die dritte Spalte zeigt dann zu jeder Steuerklasse (zweite Spalte) die abzuführende **Lohnsteuer**.

Monatstabelle — Allgemeine — Solidaritätszuschlag und Kirchensteuer für 0 bis 3 Kinderfreibeträge

Brutto bis	StKl	LSt	0,0 SolZ	KiSt 8%	KiSt 9%	0,5 SolZ	KiSt 8%	KiSt 9%	1,0 SolZ	KiSt 8%	KiSt 9%	1,5 SolZ	KiSt 8%	KiSt 9%	2,0 SolZ	KiSt 8%	KiSt 9%	2,5 SolZ	KiSt 8%	KiSt 9%	3,0 SolZ	KiSt 8%
2.120,99	I	295,33	23,63	26,58		18,25	20,53		13,13	14,77		8,27	9,31		3,82	4,30		0,31	0,35			
	II	264,66	21,17	23,82		15,91	17,90		10,91	12,28		6,17	6,94		2,12	2,39						
	III	59,16	4,73	5,32		1,36	1,53															
	IV	295,33	23,63	26,58		20,91	23,52		18,25	20,53		15,66	17,62		13,13	14,77		10,67	12,01		8,2	
	V	600,33	48,03	54,03		48,03	54,03		48,03	54,03		48,03	54,03		48,03	54,03		48,03	54,03		48,0	
	VI	631,66	50,53	56,85		50,53	56,85		50,53	56,85		50,53	56,85		50,53	56,85		50,53	56,85		50,5	
2.123,99	I	296,25	23,70	26,66		18,32	20,61		13,20	14,85		8,33	9,37		3,87	4,35		0,35	0,39			
	II	265,50	21,24	23,90		15,98	17,98		10,97	12,34		6,23	7,00		2,16	2,43						
	III	59,83	4,79	5,38		1,40	1,58															
	IV	296,25	23,70	26,66		20,97	23,59		18,32	20,61		15,73	17,69		13,20	14,85		10,73	12,07		8,33	
	V	601,33	48,12	54,13		48,12	54,13		48,12	54,13		48,12	54,13		48,12	54,13		48,12	54,13		48,12	
	VI	633,00	50,64	56,97		50,64	56,97		50,64	56,97		50,64	56,97		50,64	56,97		50,64	56,97		50,64	
2.141,99	I	301,33	24,11	27,12		18,71	21,04		13,57	15,26		8,69	9,77		4,17	4,69		0,58	0,65			
	II	270,58	21,65	24,35		16,36	18,41		11,34	12,76		6,57	7,39		2,43	2,73						
	III	63,16	5,05	5,68		1,63	1,83															
	IV	301,33	24,11	27,12		21,38	24,05		18,71	21,04		16,11	18,12		13,57	15,26		11,09	12,48		8,69	
	V	608,83	48,71	54,79		48,71	54,79		48,71	54,79		48,71	54,79		48,71	54,79		48,71	54,79		48,71	
	VI	640,33	51,23	57,63		51,23	57,63		51,23	57,63		51,23	57,63		51,23	57,63		51,23	57,63		51,23	
2.249,99	I	331,91	26,55	29,87		21,04	23,67		15,79	17,76		10,79	12,14		6,05	6,81		2,03	2,28			
	II	300,50	24,04	27,05		18,64	20,97		13,51	15,19		8,63	9,70		4,12	4,63		0,54	0,61			
	III	83,66	6,69	7,53		3,07	3,45															
	IV	331,91	26,55	29,87		23,77	26,74		21,04	23,67		18,38	20,68		15,79	17,76		13,26	14,92		10,7	
	V	653,50	52,28	58,81		52,28	58,81		52,28	58,81		52,28	58,81		52,28	58,81		52,28	58,81		52,2	
	VI	685,66	54,85	61,71		54,85	61,71		54,85	61,71		54,85	61,71		54,85	61,71		54,85	61,71		54,8	
2.450,99	I	390,33	31,23	35,13		25,51	28,69		20,05	22,55		14,84	16,70		9,89	11,13		5,23	5,89		1,3	
	II	357,75	28,62	32,20		23,01	25,89		17,67	19,87		12,58	14,15		7,75	8,71		3,38	3,80			
	III	125,33	10,03	11,28		5,99	6,73		2,44	2,75													
	IV	390,33	31,23	35,13		28,33	31,87		25,51	28,69		22,75	25,59		20,05	22,55		17,41	19,58		14,84	
	V	737,91	59,03	66,41		59,03	66,41		59,03	66,41		59,03	66,41		59,03	66,41		59,03	66,41		59,03	
	VI	770,08	61,61	69,31			69,31		61,61	69,31		61,61	69,31		61,61	69,31		61,61	69,31		61,61	
2.510,99	I						21,35	24,01	16,08	18,09		11,07	12,45		6,31	7,10						
								21,31	13,79	15,52		8,89	10,00		4,35	4,90						
									0,09	0,10												
							24,08	27,09		21,35	24,01		18,68									
								68,68		61,05	68,68											

Kinderfreibetrag Der **Kinderfreibetrag** ist seit 1996 im abzuführenden Lohnsteuerbetrag nicht mehr berücksichtigt. Er kann erst im Rahmen der jährlichen **Einkommensteuererklärung** geltend gemacht werden. Beim **Solidaritätszuschlag** und bei der **Kirchensteuer** ist jedoch auch weiterhin der Kinderfreibetrag zu berücksichtigen. Daher sind diese Beträge in weiteren Spalten der Lohnsteuertabelle gesondert aufgeführt und nach Kinderfreibeträgen gestaffelt.

Die Lohnsteuer, die Kirchensteuer und der Solidaritätszuschlag bilden zusammen den **Steuerabzugsbetrag**, den der Arbeitgeber vom Bruttoarbeitslohn des Arbeitnehmers in Abzug bringt. Zwischen der Ermittlung des Steuerabzugsbetrages mittels Tabelle und der Berechnung über ein **EDV-Lohnprogramm** kommt es zwangsläufig zu Differenzen, da die Lohnsteuerberechnung per EDV zum einen stufenlos erfolgt und zum anderen seit dem Jahr 2010 die Vorsorgeaufwendungen in tatsächlicher Höhe berücksichtigt werden.

Steuerabzugsbetrag

Beispiel: Ermittlung der Steuerabzugsbeträge

Das Lohnbüro der ModeFix GmbH-Filiale im Bundesland Thüringen muss die Steuerabzugsbeträge für Frau Neumann ermitteln. Für den Lohnsteuerabzug liegen folgende Daten vor:

1. Frau Neumann hat die Steuerklasse IV
2. Sie hat einen Kinderfreibetrag von 1
3. Sie ist Mitglied in der römisch-katholischen Kirche

Lohnsteuerabzugsmerkmale:

Steuerklasse/Anzahl der Kinderfreibeträge/Religionszugehörigkeit
Frau Neumanns Lohnsteuerabzugsmerkmale: IV/1/rk

Der steuerpflichtige Bruttoarbeitslohn beträgt monatlich 2.095,00 €. Anhand der Übungs-Lohnsteuertabelle (Monatstabelle) können die folgenden Steuerabzugsbeträge ermittelt werden:

Lohnsteuer lt. LSt-Tabelle	288,58 €
Solidaritätszuschlag	0,00 €
Kirchensteuer 9 %	19,95 €
Steuerabzugsbeträge gesamt	**308,53 €**

Beispiel: Faktorverfahren

Die Eheleute Neumann haben sich für das Faktorverfahren entschieden. Nach dem entsprechenden Antrag hat das Wohnsitzfinanzamt (Bundesland Thüringen) die Eintragung vorgenommen, sodass für Frau Neumann folgende Lohnsteuerabzugsmerkmale vorliegen: IV/1/rk/Faktor 0,918. Frau Neumann erhält monatlich ein Gehalt in Höhe von 2.095,00 €.

Lohnsteuer	288,58 €	x	0,918	=	264,92 €
Solidaritätszuschlag	0,00 €	x	0,918	=	0,00 €
Kirchensteuer 9 %	19,95 €	x	0,918	=	18,31 €
Steuerabzugsbeträge gesamt					**283,23 €**

3.4 Annexsteuern - Kirchensteuer und Solidaritätszuschlag

Zuschlagssteuern Die Kirchensteuer und der Solidaritätszuschlag sind **Annexsteuern** (Zuschlagssteuern), deren Bemessungsgrundlage nicht der Bruttoarbeitslohn ist, sondern der abzuführende **Lohnsteuerbetrag**, wobei die Kinderfreibeträge berücksichtigt werden. Annexsteuern unterliegen keiner Progression, sondern sind für alle steuerpflichtigen Arbeitnehmer gleich hoch.

3.4.1 Solidaritätszuschlag

Der **Solidaritätszuschlag** wird als **Zuschlag zur Lohn- bzw. Einkommensteuer, Kapitalertragssteuer und zur Körperschaftssteuer** erhoben. Der Zuschlagssatz betrug ab dem 01.01.1998 bis zum 31.12.2020 einheitlich 5,5 % von der zu entrichtenden Lohn- bzw. Einkommensteuer und/oder von der zu entrichtenden Kapitalertragssteuer und/oder Körperschaftssteuer.

Ab dem 01.01.2021 erfolgt eine Rückführung des Solidaritätszuschlags. Damit entfällt für die Mehrheit der Arbeitnehmer der Solidaritätszuschlag vollständig. Für weitere Arbeitnehmer mindert sich der Solidaritätszuschlag.

Eine Erhebung des Solidaritätszuschlags erfolgt erst, wenn die Jahreslohnsteuer bzw. Jahreseinkommensteuer die **Freigrenzen** gemäß § 3 Abs. 3 Solidaritätszuschlagsgesetz (SolzG) übersteigt. Werden diese Freigrenzen überschritten setzt die **Milderungszone** ein. Innerhalb dieser Milderungszone erhöht sich der Prozentsatz zur Berechnung des Solidaritätszuschlages von 0 % auf 5,5 %. Folglich steigt der Solidaritätszuschlagsprozentsatz bei steigendem Einkommen. Ab 32.619,00 € (Lohnsteuerklassen I, II, IV, V, VI) und ab 65.238,00 € (Lohnsteuerklasse III) beträgt der Solidaritätszuschlagsprozentsatz 5,5 %.

Gemäß den §§ 3 und 4 Solidaritätszuschlagsgesetz (SolzG) ergeben sich folgende Jahreslohnsteuergrenzwerte.

	Lohnsteuerklassen I, II, IV, V, VI	Lohnsteuerklasse III
Freigrenze (kein Zuschlag)	17.543,00 €	35.086,00 €
Milderungszone (Zuschlag zwischen 0,0 % und 5,5 %)	größer 17.543,00 € kleiner 32.619,00 €	größer 35.086,00 € kleiner 65.238,00 €
5,5 % - Zone	ab 32.619,00 €	ab 65.238,00 €

Bei der Ermittlung des Solidaritätszuschlags auf das laufende Arbeitsentgelt wirken sich die Freigrenzen und die Milderungszonen aus. Erhält ein Arbeitnehmer sonstige Bezüge werden gemäß § 3 Abs. 4a Solidaritätszuschlagsgesetz (SolzG) nur die Freigrenzen bei der Ermittlung des Solidaritätszuschlags berücksichtigt.

Pauschaler Lohnsteuersatz Wird die Lohnsteuer mit einem pauschalen Lohnsteuersatz berechnet, muss der Solidaritätszuschlag mit 5,5 % berechnet werden, unabhängig von der Höhe der Lohnsteuer.

3.4.2 Kirchensteuer

Die **Kirchensteuer** ist als Zuschlagssteuer auf die Lohn- bzw. Einkommensteuer zu erheben, sofern der Steuerpflichtige Mitglied einer erhebungsberechtigten **Religionsgemeinschaft** ist. Für steuerpflichtige Arbeitnehmer behält der Arbeitgeber die Kirchensteuer im Rahmen des Lohnsteuerabzuges ein und führt diese an das Betriebsstättenfinanzamt ab.

Das Kirchensteuer-Recht ist **Länderrecht**, daher ist der Steuersatz in den einzelnen Bundesländern unterschiedlich. Der Kirchensteuersatz beträgt 9 % in allen Bundesländern, außer in Bayern und Baden-Württemberg, da beträgt der Kirchensteuersatz 8 %. Bei der **Pauschalierung** der Lohnsteuer sind Besonderheiten zu berücksichtigen *(siehe dazu auch Kapitel 4 und Tabelle "Pauschale Kirchensteuerprozentsätze im vereinfachten Verfahren" im Anhang).*

Steuersätze

Maßgebend für die Höhe des Kirchensteuersatzes ist der Sitz der lohnsteuerlichen Betriebsstätte, nicht der Wohnort des Arbeitnehmers. Bei einem unterschiedlichen Prozentsatz, z. B. Sitz der Betriebsstätte in Baden-Württemberg (8 %), Wohnort des Arbeitnehmers in Rheinland-Pfalz (9 %), wird bei der Veranlagung zur Einkommensteuer die Kirchensteuer nacherhoben bzw. im umgekehrten Fall gutgeschrieben.

Ob der Arbeitnehmer kirchensteuerpflichtig ist, entnimmt der Arbeitgeber den Kirchensteuerabzugsmerkmalen der ELStAM-Datei. Wenn der Arbeitnehmer einer nicht erhebungsberechtigten oder keiner Religionsgemeinschaft angehört, so sind in der ELStAM-Datei in dem Feld Kirchsteuerabzug zwei Striche „--" bei Verheirateten oder ein Strich „ " bei Unverheirateten eingetragen. In diesem Fall ist keine Kirchensteuer zu berechnen.

Eintragungen in ELStAM

Zu den erhebungsberechtigten Religionsgemeinschaften gehören:

Religionsgemeinschaften

römisch-katholisch (rk)
evangelisch (protestantisch) (ev)
evangelisch-lutherisch (lt)
evangelisch-reformiert (rf)
französisch-reformiert (fr)

Die Kirchensteuerpflicht beginnt im Folgemonat nach dem Kircheneintritt und endet mit Ablauf des Monates, in dem der Kirchenaustritt erfolgt. Maßgeblich sind die Kirchensteuerabzugsmerkmale in der ELStAM-Datei.

Kirchensteuerpflicht

Bei verheirateten Arbeitnehmern ist zu unterscheiden, ob sie **konfessionsgleich, konfessionsverschieden** oder **glaubensverschieden** sind.

- konfessionsgleich - Beide Ehepartner haben die gleiche Konfession, z. B. beide Ehepartner sind evangelisch.
- konfessionsverschieden - Beide Ehepartner haben nicht die gleiche Konfession, z. B. ein Ehepartner ist römisch-katholisch und der andere Ehepartner ist evangelisch.
- glaubensverschieden - Ein Ehepartner gehört einer erhebungsberechtigten Religionsgemeinschaft an und der andere Ehepartner gehört einer nicht erhebungsberechtigten Religionsgemeinschaft an (z. B. Moslem oder Buddhist) oder er gehört keiner Religionsgemeinschaft an.

Gehören die Ehegatten der gleichen Konfession an, ist in der ELStAM-Datei nur eine Konfession angegeben. Wenn die Ehegatten verschiedenen Konfessionen angehören sind in der ELStAM-Datei zwei Konfessionen angegeben und die Kirchensteuer ist auf die Konfessionen gemäß der Regelung des jeweiligen Bundeslandes aufzuteilen. In den meisten Bundesländern ist dies je zur Hälfte (Halbteilungsgrundsatz), außer in Bayern,

Niedersachsen und Bremen, dort wird auch bei konfessionsverschiedenen Ehegatten die Kirchensteuer vollständig an die Religionsgemeinschaft des Arbeitnehmers abgeführt. Bei glaubensverschiedenen Ehegatten ist in die ELStAM-Datei des Ehegatten, der einer erhebungsberechtigten Religionsgemeinschaft angehört, das Kirchensteuerabzugsmerkmal eingetragen und bei dem Ehegatten, der keiner erhebungsberechtigten Religionsgemeinschaft angehört, ist kein Kirchensteuerabzugsmerkmal in der ELStAM-Datei eingetragen. Es ist dann nicht nur die Hälfte der Kirchensteuer abzuführen, sondern entweder der volle Prozentsatz an die eingetragene Religionsgemeinschaft oder keine Kirchensteuer, je nach Eintragung.

Beispiel: Kirchensteuer

Frau Lehmann ist Mitglied der katholischen Kirche und somit kirchensteuerpflichtig. Die entsprechenden Angaben entnimmt der Arbeitgeber der ELStAM-Datei.

In der ELStAM-Datei des konfessionslosen Herrn Lehmann und des muslimischen Herrn Yilmaz ist keine Zugehörigkeit zu einer erhebungsberechtigten Religionsgemeinschaft eingetragen. Ihr Arbeitgeber behält daher bei ihnen nur die Lohnsteuer und ggf. den Solidaritätszuschlag ein.

Praxisübungen

Die Lösungen finden Sie unter https://www.edumedia.de/verlag/loesungen.

Aufgabe 1: Freibeträge und Hinzurechnungsbetrag

a) Nennen Sie vier Freibeträge, die in der Lohnsteuertabelle bereits eingearbeitet sind.

b) Warum wird ein Hinzurechnungsbetrag in die ELStAM-Datei eingetragen?

c) Ermitteln Sie die Steuerersparnis, wenn Herr Gerner sich einen Frei- und Hinzurechnungsbetrag von 65,00 € in die ELStAM-Datei eintragen lässt. Für den Lohnsteuerabzug im ersten Arbeitsverhältnis liegen folgende Daten vor:

   1. Gehalt: 935,00 €

   2. Elektronische Lohnsteuerabzugsmerkmale: II/0,5/-

   Für den Lohnsteuerabzug im zweiten Arbeitsverhältnis liegen folgende Daten vor:

   1. Gehalt: 830,00 €

   2. Elektronische Lohnsteuerabzugsmerkmale: VI/0/-

Aufgabe 2: ELStAM-Datei

- Beantworten Sie folgende Fragen zu den Änderungen in der ELStAM-Datei.

a) Peter Heinze ist Vater eines 19-jährigen Kindes, welches noch zur Schule geht. Er möchte, dass sein Sohn in der ELStAM-Datei eingetragen wird. An wen muss er sich für diesen Eintrag wenden?

b) Im Juni hat Stefan Seidel eine neue Arbeitsstelle angetreten. Er fährt täglich 170 km zu seiner neuen Arbeitsstelle. Da ihm hierdurch erhöhte Werbungskosten entstehen, möchte er sich einen entsprechenden Freibetrag in seiner ELStAM-Datei eintragen lassen. An wen muss er sich wenden?

Aufgabe 3: Lohnsteuerklassen

■ Beantworten Sie folgende Fragen.

a) Britta und Harald Zimmermann haben im Mai geheiratet. Harald Zimmermann verdient monatlich 2.900,00 € und seine Frau verdient monatlich 2.800,00 € brutto. Welche Steuerklassenkombination würden Sie den beiden empfehlen?

---

b) Der verwitwete Peter Hendrich wohnt mit seinem fünfzehnjährigen Sohn Thomas, für den er einen Kinderfreibetrag erhält, gemeinsam in einer Wohnung. Sohn Thomas bessert sein Taschengeld monatlich mit dem Austragen von Zeitungen auf und verdient durchschnittlich 150,00 €. Welche Steuerklasse würden Sie Peter Hendrich zuordnen?

---

c) Tim und Julia Weiß wohnen in München und sind seit 25 Jahren verheiratet. Tim und Julia Weiß haben keine Kinder. Tim hat seit Jahren die Steuerklasse III und Julia, die nur halbtags arbeitet, die Steuerklasse V. Am 02.05.2022 ist Tim verstorben. Welche Steuerklasse erhält Julia für das Jahr 2023?

---

d) Sie sind Lohnbuchhalter bei der Firma Sonnenschein GmbH. Aus der Gerüchteküche haben Sie erfahren, dass der Geschäftsführer Herr Kliem sich im August von seiner Ehefrau getrennt hat. In der Ihnen vorliegenden ELStAM-Datei ist die Steuerklasse III eingetragen. Wie verhalten Sie sich beim Erstellen der Gehaltsabrechnung für den Monat September? Mit welcher Steuerklasse werden Sie das Gehalt des Herrn Kliem abrechnen?

Aufgabe 4: Steuerabzugsbeträge

a) Ermitteln Sie für die nachstehenden Fälle die Steuerabzugsbeträge anhand der Übungs-Lohnsteuertabelle. Der Arbeitgeber hat seinen Firmensitz in Ilmenau im Bundesland Thüringen.

Lohnsteurabzugsmerkmale			steuerpflichtiges Bruttoarbeits- entgelt	Steuerabzugsbeträge		
Stkl.	Kinderfrei- beträge	Konfes- sion		LSt	SolZ	KiSt 9 %
I	0	ev	2.110,00 €			
II	1	keine	2.103,00 €			
III	3	ev	2.120,00 €			
IV	1,5	rk	2.122,00 €			
V	0	keine	5.000,00 €			
VI	0	rk	2.100,00 €			

b) Herr Römer ist Berufssoldat bei der Bundeswehr (Bundesland Bayern) und hat Anspruch auf Versorgungsbezüge. Er erhält für den Monat Januar ein Gehalt in Höhe von 3.440,00 €. Herr Römer hat die Lohnsteuerabzugsmerkmale: IV/0/rk.

Ermitteln Sie die Steuerabzugsbeträge anhand der Übungs-Lohnsteuertabelle.

Lohnsteurabzugsmerkmale			steuerpflichtiges Bruttoarbeits- entgelt	Steuerabzugsbeträge		
Stkl.	Kinderfrei- beträge	Konfes- sion		LSt	SolZ	KiSt 8 %
IV	0	rk	3.440,00 €			

Pauschalbesteuerung

In diesem Kapitel erfahren Sie, wie pauschal versteuerte Lohnbestandteile in der Lohn- und Gehaltsabrechnung zu berücksichtigen sind.

Inhalt

- Pauschale Lohnsteuer
- Pauschalierung mit festen Steuersätzen
- Kirchensteuer und Solidaritätszuschlag bei Pauschalierung der Lohnsteuer

4.1 Pauschale Lohnsteuer

Für bestimmte **Entgeltbestandteile** kann der Arbeitgeber anstelle der individuellen Lohnbesteuerung mittels Lohnsteuerabzug, eine **Pauschalierung der Lohnsteuer** durchführen (§§ 40, 40a und 40b EStG). Die Wahl, ob die pauschale Versteuerung oder die individuelle Versteuerung vorgenommen wird, liegt beim Arbeitgeber.

Formen der Pauschalierung | Es gibt zwei Formen der pauschalen Versteuerung:

- Pauschalierung mit besonders ermittelten betriebsindividuellen Pauschalsteuersätzen (§ 40 Abs. 1 EStG)
  (Näheres dazu finden Sie im Lehrbuch für Fortgeschrittene Kapitel 3)

- Pauschalierung mit festen Pauschalsteuersätzen (§ 40 Abs. 2 EStG)

Pauschalversteuerung | Die Lohnsteuer wird normalerweise nach den individuellen Lohnsteuerabzugsmerkmalen berechnet, die der Arbeitgeber aus der ELStAM-Datei abruft. Unter bestimmten Voraussetzungen kann die Lohnsteuer mit einem pauschalen Prozentsatz berechnet werden.

Sozialversicherungsbeiträge | Ein weiterer Vorteil ist, dass Bezüge, die mit **festen Sätzen** pauschal versteuert werden, **beitragsfrei** in der Sozialversicherung sind. Werden die betreffenden Bezüge jedoch nicht pauschal, sondern nach den individuellen Lohnsteuerabzugsmerkmalen versteuert, sind diese beitragspflichtig. Wenn nur ein **Teil der Bezüge** pauschal versteuert wird, richtet sich die Sozialversicherung nach der Besteuerung, d. h. der pauschal versteuerte Anteil bleibt beitragsfrei, während der individuell versteuerte Anteil beitragspflichtig ist.

Zusätzlicher Vorteil | Aufgrund der Beitragsfreiheit in der Sozialversicherung kann die Pauschalierung der Lohnsteuer entsprechender Bezüge selbst dann sinnvoll sein, wenn sie zu einer höheren Steuerbelastung als die Individualversteuerung führen würde.

Pauschalsteuer trägt AG | Das Besondere gegenüber dem individuellen Lohnsteuerabzug ist, dass bei pauschaler Versteuerung, der **Arbeitgeber** der alleinige Schuldner der Lohnsteuer ist (§ 40 Abs. 3 EStG). Die abgeführten Steuerbeträge kann er als **Betriebsausgaben** geltend machen. Der Arbeitnehmer verbleibt für die entsprechenden Beträge steuerfrei.

Abwälzung der Pauschalsteuer | Je nach arbeitsrechtlicher Vereinbarung hat der Arbeitgeber die Möglichkeit, die pauschale Steuer auf den Arbeitnehmer gemäß § 40 Abs. 3 Satz 2 EStG **abzuwälzen**. Selbst dann stellt sie für den Arbeitnehmer in der Regel noch einen Vorteil dar, weil in vielen Fällen der pauschale Steuersatz günstiger ist als der individuelle Steuersatz und die Sozialversicherungsbeiträge entfallen. Der pauschal versteuerte Bezug ist, mit Ausnahme der pauschal versteuerten Zuschüsse zu den Fahrtkosten, nicht in der Lohnsteuerbescheinigung auszuweisen.

Berechnung der Steuerbeträge | Bei der Berechnung der Lohnsteuer mit einem pauschalen Lohnsteuersatz wird kaufmännisch gerundet, während bei der Berechnung der dazugehörigen Annexsteuern (Solidaritätszuschlag und Kirchensteuer) nach der zweiten Nachkommastelle "abgeschnitten" wird.

4.2 Pauschalisierung mit festen Steuersätzen

Bestimmte Lohnbestandteile können mit festen Steuersätzen pauschal versteuert werden. Darunter fallen:

Feste Pauschalsteuersätze

Pauschalierung der Lohnsteuer von Teilen des Arbeitslohns mit festen Pauschalsteuersätzen gemäß § 40 Abs. 2 Satz 2 Nr. 1 und Nr. 2 EStG.

- Mahlzeiten die der Arbeitgeber unentgeltlich oder verbilligt gewährt (25 % Pauschalsteuersatz)

- Betriebsveranstaltungen (25 % Pauschalsteuersatz)

- Erholungsbeihilfen (25 % Pauschalsteuersatz) *(Näheres dazu finden Sie im Lehrbuch für Fortgeschrittene)*

- Mehraufwendungen für Verpflegung soweit diese die steuerfreien Pauschbeträge
um nicht mehr als 100 % übersteigen (25 % Pauschalsteuersatz)
(siehe dazu auch Kapitel 11.2)

- Unentgeltliche oder verbilligte Übereignung von Datenverarbeitungsgeräten (25 %
Pauschalsteuersatz) *(Näheres dazu finden Sie im Lehrbuch für Fortgeschrittene)*

- Fahrtkostenzuschüssen für Fahrten zwischen Wohnung und erster Tätigkeitsstätte;
maximal den Betrag, den der Arbeitnehmer als Werbungskosten pro gefahrenem
Kilometer geltend machen kann (15 % Pauschalsteuersatz)

- Jobticket (25 % Pauschalsteuersatz)

- Unentgeltliche oder verbilligte Übereignung von Ladevorrichtungen für Elektro-
oder Hybridelektrofahrzeugen (25 % Pauschalsteuersatz)

- Arbeitgeberzuschüsse zum privaten Kauf einer Ladevorrichtung oder zu den laufenden Nutzungskosten von Ladevorrichtungen für Elektro- oder Hybridelektrofahrzeugen (25 % Pauschalsteuersatz)

Eine Pauschalierung ist möglich, wenn Beiträge zusätzlich zum laufenden Arbeitsentgelt
vom Arbeitgeber gezahlt oder durch Arbeitsentgeltumwandlung des Arbeitnehmers finanziert werden.

Pauschalierung der Lohnsteuer für den gesamten Arbeitslohn mit festen Pauschalsteuersätzen gemäß § 40a Abs. 1 - 3 EStG. *(siehe auch Kapitel 10.5 und 10.6)*

- Arbeitslohn kurzfristig beschäftigter Aushilfskräfte (25 % Pauschalsteuersatz)

- Arbeitslohn geringfügig Beschäftigter (Mini-Jobs), wenn auch der pauschale Ren-
tenversicherungsbeitrag gezahlt wird (2 % Pauschalsteuersatz)

- Arbeitslohn geringfügig Beschäftigter, wenn kein pauschaler Rentenversicherungs-
beitrag gezahlt wird (20 % Pauschalsteuersatz)

- Arbeitslohn für kurzfristig Beschäftigte Aushilfskräfte in der Land- und Forstwirtschaft (5 % Pauschalsteuersatz)

Pauschalierung der Lohnsteuer von Teilen des Arbeitslohns mit festen Pauschalsteuersätzen gemäß § 40b EStG.

- betriebliche Altersvorsorge: Direktversicherung, Pensionskasse *(siehe dazu Kapitel 9.3)*

- Gruppenunfallversicherung *(Näheres dazu finden Sie im Lehrbuch für Fortgeschrittene)*

Eine Pauschalierung ist möglich, wenn die Beiträge zusätzlich zum laufenden Arbeitsentgelt vom Arbeitgeber gezahlt werden oder durch Arbeitsentgeltumwandlung des Arbeitnehmers finanziert werden.

4.3 Kirchensteuer und Solidaritätszuschlag bei Pauschalierung der Lohnsteuer

Annexsteuern

Kirchensteuer und Solidaritätszuschlag sind so genannte **Zuschlagssteuern** (Annexsteuern), d. h. als Bemessungsgrundlage wird die abzuführende Lohnsteuer herangezogen. Dies gilt grundsätzlich auch bei **pauschal erhobener Lohnsteuer**. Die Kirchensteuer kann dabei im vereinfachten Verfahren (Pauschalierung) oder nach der Nachweismethode erhoben werden.

Solidaritätszuschlag

Die Berechnung des Solidaritätszuschlags wird auf Grundlage der pauschalierten Lohnsteuer mit dem Satz von 5,5 % erhoben.

Vereinfachtes Verfahren

Bei der **pauschalen** Erhebung der Kirchensteuer im vereinfachten Verfahren wird ein **verminderter Kirchensteuersatz** angesetzt. Damit wird dem Umstand Rechnung getragen, dass möglicherweise nicht alle betroffenen Mitarbeiter einer erhebungsberechtigten Kirchengemeinschaft angehören. Anstelle der 8 % oder 9 % Kirchensteuer werden daher in den Bundesländern folgende geminderte Sätze verwendet:

Verminderte Steuersätze

- 7 % in Bayern, Bremen, Hessen, Nordrhein-Westfalen, Rheinland-Pfalz und dem Saarland

- 6 % in Niedersachsen und Schleswig-Holstein

- 5 % in Baden-Württemberg, Berlin, Brandenburg, Mecklenburg-Vorpommern, Sachsen, Sachsen-Anhalt und Thüringen

- 4 % in Hamburg

Nachweismethode

Der Arbeitgeber kann, anstatt die pauschale Kirchensteuer zu erheben, auch für jeden einzelnen Mitarbeiter **nachweisen**, ob dieser kirchensteuerpflichtig ist oder nicht. Für Mitarbeiter, die keiner erhebungsberechtigten Kirchen angehören entfällt in diesem Fall die Kirchensteuer. Für die übrigen Beschäftigten sind die **normalen Kirchensteuersätze** von 8 % bzw. 9 % anzusetzen.

Beispiel: Pauschalierung der Lohnsteuer

Herr Lehmann erhält von seinem Arbeitgeber (Betriebssitz Bundesland Hessen) monatlich einen Fahrtkostenzuschuss in Höhe von 112,50 €, der in voller Höhe pauschal versteuert werden kann. Für Zuschüsse zu den Fahrten zwischen Wohnung und erster Tätigkeitsstätte ist der pauschale Steuersatz von 15 % anzuwenden. Die Kirchensteuer wird im vereinfachten Verfahren erhoben.

Lohnsteuer und Annexsteuern berechnen sich wie folgt:

pauschale Lohnsteuer	15 %	aus	112,50 €	=	16,88 €
Solidaritätszuschlag	5,5 %	aus	16,88 €	=	0,92 €
pauschale Kirchensteuer (Hessen)	7,0 %	aus	16,88 €	=	1,18 €

Hinweis: Bei der Berechnung der Lohnsteuer mit einem pauschalen Lohnsteuersatz wird kaufmännisch gerundet, während bei der Berechnung der dazugehörigen Annexsteuern (Solidaritätszuschlag und Kirchensteuer) nach der zweiten Nachkommastelle "abgeschnitten" wird.

Wechsel der Verfahren

Der Arbeitgeber kann zum einen für jeden Lohnsteuer-Anmeldungszeitraum jeweils neu wählen, nach welchem Verfahren die Kirchensteuer berechnet wird. Zum anderen kann auch innerhalb eines Anmeldezeitraums zwischen den einzelnen Pauschalierungsvorschriften das Verfahren zur Kirchensteuerberechnung gewählt werden.

Praxisübungen

Die Lösungen finden Sie unter https://www.edumedia.de/verlag/loesungen.

Aufgabe 1: Pauschalversteuerung

Ein Arbeitnehmer erhält von seinem Arbeitgeber (Bundesland Brandenburg) einen Zuschuss zu den Fahrtkosten mit dem eigenen Pkw in Höhe von 108,00 € monatlich. Der Arbeitnehmer hat die Lohnsteuerabzugsmerkmale I/0/ev; die Pauschalversteuerung ist in voller Höhe zulässig und wird angewandt.

a) Berechnen Sie die abzuführenden Steuern (Nachweisverfahren).

pauschale Lohnsteuer:		%	aus		€	=		€
Solidaritätszuschlag:		%	aus		€	=		€
Kirchensteuer:		%	aus		€	=		€

b) Berechnen Sie die abzuführende Kirchensteuer mit dem Pauschalsteuersatz (Vereinfachungsverfahren).

pauschale Kirchensteuer:		%	aus		€	=		€

Aufgabe 2: Vervollständigen Sie folgenden Lückentext:

Die gesetzlichen Grundlagen für eine Pauschalierung der Lohnsteuer sind die §§ _____ EStG. Wenn Bezüge mit einem pauschalen Lohnsteuersatz versteuert werden, sind diese _____ in der Sozialversicherung. Bei der Berechnung der Lohnsteuer mit einem pauschalen Lohnsteuersatz wird _____ gerundet, während bei der Berechnung der dazugehörigen Annexsteuern nach der zweiten Nachkommastelle _____ wird.

5

Grundlagen der Sozialversicherung

In diesem Kapitel erfahren Sie, wie sich die Beiträge zur Sozialversicherung zusammensetzen und lernen die Versicherungsträger und Einzugsstellen der Sozialversicherungsbeiträge kennen.

Inhalt

- Arbeitspapiere in der Sozialversicherung
- Versicherungsträger und Einzugsstellen
- Beitragssätze zur Sozialversicherung
- Krankenversicherung
- Pflegeversicherung

5.1 Arbeitspapiere in der Sozialversicherung

5.1.1 Sozialversicherungsausweis

Bis zum 31.12.2010 erhielt jeder Arbeitnehmer einen Sozialversicherungsausweis von der Deutschen Rentenversicherung (§ 18h SGB IV) mit seiner Versicherungsnummer. In der Zeit vom 01.01.2011 bis zum 31.12.2022 wurde der Sozialversicherungsausweis durch ein Schreiben von der Deutschen Rentenversicherung ersetzt. Ab dem 01.01.2023 muss der Arbeitgeber die Versicherungsnummer elektronisch bei der Deutschen Rentenversicherung abrufen. Die Papierform entfällt ersatzlos.

Aufbau der Sozialversicherungsnummer

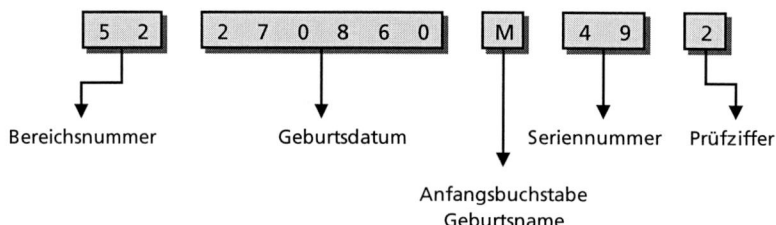

- ▨ **Bereichsnummer** (1.-2. Stelle) ist die Nummer des Rentenversicherungsträgers, bei dem die Versicherungsnummer beantragt wurde.
- ▨ **Geburtsdatum** (3.-8. Stelle) in der Form TTMMJJ.
- ▨ **Anfangsbuchstabe des Geburtsnamens** (9. Stelle), Vorsätze wie z. B. „von" werden hierbei ignoriert.
- ▨ **Seriennummer** (10.-11. Stelle) bezeichnet in aufsteigender Reihenfolge die Versicherten im Bereich einer Versicherungsanstalt. Männliche Versicherte erhalten die Nummern 00-49, weibliche Versicherte und Versicherte ohne Angabe zum Geschlecht oder mit der Angabe "divers" erhalten die Nummern 50 bis 99.
- ▨ **Prüfziffer** (12. Stelle) errechnet sich aus den Ziffern der Versicherungsnummer nach dem Modulo-10-Verfahren.

5.1.2 Elektronische Mitgliedsbescheinigung der Krankenkasse

Elektronisches Meldeverfahren

Zu Beginn eines neuen Arbeitsverhältnisses teilt der Arbeitnehmer dem Arbeitgeber seine aktuelle Krankenkasse formlos mit. Der Arbeitgeber meldet dann den Arbeitnehmer per Arbeitgebermeldeverfahren bei der Krankenkasse an. Der Meldeanlass ist mit einer Schlüsselkennzahl für den Grund der Meldung in das elektronische Formular einzutragen. Die Bestätigung der Mitgliedschaft erhält der Arbeitgeber von der Krankenkasse in elektronischer Form. Auch bei einem Wechsel der Krankenkasse erhält der Arbeitgeber eine elektronische Rückmeldung. Die Papierform entfällt ersatzlos ab dem 01.01.2023.

5.2 Versicherungsträger und Einzugsstellen

Zur Basis der sozialen Marktwirtschaft gehört das **gesetzliche Sozialversicherungswesen**, das sich aus fünf Versicherungszweigen zusammensetzt. Im Nachfolgenden werden davon vier näher erläutert:

Versicherungszweig	Träger	Absicherung
Arbeitslosenversicherung	Bundesagentur für Arbeit	Arbeitslosigkeit (unter bestimmten Voraussetzungen)
Rentenversicherung	Deutsche Rentenversicherung, Knappschaft-Bahn-See	Alters- und Erwerbsminderungsvorsorge, Rehabilitationsmaßnahmen
Krankenversicherung	Allgemeine Ortskrankenkassen (AOK), Ersatzkassen (DAK, KKH, Barmer), Innungskrankenkasse (IKK), Betriebskrankenkassen (BKK), Deutsche Rentenversicherung, Knappschaft-Bahn-See, See-Krankenkasse, Landwirtschaftliche Krankenkasse, Künstlersozialkasse	allgemeine ärztliche und zahnärztliche Versorgung
Pflegeversicherung	Pflegekassen bei den Krankenversicherungsträgern	Versorgung im Pflegefall
Unfallversicherung	Berufsgenossenschaft	Personenschaden durch Arbeitsunfälle und Berufskrankheiten

5.2.1 Beitragssätze zur Sozialversicherung

Gesetzlich festgelegte Beiträge

Die **Beitragssätze** sind je nach Versicherungszweig gesetzlich festgeschrieben. Die gesetzlich festgeschriebenen Beitragssätze sind für 2023:

■ Krankenversicherung (KV):
14,6 % allgemeiner Beitragssatz, 14,0 % ermäßigter Beitragssatz,
+ Zusatzbeitragssatz, der von den Trägern der KV selbst festgelegt wird

■ Pflegeversicherung: 3,05 % (bzw. 3,4 % für kinderlose Arbeitnehmer, die das 23. Lebensjahr vollendet haben und nicht vor dem 01.01.1940 geboren wurden)

■ Rentenversicherung: 18,6 %

■ Arbeitslosenversicherung 2,6 %

Unfallversicherung

Beiträge zur Unfallversicherung werden durch die jeweilige Berufsgenossenschaft festgelegt. Dabei werden die Arbeitnehmer je nach Tätigkeit und zusammenhängendem Unfallrisiko in Gefahrenklassen eingestuft, für die unterschiedlich hohe Beiträge erhoben werden. Für einen Beschäftigten in der Produktion sind in der Regel höhere Versicherungsbeiträge abzuführen als für einen Büroangestellten.

Bemessungsgrundlage

Beitragsbemessungsgrenzen

Die Bemessungsgrundlage der Sozialversicherungsbeiträge ist das sozialversicherungspflichtige **Bruttoentgelt**. Für die Kranken-, Pflege-, Renten- und Arbeitslosenversicherung gelten dabei jeweils **Beitragsbemessungsgrenzen**, bis zu denen das Arbeitsentgelt angerechnet wird. Die Teile des Arbeitsentgeltes, die über der Beitragsbemessungsgrenze liegen, sind beitragsfrei.

Beitragsbemessungsgrenzen 2023:

■ Kranken- und Pflegeversicherung
bundeseinheitlich 59.850,00 € jährlich (4.987,50 € monatlich)

■ Renten- und Arbeitslosenversicherung (allgemein)
in den alten Bundesländern und Berlin-West 87.600,00 € jährlich
(7.300,00 € monatlich)
in den neuen Bundesländern und Berlin-Ost 85.200,00 € jährlich
(7.100,00 € monatlich)

■ Renten- und Arbeitslosenversicherung (Knappschaft-Bahn-See)
in den alten Bundesländern und Berlin-West 107.400,00 € jährlich
(8.950,00 € monatlich)
in den neuen Bundesländern und Berlin-Ost 104.400,00 € jährlich
(8.700,00 € monatlich)

Halbteilungsgrundsatz

In den hier behandelten Zweigen der Sozialversicherung gilt für die Beitragszahlungen der **Halbteilungsgrundsatz**, nach dem die Beiträge jeweils zur Hälfte durch den Arbeitgeber und den Arbeitnehmer getragen werden. Von dieser **paritätischen Finanzierung** der Sozialversicherung gibt es derzeit folgende Ausnahmen:

Paritätische Finanzierung

- Für Auszubildende, deren Vergütung die Geringverdienergrenze von 325,00 € monatlich nicht überschreitet, zahlt allein der Arbeitgeber die gesamten Beiträge zur Krankenversicherung (einschließlich Zusatzbeitrag), Pflegeversicherung (einschließlich eventuellen Zusatzbeitrag), Renten- und Arbeitslosenversicherung.

- Arbeitnehmer im Übergangsbereich (*siehe Kapitel 10.7*)

- Kinderlose Arbeitnehmer, die ab dem 01.01.1940 geboren sind und das 23. Lebensjahr vollendet haben, bezahlen einen Zuschlag zur Pflegeversicherung von 0,35 %.

- Im Bundesland Sachsen zahlt der Arbeitnehmer 2,025 % Beitrag zur Pflegeversicherung, während der Arbeitgeber nur 1,025 % bezahlt. Dies hat seine Ursache darin, dass in Sachsen kein Feiertag zur Finanzierung der Pflegeversicherung gestrichen wurde.

- Arbeitnehmer, die die Regelaltersgrenze erreicht haben, sind von der Beitragspflicht in der Arbeitslosenversicherung befreit. Der Arbeitgeber zahlt weiterhin die auf ihn entfallende Beitragshälfte.

- Für Arbeitnehmer, die das 55. Lebensjahr vollendet haben und zuvor arbeitslos gemeldet waren, ist der Arbeitgeber von der Zahlung seines hälftigen Beitrags zur Arbeitslosenversicherung befreit sofern das Arbeitsverhältnis vor dem 01.01.2008 begründet wurde.

- Arbeitnehmer nach Erreichen der Regelaltersgrenze zahlen keine Beiträge zur Rentenversicherung. Der Arbeitgeber zahlt weiterhin die auf ihn entfallende Beitragshälfte *(Näheres dazu erfahren Sie im Kapitel 10.2 und 10.3)*.

- Außerdem gibt es eigene Regelungen für Studenten, Praktikanten, Rentner etc. *(Näheres zur Beschäftigung von Studenten erfahren Sie im Lehrbuch für Fortgeschrittene)* Auf diese Personengruppen wird in nachfolgenden Kapiteln näher eingegangen.

Beispiel: Frau Lehmann

Frau Lehmann hat ein Kind, sie verdient im Januar 3.000,00 €. Für sie gilt in der Krankenversicherung der allgemeine Beitragssatz von 14,6 % + Zusatzbeitragssatz von 1,4 %. Mit den übrigen gesetzlich festgelegten Beitragssätzen und aufgrund des Halbteilungsgrundsatzes ergeben sich für Frau Lehmann und die ModeFix GmbH (Arbeitgeber) folgende Sozialversicherungsbeiträge.

Sozialversicherungszweig	Arbeitnehmerbeiträge (Frau Lehmann)		Arbeitgeberbeiträge (ModeFix GmbH)	
Krankenversicherung	7,3 %	219,00 €	7,3 %	219,00 €
Krankenversicherung Zusatz	0,7 %	21,00 €	0,7 %	21,00 €
Pflegeversicherung	1,525 %	45,75 €	1,525 %	45,75 €
Rentenversicherung	9,3 %	279,00 €	9,3 %	279,00 €
Arbeitslosenversicherung	1,3 %	39,00 €	1,3 %	39,00 €

Beispiel: Frau Keilberg

Frau Keilberg ist 70 Jahre alt und hat eine sehr geringe Altersrente. Als Schneiderin verdient sie sich in einem Modegeschäft durch Änderungen im Mai 2.100,00 € dazu. Für sie gilt der ermäßigte Beitragssatz von 14,0 % + Zusatzbeitragssatz von 1,4 %. Für Frau Keilberg und die ModeFix GmbH ergeben sich daraus folgende Sozialversicherungsbeiträge.

Sozialversicherungszweig	Arbeitnehmerbeiträge (Frau Keilberg)		Arbeitgeberbeiträge (ModeFix GmbH)	
Krankenversicherung	7,0 %	147,00 €	7,0 %	147,00 €
Krankenversicherung Zusatz	0,7 %	14,70 €	0,7 %	14,70 €
Pflegeversicherung	1,525 %	32,03 €	1,525 %	32,03 €
Rentenversicherung		kein Beitrag	9,3 %	195,30 €
Arbeitslosenversicherung		kein Beitrag	1,3 %	27,30 €

Beispiel: Herr Maier

Jens Maier ist 35 Jahre, ledig und kinderlos. Er verdient im August 3.100,00 €. Für ihn gilt der allgemeine Beitragssatz von 14,6 % + Zusatzbeitragssatz von 1,4 %. Für Herrn Maier und seinen Arbeitgeber ergeben sich daraus folgende Sozialversicherungsbeiträge.

Sozialversicherungszweig	Arbeitnehmerbeiträge (Jens Maier)		Arbeitgeberbeiträge	
Krankenversicherung	7,3 %	226,30 €	7,3 %	226,30 €
Krankenversicherung Zusatz	0,7 %	21,70 €	0,7 %	21,70 €
Pflegeversicherung	1,525 %	47,28 €	1,525 %	47,28 €
Pflegeversicherung Zuschlag	0,35 %	10,85 €		
Rentenversicherung	9,3 %	288,30 €	9,3 %	288,30 €
Arbeitslosenversicherung	1,3 %	40,30 €	1,3 %	40,30 €

Beispiel: Frau Meister Bundesland Sachsen

Ina Meister ist 22 Jahre, ledig und kinderlos. Sie verdient im August 3.400,00 €. Frau Meisters Krankenkasse erhebt einen Zusatzbeitragssatz von 1,6 %. Für sie und ihren Arbeitgeber (Bundesland Sachsen) ergeben sich daraus folgende Sozialversicherungsbeiträge.

Sozialversicherungszweig	Arbeitnehmerbeiträge (Frau Meister)		Arbeitgeberbeiträge (ModeFix GmbH)	
Krankenversicherung	7,3 %	248,20 €	7,3 %	248,20 €
Krankenversicherung Zusatz	0,8 %	27,20 €	0,8 %	27,20 €
Pflegeversicherung	2,025 %	68,85 €	1,025 %	34,85 €
Rentenversicherung	9,3 %	316,20 €	9,3 %	316,20 €
Arbeitslosenversicherung	1,3 %	44,20 €	1,3 %	44,20 €

Einzugsstelle der Sozialversicherungsbeiträge

Die gesetzlichen Krankenkassen fungieren als Einzugsstelle für die Gesamtsozialversicherungsbeiträge. Das heißt, die Beiträge zur Kranken-, Pflege-, Renten- und Arbeitslosenversicherung - und zwar die Arbeitnehmer- und die Arbeitgeberanteile - werden monatlich an die jeweiligen Krankenkassen der versicherten Arbeitnehmer im so genannten Beitragsnachweis gemeldet und an diese abgeführt. Der Arbeitgeber meldet und zahlt also nicht an jeden Versicherungsträger gesondert (*näheres hierzu wird im Kapitel 12 erläutert*).

5.3 Krankenversicherung

In der Bundesrepublik Deutschland wird zwischen gesetzlich und privat versicherten Personen unterschieden. In den überwiegenden Fällen kann man davon ausgehen, dass ein Arbeitnehmer bei einer gesetzlichen Krankenkasse versichert ist, entweder pflichtversichert oder freiwillig versichert. In diesem Fall muss der Arbeitnehmer dem Arbeitgeber formlos mitteilen, bei welcher gesetzlichen Krankenkasse er versichert ist, da diese die Einzugsstelle für die Gesamtsozialversicherungsbeiträge darstellt. Im Rahmen des elektronischen Meldeverfahrens erhält der Arbeitgeber nach Anmeldung des Arbeitnehmers von der Krankenkasse eine Rückmeldung in elektronischer Form über das Bestehen oder das Nichtbestehen einer Krankenkassenmitgliedschaft.

5.3.1 Wahl der Krankenkasse

Grundsätzlich hat jeder pflichtversicherte und freiwillig gesetzlich krankenversicherte Arbeitnehmer das Recht zur **freien Wahl** seiner gesetzlichen Krankenkasse.

Wahlrecht

Mit der Einführung des gemeinsamen Gesundheitsfonds zum 01.01.2009 wurde der Beitragssatz für alle gesetzlichen Krankenkassen **einheitlich** festgelegt. Ab dem 01.01.2015 gibt es eine einheitliche allgemeine Beitragssatzuntergrenze von 14,6 % und eine einheitliche ermäßigte Beitragssatzuntergrenze von 14,0 % für alle gesetzlichen Krankenkassen. Die Beiträge fließen nun in den gemeinsamen Gesundheitsfonds, aus welchem die einzelnen Krankenkassen eine Zuweisung für jeden Versicherten, unter Berücksichtigung von Besonderheiten (Alter, Geschlecht, chronische Erkrankungen, etc.), erhält.

Beitragssatzuntergrenze

Krankenkassen, die mit den aus dem Gesundheitsfonds zugewiesenen Mitteln nicht auskommen, müssen die fehlenden Mittel über Beiträge von ihren Mitgliedern abdecken. Ab dem 01.01.2015 erhebt jede Krankenkasse einen kassenindividuellen einkommensabhängigen Zusatzbeitragssatz zu der festgelegten Beitragssatzuntergrenze. Dieser Zusatzbeitragswert (Berechnung mit Hilfe des Zusatzbeitragssatzes) fließt zunächst mit in den gemeinschaftlichen Gesundheitsfond, wird aber der jeweiligen Krankenkasse in voller Höhe zur Verfügung gestellt.

Zusatzbeitragssatz

Trotz Einheitsbeitragssatzuntergrenze gibt es durch Zusatzbeitragssatz, Hausarztmodelle oder Bonusprogramme für den Versicherten Gründe, von seinem **Wahlrecht** Gebrauch zu machen und die Krankenkasse zu wechseln. Ein Krankenkassenwechsel ist zum Ablauf des übernächsten Kalendermonats möglich. Dabei ist zu beachten, dass ein Krankenkassenwechsel erst nach Ablauf der gesetzlichen **Bindungsfrist** von **12 Monaten** möglich ist.

Krankenkassenwahlrecht

Bei Aufnahme einer neuen versicherungspflichtigen Beschäftigung oder beim Wechsel des versicherungspflichtigen Status kann der Arbeitnehmer die Krankenkasse wechseln ohne Einhaltung einer Bindungsfrist.

Eine Kündigung der Krankenkassenmitgliedschaft durch den Arbeitnehmer ist nicht mehr erforderlich. Der Arbeitnehmer teilt seinem Arbeitgeber formlos die neue Krankenkasse seiner Wahl mit und der Arbeitgeber führt eine elektronische Anmeldung bei der Krankenkasse des Arbeitnehmers durch.

Eine Kündigung einer bestehenden Mitgliedschaft seitens der Krankenversicherung ist nicht möglich. Eine Krankenkasse darf die Mitgliedschaft bei Antragsstellung nicht ablehnen, sofern die Voraussetzungen für eine gesetzliche oder freiwillige gesetzliche Krankenversicherung besteht. Der Arbeitnehmer hat gemäß § 175 Abs. 4 Satz 5 SGB V ein Sonderkündigungsrecht (ohne Einhaltung einer Bindungsfrist), wenn die Krankenkasse erstmalig einen Zusatzbeitrag erhebt oder einen bestehenden Zusatzbeitragssatz erhöht.

Wenn das Mitglied erstmalig eine sozialversicherungspflichtige Beschäftigung aufnimmt und zuvor familienversichert war, bedarf es keiner Kündigung. Der Arbeitgeber meldet den Arbeitnehmer bei der gewünschten Krankenkasse in elektronischer Form an und erhält auch die Mitgliedsbescheinigung in elektronischer Form.

5.3.2 Beitragssätze gesetzlicher Krankenkassen

Allgemeiner Beitragssatz

Bei den gesetzlichen Krankenversicherungen wird zwischen dem allgemeinen und dem ermäßigten Beitragssatz unterschieden. Der **allgemeine Beitragssatz** gilt für alle Arbeitnehmer, die bei krankheitsbedingter Arbeitsunfähigkeit einen Anspruch auf Lohnfortzahlung für mindestens 6 Wochen haben. Nach dieser Frist bekommt der Beschäftigte dann Krankengeld von der Krankenkasse.

Der **ermäßigte Beitragssatz** gilt für Arbeitnehmer, deren Arbeitsverhältnis von vornherein auf weniger als zehn Wochen befristet ist. Wird dieser gewählt, besteht kein Anspruch auf Lohnfortzahlung. Ab dem 01.08.2009 können diese Arbeitnehmer auch den allgemeinen Beitragssatz mit Anspruch auf Krankengeld wählen. Des Weiteren ist der ermäßigte Beitragssatz für Arbeitnehmer ohne Anspruch auf Krankengeld (Altersvollrentner, Pensionsbezieher, Vorruhestandsgeldbezieher, Arbeitnehmer in Altersteilzeit während der Freistellungsphase) anzuwenden.

Einkommensabhängiger Zusatzbeitrag

Jede Krankenkasse erhebt einen zusätzlichen einkommensabhängigen Zusatzbeitrag, der jeweils zur Hälfte vom Arbeitgeber und Arbeitnehmer getragen wird.

Bei der Berechnung des Gesamtbetrages muss gemäß § 2 Abs. 1 Beitragsverfahrensordnung (BVV) beachtet werden, dass zunächst die einzelnen Beitragswerte berechnet und kaufmännisch gerundet werden und dann erst eine Addition der Einzelwerte erfolgt.

allgemeiner Beitrag	Arbeitgeber 7,3 % und halber krankenkassenabhängiger Prozentsatz	Arbeitnehmer 7,3 % und halber krankenkassenabhängiger Prozentsatz
ermäßigter Beitrag	Arbeitgeber 7,0 % und halber krankenkassenabhängiger Prozentsatz	Arbeitnehmer 7,0 % und halber krankenkassenabhängiger Prozentsatz

Die Beitragsaufteilung stellt sich bei einem allgemeinbeitragspflichtigen Arbeitsentgelt von 3.158,00 € und einem Zusatzbeitragssatz von 0,9 % wie folgt dar:

AG:	3.158,00 € x 7,30 %	230,53 €	
	3.158,00 € x 0,45 %	14,21 €	244,74 €
AN:	3.158,00 € x 7,30 %	230,53 €	
	3.158,00 € x 0,45 %	14,21 €	244,74 €
Gesamtbeitrag			489,48 €

Um die Beitragsschuld zu ermitteln, werden die einzelnen Beitragswerte kaufmännisch gerundet und dann addiert.

5.3.3 Krankenversicherungspflicht und Befreiung

Beispiel: Jahresarbeitsentgeltgrenze

Herr Baumann ist der neue Abteilungsleiter der ModeFix GmbH. Bisher hat er als leitender Angestellter in einem anderen Modehaus 4.900,00 € monatlich verdient. Bei der ModeFix GmbH beträgt sein Monatsgehalt nun 6.450,00 €. Kann oder muss sich Herr Baumann nun aufgrund des höheren Einkommens privat krankenversichern?

Zur gesetzlichen Krankenversicherung sind alle sozialversicherungspflichtigen Arbeitnehmer verpflichtet, deren Arbeitsentgelt die **Jahresarbeitsentgeltgrenze** nicht übersteigt. Der Arbeitgeber hat die gesetzliche Versicherungspflicht am Beginn eines Beschäftigungsverhältnisses und zum Jahreswechsel zu prüfen.

Pflichtversicherte AN

	allgemeine Jahresarbeitsentgeltgrenze	besondere Jahresarbeitsentgeltgrenze
2022	64.350,00 €	58.050,00 €
2023	66.600,00 €	59.850,00 €

Die besondere Jahresarbeitsentgeltgrenze gilt für Arbeitnehmer, die bereits zum 31.12.2002 ausreichend privat krankenversichert waren.

Arbeitnehmer, deren Jahresarbeitsentgelt über der Jahresarbeitsentgeltgrenze liegt, sind nicht zur Mitgliedschaft in der gesetzlichen Krankenversicherung verpflichtet *(die Anwendung und die Ermittlung der Jahresarbeitsentgeltgrenze wird in Kapitel 12 näher erläutert)*. Es kann auch sein, dass die Versicherungsfreiheit aus einem anderen Grund besteht:

Nicht pflichtversicherte AN

- Der Arbeitnehmer war in den letzten 5 Jahren nicht gesetzlich krankenversichert und hat das 55. Lebensjahr vollendet.

- Der Arbeitnehmer war die Hälfte dieser Zeit versicherungsfrei oder von der Versicherung befreit oder hauptberuflich selbständig tätig gewesen.

Nicht versicherungspflichtige Arbeitnehmer können wählen, ob sie in einer gesetzlichen Krankenversicherung freiwillig oder in einer privaten Krankenversicherung privat versichert sein möchten. Die Pflegeversicherung folgt hier der Krankenversicherung. Eine solche Entscheidung will aber wohlüberlegt sein, denn: ist ein Arbeitnehmer einmal aus der gesetzlichen Krankenkasse ausgetreten, ist es für ihn nur unter bestimmten Voraussetzungen möglich, wieder einzutreten.

5.3.4 Arbeitgeberzuschuss zur Krankenversicherung

Sowohl für privat Versicherte als auch für freiwillig gesetzlich versicherte Arbeitnehmer zahlt der Arbeitgeber einen Zuschuss zur Kranken- und Pflegeversicherung, da diese Arbeitnehmer nicht schlechter gestellt werden sollen als solche, die in der gesetzlichen Krankenversicherung pflichtversichert sind. Wenn der Arbeitnehmer „Selbstzahler" ist, d. h. die Beiträge zur Versicherung selbst abführt, wird ihm der Arbeitgeberanteil zusätzlich zum Gehalt ausgezahlt. Wenn die Firma „Firmenzahler" ist, d. h., wenn die Beiträge zur Versicherung von der Firma gezahlt werden, wird dem Arbeitnehmer sein Anteil vom Gehalt abgezogen.

Zuschuss des Arbeitgebers zur freiwilligen Krankenversicherung

Der Arbeitnehmer muss dem Arbeitgeber einen Nachweis über seine freiwillige Versicherung bei einer gesetzlichen Krankenkasse vorlegen. Der Beitrag für freiwillig Versicherte in einer gesetzlichen Krankenkasse bemisst sich nach dem für den Arbeitnehmer gültigen Beitragssatz aus der Beitragsbemessungsgrenze.

Der Arbeitgeberzuschuss beträgt, wie bei versicherungspflichtigen Arbeitnehmern, 7,3 % bzw. 7,0 % und dem halben krankenkassenabhängigen Zusatzbeitragssatz aus dem beitragspflichtigen Arbeitsentgelt, max. aus der Beitragsbemessungsgrenze. Von dem Arbeitnehmer ist jedoch auch im Falle, dass das Entgelt eines Lohnzahlungszeitraums unter der Beitragsbemessungsgrenze liegt, der reguläre volle Beitrag zu entrichten bzw. vom Arbeitgeber einzubehalten und an die Krankenkasse abzuführen.

Auch wenn der freiwillig Versicherte dadurch mehr belastet wird als ein Arbeitnehmer, der die Beitragsbemessungsgrenze überschreitet, aber nicht die Jahresarbeitsentgeltgrenze, kann der Arbeitnehmer diese Mehrzahlung nicht von der Krankenkasse zurückfordern, wenn er insgesamt mit seinem Jahresarbeitsentgelt über der Jahresbeitragsbemessungsgrenze liegt.

Freiwillig Versicherte einer gesetzlichen Krankenkasse sind Gesamtbeitragsschuldner der Beiträge. Daran ändert sich auch nichts, wenn eine Vereinbarung (Abführungserklärung) mit dem Arbeitgeber getroffen wurde, in der vereinbart wurde, dass die Firma die freiwilligen Krankenversicherungsbeiträge komplett an die Krankenkasse abführt (Firmenzahlerverfahren). Bei unterlassener Beitragsabführung des Arbeitgebers trägt der Arbeitnehmer sogar die Folgen.

Zuschuss des Arbeitgebers zur privaten Krankenversicherung

Volle Beitragszahlung | Mitglieder einer privaten Krankenversicherung zahlen grundsätzlich **allein** die durch die Versicherungsgesellschaft festgesetzten Prämien. Diese richten sich anders als bei der gesetzlichen Krankenversicherung nicht nach dem Einkommen, sondern nach dem Alter, dem Gesundheitszustand, der Risikogruppe des Versicherten sowie nach dem Leistungsumfang, den die Krankenversicherung im Versicherungsfall erbringt. Ehegatten oder Kinder sind nicht kostenlos mitversichert und im Falle von Krankengeldbezug oder Arbeitslosigkeit müssen die Beiträge in voller Höhe weitergeleitet werden.

Unter bestimmten Voraussetzungen hat auch ein privat krankenversicherter Arbeitnehmer Anspruch auf einen **Arbeitgeberzuschuss** zum Krankenversicherungsbeitrag. Zu diesen Beschäftigten zählen:

Arbeitgeberzuschuss

- Arbeitnehmer die wegen der Überschreitung der Jahresarbeitsentgeltgrenze pflichtversicherungsfrei sind

- Arbeitnehmer, die nach vollendetem 55. Lebensjahr* nicht mehr versicherungspflichtig werden (§ 6 Abs. 3a SGB V) können

- von der Versicherungspflicht befreite Arbeitnehmer

Der Arbeitgeberzuschuss beträgt die Hälfte des tatsächlichen bezahlten Betrages, jedoch maximal 7,3 % bzw. 7,0 % und den halben durchschnittlichen Zusatzbeitragssatz von der Beitragsbemessungsgrenze (2023: 0,8 % von 4.987,50 €).

Der Zuschuss des Arbeitgebers zum Beitrag der freiwilligen Versicherung in einer gesetzlichen Krankenkasse, wie auch zur privaten Krankenversicherung sind, soweit sie die Grenzen nicht überschreiten, steuer- und sozialversicherungsfrei und werden in der Lohnabrechnung als Nettobezüge dargestellt. Auch der Gesamtbeitrag, der beim Arbeitnehmer einbehalten und an die gesetzliche Krankenkasse abgeführt wird, wird im Nettobereich als Nettoabzug ausgewiesen. Der Zuschuss des Arbeitgebers ist in der Lohnsteuerbescheinigung auszuweisen.

> **Beispiel: AG-Zuschuss zur privaten Krankenversicherung (über Maximalzuschuss)**
>
> Ein Arbeitnehmer ist in der privaten Krankenversicherung versichert. Er bezahlt einen Gesamtbeitrag in Höhe von 850,00 €.
>
> Beitragszuschuss des Arbeitgebers:
>
> 850,00 € : 2 = 425,00 €, max. 403,99 € (7,30 % und 0,80 % der BBG KV)
>
> Der hälftige Beitrag liegt **über** dem Maximalzuschuss, sodass der Arbeitnehmer 403,99 € als Zuschuss erhält.

> **Beispiel: AG-Zuschuss zur privaten Krankenversicherung (unter Maximalzuschuss)**
>
> Ein Arbeitnehmer ist in der privaten Krankenversicherung versichert. Er bezahlt einen Gesamtbeitrag in Höhe von 700,00 €.
>
> Beitragszuschuss des Arbeitgebers:
>
> 700,00 € : 2 = 350,00 €, max. 403,99 € (7,30 % und 0,80 % der BBG KV)
>
> Der hälftige Beitrag liegt **unter** dem Maximalzuschuss, sodass der Arbeitnehmer 350,00 € als Zuschuss erhält.

---

* Ab dem vollendeten 55. Lebensjahr kann ein privat krankenversicherter Arbeitnehmer sich nicht mehr gesetzlich versichern. Ein Wechsel ist nicht mehr möglich, unabhängig vom Arbeitsentgelt.

5.4 Pflegeversicherung

Arbeitnehmer, die in der Krankenversicherung versicherungspflichtig sind, sind dies auch in der Pflegeversicherung.

Beitragssätze | Der Beitragssatz zur gesetzlichen Pflegeversicherung beträgt im Jahr 2023 3,05 % zuzüglich 0,35 % Zuschlag für Kinderlose und ist aus dem sozialversicherungspflichtigen Bruttoentgelt zu ermitteln und an die Einzugsstelle zu melden und zu bezahlen.

Der Beitragssatz von 3,05 % wird im gesamten Bundesgebiet, außer im Bundesland Sachsen, jeweils zur Hälfte vom Arbeitgeber und vom Arbeitnehmer getragen. Im Bundesland Sachsen zahlt der Arbeitnehmer 2,025 % und der Arbeitgeber 1,025 % vom sozialversicherungspflichtigen Bruttoarbeitsentgelt.

5.4.1 Zusatzbeitrag für Kinderlose

Den Zuschlag für Kinderlose in Höhe von 0,35 % vom sozialversicherungspflichtigen Bruttoarbeitsentgelt ist vom Arbeitnehmer bzw. Mitglied der gesetzlichen Pflegeversicherung **allein** zu tragen.

Er gilt grundsätzlich für alle in der gesetzlichen Pflegeversicherung Versicherten, ausgenommen sind jedoch:

- Personen bis zum Ablauf des Monats, in dem sie das 23. Lebensjahr vollenden
- Personen, die vor dem 01.01.1940 geboren sind
- Personen mit Elterneigenschaft

Elterneigenschaft | Zu einer berücksichtigungsfähigen Elternschaft und damit zur Befreiung von dem Zusatzbeitrag führen:

- leibliche Kinder
- haushaltszugehörige Adoptivkinder
- haushaltszugehörige Stiefkinder
- haushaltszugehörige Pflegekinder

Es ist nicht erforderlich, dass das Kind **derzeit noch** im Haushalt des Arbeitnehmers lebt. Bei leiblichen Kindern ist es auch nicht notwendig, dass jemals eine Haushaltsgemeinschaft bestanden hat. Weiterhin wird sowohl ein verstorbenes Kind (Lebendgeburt) berücksichtigt, als auch ein im Ausland geborenes bzw. lebendes Kind, soweit die übrigen Voraussetzungen vorliegen. Zur Befreiung vom Zusatzbeitrag genügt **ein** Kind, durch weitere Kinder wird der Pflegeversicherungsbeitrag nicht weiter gemindert.

Nachweis der Elterneigenschaft | Ein Nachweis ist nur dann erforderlich, wenn die Elterneigenschaft nicht bereits aus anderen Gründen bekannt ist (z. B. aus der Eintragung in der ELStAM-Datei, früher gezahlter Zuschuss zum Mutterschaftsgeld). Es gibt keine gesetzliche Vorschrift über die Erbringung des Nachweises über die Elterneigenschaft. Als Nachweis kann gelten:

- Geburtsurkunde
- Abstammungsurkunde
- beglaubigte Abschrift aus dem Geburtenregister des Standesamts
- Auszug aus dem Familienbuch
- steuerliche Lebensbescheinigung des Einwohnermeldeamtes

Der Nachweis ist zu den Lohnunterlagen zu nehmen.

Für den Zusatzbeitrag der Pflegeversicherung gibt es keine eigene Kennzeichnung im Beitragsnachweis. Der Zusatzbeitrag und der Pflegeversicherungsbeitrag werden zusammen im Beitragsnachweis in „Beiträge zur sozialen Pflegeversicherung" mit dem Beitragsgruppenschlüssel 0001 erfasst *(siehe Kapitel 12.3)*.

Zusatzbeitrag auf SV-Meldung

Beispiel: Pflegeversicherung bei Kinderlosen			
Die Beitragsaufteilung stellt sich bei einem angenommenen sozialversicherungspflichtigen Entgelt von 3.230,00 € und nicht nachgewiesener Elterneigenschaft gemäß Beitragsverfahrensverordnung (BVV) wie folgt dar:			
AG: 3.230,00 € x 1,525 %			49,26 €
AN: 3.230,00 € x 1,525 %	49,26 €		
3.230,00 € x 0,35 %	11,31 €		60,57 €
Gesamtbeitrag			109,83 €

Hinweis: Bei der Berechnung des Gesamtbetrages muss gemäß Beitragsverfahrensordnung (BVV) beachtet werden, dass zunächst die einzelnen Beitragswerte berechnet und kaufmännisch gerundet werden und dann erst eine Addition der Einzelwerte erfolgt.

5.4.2 Befreiung von der Versicherungspflicht

Die Pflegeversicherung folgt hinsichtlich der Versicherungspflicht der Krankenversicherung. Wenn ein Arbeitnehmer die Jahresarbeitsentgeltgrenze überschreitet und dadurch von der Krankenversicherungspflicht befreit ist, besteht auch keine Versicherungspflicht in der Pflegeversicherung mehr.

Jahresarbeitsentgeltgrenze

5.4.3 Freiwillig gesetzliche und private Pflegeversicherung

Auch in der Pflegeversicherung hat der Arbeitgeber einen Zuschuss an freiwillig gesetzlich oder privat versicherte Arbeitnehmer zu leisten; und zwar in der Höhe, wie er auch den Arbeitgeberanteil bei pflichtversicherten Arbeitnehmern leisten müsste.

Das bedeutet, dass der Arbeitgeber einen Zuschuss von 1,525 % aus dem beitragspflichtigen Entgelt des Lohnzahlungszeitraums bzw. maximal aus der Beitragsbemessungsgrenze leisten muss. Bei einer privaten Pflegeversicherung ist der Zuschuss des Arbeitgebers auf die Hälfte des tatsächlich zu zahlenden Beitrags begrenzt, wenn dieser geringer als der maximale Zuschuss aus der Beitragsbemessungsgrenze ist.

Arbeitgeberzuschuss

Die Regelungen zur Steuer- und Beitragsfreiheit des Zuschusses sowie die Ausweisung in der Lohnabrechnung und in der Lohnsteuerbescheinigung entsprechen denen beim Zuschuss zur freiwilligen oder privaten Krankenversicherung *(siehe Kapitel 5.3.4)*.

Praxisübungen

Die Lösungen finden Sie unter https://www.edumedia.de/verlag/loesungen.

Aufgabe 1: Sozialversicherung

a) Aus welchen Versicherungsarten setzt sich die Sozialversicherung zusammen und wer bezahlt die Beiträge?

b) Erklären Sie den Fachbegriff „Beitragsbemessungsgrenze".

c) Berechnen Sie bei den nachfolgenden Beispielen die monatlichen Sozialversicherungsbeiträge für den Monat Mai. Alle Arbeitnehmer sind gesetzlich versichert; der allgemeine Beitragssatz und der Zusatzbeitragssatz in Höhe von 1,1 % sind anzuwenden. Der Firmensitz ist in Köln (Bundesland Nordrhein-Westfalen).

sv-pflichtige Arbeitsentgelt (monatl.)	Anteil	KV		PV		RV	AV
		Beitrag	Zusatz	Beitrag	Zuschlag		
2.300,00 €, kinderlos, 55 Jahre	AN						
	AG						
5.000,00 €, 2 Kinder	AN						
	AG						
7.500,00 €, 1 Kind	AN						
	AG						

d) Berechnen Sie bei den nachfolgenden Beispielen die monatlichen Sozialversicherungsbeiträge für den Monat Mai. Alle Arbeitnehmer sind gesetzlich versichert; der allgemeine Beitragssatz und der Zusatzbeitragssatz in Höhe von 1,1 % sind anzuwenden. Der Firmensitz ist in Oberwiesenthal / Bundesland Sachsen. (Beachten Sie die abweichenden SV-Sätze für das Bundesland Sachsen).

sv-pflichtige Arbeitsentgelt (monatl.)	Anteil	KV		PV		RV	AV
		Beitrag	Zusatz	Beitrag	Zuschlag		
2.300,00 €, kinderlos, 55 Jahre	AN						
	AG						
5.000,00 €, 2 Kinder	AN						
	AG						
7.500,00 €, 1 Kind	AN						
	AG						

Ermittlung des Gesamtbrutto / Abgrenzung zum Steuer- und Sozialversicherungsbrutto

Die Ermittlung des Gesamtbruttos stellt den ersten Schritt der Gehaltsabrechnung dar. In diesem Kapitel lernen Sie die Zeitbegriffe der Lohn- und Gehaltsrechnung kennen und wie Lohnfortzahlungen, bezahlter Urlaub und Mutterschutzzeiten in die Bruttoermittlung einzubeziehen sind.

Inhalt

- Zeitermittlung
- Bruttoermittlung im Teillohnzahlungszeitraum
- Entgeltzahlung an gesetzlichen Feiertagen
- Entgeltfortzahlung im Krankheitsfall
- Urlaub
- Mutterschutz
- Zuschläge und Zulagen

6.1 Zeitermittlung

6.1.1 Arbeitszeit als Basis der Bruttolohnberechnung

Gesamt-Brutto   Basis der Lohn- und Gehaltsabrechnung ist die korrekte Ermittlung des Gesamt- Brutto. Weiterhin dient das Gesamt-Brutto auch als Berechnungs- bzw. **Bemessungsgrundlage** für den Lohnsteuerabzug und den Abzug der Sozialversicherungsbeiträge. Bei einigen Lohnarten ist die Ermittlung des Gesamt-Brutto eher unproblematisch, wenn es sich z. B. um vertraglich fest vereinbarte Fixsummen handelt (Monatslohn, Gehalt, Ausbildungsvergütung, Weihnachtsgratifikation usw.). Erfolgt die Entlohnung dagegen in Abhängigkeit von einer flexiblen Größe (Arbeitsstunden oder Stückzahlen), so ist das Gesamt-Brutto erst anhand der relevanten Faktoren zu errechnen. Diese Rechenfaktoren sind:

Berechnungsfaktoren

- die zu bezahlende Basiseinheit (z. B. Arbeitsstunden, Stückzahlen)
- der Lohnsatz pro Basiseinheit (Stundenlohn, Stücklohn)
- der zu zahlende Zuschlagssatz (z. B. 20 % Überstundenzuschlag)
- der von einem Basisbetrag zu zahlende Anteil (z. B. 10 % Umsatzprovision)

Lohnsätze, Zuschlagssätze oder die Höhe von Anteilen sind zumeist vertraglich festgelegt. Auch die zu bezahlenden Stückzahlen sind meist durch einfaches „Nachzählen" zu ermitteln.

Ermittlung der Arbeitszeit   Der „kritische" Faktor der Bruttolohnermittlung ist in den meisten Fällen die zu bezahlende **Arbeitszeit**. Die korrekte Ermittlung ist nicht zuletzt deshalb schwierig, weil zahlreiche gesetzliche oder tarifvertragliche Regelungen vorsehen, real nicht geleistete Arbeitszeiten (Ausfallzeiten) so anzuerkennen, als wären sie geleistet worden, d. h. als zu bezahlende Basiseinheit in die Bruttoberechnung aufzunehmen. Solche bezahlten Fehlzeiten (auch „**Sozialzeiten**" genannt) sind z. B.:

Sozialzeiten

- bezahlter Urlaub
- Feiertage
- Entgeltfortzahlung bei Krankheit
- Mutterschutzzeiten
- sonstige Zeiten mit nicht gesetzlich geregeltem Anspruch auf Entgeltfortzahlung, z. B. bei Heirat, Umzug, Geburt eines Kindes, Tod von Angehörigen

Sozialzeiten sind auch zu gewähren, wenn die übliche Bezahlung nicht auf Zeitbasis, sondern auf Basis geleisteter Stückzahlen erfolgt. In diesem Fall ist für die bezahlte Freizeit eine geleistete Stückzahl als Berechnungsbasis anzunehmen, die der **durchschnittlichen** Stückzahl entspricht, die der Beschäftigte in einem entsprechenden Zeitraum leistet.

6.1.2 Zeitbegriffe der Lohn- und Gehaltsabrechnung

Für die Lohn- und Gehaltsabrechnung ist es von besonderer Bedeutung, die Arbeitszeiten korrekt zu ermitteln, da diese in der Regel als Basis für die Bruttoberechnung dienen.

Aufzeichnungspflicht   Arbeitgeber sind verpflichtet Beginn, Ende und Dauer der täglichen Arbeitszeit zu erfassen.

Zur **Zeiterfassung** können mechanische oder elektronische Geräte (Stempeluhren), manuelle Aufzeichnungen (Stundenzettel, Tätigkeitsnachweise usw.) oder Sozialzeitnachweise (Urlaubszettel, Arbeitsunfähigkeitsbescheinigungen usw.) dienen. Dabei wird zwischen verschiedenen Zeitbegriffen unterschieden.

Kalenderzeit

Den **Lohnabrechnungszeitraum** bezeichnet man auch als Kalenderzeit. In der Regel ist dies der Kalendermonat. Aber auch der Tag oder die Kalenderwoche sind als Abrechnungszeiträume denkbar. Ein monatlicher Abrechnungszeitraum setzt sich aus **Arbeitstagen** und auf Arbeitstage fallenden **Sozialzeiten** (Feiertage, Krankheitstage, bezahlter Urlaub usw.) zusammen.

Abrechnungszeitraum

Sollarbeitszeit

Die Sollarbeitszeit ist die im Arbeits- oder Tarifvertrag festgelegte **Normalzeit**. Sie bezieht sich auf einen definierten Zeitraum (z. B. 8 Stunden täglich montags bis freitags, 35 Stunden wöchentlich montags bis freitags). Um bei einer festgelegten Wochenarbeitszeit die durchschnittliche Normalzeit für den Monat zu ermitteln, wird eine Berechnungsformel verwendet. Dies ist notwendig, weil nicht jeder Monat exakt 4 Wochen hat. In der Regel wird diese Berechnungsweise bei Gehaltsempfängern angewendet, um den entsprechenden Stundensatz zu ermitteln. Zur Ermittlung der in einem Monat geleisteten Überstunden wird die tatsächliche Normalzeit anhand der tatsächlichen Arbeitstage eines Monats herangezogen.

Normalzeit

> „Stunden je Woche" x „Wochen im Jahr" : „Monate im Jahr"
> = monatliche Stunden (= tatsächliche Normalzeit)

Auch die Umrechnung der Wochenarbeitszeit auf die Monatsarbeitszeit mit dem Faktor 4,35 (52,2 durchschnittliche Wochen : 12 Monate = 4,35 Wochen pro Monat) ist zulässig.

> „Stunden je Woche" x 4,35 = monatliche Stunden (= tatsächliche Normalzeit)

Beispiel: Sollarbeitszeit

Frau Lehmann arbeitet 40 Stunden in der Woche. Für sie ergibt sich folgende monatliche Normalzeit.

40   x   52   :   12   = 173,33 Stunden monatlich

Möglich ist auch das quartalsweise Rechnen. Mit 13 Wochen pro Quartal ergibt sich folgende Berechnung:

40   x   13   :   3   = 173,33 Stunden monatlich

Unter Verwendung des Faktors 4,35 ergibt sich folgende Berechnung:

40   x   4,35   = 174 Stunden monatlich

Ist-Arbeitszeit

Mit Ist-Arbeitszeit werden die tatsächlich geleisteten Arbeitsstunden bezeichnet. Neben den Normalzeitstunden gehören auch Überstunden, Nachtarbeitsstunden oder

Erfassung von Arbeitsstunden

Arbeitsstunden an Sonn- und Feiertagen dazu. Zumeist werden Normalzeitstunden getrennt von den anderen Arbeitsstunden erfasst, da oftmals ein unterschiedlicher Stundensatz oder prozentuale Zuschläge bei der Berechnung des Gesamt- Brutto berücksichtigt werden müssen.

Sonn- und Feiertagsstunden

Alle Arbeitsstunden, die in der Zeit von 0:00 bis 24:00 Uhr an **gesetzlichen Feiertagen** oder **Sonntagen** sowie bis 4:00 Uhr des Folgetages, wenn die Tätigkeit vor 0:00 Uhr aufgenommen wurde, geleistet werden, sind als Sonn- und Feiertagsstunden anzurechnen.

Nachtarbeitsstunden

Als Nachtarbeitsstunden gelten laut Arbeitszeitgesetz Arbeitsstunden, die zwischen **23:00 und 6:00 Uhr** geleistet werden.

Beispiel: Mehrarbeits- und Überstunden
Eine Arbeitnehmerin hat eine arbeitsvertraglich vereinbarte Wochenarbeitszeit von 30 Stunden. Die betriebliche Arbeitszeit liegt bei 35 Stunden pro Woche. In der 6. KW arbeitet sie tatsächlich 37 Stunden. Von den 7 geleisteten Überstunden sind 2 Stunden gleichzeitig Mehrarbeitsstunden.

Sozialzeiten

Als Sozialzeiten bezeichnet man Zeiten, für die eine bezahlte Freistellung (Lohnfortzahlung) durch den Arbeitgeber erfolgt, z. B. bei Krankheit, an gesetzlichen Feiertagen oder während des Erholungsurlaubs.

6.2 Bruttoermittlung im Teillohnzahlungszeitraum

Ein Teillohnzahlungszeitraum entsteht immer dann, wenn die Vergütungsbestandteile aufgrund unbezahlter Ausfallzeiten nicht für einen vollen Monat gezahlt werden. Dies kann z. B. der Fall sein bei:

■ Ein- oder Austritt des Arbeitnehmers im laufenden Monat

■ Unterbrechung wegen Ablauf der Sechs-Wochen-Frist im Krankheitsfall

■ Unterbrechung wegen Beginn oder Ende der Mutterschutzfrist oder Elternzeit

■ Unterbrechung wegen sonstiger unbezahlter Fehlzeiten, wie Freistellung wegen der Erkrankung eines Kindes, unentschuldigtes Fehlen, unbezahlter Urlaub, etc.

■ Beginn oder Ende des freiwilligen Wehrdienstes oder des Bundesfreiwilligendienstes

■ Beginn oder Ende der Pflegezeit bei vollständiger Freistellung von der Arbeit

Unproblematisch ist es, wenn die Vergütung nach Stundenlohn berechnet wird. Hier werden die tatsächlich zu zahlenden Soll- bzw. Ist-Stunden berechnet.

Problematischer ist es, wenn Vergütungsbestandteile auf Monatsbasis vereinbart wurden, wie z. B. Monatslohn, VWL-Arbeitgeberzuschuss, monatliche Leistungszulagen. Zur Ermittlung der anteiligen Bruttobestandteile gibt es mehrere Möglichkeiten. Die nachfolgenden Beispiele basieren auf dem Muster-Kalendarium im Anhang.

6.2.1 Berechnung nach der kalendertäglichen Methode

Der Arbeitslohn wird nach den tatsächlichen Kalendertagen eines Monats gekürzt, d. h. der Monatslohn ist zunächst durch die tatsächliche Anzahl der Kalendertage des Monats zu dividieren (31, 30, 29 oder 28 Tage) und dann mit der Zahl der Kalendertage, welche mit Lohn belegt sind, zu multiplizieren.

Beispiel: kalendertägliche Methode

Herr Sommer wird zum 11.02. eingestellt. Der vereinbarte Monatslohn beträgt 2.500,00 €. Der Arbeitslohn für 18 Kalendertage[1] beträgt:

2.500,00 € x 18 Kalendertage : 28 Kalendertage = 1.607,14 €

---

[1] Siehe Musterkalendarium im Anhang.

6.2.2 Berechnung nach der Dreißigstel-Methode

Der Arbeitslohn ist, unabhängig der tatsächlichen Tage eines Monats, durch 30 Tage zu dividieren und dann mit der Zahl der Kalendertage, welche mit Lohn belegt sind, zu multiplizieren.

Beispiel: Dreißigstel-Methode

Herr Sommer wird zum 11.02. eingestellt. Der vereinbarte Monatslohn beträgt 2.500,00 €. Der Arbeitslohn für 18 Kalendertage[1] beträgt:

2.500,00 € x 18 Kalendertage : 30 Kalendertage = 1.500,00 €

---

[1] Siehe Musterkalendarium im Anhang.

6.2.3 Berechnung nach tatsächlichen Arbeitstagen

Der Arbeitslohn ist durch die Zahl der tatsächlichen Arbeitstage eines Monats zu dividieren, einschließlich gesetzlicher Feiertage und bezahlter Freistellungstage (z. B. Rosenmontag) und dann mit der Zahl der Arbeitstage, wiederum einschließlich gesetzlicher Feiertage und bezahlter Freistellungen, welche mit Lohn belegt sind, zu multiplizieren. Bei **Teillohnzahlungszeiträumen** muss die Berechnung nach den tatsächlichen Arbeitstagen erfolgen.

Beispiel: tatsächliche Arbeitstage

Herr Sommer wird zum 11.02. eingestellt. Der vereinbarte Monatslohn beträgt 2.500,00 €. Der Februar hat bei einer Fünf-Tage-Woche (Mo-Fr) 20 Arbeitstage. Der Arbeitslohn für 14 Arbeitstage[1] beträgt:

2.500,00 € x 14 Arbeitstage : 20 Arbeitstage = 1.750,00 €

---

[1] Siehe Musterkalendarium im Anhang.

6.2.4 Berechnung nach fiktiven Arbeitstagen

Der Arbeitslohn ist durch die Anzahl der Arbeitstage zu dividieren, und zwar

- bei einer Sechs-Tage-Woche durch 25
- bei einer Fünf-Tage-Woche durch 22

ohne Rücksicht auf die tatsächlichen Arbeitstage des Monats, und dann mit der Zahl der mit Lohn belegten Arbeitstage zu multiplizieren.

Beispiel: fiktive Arbeitstage

Herr Sommer wird zum 11.02. eingestellt. Der vereinbarte Monatslohn beträgt 2.500,00 €. Der Arbeitslohn für 14 Arbeitstage[1] beträgt bei einer 5-Tage-Woche:

$$2.500,00 € \quad x \quad 14 \text{ Arbeitstage} \quad : \quad 22 \text{ Arbeitstage} \quad = \quad 1.590,91 €$$

[1] Siehe Musterkalendarium im Anhang.

6.2.5 Berechnung nach tatsächlichen Arbeitsstunden

Der Arbeitslohn ist durch die Anzahl der Sollstunden des Monats zu dividieren und dann mit den Ist-Stunden des Monats zu multiplizieren.

Beispiel: tatsächliche Arbeitsstunden

Herr Sommer wird zum 11.02. eingestellt. Der vereinbarte Monatslohn beträgt 2.500,00 €. Gemäß Arbeitsvertrag wurde eine 37,5-Stunden-Woche vereinbart (Mo-Fr jeweils 7,5 Stunden), sodass die Sollarbeitszeit im Februar 150 Arbeitsstunden beträgt. Er arbeitet in der Zeit vom 11.02. bis 28.02. insgesamt 110 Stunden und zwar:

1. Woche (11. - 14.02.)	31 Stunden
2. Woche (17. - 21.02.)	43 Stunden
3. Woche (24. - 28.02.)	36 Stunden
insgesamt	110 Stunden

$$2.500,00 € \quad x \quad 110 \text{ Stunden} \quad : \quad 150 \text{ Stunden} \quad = \quad 1.833,33 €$$

6.2.6 Berechnung nach fiktiven Arbeitsstunden

Der Arbeitslohn ist durch die Anzahl der Arbeitsstunden nach der Formel

$$\text{Wochenstunden} \times 4,35$$

und zwar

- bei einer 40-Stunden-Woche durch 174
- bei einer 37,5-Stunden-Woche durch 163
- bei einer 35-Stunden-Woche durch 152

ohne Rücksicht auf die tatsächlichen Arbeitsstunden des Monats zu dividieren und dann mit der Zahl der tatsächlich geleisteten Arbeitsstunden des Monats zu multiplizieren.

Beispiel: fiktive Arbeitsstunden

Herr Sommer wird zum 11.02. eingestellt. Der vereinbarte Monatslohn beträgt 2.500,00 €. Gemäß Arbeitsvertrag wurde eine 37,5-Stunden-Woche vereinbart (Mo-Fr jeweils 7,5 Stunden). Er arbeitet in der Zeit vom 11.02. bis 28.02. insgesamt 110 Stunden und zwar:

1. Woche (11. - 14.02.)	31 Stunden
2. Woche (17. - 21.02.)	43 Stunden
3. Woche (24. - 28.02.)	36 Stunden
insgesamt	110 Stunden

2.500,00 €　　x　　110 Stunden　　:　　163 Stunden　　=　　1.687,12 €

6.2.7 Anwendung der Möglichkeiten

Die Beispiele zeigen, dass je nach Berechnungsmethode unterschiedliche Arbeitslöhne zu zahlen sind. Es stellt sich daher die Frage, welches die richtige Berechnungsmethode ist.

Bei der Entgeltfortzahlung im Krankheitsfall ist gesetzlich das so genannte **Lohnausfallprinzip** zwingend vorgeschrieben, d. h. das für die maßgebliche regelmäßige Arbeitszeit zustehende Arbeitsentgelt ist fortzuzahlen, tariflich kann hiervon abgewichen werden. Aus der Anwendung des Lohnausfallprinzips folgt, dass die Berechnung des Arbeitslohns für den Teillohnzahlungszeitraum nach konkreten Monatsarbeitstagen bzw. -stunden durchzuführen ist. Die Dreißigstel-Methode muss angewendet werden:

- bei Auszubildenden (§ 18 Abs. 1 Satz 2 BBiG)
- bei Arbeitnehmern, die einen freiwilligen Wehrdienst oder einen Bundesfreiwilligendienst leisten (USG)
- bei Arbeitnehmern, die einen Wehrdienst als Reservisten leisten (USG)

In allen anderen Fällen ist eine Berechnungsart gesetzlich nicht vorgeschrieben, sodass der Arbeitgeber grundsätzlich frei wählen kann.

6.3 Lohnzahlung für „Sozialzeiten"

Der Arbeitnehmer erhält für Sozialzeiten eine Lohnfortzahlung. Die Höhe richtet sich in der Regel danach, was der Arbeitnehmer verdient hätte, wenn er im gleichen Zeitraum gearbeitet hätte. Bei Arbeitnehmern mit einem festen Monatsgehalt ohne weitere Zuschläge ist die Ermittlung der Lohnfortzahlung zumeist unproblematisch. Auch bei Arbeitnehmern mit fester Arbeitszeit und einem festen Stundensatz ist die Höhe der Entgeltfortzahlung einfach zu errechnen.

Etwas komplizierter wird die Berechnung bei Arbeitnehmern mit **schwankenden Bezügen**. „Schwankend" deshalb, weil zusätzliche Entgeltzahlungen wie z. B. Überstundengrundvergütungen mit Zuschlägen, Zuschläge zu Nacht-, Sonn- und Feiertagsarbeit, laufende Prämien oder Provisionen und Erschwerniszulagen zu berücksichtigen sind. Zum einen ergibt sich die Frage, mit welchem **Zeitfaktor** die Sozialzeit bewertet wird und zum anderen, welches **Entgelt** zu Grunde gelegt wird.

An dieser Stelle sind Vereinbarungen aus dem Tarifvertrag, aus Betriebsvereinbarungen oder dem individuellen Arbeitsvertrag zu berücksichtigen.

6.3.1 Entgeltzahlung an gesetzlichen Feiertagen

Beispiel: Entgeltzahlung an gesetzlichen Feiertagen

Frau Lehmann erhält ein festes Monatsgehalt von 2.500,00 € und hat eine Wochen-arbeitszeit von 40 Stunden. Der Monat April hat zwei gesetzliche Feiertage, an denen Frau Lehmann nicht arbeitet. Wird ihr Monatsgehalt für April dadurch reduziert?

---

§ 2 Entgeltfortzahlungsgesetz (EntgFG) verpflichtet den Arbeitgeber zur Entgeltzahlung für **gesetzliche Feiertage**, die auf Arbeitstage fallen. Dabei wird für den Feiertag eine Arbeitszeit angenommen, die normalerweise durchschnittlich erbracht worden wäre, wenn der Tag ein normaler Arbeitstag gewesen wäre.

Gleiches gilt für die auf **Stücklohn** basierende Lohnabrechnung. Hier wird die durchschnittlich in der entsprechenden Zeit geleistete Stückzahl als Berechnungsgrundlage für das Gesamt-Brutto herangezogen. Der Arbeitnehmer verliert seinen Anspruch auf Entgeltfortzahlung für einen gesetzlichen Feiertag, wenn er einen Arbeitstag **vor oder nach dem Feiertag** der Arbeit unentschuldigt fernbleibt (§ 2 Abs. 3 EntgFG).

Steuern und SV | Entgeltzahlungen für gesetzliche Feiertage sind als Bestandteil des steuer- und sozialversicherungspflichtigen Bruttoentgelts zu behandeln.

---

zu Beispiel: Entgeltzahlung an gesetzlichen Feiertagen

Frau Lehmann erhält im April ihr Festgehalt in Höhe von 2.500,00 €. Die Feiertage führen zu keiner Gehaltskorrektur, da sie im Rahmen der Entgeltfortzahlung vom Arbeitgeber so behandelt werden, als wenn Frau Lehmann an diesen Tagen gearbeitet hätte.

Beispiel: Berechnung der Entgeltzahlung an gesetzlichen Feiertagen

Der Taxifahrer Peter Lorenz ist bei dem Taxiunternehmen Albatros angestellt. Im Arbeitsvertrag wurde die tägliche Arbeitszeit mit 8 Stunden fixiert. Der Stundenlohn beträgt 12,80 €. Für einen gesetzlichen Feiertag, der auf einen Arbeitstag fällt, erhält Herr Lorenz eine Entgeltzahlung in Höhe von 102,40 € (8 Stunden x 12,80 €).

6.3.2 Entgeltfortzahlung im Krankheitsfall

Krankheit und Feiertage | Durch das Entgeltfortzahlungsgesetz (EntgFG) wird die Fortzahlung des Arbeitsentgeltes im **Krankheitsfall** und an **Feiertagen** geregelt:

- Lohnfortzahlung erfolgt im Krankheitsfall für 6 Wochen bzw. 42 Kalendertage

- Anspruch auf Entgeltfortzahlung bei Krankheit besteht erst nach 4 Wochen bzw. 28 Kalendertage ununterbrochenem Bestehen des Beschäftigungsverhältnisses.

- Nachweispflicht des Arbeitnehmers über Arbeitsunfähigkeit wegen Krankheit und deren voraussichtliche Dauer

- Die Höhe des Fortzahlungsentgeltes richtet sich nach dem Entgelt, das der Arbeitnehmer in der regelmäßigen Arbeitszeit erzielt hätte, wenn er nicht erkrankt wäre.

- Der Anspruch auf sechswöchige Lohnfortzahlung besteht bei jeder neuen Erkrankung erneut.

- Fällt eine Erkrankung auf einen Feiertag, so erfolgt die Entgeltfortzahlung nach den Bestimmungen für gesetzliche Feiertage.

Wenn ein Arbeitnehmer einen Tag vor oder nach einem Feiertag (oder beide Tage) unentschuldigt der Arbeit fernbleibt, hat er weder für diese Tage noch für den damit zusammenhängenden Feiertag einen Anspruch auf Entgeltfortzahlung.

Die Arbeitsunfähigkeitsbescheinigung wird vom behandelnden Arzt an die Krankenkasse des Arbeitnehmers elektronisch übermittelt und die Krankenkasse stellt diese Daten dem Arbeitgeber zum Abruf zur Verfügung.

Elektronische Arbeitsunfähigkeitsbescheinigung (eAU)

Folgende Daten stehen dem Arbeitgeber zum Abruf bereit:

- Name des Arbeitnehmers
- Beginn und Ende der Arbeitsunfähigkeit
- Datum der ärztlichen Feststellung der Arbeitsunfähigkeit
- Kennzeichnung ob Erstmeldung oder Folgemeldung
- Angabe, ob Anhaltspunkte vorliegen, dass die Arbeitsunfähigkeit auf einen Arbeitsunfall oder sonstigen Unfall oder auf den Folgen eines Arbeitsunfalles oder sonstigen Unfalls beruhen

Ab dem 01.01.2023 müssen Arbeitgeber die Arbeitsunfähigkeitsbescheinigung des Arbeitnehmers elektronisch bei der Krankenkasse abrufen. Die Papierform entfällt für gesetzlich krankenversicherte Arbeitnehmer ersatzlos.

Für privatversicherte Arbeitnehmer und für geringfügig beschäftigte Arbeitnehmer in Privathaushalten ist die elektronische Arbeitsunfähigkeitsbescheinigung (eAU) noch nicht zwingend vorgeschrieben.

Sonderregelungen

Dauer und Fristen der Entgeltfortzahlung

Wenn ein Arbeitnehmer aufgrund von **krankheitsbedingter Arbeitsunfähigkeit** ausfällt, ist der Arbeitgeber nach § 3 EntgFG verpflichtet, für einen Zeitraum von bis zu **6 Wochen** bzw. 42 Kalendertagen das Arbeitsentgelt fortzuzahlen. Voraussetzungen dafür sind:

- Die Arbeitsunfähigkeit ist ohne Verschulden des Arbeitnehmers eingetreten. Es besteht kein Anspruch auf Entgeltfortzahlung (§ 52 SGBV), wenn sich der Arbeitnehmer seine Erkrankung durch fahrlässiges Verhalten zugezogen hat.
- Das Arbeitsverhältnis besteht seit mindestens **4 Wochen** ohne Unterbrechung (Wartefrist). Erkrankt der Arbeitnehmer innerhalb der ersten 4 Wochen, erhält er Krankengeld von der Krankenkasse. Ab der 5. Beschäftigungswoche beginnt der Anspruch auf Lohnfortzahlung durch den Arbeitgeber für volle 6 Wochen (42 Kalendertage), d. h. die Zeit, in der der Arbeitnehmer Krankengeld durch die Krankenkasse erhalten hat, mindert nicht den Anspruch auf Lohnfortzahlung durch den Arbeitgeber.
- Bei der Ermittlung des Zeitraums, in dem Lohnfortzahlung durch den Arbeitgeber zu leisten ist, sind Vorerkrankungen aufgrund derselben Krankheit zu berücksichtigen. Hier kommt in der Regel eher die Berechnung nach Kalendertagen (maximal 42) zum Tragen. Vorerkrankungen sind nicht zu berücksichtigen, wenn:
  - Der Arbeitnehmer in den vorangegangenen 6 Monaten nicht infolge derselben Krankheit arbeitsunfähig war oder
  - seit Beginn der ersten Arbeitsunfähigkeit infolge derselben Krankheit eine Frist von zwölf Monaten abgelaufen ist.

Vorerkrankungsverfahren

Die Krankenkasse überprüft, ob die Arbeitsentgeltfortzahlung durch den Arbeitgeber aufgrund von anrechenbaren Vorerkrankungszeiten entfällt (Grundlage: Angaben zur Diagnose in der Arbeitsunfähigkeitsbescheinigung). Die anrechenbaren Vorerkrankungszeiten übermittelt die Krankenkasse dem Arbeitgeber im Datenaustausch Entgeltersatzleistungen (DTA EEL), nachdem der Arbeitgeber eine elektronische Anfrage gestellt hat.

Beispiel: Entgeltfortzahlung im Krankheitsfall

Ein Arbeitnehmer tritt laut Vertrag am 01.05. in die ModeFix GmbH ein. Am 20.05. ist er erkrankt und erst ab 15.07. wieder arbeitsfähig. Die Vierwochenfrist läuft bis 28.05., d.h. der Arbeitnehmer erhält in der Zeit vom 20.05. bis 28.05. Krankengeld von der Krankenkasse, vom 29.05. bis 09.07. (6 Wochen lang) Entgeltfortzahlung durch den Arbeitgeber und vom 10.07. bis 14.07. wieder Krankengeld von der Krankenkasse.

Beispiel: Dauer der Entgeltfortzahlung im Krankheitsfall

Frau Lehmann ist im Januar erstmals an einem Magengeschwür erkrankt und vom 1. Januar bis 31. März arbeitsunfähig geschrieben. Eine neue Arbeitsunfähigkeit aufgrund einer starken Erkältung tritt vom 1. Mai bis 10. Juni ein. Im November macht sich ihr Magengeschwür wieder bemerkbar und Frau Lehmann ist in der Zeit vom 1. November bis 28. November nochmals krankgeschrieben.

▶ Für welchen Zeitraum erhält Frau Lehmann Entgeltfortzahlung wegen Krankheit?

Für beide Arbeitsunfähigkeiten, die durch das Magengeschwür entstanden sind, besteht jeweils ein Anspruch auf Entgeltfortzahlung, da zwischen dem Ende der erstmaligen Erkrankung (31. März) und dem Beginn der wiederholten Erkrankung (1. November) sechs Monate vergangen sind. Die Erkältung löste ebenfalls einen sechswöchigen Entgeltfortzahlungsanspruch aus, beeinflusste aber nicht die Sechswochenfrist der Erkrankung durch das Magengeschwür.

Hat ein Arbeitnehmer am ersten Krankheitstag noch gearbeitet, so ist dieser Tag in die 6-Wochen-Frist nicht mit einzubeziehen. Dies gilt auch, wenn der Arbeitnehmer zwar am Arbeitsplatz erscheint, noch keine Arbeitsleistung erbracht hat und direkt erkrankt oder einen Arbeitsunfall hat.

Umlageverfahren

Um die Risiken einer Entgeltfortzahlung im Krankheitsfall für kleine Unternehmen kalkulierbar zu halten, wurde die Lohnfortzahlungsversicherung eingerichtet. Der Arbeitgeber zahlt dabei eine monatliche Umlage (U1) in eine Umlagekasse ein und erhält dafür die Entgeltfortzahlungen teilweise erstattet *(Näheres zum Umlageverfahren finden Sie in Kapitel 12.10)*.

Steuer- und SV-Pflicht

Entgeltfortzahlungen im Krankheitsfall sind als Bestandteil des steuer- und sozialversicherungspflichtigen Bruttoentgelts zu behandeln.

Pflichten des arbeitsunfähigen Beschäftigten

Melde- und Nachweispflicht

Der Arbeitnehmer ist verpflichtet, dem Arbeitgeber eine vorliegende Arbeitsunfähigkeit und deren voraussichtliche Dauer **unverzüglich** mitzuteilen. Bei Arbeitsunfähigkeit, die länger als drei Kalendertage dauert, hat der Beschäftigte spätestens am darauffolgenden Arbeitstag eine **ärztliche Bescheinigung** vorzulegen. Der Arbeitgeber kann die Vorlage der ärztlichen Bescheinigung aber auch früher verlangen. Dauert die Arbeitsunfähigkeit länger als in der Bescheinigung angegeben, muss der Beschäftigte eine neue ärztliche Bescheinigung vorlegen.

Schadensersatzanspruch bei Dritten

Sofern einer Krankheit ein Unfall mit einem Dritten zu Grunde liegt und dieser Dritte der Unfallverursacher ist, hat der Arbeitgeber Anspruch auf Schadensersatzleistungen. Der entstandene Schaden besteht z. B. aus nicht durch die Ausgleichskasse *(vgl. hierzu Kapitel 12.10.1)* erstattete Aufwendungen für Entgeltfortzahlung. Der Arbeitnehmer ist daher verpflichtet, dem Arbeitgeber den Unfallverursacher zu nennen.

Auch bei Fehlzeiten aufgrund einer Organspende ist der Arbeitgeber verpflichtet, für maximal 6 Wochen Lohnfortzahlung zu leisten. Hier erfolgt die Erstattung der Aufwendungen durch die Versicherung des Organempfängers.

Organspende

Bemessung des Entgeltes

Die Höhe der Entgeltfortzahlung richtet sich nach dem **durchschnittlichen Arbeitsentgelt**, das dem Beschäftigten für den entsprechenden Zeitraum bei einer für ihn maßgeblichen regelmäßigen Arbeitszeit zustehen würde.

Höhe der Lohnfortzahlung

> **Beispiel: Bemessung des Entgelts**
>
> Die ModeFix GmbH bezahlt einer Aushilfe neben dem Aushilfsgehalt einen Fahrtkostenzuschuss je Arbeitstag für die Fahrten zwischen Wohnung und erster Tätigkeitsstätte. Die Aushilfe ist im Mai für drei Wochen erkrankt.
>
> Die ModeFix GmbH muss an die Aushilfe anteilig das Gehalt während der Arbeitsunfähigkeit bezahlen, allerdings nicht den Fahrtkostenzuschuss.

6.3.3 Durchschnittslohnsatz

Entgeltfortzahlungen für Urlaubsentgelt, im Krankheitsfall oder an Feiertagen, auf die ein gesetzlicher Anspruch besteht, werden nicht mit dem Stundenlohnsatz berechnet, sondern mit dem Durchschnittslohnsatz. In der Regel wird ein dreimonatiger Durchschnittslohnsatz errechnet, betriebsintern können aber auch 6, 9 oder 12 Monate als Grundlage angenommen werden. Die Anzahl der Monate muss ausreichend sein, um Lohnunterschiede, z. B. Zuschläge, Zulagen oder eine Stundenlohnerhöhung, zu erfassen.

Berechnung

$$\frac{\text{Gesamtbruttobetrag}}{\text{Anzahl der Stunden (Normalzeit)}} = \text{Durchschnittslohnsatz}$$

Normalzeit ist die übliche Anzahl von Arbeitsstunden pro Tag, die im Arbeitsvertrag, in der Betriebsvereinbarung oder im Manteltarifvertrag festgelegt sind.

Zur Berechnung des Durchschnittslohnsatzes werden gemäß § 4 EntG und § 11 BUrlG nicht alle Bezüge oder Sachbezüge mit in den Gesamtbruttobetrag einbezogen.

einbezogen in den Gesamtbruttobetrag	nicht einbezogen in den Gesamtbruttobetrag
▪ Grundlohn, Grundgehalt, Ausbildungsvergütung ▪ Sonn-, Nacht- und Feiertagszuschläge ▪ Leistungs-, Gefahren- und Erschwerniszulagen ▪ Vermögenswirksame Leistungen, Sachbezüge ▪ Provisionen	▪ Einmalzahlungen, Urlaubs- oder Weihnachtsgeld, Prämien, Jubiläumszuwendungen ▪ Überstundenvergütungen und deren Überstundenzuschläge ▪ Fahrt- und Reisekostenzuschüsse ▪ Auslagenersatz

Durch die gesetzlichen Regelungen wird nicht in die Tarifverträge eingegriffen, es gelten immer die dort getroffenen Regelungen zu den in den Durchschnittslohnsatz einzubeziehenden Beträgen und Bezugszeiträumen.

6.3.4 Erkrankung eines Kindes

Bei der Erkrankung eines Kindes hat der Arbeitnehmer bei Vorliegen folgender Voraussetzungen Anspruch auf Freistellung gemäß § 45 Abs. 1 Satz 1 SGB V:

▪ Vorlage einer ärztlichen Bescheinigung über die Erkrankung des Kindes mit Angabe über Beginn und voraussichtlicher Dauer der Erkrankung,

▪ Vorlage einer ärztlichen Bescheinigung, dass die Notwendigkeit der Betreuung und/oder Pflege besteht,

▪ keine andere im Haushalt lebende Person kann das Kind betreuen und/oder pflegen und

▪ das Kind das zwölfte Lebensjahr noch nicht vollendet hat oder behindert ist und auf Betreuung und/oder Pflege angewiesen ist.

Der Freistellungsanspruch kann arbeitstariflich oder tarifvertraglich nicht ausgeschlossen oder beschränkt werden.

Zeitraum § 45 Abs. 2 SGB V   Ein nicht alleinerziehendes Elternteil hat jeweils Anspruch auf Freistellung von maximal 10 Arbeitstagen für jedes Kind. Der Anspruch eines Elternteils kann auf das andere Elternteil übertragen werden. Bei Alleinerziehenden beträgt der maximale Anspruch 20 Arbeitstage. Bei mehreren Kindern besteht der Anspruch mehrfach, insgesamt jedoch maximal 25 Arbeitstage im Kalenderjahr für ein nicht alleinerziehendes Elternteil und maximal 50 Arbeitstage für Alleinerziehende.

Zeitraum § 45 Abs. 2a SGB V   Bis zum 07.04.2023 erhöht sich der Freistellungszeitraum für ein nicht alleinerziehendes Elternteil auf 30 Arbeitstage für jedes Kind und bei Alleinerziehenden auf 60 Arbeitstage. Bei mehreren Kindern besteht der Anspruch mehrfach, insgesamt jedoch maximal 65 Arbeitstage im Kalenderjahr für ein nicht alleinerziehendes Elternteil und maximal 130 Arbeitstage für Alleinerziehende.

Kinderkrankengeld   Sind obige Voraussetzungen erfüllt und die Zeitgrenzen nicht überschritten, hat der Elternteil Anspruch auf Entgeltfortzahlung durch den Arbeitgeber. Eine Entgeltfortzahlung kann tarifvertraglich oder arbeitsvertraglich ausgeschlossen oder eingeschränkt werden. Ist dies der Fall bekommt der Elternteil Kinderkrankengeld von der Krankenkasse für die Anspruchszeiträume.

Anspruch auf Kinderkrankengeld besteht seit dem 01.01.2021 auch bei:

- Schließung von Einrichtungen (Kindergärten, Schulen, Behinderteneinrichtungen)
- zusätzlich angeordneten oder verlängerten Schul- oder Betriebsferien
- angeordnetem Betretungsverbot
- Aufhebung der Präsenzpflicht in der Schule aufgrund des Infektionsschutzgesetzes (IfSG)

Einen zeitlich unbefristeten Anspruch auf Arbeitsfreistellung und Kinderkrankengeld hat der betreuende Elternteil, wenn das Kind unheilbar krank ist und die Lebenserwartung nur noch wenige Wochen beträgt und/oder bei einer palliativmedizinischen Behandlung.

Unbefristete Ansprüche
§ 45 Abs. 4 SGB V

6.3.5 Urlaub

Die Regelungen des Bundesurlaubsgesetzes, die den Urlaubsanspruch, die Urlaubsdauer und das Urlaubsentgelt betreffen, sind für die Lohn- und Gehaltsabrechnung von besonderer Bedeutung.

Ansprüche

- Der Arbeitnehmer hat pro Kalenderjahr einen Mindestanspruch auf **24 Werktage** bezahlten Erholungsurlaub (§ 3 BUrlG).
- Nachgewiesene Krankheitstage während eines Urlaubs gelten nicht als Urlaubstage.
- Anspruch auf vollen Urlaub entsteht erstmals nach 6 Monaten Beschäftigung.
- Für jeden vollen Kalendermonat Elternzeit verringert sich der Urlaubsanspruch um 1/12 des Jahresurlaubes.
- Das Urlaubsentgelt ergibt sich aus dem durchschnittlichen Arbeitsentgelt der letzten 13 Wochen vor Urlaubsbeginn. Dabei sind auch Vergütungsanteile wie Zuschläge, Provisionen, regelmäßige Leistungsprämien, Sachbezüge u. ä. zu berücksichtigen.
- Eine Abgeltung des Erholungsurlaubs durch Geldzahlung ist nur bei Beendigung des Arbeitsverhältnisses zulässig.

Streiktage werden auf den Urlaub nicht angerechnet. Arbeitnehmer haben einen Anspruch auf mindestens **24 Werktage** (6-Tage-Woche) und mindestens **20 Arbeitstage** (5-Tage-Woche) bezahlten Erholungsurlaub im Jahr. Als Werktage gelten dabei alle Kalendertage, die nicht Sonntage oder gesetzliche Feiertage sind (also auch Samstage). Darüber hinaus können tarifvertraglich oder einzelvertraglich zusätzliche Urlaubstage vereinbart sein.

Um sicherzustellen, dass der **Erholungsurlaub** auch tatsächlich seinem Zweck gemäß genutzt werden kann (zur Erholung), hat der Gesetzgeber grundsätzlich untersagt, dass Erholungsurlaub durch Geldzahlung seitens des Arbeitgebers abgegolten werden kann und dass der Arbeitnehmer während des Urlaubs einer dem Urlaubszweck widersprechenden **Erwerbstätigkeit** nachgeht.

Zweck von Erholungsurlaub

Wartezeit und Teilurlaub

Wartezeit

Den vollen Anspruch auf Urlaub erwirbt ein Beschäftigter erstmals, wenn er mindestens **6 Monate** in einem Betrieb beschäftigt ist. Hat ein Arbeitnehmer diese Wartezeit noch nicht erfüllt, so steht ihm für jeden vollen Monat ein Teilurlaub in Höhe von einem Zwölftel des Jahresurlaubs zu. Diesen kann er in folgenden Fällen in Anspruch nehmen:

■ für Zeiten eines Kalenderjahres, für die er wegen Nichterfüllung der Wartezeit in diesem Kalenderjahr keinen vollen Urlaubsanspruch erwirbt

■ wenn er vor erfüllter Wartezeit aus dem Arbeitsverhältnis ausscheidet

■ wenn er nach erfüllter Wartezeit in der ersten Hälfte eines Kalenderjahres aus dem Arbeitsverhältnis ausscheidet

Halbe Urlaubstage

Ergibt sich bei der Berechnung von Teilurlaub ein Bruchteil von einem Urlaubstag, der mehr als einen halben Tag entspricht, so ist gemäß § 5 Abs. 2 Bundesurlaubsgesetz (BurlG) dieser auf einen vollen Urlaubstag aufzurunden.

Wechsel des Arbeitgebers

Der Anspruch auf vollen Urlaub besteht nicht, wenn dem Arbeitnehmer für das laufende Kalenderjahr bereits von einem früheren Arbeitgeber Urlaub gewährt oder in Geld ausgezahlt worden ist. Als entsprechenden Nachweis hat der Arbeitgeber bei Beendigung des Arbeitsverhältnisses eine **Urlaubsbescheinigung** auszustellen und dem Beschäftigten unaufgefordert auszuhändigen.

Zeitpunkt, Übertragbarkeit und Abgeltung von Urlaub

Urlaubswünsche

Bei der zeitlichen Festlegung des Urlaubs hat der Arbeitgeber die Wünsche des Arbeitnehmers zu berücksichtigen. Allerdings kann der Arbeitgeber die Urlaubswünsche des Beschäftigten ablehnen, wenn **dringende betriebliche Belange** diese nicht zulassen oder Urlaubswünsche anderer Arbeitnehmer entgegenstehen, die unter sozialen Gesichtspunkten vorrangig zu behandeln sind. So muss beispielsweise einem alleinstehenden Arbeitnehmer kein Urlaub während der Ferienzeit gewährt werden, wenn andere Beschäftigte mit Familie Urlaub für diese Zeit beantragt haben.

Teilung von Urlaub

Grundsätzlich ist der Urlaub **zusammenhängend** zu gewähren. Ausnahmen sind Teilung von Urlaub auch hier wieder dringende betriebliche oder in der Person des Arbeitnehmers liegende Gründe, die eine Teilung des Urlaubs erforderlich machen. In jedem Fall muss einer der Urlaubsteile aber mindestens **12 aufeinander folgende Werktage (2 Wochen)** umfassen.

Urlaubsübertragung

Urlaubsansprüche für das laufende Kalenderjahr müssen grundsätzlich auch in **diesem** Jahr gewährt und genommen werden. Eine Übertragung des Urlaubs auf das nächste Kalenderjahr ist nur dann möglich, wenn dringende betriebliche oder in der Person des Arbeitnehmers liegende Gründe dies rechtfertigen. Aber auch dann muss der übertragene Urlaub in den **ersten drei Monaten** des folgenden Kalenderjahres gewährt und genommen werden. Geschieht dies nicht, so verfällt der entsprechende Urlaubsanspruch.

Wenn der Urlaub oder Urlaubsteile wegen Beendigung des Arbeitsverhältnisses nicht mehr gewährt werden oder gewährt werden können, ist der entsprechende Urlaubsanspruch finanziell abzugelten.

Hierbei ist zu beachten, dass Urlaubsbruchteile, die mindestens einen halben Tag ergeben, auf einen vollen Urlaubstag aufzurunden sind. Bei kleineren Bruchteilen darf nicht abgerundet werden, sondern der Bruchteil ist entsprechend zu vergüten.

Anrechnung anderer Ausfallzeiten

Überschneidet sich der Urlaub mit anderen Ausfallzeiten, so ist dies wie folgt mit dem Urlaubsanspruch zu verrechnen:

- Nachgewiesene Krankheitstage während eines Urlaubs gelten nicht als Urlaubstage.
- Für jeden vollen Kalendermonat Elternzeit verringert sich der Urlaubsanspruch um 1/12 des Jahresurlaubes.
- Streiktage werden auf den Urlaub nicht angerechnet.

Urlaubsentgelt

Das Urlaubsentgelt ist die jedem Arbeitnehmer zustehende **Entgeltfortzahlung** während des Erholungsurlaubes. Es ist vom **Urlaubsgeld** zu unterscheiden, das eine freiwillige (oder tarif- bzw. arbeitsvertraglich festgelegte) zusätzliche Sonderzahlung des Arbeitgebers ist.

Urlaubsentgelt und Urlaubsgeld

Urlaubsentgelt und Urlaubsgeld sind steuerlich und sozialversicherungsrechtlich unterschiedlich zu behandeln und in der Lohn- und Gehaltsabrechnung entsprechend aufzuführen. Steuer- und sozialversicherungsrechtlich ist **Urlaubsentgelt** laufendes Arbeitsentgelt. **Urlaubsgeld** wird steuerlich als „sonstiger Bezug" und in der Sozialversicherung als „Einmalzahlung" behandelt.

Steuern und SV

Die Höhe des **Urlaubsentgelts** ergibt sich aus dem durchschnittlichen Arbeitsentgelt der letzten 13 Wochen vor Urlaubsbeginn. Dabei sind auch Vergütungsanteile wie Zuschläge, Provisionen, regelmäßige Leistungsprämien u. ä. zu berücksichtigen. Sachbezüge, die während des Urlaubs nicht weitergewährt werden, sind in angemessener Weise in bar abzugelten. Überstunden (Grundlohn und Überstundenzuschlag) sind bei der Durchschnittslohnsatzberechnung nicht einzubeziehen *(siehe dazu auch Kapitel 6.3.3)*.

Berechnung

Bei dauerhaften **Verdiensterhöhungen**, die während des 13-wöchigen Berechnungszeitraums oder während des Urlaubs eintreten, ist das Urlaubsentgelt auf Basis dieses erhöhten Verdienstes zu berechnen. Dagegen sind entsprechende **Verdienstkürzungen**, die im Berechnungszeitraum infolge von Kurzarbeit, Arbeitsausfällen oder unverschuldeter Arbeitsversäumnis eintreten, bei der Berechnung des Urlaubsentgelts außer Acht zu lassen.

Unbezahlter Urlaub

Es kann auch sein, dass der Arbeitgeber und der Arbeitnehmer einvernehmlich eine unbezahlte Freistellung, also unbezahlte Urlaubstage, vereinbaren. Das Bestehen des Beschäftigungsverhältnisses wird hiervon nicht berührt. Bis zu einer Dauer von einem Monat bleiben auch sämtliche Ansprüche gegenüber der Krankenkasse (z. B. ärztliche Versorgung) bestehen, obwohl für diesen Zeitraum keine Beiträge gezahlt werden. Wenn der Arbeitnehmer während des unbezahlten Urlaubs erkrankt, hat er keinen Anspruch auf Lohnfortzahlung durch den Arbeitgeber, jedoch innerhalb dieses einen Monats Anspruch gegenüber der Krankenkasse auf Zahlung von Krankengeld.

Dauert unbezahlter Urlaub länger als einen Monat, ist nach Ablauf desselben Monats der Arbeitnehmer bei der Krankenkasse abzumelden *(siehe dazu auch Kapitel 12)*.

Bildungsurlaub

In den meisten Bundesländern gibt es gem. Bildungsurlaubsgesetz (BUG) auch Regelungen über zusätzlich zu gewährenden bezahlten Bildungsurlaub (Ländergesetz). Arbeitgeber in diesen Bundesländern müssen ihre Arbeitnehmer fünf Arbeitstage pro Kalenderjahr zusätzlich zum bezahlten Erholungsurlaub zum Zwecke der beruflichen Weiterbildung freistellen. In Bayern und Sachsen gibt es keinen zusätzlichen Bildungsurlaub.

Urlaubsbescheinigung

Bei einem Arbeitgeberwechsel gehen dem Beschäftigten noch **offene Urlaubsansprüche** nicht verloren, denn der gesetzliche Mindesturlaub von 24 Werktagen im Jahr steht ihm in jeden Fall zu. Damit der neue Arbeitgeber weiß, wie viel Urlaub der Arbeitnehmer in diesem Jahr schon genommen hat (bzw. durch Zahlung abgegolten wurde) und wie viel ihm dementsprechend noch zusteht, ist der alte Arbeitgeber gemäß § 6 Abs. 2 BUrlG verpflichtet, eine **Urlaubsbescheinigung** auszustellen und diese dem Arbeitnehmer unaufgefordert zum Ende des Arbeitsverhältnisses auszuhändigen. Auf der Urlaubsbescheinigung müssen folgende Angaben enthalten sein:

- Personendaten des Arbeitnehmers
- Kalenderjahr, für das die Urlaubsbescheinigung ausgestellt ist
- Zeitraum, in dem das Arbeitsverhältnis bestanden hat
- Höhe des Urlaubsanspruchs in diesem Kalenderjahr
- Zeiträume, in denen Urlaub gewährt und genommen wurde
- Anzahl der Tage, für die eine Urlaubsabgeltung gezahlt wurde

6.3.6 Mutterschutz

Schwangere und Mütter

Das Mutterschutzgesetz schützt die Gesundheit der Frau und ihres Kindes während der Schwangerschaft, nach der Geburt und während der Stillzeit. Es legt u. a. Beschäftigungsverbote, einen besonderen Kündigungsschutz und die Entgeltfortzahlung während der Ausfallzeiten fest.

Beschäftigungsverbote:

- für Schwangere bei Gefährdung der Gesundheit von Mutter oder Kind
- für Schwangere 6 Wochen vor dem Geburtstermin
- keine schwere körperliche Arbeit
- 8 Wochen nach der Entbindung
- 12 Wochen nach der Entbindung bei Früh- oder Mehrlingsgeburten oder bei der Geburt eines behinderten Kindes

Schutzrechte:

- Gewährung von Stillzeiten (ohne Lohn- oder Gehaltsabzug und ohne Mehrarbeit)
- Verbot von Mehrarbeit, Nachtarbeit sowie Sonn- und Feiertagsarbeit
- Kündigungsschutz während der Schwangerschaft und für 4 Monate nach der Entbindung
- Entgeltfortzahlung für Ausfallzeiten wegen eines Beschäftigungsverbotes
- Arbeitgeber zahlt Differenz zwischen Mutterschaftsgeld und letztem Nettolohn
- bezahlte Freistellung für notwendige Untersuchungen

Das bisher geltende Nachtarbeitsverbot für eine Schwangere oder Stillende ist durch neue Gesetzesfassungen gelockert worden. In der Zeit von 20 bis 22 Uhr wird die Arbeit genehmigt, wenn

- der Arbeitgeber dies bei der zuständigen Aufsichtsbehörde beantragt,
- die Frau sich ausdrücklich dazu bereit erklärt (sie kann jederzeit widerrufen),
- der Arzt eine Unbedenklichkeitsbescheinigung erstellt und
- eine Gefährdung für Mutter und Kind durch Alleinarbeit ausgeschlossen ist.

Beschäftigungsverbote

Für werdende Mütter besteht in den letzten 6 Wochen vor der Entbindung ein **generelles Beschäftigungsverbot,** es sei denn, sie erklären sich zur Arbeitsleistung ausdrücklich bereit. Eine solche Erklärung kann jederzeit ohne Angabe von Gründen widerrufen werden.

Außerhalb der Sechs-Wochen-Frist dürfen schwangere Arbeitnehmerinnen nicht beschäftigt werden, wenn Leben oder Gesundheit von Mutter oder Kind bei Fortdauer der Beschäftigung gefährdet sind.

Für die Berechnung der Schutzfristen vor der Entbindung ist die Angabe des **mutmaßlichen Geburtstermins** durch einen Arzt oder eine Hebamme maßgebend. Irrt sich der Arzt oder die Hebamme über den Zeitpunkt der Entbindung, so verkürzt oder verlängert sich diese Frist entsprechend.

Nach der Entbindung dürfen Mütter für eine Frist von **8 Wochen** nicht beschäftigt werden (bei Früh- oder Mehrlingsgeburten bis 12 Wochen). Wird das Kind vor dem mutmaßlichen Entbindungstermin geboren, verlängert sich diese Frist um den Zeitraum, der von der sechswöchigen Schutzfrist vor der Entbindung nicht in Anspruch genommen werden konnte, sodass insgesamt eine Schutzfrist von mindestens 14 Wochen gewährleistet ist. Wird das Kind nach dem mutmaßlichen Entbindungstermin geboren, wird die Schutzfrist nach der Entbindung nicht um diese Tage gekürzt. Eine Ausnahme von der achtwöchigen Schutzfrist nach der Entbindung ist nur in Ausnahmefällen möglich, wenn eine Mutter nach dem Tod ihres Kindes ausdrücklich die Wiederaufnahme der Beschäftigung verlangt. Auch dann ist eine Beschäftigung erst nach Ablauf von mindestens **2 Wochen** seit der Entbindung gestattet und nur, wenn durch ein ärztliches Zeugnis belegt ist, dass keine gesundheitlichen Gefährdungen bestehen. Die freiwillige Erklärung der Mutter kann jederzeit und ohne Angabe von Gründen widerrufen werden.

Es ist zu beachten, dass bei der Ermittlung der Schutzfristen der Tag der Geburt nicht mitgezählt wird.

Beispiel: Beschäftigungsverbot

Der Arzt hat Frau Wiesmüller den Entbindungstermin auf den 30. September bescheinigt. Sechs Wochen vor dem wahrscheinlichen Entbindungstermin setzt die Mutterschutzfrist ein. Frau Wiesmüller muss daher ab dem 19. August nicht mehr arbeiten.

Am 5. Oktober bringt Frau Wiesmüller eine Tochter zur Welt. Die Mutterschutzfrist endet acht Wochen nach der Entbindung; hier am 30. November.

Über die Schutzfristen vor und nach der Entbindung bestehen nach dem Mutterschutzgesetz weitere **Beschäftigungsverbote** für werdende Mütter. Dazu gehören u. a.:

- keine schwere körperliche Arbeit
- keine Belastung durch gesundheitsgefährdende Stoffe oder Strahlen, Staub, Gase oder Dämpfe, Hitze, Kälte oder Nässe, Erschütterungen oder Lärm
- kein regelmäßiges Heben von Gewichten über 5 kg oder gelegentliches Heben von Gewichten über 10 kg
- ab dem sechsten Schwangerschaftsmonat kein ständiges Stehen
- kein häufiges Strecken, Beugen, Hocken oder Bücken
- keine Arbeiten mit erhöhter Unfallgefahr (z. B. Ausgleiten, Fallen oder Abstürzen)
- keine Akkordarbeit und keine Fließarbeit

Rechte und Pflichten von Mutter und Arbeitgeber

Neben den Beschäftigungsverboten genießen werdende und stillende Mütter weitere **Schutzrechte**, durch die u. a. Ausfallzeiten entstehen können:

- Gewährung von Stillzeiten (ohne Lohn- oder Gehaltsabzug und ohne Mehrarbeit)
- Verbot von Mehrarbeit, Nachtarbeit und Sonn- und Feiertagsarbeit
- Kündigungsschutz während der Schwangerschaft und für 4 Monate nach der Entbindung
- bezahlte Freistellung für notwendige Untersuchungen

Meldepflicht der Mutter

Zu den Pflichten von werdenden Müttern zählt insbesondere die **Meldepflicht**. Schwangere sollen dem Arbeitgeber ihre Schwangerschaft und den mutmaßlichen Tag der Entbindung mitteilen, sobald ihnen ihr Zustand bekannt ist. Der Arbeitgeber kann dann auf seine Kosten ein Zeugnis eines Arztes oder einer Hebamme verlangen.

Meldepflicht des Arbeitgebers

Der Arbeitgeber hat die **Aufsichtsbehörde** (Gewerbeaufsichtsamt) unverzüglich von der Mitteilung der werdenden Mutter zu benachrichtigen. An Dritte darf er die Mitteilung über die Schwangerschaft der Arbeitnehmerin nicht unbefugt weitergeben.

Mutterschaftsgeld, Arbeitgeberzuschuss und Mutterschutzlohn

Mutterschaftsgeld

Für die Zeiten, in denen eine Mutter aufgrund der Schutzfristen (Beschäftigungsverbote vor und nach der Entbindung) nicht arbeitet sowie für den Tag der Geburt erhält sie von der gesetzlichen Krankenkasse **Mutterschaftsgeld**. Mütter, die nicht Mitglied einer gesetzlichen Krankenkasse sind, erhalten das Mutterschaftsgeld auf Antrag vom Bundesversicherungsamt in Berlin.

Für die Zeit, in der die werdende Mutter auf eigenes Verlangen hin innerhalb der Schutzfrist arbeitet und infolgedessen sozialversicherungspflichtiges Arbeitsentgelt bezieht ruht der Anspruch auf Mutterschaftsgeld.

Höhe, Steuern und SV

Die Höhe des Mutterschaftsgeldes richtet sich nach dem **durchschnittlichen kalendertäglichen Nettoeinkommen** der Mutter in den letzten drei vollen Monaten vor Beginn der Schutzfrist. Dabei bleiben sowohl einmalig gezahltes Arbeitsentgelt als auch infolge von Kurzarbeit, Arbeitsausfällen oder unverschuldeter Arbeitsversäumnis vermindertes Arbeitsentgelt außer Betracht. Maximal beträgt das von der Krankenkasse zu zahlende Mutterschaftsgeld 13,00 € pro Kalendertag.

Mutterschaftsgeld ist als **Lohnersatzleistung** steuer- und sozialversicherungsfrei, unterliegt jedoch dem steuerlichen Progressionsvorbehalt und ist daher auf der Lohnsteuerbescheinigung gesondert auszuweisen *(siehe dazu auch Kapitel 12.8)*.

Arbeitnehmerinnen, die nicht selbst Mitglied einer gesetzlichen Krankenkasse sind (z. B. privat krankenversicherte oder in der gesetzlichen Krankenversicherung familienversicherte Frauen), erhalten Mutterschaftsgeld in Höhe von insgesamt höchstens 210,00 €. Das Mutterschaftsgeld wird diesen Frauen auf Antrag vom Bundesversicherungsamt gezahlt (§ 19 Mutterschutzgesetz).

Arbeitgeberzuschuss

In vielen Fällen übersteigt der durchschnittliche regelmäßige Nettoverdienst den maximal von der Krankenkasse gewährten Tagessatz von 13,00 €. Den Differenzbetrag hat der Arbeitgeber als Zuschuss zum Mutterschaftsgeld zu zahlen. Ebenso wie das Mutterschaftsgeld selbst, ist auch dieser Arbeitgeberzuschuss steuer- und sozialversicherungsfrei, unterliegt jedoch dem Progressionsvorbehalt.

Mutterschutzlohn

Fällt die Mutter aufgrund von anderen **Beschäftigungsverboten** außerhalb der Schutzfristen aus, so muss der Arbeitgeber für die Ausfallzeiten eine Lohnfortzahlung leisten. Diese muss dem durchschnittlichen Bruttoverdienst der letzten drei Monate vor Beginn der Schwangerschaft entsprechen. Diese Entgeltfortzahlung ist sowohl steuer- als auch sozialversicherungspflichtig.

Beispiel: Berechnung Mutterschaftsgeld

Frau Sander hat ihrem Arbeitgeber eine Bescheinigung über den mutmaßlichen Entbindungstermin zum 18.07. vorgelegt. Die Mutterschutzfrist vor der Geburt muss ermittelt werden:

▶ mutmaßlicher Entbindungstermin   18.07.
▶ Beginn der Schutzfrist   06.06.
▶ letzter Arbeitstag   05.06.

Der tatsächliche Entbindungstermin ist der 11.07., wodurch sich die Schutzfrist vor der Geburt um 7 Tage (11.07. bis 17.07.) verkürzt. Dadurch verlängert sich die Schutzfrist nach der Geburt und dauert bis 12.09.

Sie erhielt im Monat Mai ein Nettoentgelt in Höhe von 1.385,02 €, im April 1.334,73 € und im März 1.459,03 €. Der Zuschuss des Arbeitgebers zum Mutterschaftsgeld ermittelt sich daher wie folgt:

Mai	1.385,02 €		
April	1.334,73 €		
März	1.459,03 €		
	4.178,78 €	: 90 Kalendert. = 16,13 €	kalendertägl. Nettoentgelt
		-13,00 €	Mutterschaftsgeld von der Krankenkasse
		33,43 €	Zuschuss des Arbeitgebers

Umlageverfahren U2

Auch hier wurde zum Schutz des Arbeitgebers die Lohnfortzahlungsversicherung eingerichtet. Der Arbeitgeber entrichtet an die Umlagekassen eine monatliche Abgabe (Umlage U2) und bekommt dafür die Aufwendungen, die durch den Zuschuss zum Mutterschaftsgeld oder durch Mutterschutzlohn entstehen, in voller Höhe erstattet *(Näheres zum Umlageverfahren finden Sie in Kapitel 12.10.1)*.

6.4 Zuschläge und Zulagen

Am Anfang des Kapitels wurde darauf eingegangen, dass u. a. die Ermittlung der Arbeitszeit Grundlage der Bruttolohnermittlung ist. Dabei werden verschiedene Arbeitszeiten unterschieden (z. B. Normalzeit, Überstunden, Sonn- und Feiertagsarbeit).

Zuschläge und Zulagen

Diese Unterscheidung ist im Wesentlichen notwendig, weil die verschiedenen Arbeitszeiten unterschiedlich vergütet werden können, d. h. in der Regel werden Sonderarbeitszeiten mit Zuschlägen entlohnt. **Zuschläge** können nicht nur für besondere Arbeitszeiten gewährt werden, sondern auch für besondere Leistungen, besondere Tätigkeiten oder Belastungen des Arbeitnehmers. Der Zuschlagssatz kann sich dabei anteilig an der Basisvergütung orientieren (z. B. 25 % Nachtarbeitszuschlag) oder mit pauschalen Beträgen festgesetzt sein (z. B. 1,50 € Zuschlag für Außendienststunden).

Rechtsgrundlagen

Einen gesetzlichen Anspruch auf die Zahlung von Zuschlägen gibt es grundsätzlich nicht. In der Regel werden Art und Höhe von Zuschlägen in Tarifverträgen, Betriebsvereinbarungen oder Einzelarbeitsverträgen festgelegt. Von steuerrechtlicher Seite wird geregelt, in welchem Rahmen und in welcher Höhe die Zuschläge **steuerfrei** (und damit auch sozialversicherungsfrei) ausgezahlt werden können (§ 3b EStG).

6.4.1 Zulagearten

Erschwerniszulage

Körperliche Belastungen

Mit Erschwerniszulagen werden Arbeiten vergütet, die für den Arbeitnehmer zusätzliche **körperliche Belastungen** mit sich bringen, z. B. Hitze, Kälte, Lärm, Staub, Nässe, Tragen von besonderer Schutzkleidung, Unfallgefahr. Die Höhe der Zulagen ist in der Erschwerniszulagenverordnung (EZulV) geregelt.

Für **branchenspezifische** Erschwernisse sind oftmals bereits in Tarifverträgen Zulagen festgelegt. Bei betriebs- oder arbeitsplatzspezifischen Erschwernissen können entsprechende Zulagen in Betriebsvereinbarungen oder Einzelarbeitsverträgen festgelegt sein.

In der Regel sind Ansprüche auf Zulagen in der Art geregelt, dass der Arbeitnehmer für die Zeit, in der er einer bestimmten Erschwernis ausgesetzt ist, die entsprechende Zulage erhält (z. B. ein Betrag pro Stunde). Dabei können durchaus mehrere Zulagen nebeneinander gewährt werden.

Gefahrenzulage

In einigen Fällen wird die **Gefahrenzulage** von der Erschwerniszulage unterschieden. Mit der Gefahrenzulage werden besonders gefährliche Tätigkeiten abgegolten, die aber im Sinne der Erschwerniszulage nicht unbedingt auch körperlich belastend sein müssen.

Funktionszulage

Funktionszulagen sind Vergütungen, die für die Ausübung einer besonderen **Funktion** oder **Verantwortung** gezahlt werden. In der Regel handelt es sich dabei um monatliche oder jährliche Festbeträge. Üblich sind solche Funktionszulagen z. B. für **Führungskräfte** im öffentlichen Dienst oder für Mitarbeiter, die zusätzlich zu ihrer normalen Tätigkeit besondere Aufgaben wahrnehmen (z. B. Ausbilder).

Leistungszulagen

Leistungszulagen werden als Prämien für **überdurchschnittliche Leistungen** des Arbeitnehmers gezahlt. In Kombination mit dem Grundlohn wird diese Entgeltart auch als **Prämienlohn** bezeichnet. Dabei sind nicht immer wie beim Akkordlohn die erbrachte Stückzahl, sondern vielmehr andere Kriterien ausschlaggebend (z. B. Arbeitsqualität, Sparsamkeit, Termineinhaltung, Produktivität). Leistungszulagen sind somit ein vom Mitarbeiter selbst beeinflussbarer flexibler Lohnbestandteil. Sie werden zumeist in Form von festen Beträgen pro Stückzahl, pro eingesparter Materialeinheit, usw. gezahlt.

Überdurchschnittliche Leistungen

Zuschläge für ungünstige Arbeitszeiten

Häufig werden Zuschläge für ungünstige Arbeitszeiten gezahlt. Dies können z. B. **Sonn- und Feiertagsarbeit, Überstunden** oder **Nachtarbeit** sein. Die entsprechenden Zuschläge sind zumeist branchenspezifisch in Tarifverträgen oder für einzelne Unternehmen in Betriebsvereinbarungen geregelt. Sie werden entweder als Anteil auf Grundlage des Basisstundensatzes ermittelt (z. B. 25 % Nachtarbeitszuschlag, 10 % Überstundenzuschlag) oder als feste Beträge pro Arbeitsstunde festgelegt (z. B. 1,50 € pro Nachtarbeitsstunde).

Voraussetzung für eine korrekte Bruttolohnabrechnung ist bei diesen Zuschlägen die genaue **Erfassung der Arbeitszeit** nach getrennten Zeitarten (z. B. über Stundenzettel, Tätigkeitsberichte, mechanische oder elektronische Zeiterfassungsgeräte).

Korrekte Zeiterfassung

Zuschlag für Mehrarbeit

Nach § 3 des Arbeitszeitgesetzes darf die werktägliche Arbeitszeit der Arbeitnehmer im Durchschnitt acht Stunden nicht überschreiten. Tarifvertraglich sind oftmals weit geringere Wochenarbeitszeiten festgelegt. Im Gegensatz zu früheren gesetzlichen Regelungen ist die Überschreitung der zulässigen Höchstarbeitszeit nur noch mit behördlicher Genehmigung zulässig. Die gesetzliche Festlegung von Mehrarbeitszuschlägen entfällt somit.

Mehrarbeit und Überstunden

Auch die **Vergütung von Überstunden** ist nicht gesetzlich geregelt. Sie ist allerdings zumeist in Tarifverträgen oder Betriebsvereinbarungen detailliert geregelt. Ist dies nicht der Fall sollte in Einzelarbeitsverträgen eine entsprechende Vereinbarung getroffen werden, um spätere Streitigkeiten auszuschließen. Üblich sind dabei die folgenden Vergütungs- oder Ausgleichsmethoden:

Überstundenvergütung

- Abgeltung der Überstunden durch das Grundgehalt (Dies bedeutet praktisch, dass Überstunden unbezahlt erbracht werden müssen. Zulässig ist eine solche Regelung z. B. bei leitenden Angestellten.)
- Abgeltung der Überstunden mit dem Stundensatz der Normalarbeitszeit (keine Zuschläge)
- Abgeltung der Überstunden mit dem Basisstundensatz zuzüglich eines Zuschlags (zumeist als prozentualer Anteil vom Basisstundensatz berechnet)
- Ausgleich von Überstunden durch Gewährung von Freizeit („abbummeln")

Zuschläge für Sonntags- und Feiertags- und Nachtarbeit

Sonn- und Feiertagsarbeit

§ 11 des Arbeitszeitgesetzes (ArbZG) verpflichtet Arbeitgeber für an Sonn- oder Feiertagen geleistete Arbeit einen entsprechenden **Ersatzruhetag** zu gewähren. Ob und wie darüber hinaus eine zusätzliche Vergütung von Sonn- und Feiertagsarbeit zu zahlen ist, regelt der Gesetzgeber nicht. Entsprechende Vereinbarungen sind den Vertragsparteien von Tarifverträgen, Betriebsvereinbarungen und Einzelarbeitsverträgen überlassen.

Nachtarbeit

Neben Sonn- und Feiertagsarbeit gilt auch die Nachtarbeit als **Arbeit zu ungünstiger Zeit**. Der Gesetzgeber sieht für Nachtarbeit einen entsprechenden bezahlten Freizeitausgleich vor. Auch hier sind wiederum in Tarifverträgen und Betriebsvereinbarungen oftmals detaillierte Regelungen über zusätzliche Vergütungen mit Zuschlägen getroffen. Üblich sind Nachtarbeitszuschläge als prozentualer Anteil am Basisstundensatz.

6.4.2 Lohnabrechnung mit Zuschlägen

> **Beispiel: Lohnabrechnung mit Zuschlägen**
>
> Bei der Firma ModeFix GmbH steht eine Lohnsteuerprüfung an sowie eine durch die DRV. Frau Lehmann aus der Buchführung stellt die Unterlagen für die Prüfungen zusammen und stellt fest, dass ihr Vorgänger ein großes Chaos hinterlassen hat. Dieses soll sie nun beseitigen. Dazu muss sie Überstunden im erheblichen Ausmaß absolvieren. Nach Vereinbarung mit ihrem Chef bekommt sie die Arbeit an Feiertagen mit 150 % Feiertagszuschlag, an Sonntagen mit 50 % Sonntagszuschlag und in der Nacht mit 25 % Nachtzuschlag bezahlt. Als Berechnungsbasis für die Überstunden und Zuschläge wurde der durchschnittliche Stundenlohnsatz auf Grundlage ihres monatlichen Gehaltes vereinbart. Zuschläge für sonstige Überstunden werden nicht gewährt.
> Sind diese Zuschläge steuer- und sozialversicherungspflichtig?

Steuern und SV-Beiträge

Für die Lohn- und Gehaltsrechnung unter Berücksichtigung von Zuschlägen ist besonders deren steuer- und sozialversicherungsrechtliche Behandlung von Bedeutung. Grundsätzlich gehören Zulagen und Zuschläge zum **steuer- und sozialversicherungspflichtigen Bruttoentgelt**. Wäre dies nicht der Fall würden wohl zahlreiche Löhne und Gehälter durch fantasievolle Leistungszulagen oder sonstige Zuschläge gemindert werden. Dennoch hat der Gesetzgeber bestimmte Zuschläge von der Steuer- und Sozialversicherungspflicht befreit, um Arbeitnehmer zu begünstigen, die zu ungünstigen Zeiten arbeiten müssen.

Steuerliche Behandlung von Zuschlägen

Sonn-, Feiertags- & Nachtarbeit

Grundsätzlich sind alle Zuschläge, die **zusätzlich** zum laufenden Arbeitslohn gezahlt werden, dem steuerpflichtigen Bruttoarbeitslohn hinzuzurechnen. § 3b des Einkommensteuergesetztes legt dazu Ausnahmen fest. Steuerfrei sind Zuschläge, die für tatsächlich geleistete Sonn-, Feiertags- und Nachtarbeit neben dem Grundlohn gezahlt werden, sofern sie bestimmte Grenzen nicht übersteigen. Da die Steuerfreiheit u. a. an die tatsächlich geleistete Arbeit anknüpft, ist es zwingend erforderlich, dass detaillierte **Einzelaufzeichnungen** geführt werden.

Sonntagsarbeit 0 - 24 Uhr[1]	Feiertagsarbeit 0 - 24 Uhr[1]	Nachtarbeit 20 - 6 Uhr[1]
bis 50 % vom Grundlohn	▪ gesetzliche Feiertage und Silvester (14 - 0 Uhr) bis 125 % vom Grundlohn ▪ Heiligabend (ab 14 Uhr); 25.12. / 26.12. und 1. Mai bis 150 % vom Grundlohn	▪ bis 25 % vom Grundlohn ▪ bis 40 % vom Grundlohn für Arbeit von 0 Uhr bis 4 Uhr (Arbeitsbeginn vor 0 Uhr)

[1] **Hinweis:** Abweichend vom Arbeitszeitgesetz definiert das EStG bereits Arbeitsstunden ab 20 Uhr als Nachtarbeit. Als Sonn- bzw. Feiertagsarbeit gilt auch die Zeit von 0 bis 4 Uhr des Folgetages, wenn der Arbeitsbeginn vor 24 Uhr liegt.

Ist Sonntagsarbeit zugleich Feiertagsarbeit, gelten die jeweils **höheren** Zuschlagssätze für Feiertagsarbeit. Wenn Sonntags- oder Feiertagsarbeit zugleich auch Nachtarbeit ist, können beide Zuschläge **nebeneinander gewährt** werden.

Voraussetzung für die Steuerfreiheit ist, dass der Arbeitnehmer zur jeweiligen Zeit auch tatsächlich gearbeitet hat. Dies führt dazu, dass Zuschläge, die aufgrund der Berechnung von Lohnfortzahlungen anhand des durchschnittlichen Arbeitsentgeltes gezahlt werden, **steuerpflichtig** sind. Dies kann z. B. der Fall sein bei Lohnfortzahlungen:

Steuerpflicht

▪ für Erholungsurlaub

▪ im Krankheitsfall

▪ an freigestellte Betriebsratsmitglieder

Seit 2004 ist neben den Zuschlagssätzen auch der Basis-Stundenlohn, auf den die Zuschläge gewährt werden, begrenzt. Steuerfrei sind nur noch Zuschläge, die auf einem Basis-Stundensatz von maximal 50,00 € basieren.

Maximaler Stundenlohn

Sozialversicherungsrechtliche Behandlung von Zuschlägen

Zum **sozialversicherungspflichtigen Arbeitsentgelt** gehören nach § 14 Abs. 1 SGB IV alle laufenden und einmaligen Einnahmen aus einer Beschäftigung. Dazu zählen auch alle Zuschläge. Ausnahme: Zuschläge die **zusätzlich** zum Entgelt gezahlt werden und **lohnsteuerfrei** sind. Diese Zuschläge stellen beitragsfreies Arbeitsentgelt dar. Der sozialversicherungsrechtliche Begriff des Arbeitsentgelts richtet sich nach der Steuergesetzgebung. Seit 01.07.2006 gilt dies jedoch nur für Zuschläge, deren Basisstundensatz 25,00 € nicht übersteigt.

Orientierung am Steuerrecht

Frau Lehmann, die ein monatliches Brutto von 2.500,00 € hat, reicht folgenden Stundennachweis zur Berechnung ihres Gehaltes für den Monat Mai ein:

Tag	Datum	Zeit	Datum	Zeit	Datum	Zeit	Datum	Zeit	Datum	Zeit
Mo			5	4.00-15.00	12	4.00-15.00	19	4.00-15.00	26	4.00-15.00
Di			6	7.00-18.00	13	7.00-18.00	20	7.00-18.00	27	krank
Mi			7	7.00-18.00	14	7.00-18.00	21	7.00-18.00	28	krank
Do	1	8.00-12.00	8	7.00-18.00	15	8.00-17.00	22	8.00-17.00	29	
Fr	2	8.00-17.00	9	8.00-17.00	16	8.00-17.00	23	8.00-17.00	30	8.00-17.00
Sa	3	8.00-12.00	10		17		24		31	
So	4	8.00-12.00	11		18		25			

Hinweise:
- Sonn- und Feiertage sind grau unterlegt
- Mittagspause: 1 Stunde unbezahlt
- weitere gesetzliche Pausen: bezahlt

Zur Berechnung des Gehaltes im Monat Mai wird zunächst der durchschnittliche Stundenlohnsatz ermittelt (Normalzeit 40 Std./Woche).

monatl. Normalzeit =	40 Stunden	x	4,35	=	174 Stunden
Durchschnittsstundensatz =	2.500,00 €	:	174 Std.	=	14,37 €/Std.

Der durchschnittliche Stundenlohnsatz dient als Berechnungsfaktor für die Zuschläge. Es ergibt sich folgende Berechnung des Gehaltes:

Grundgehalt						2.500,00 €
Überstunden insgesamt		34 Std.	x	14,37 €	=	488,58 €
Zuschläge:						
Feiertagsarbeit 1. Mai	4 Std.	x	14,37 €	x	150 % =	86,22 €
Sonntagsarbeit	4 Std.	x	14,37 €	x	50 % =	28,74 €
Nachtarbeit	8 Std.	x	14,37 €	x	25 % =	28,74 €
Gesamt-Brutto						3.132,28 €
davon steuer- und sozialversicherungspflichtig:						2.988,58 €
davon steuer- und sozialversicherungsfrei:						143,70 €

Die Krankheitstage sowie der Feiertag am 29. Mai sind nicht separat zu berücksichtigen, da Frau Lehmann ein monatliches Gehalt bezieht.

6.5 Vermögenswirksame Leistungen

Vermögenswirksame Leistungen sind **Geldleistungen**, die der Arbeitgeber für den Arbeitnehmer anlegt. Dabei behält der Arbeitgeber einen vereinbarten Betrag vom Arbeitslohn des Beschäftigten ein und verwendet diesen als vermögenswirksamen Beitrag (z. B. für einen entsprechenden Bausparvertrag).

Der Arbeitgeber kann den regelmäßigen **Sparbetrag** durch eigene Zuschüsse erhöhen. In vielen Tarifverträgen sind Arbeitgeberzuschüsse zu den vermögenswirksamen Leistungen festgelegt. Die Zuschüsse sind als **steuer- und sozialversicherungspflichtiges Arbeitsentgelt** zu behandeln und beim Lohnsteuerabzug und bei der Berechnung der Sozialversicherungsbeiträge entsprechend zu berücksichtigen.

Arbeitgeberzuschüsse

Voraussetzungen für den Erhalt der vermögenswirksamen Leistung sind zum einen die Einkommensgrenzen des Arbeitnehmers und zum anderen die Wahl einer geförderten Anlageform. Weitere Voraussetzung für die Förderung ist, dass die Sparbeiträge nicht in den Verfügungsbereich des Arbeitnehmers gelangen, sondern direkt vom Arbeitgeber überwiesen werden.

Möchte ein Arbeitnehmer vermögensbildende Maßnahmen bei einem Arbeitgeber aufnehmen, so muss er diesem die entsprechenden **Unterlagen** (Bescheinigung des Anlageunternehmens z. B. Bausparkasse) vorlegen. Sofern die Bescheinigung nicht extra für den Arbeitgeber erstellt ist, wird er eine **Fotokopie** anfertigen, um die entsprechenden Zahlungen buchungstechnisch begründen zu können.

Unterlagen

Beispiel: Vermögenswirksame Leistungen

Herr Lehmann hat einen Bausparvertrag mittels vermögenswirksamer Leistungen abgeschlossen. Diesen möchte er beim neuen Arbeitgeber weiterführen. Auch wenn sich die Kino-Film AG nicht an den vermögenswirksamen Leistungen beteiligen sollte, dürfen die Monatsbeiträge zum Bausparen nur durch den Arbeitgeber überwiesen werden. Dieser zieht den entsprechenden Betrag dann jeweils vom Nettoverdienst des Beschäftigten ab. Herr Lehmann muss seinem neuen Arbeitgeber in jedem Fall die Bausparpolice zur Einsichtnahme vorlegen, damit er eine buchungstechnische Legitimation für die Zahlungen hat.

Praxisübungen

Die Lösungen finden Sie unter https://www.edumedia.de/verlag/loesungen.

Aufgabe 1: Zeitermittlung

■ Berechnen Sie folgende Zeiten.

a) Ermitteln Sie die monatliche Normalzeit bei folgenden Wochenstunden:

35 Wochenstunden = _____ Normalzeit = _____ Stunden

37 Wochenstunden = _____ Normalzeit = _____ Stunden

38 Wochenstunden = _____ Normalzeit = _____ Stunden

40 Wochenstunden = _____ Normalzeit = _____ Stunden

und die monatlichen Stunden:

35 Wochenstunden = _____ monatliche Stunden = _____ Stunden

37 Wochenstunden = _____ monatliche Stunden = _____ Stunden

38 Wochenstunden = _____ monatliche Stunden = _____ Stunden

40 Wochenstunden = _____ monatliche Stunden = _____ Stunden

b) Ermitteln Sie aus dem Kalendarium* die möglichen Arbeitstage, die zu bezahlenden Feiertage, sowie die jeweiligen Stunden. Gehen Sie von einer 38 Stunden-Woche aus, wobei Montag bis Donnerstag jeweils 8 und am Freitag 6 Stunden gearbeitet werden. Der 24. und der 31. Dezember sollen als ½ Feiertag berücksichtigt werden. Tragen Sie Ihr Ergebnis in die nachstehende Tabelle ein.

	Jan	Feb	Mrz	Apr	Mai	Jun	Jul	Aug	Sep	Okt	Nov	Dez
Arbeitstage												
Arbeits-stunden												
Feiertage												
Feiertags-stunden												

* Verwenden Sie das Kalendarium im Anhang; es handelt sich hierbei um ein Musterjahr.

c) Herr Schneider rechnet mit seinem Arbeitgeber auf Stundenbasis ab; vereinbart ist eine 38-Stunden-Woche (Montag bis Donnerstag jeweils 8 Stunden und Freitag 6 Stunden). Ermitteln Sie die abzurechnenden Stunden für die Monate August, September und Oktober unter Zuhilfenahme des Kalendariums* aus dem Anhang.

■ zu berücksichtigende Besonderheiten im August:
8 Stunden am 01.08.
Urlaub: 04.08.-15.08.
9 Stunden am 18.08 und am 19.08.

■ zu berücksichtigende Besonderheiten im September:
krank: 10.09.-16.09.
9 Stunden am 23.09. und am 25.09.
9,5 Stunden am 29.09. und am 30.09.

■ zu berücksichtigende Besonderheiten im Oktober:
Urlaub: 06.10.-10.10.
9 Stunden am 23.10. und am 24.10.
krank: 30.10 - 31.10.

	Aug	Sep	Okt
Normalstunden			
Überstunden			
Entgeltfortzahlungsstunden Feiertag			
Entgeltfortzahlungsstunden Urlaub			
Entgeltfortzahlungsstunden Krankheit			
Summe			

* Verwenden Sie das Kalendarium im Anhang; es handelt sich hierbei um ein Musterjahr.

Aufgabe 2: Entgeltfortzahlung

■ Beantworten Sie folgende Fragen.

a) Was bedeutet Lohnfortzahlung an gesetzlichen Feiertagen? In welchem Zusammenhang kann Ihnen diese Regelung in der Lohnbuchführung begegnen?

b) Kurt Brecht leidet im Frühjahr stets unter sehr starkem Heuschnupfen mit Asthmaanfällen. Daraufhin wurde er im Februar für zwei Wochen, im März für eine Woche und im April für drei Wochen krankgeschrieben. Im Mai hatte er sich auf einem Ausflug mit seinem Kegelverein eine Virusinfektion eingefangen und wurde daraufhin zwei Wochen krankgeschrieben. Für welche Zeiträume hat sein Arbeitgeber ihm den Lohn fortzuzahlen und ab wann erhält er Krankengeld von seiner Krankenkasse?

c) Erklären Sie den Unterschied zwischen Urlaubsentgelt und Urlaubsgeld.

----

d) Timmi Schleicher hat sich während seines Urlaubs sehr stark erkältet. Er geht zum Arzt und wird für 5 Tage arbeitsunfähig geschrieben. Werden die Krankheitstage als Urlaubstage angerechnet?

----

e) Cornelia Zimmer hat eine 40-Stunden-Woche (Montag bis Freitag jeweils 8 Stunden). Sie verdient 12,00 € pro Stunde und erhält einen Fahrtkostenzuschuss in Höhe von 5,00 € pro Tag. Wie hoch ist die Lohnfortzahlung, wenn sie wegen Krankheit 10 Arbeitstage arbeitsunfähig geschrieben wird?

----

f) Unternehmer König hat sich mit einer Kfz-Reparaturwerkstatt selbstständig gemacht. Er will einen Gesellen mit einer Arbeitszeit von 40 Stunden in der Woche einstellen. Er bereitet einen Arbeitsvertrag vor und bewilligt, da er an keinen Tarifvertrag gebunden ist, hierin einen Jahresurlaub von 18 Werktagen. Ist dies zulässig?

Aufgabe 3: Berechnung von Zuschlägen

■ Berechnen Sie die Zuschläge für Herrn Krömer.

Ulf Krömer arbeitet bei der Firma Winter GmbH im Schichtdienst. Gemäß Betriebsvereinbarung arbeitet er 40 Stunden in der Woche bei einem Stundenlohn von 15,00 €, die Pausen werden mit bezahlt. Außerdem erhält er je Anwesenheitsstunde eine Schichtzulage in Höhe von 0,50 €. Für Überstunden erhält er einen Zuschlag von 25 %. Für die Nachtarbeit werden 25 % (für die Zeit von 20:00 Uhr bis 24:00 Uhr und von 4:00 Uhr bis 6:00 Uhr) bzw. 40 % von 0:00 Uhr bis 4:00 Uhr bezahlt.

Herr Krömer legt die Stundenaufzeichnungen mit folgenden Daten vor:

■ 01.-05. Frühschicht 06:00 Uhr bis 14:00 Uhr (am 02. und am 03. je zwei Überstunden)

■ 08.-12. Spätschicht 14:00 Uhr bis 22:00 Uhr

■ 15.-19. Nachtschicht 22:00 Uhr bis 06:00 Uhr

■ 22.-26. Frühschicht 06:00 Uhr bis 14:00 Uhr (vom 24. - 26. je zwei Überstunden)

Lohnart	Stunden	Lohnsatz	Zuschlagssatz	Betrag
Zeitlohn				
Überstunden				
Überstundenzuschlag 25 %				
Nachtarbeitszuschlag 25 %				
Nachtarbeitszuschlag 40 %				
Schichtzulage				
			Summe:	

Ermittlung der gesetzlichen Abzugsbeträge

In diesem Kapitel erfahren Sie, wie für laufende und einmalig gezahlte Bezüge die Steuerabzugsbeträge und Sozialversicherungsbeiträge ermittelt werden. Zudem lernen Sie Besonderheiten für Jubiläumszuwendungen und Teillohnzahlungszeiträume kennen.

Inhalt

- Gesetzliche Abzugsbeträge
- Laufender Arbeitslohn
- Teillohnzahlungszeiträume
- Einmalzahlungen und sonstige Bezüge

7.1 Gesetzliche Abzugsbeträge

Steuer- und SV-pflicht

Jeder Arbeitnehmer ist verpflichtet **Lohnsteuer, Solidaritätszuschlag** und gegebenenfalls **Kirchensteuer** zu zahlen. Ist er als sozialversicherungspflichtiger Arbeitnehmer in der Kranken-, Pflege-, Renten- oder Arbeitslosenversicherung beitragspflichtig, so sind entsprechende **Sozialversicherungsbeiträge** zu entrichten.

Brutto und Netto

Sowohl die Lohnsteuer als auch die Sozialversicherungsbeiträge richten sich in ihrer Höhe nach dem Arbeitseinkommen des Beschäftigten. Der Arbeitgeber berechnet die abzuführenden Beträge, zieht sie vom Gesamt-Brutto des Arbeitnehmers ab und entrichtet sie an das Betriebsstättenfinanzamt und an die Krankenkasse. Lohnsteuern, Solidaritätszuschlag, Kirchensteuer und Sozialabgaben werden auch als **gesetzliche Abzugsbeträge** bezeichnet. Der Arbeitnehmer bekommt vom Arbeitgeber dann nur noch den Auszahlungsbetrag.

Berechnungsgrößen

Um die gesetzlichen Abzugsbeträge korrekt berechnen zu können, müssen zwei Ausgangsgrößen bekannt sein. Zum einen der **Berechnungssatz**, d. h. die Steuersätze und die Beitragssätze zur Sozialversicherung. Zum anderen muss die **Bemessungsgrundlage** festgestellt werden, d. h. die genaue Höhe des steuer- und sozialversicherungspflichtigen Brutto. Dieser setzt sich aus laufendem Arbeitslohn und Einmalzahlungen zusammen.

7.2 Laufender Arbeitslohn

Der zumeist wesentliche Bestandteil des Gesamt-Brutto ist der laufende Arbeitslohn. Er umfasst alle Leistungen (Geldleistungen und Sachbezüge), die dem Arbeitnehmer **regelmäßig** und **fortlaufend** aus einem Arbeitsverhältnis zufließen. Gemäß Lohnsteuerrichtlinie (LStR) R 39b.2 Abs. 1 gehören folgende Formen zum laufenden Arbeitslohn:

- Monatsgehälter

- Wochen- und Tagelöhne

- Mehrarbeitsvergütungen

- Zuschläge und Zulagen *(siehe auch Kapitel 6.4)*

- Geldwerte Vorteile aus der ständigen Überlassung von Dienstwagen zur privaten Nutzung *(siehe auch Kapitel 8.4.10)*

- Nachzahlungen und Vorauszahlungen, wenn sich diese ausschließlich auf Lohnzahlungszeiträume beziehen, die im Kalenderjahr der Zahlung enden.

- Arbeitslohn für Lohnzahlungszeiträume des abgelaufenen Kalenderjahrs, der innerhalb der ersten drei Wochen des nachfolgenden Kalenderjahrs zufließt.

7.2.1 Lohnsteuerrechtlicher Arbeitslohn und sozialversicherungsrechtliches Arbeitsentgelt

Die Begriffe des laufenden Arbeitslohns und des laufenden Arbeitsentgeltes sind im Steuer- und Sozialversicherungsrecht zwar unterschiedlich definiert, inhaltlich sind die Festlegungen jedoch weitgehend identisch. Grundsätzlich ist der **regelmäßige Lohn** zuzüglich aller Zuschüsse und Zuschläge sowie **laufend gewährte Sachbezüge** steuer- und sozialversicherungspflichtig. Bei der Festlegung beitragsfreier Entgelte richtet sich das Sozialversicherungsrecht im Wesentlichen nach dem Steuerrecht und stellt z. B. steuerfreie Zuschläge auf Sonntags-, Nacht- und Feiertagsarbeit beitragsfrei.

Steuerliche Freibeträge bleiben bei der Beitragsberechnung zur Sozialversicherung außer Betracht. Bemessungsgrundlage ist hier immer das Bruttoentgelt vor Abzug oder Aufschlag eines Freibetrages oder Hinzurechnungsbetrages *(vgl. hierzu auch Kapitel 3 und 4)*.

Steuerfreibeträge

7.3 Teillohnzahlungszeiträume

Lohn kann grundsätzlich für unterschiedliche Zahlungszeiträume gezahlt werden (für den Monat, die Woche, den Tag). Dabei kommt es häufig vor, dass nur für einen Teil des Zahlungszeitraumes Anspruch auf Lohnzahlung besteht, wenn etwa ein Beschäftigungsverhältnis zur Mitte eines Monats beginnt oder endet, unbezahlte Freistellungen erfolgen oder Mutterschutzzeiten beginnen oder enden.

Teilzahlungszeiträume

7.3.1 Teillohnzahlungszeiträume beim Lohnsteuerabzug

Bei der Lohnsteuerermittlung für **Teillohnzahlungszeiträume** wird zwischen zwei Sachverhalten unterschieden:

- Das Arbeitsverhältnis besteht auch während der Zeit weiter, in der kein Entgelt bezahlt wird.

- Der Teillohnzahlungszeitraum entsteht, weil ein Beschäftigungsverhältnis während eines Zahlungszeitraumes beginnt oder endet.[1]

Im ersten Fall wird die Lohnsteuer anhand der Steuertabelle ermittelt, die sich auf den gesamten Zahlungszeitraum bezieht. Werden beispielsweise in einem Kalendermonat fünf unbezahlte Urlaubstage gewährt, wird für diesen Monat dennoch die Monatslohnsteuertabelle angewendet. Für Lohnzahlungszeiträume ohne Anspruch auf Arbeitslohn von mindestens fünf aufeinanderfolgenden Arbeitstagen wird im Lohnkonto ein „U" (für Unterbrechung) eingetragen.

Bestehendes Arbeitsverhältnis

Anders verhält es sich bei Beginn oder Ende eines Beschäftigungsverhältnisses während eines Zahlungszeitraumes. In diesen Fällen wird zur Ermittlung der Lohnsteuer die **Tagestabelle** herangezogen.

Beginn oder Ende

Es ist der tatsächlich zu zahlende Lohn des Teilmonats auf einen Kalendertag zu ermitteln. Anhand des Lohns, der auf einen Kalender- bzw. Steuertag entfällt, werden in der Tagestabelle die Lohnsteuer sowie die Zuschlagsteuern für einen Kalendertag abgelesen. Diese Steuerbeträge sind dann wiederum mit den **Kalendertagen** des Teilmonats zu multiplizieren.

---

1 *Sonderregelungen siehe Kapitel 6.2 und im Lehrbuch für Fortgeschrittene.*

Der in der ELStAM-Datei eingetragene monatliche Frei- und/oder Hinzurechnungsbetrag gilt für 30 Steuertage (ein voller Monat). Dieser Frei- und/oder Hinzurechnungsbetrag ist bei Teillohnzahlungszeiträumen aufzuteilen.

Ein Ansatz des vollen monatlichen Frei- und/oder Hinzurechnungsbetrag erfolgt, wenn der Arbeitnehmer nach dem Teillohnzahlungszeitraum in kein neues steuer- und sozialversicherungspflichtiges Arbeitsverhältnis übergeht.

7.3.2 Teillohnzahlungszeiträume in der Sozialversicherung

Beitragsberechnung · Wie bei der Lohnsteuer gestaltet sich auch die Berechnung der **Sozialversicherungsbeiträge** am einfachsten für volle Abrechnungszeiträume, die mit einem Kalendermonat zusammenfallen und bei denen die entsprechenden monatlichen Beitragsbemessungsgrenzen angesetzt werden können. Für Teillohnzahlungszeiträume oder zur Ermittlung der anteiligen Jahresbeitragsbemessungsgrenze (z. B. für Einmalzahlungen) sind die Bemessungsgrenzen für den **einzelnen Kalendertag** zu verwenden. Entscheidend dafür ist, wie viele Tage im betreffenden Teillohnzahlungszeitraum als **Sozialversicherungstage** (SV-Tage) anzurechnen sind. Ein voller Kalendermonat hat stets 30 SV-Tage; für Teilmonate sind die tatsächlichen Kalendertage zu ermitteln.

SV-Tage · Um zu entscheiden, ob ein Tag als SV-Tag anzurechnen ist, wird zunächst überprüft, SV-Tage ob es sich um eine Zeit mit **Bezug von beitragspflichtigem Arbeitsentgelt** handelt. Diese Zeiten sind immer als SV-Tage anzurechnen.

Dagegen werden Zeiten, in denen **kein Arbeitsentgelt** bezogen wurde (und daher auch keine Beiträge entrichtet wurden) in beitragslose und beitragsfreie Zeiten unterschieden.

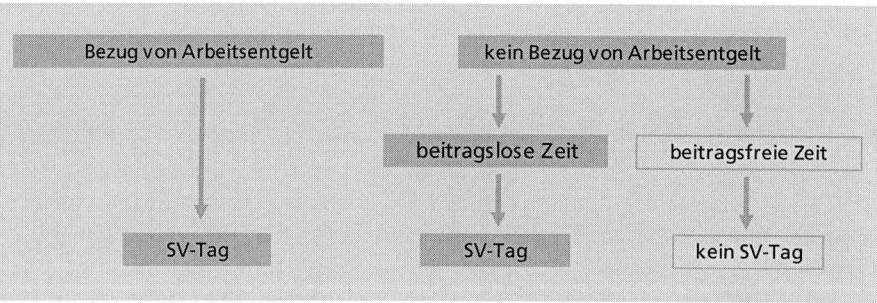

Beitragslose Zeiten · **Beitragslos** sind Zeiten, in denen kein Arbeitsentgelt gezahlt wird, jedoch weiterhin Versicherungs- und Beitragspflicht besteht. Diese Zeiten werden als SV-Tage angerechnet. Solche beitragslosen Zeiten sind u. a.:

- unbezahlter Urlaub bis zu einem Monat
- unentschuldigtes Fehlen bis zu einem Monat
- legaler Arbeitskampf bis zu einem Monat
- Bezugszeiten von Kurzarbeitergeld
- Bezugszeiten von Saison-Kurzarbeitergeld

Beitragsfrei sind Zeiten, in denen Sozialleistungen bezogen und keine weiteren Arbeitsentgelte gezahlt werden. Sie werden nicht als SV-Tage angerechnet. Solche beitragsfreien Zeiten liegen u. a. während des Bezuges folgender Sozialleistungen vor:

- Mutterschaftsgeld
- Krankengeld
- Elterngeld
- Unterhaltssicherung gemäß Unterhaltssicherungsgesetz (USG)
- Verletztengeld, Versorgungskrankengeld, Übergangsgeld

Von einem Teillohnzahlungszeitraum in der Sozialversicherung ist immer dann auszugehen, wenn während des laufenden Monats ...

- Beitragsfreiheit wegen des Bezuges von Entgeltersatzleistungen besteht,
- ein freiwilliges Jahr nach dem Bundesfreiwilligendienstgesetz (BFDG) abgeleistet wird,
- Mutterschutzfristen bzw. Elternzeit beginnt oder endet,
- der Arbeitnehmer einen freiwilligen Wehrdienst leistet oder als Reservist an einer Wehrübung teilnimmt,
- der Arbeitnehmer verstirbt,
- oder das Beschäftigungsverhältnis beginnt oder endet.

Es ist zu überprüfen, ob der tatsächlich zu zahlende Lohn des Teilmonats die anteiligen Beitragsbemessungsgrenzen überschreitet. Hierfür werden die Beitragsbemessungsgrenzen durch 30 Kalendertage dividiert und dann mit den tatsächlichen SV-Tagen multipliziert. Bis zum Erreichen **anteiliger Beitragsbemessungsgrenzen** muss der tatsächlich gezahlte Lohn beitragspflichtig gestellt werden.

Beispiele	Anwendung der Tageslohnsteuertabelle	Berücksichtigung der Beitragsbemessungsgrenze nach Kalendertagen
Petra Herzig hat zum 10. Januar eine neue Stelle als Bauzeichnerin angefangen.	ja	ja
Stefan Neuer hat seinen freiwilligen Wehrdienst beendet und nimmt seine Stelle in der Tischlerei Holz zum 20. Juli wieder auf.	ja	ja
Edeltraud Wittich arbeitet als Floristin in einem Blumengeschäft. Bedingt durch einen Autounfall war sie insgesamt 8 Wochen arbeitsunfähig. Ab dem 9. November hat sie ihre Arbeit im Blumengeschäft wieder aufgenommen.	nein	ja
Lisa Busch tritt am 11. November ihren Mutterschaftsurlaub an.	nein	ja
Susi Krell hat zum 22. Mai ihren Mutterschaftsurlaub beendet und ihre Arbeit wieder aufgenommen.	nein	ja
Andreas Hartmann unternimmt gerne Fernreisen. Aufgrund ungünstiger Flugzeiten nimmt er fünf Tage unbezahlten Urlaub.	nein	nein

Die ModeFix GmbH (Filiale im Bundesland Brandenburg) stellt zum 23. September einen neuen Lohnbuchhalter ein (Lohnsteuerabzugsmerkmale: I/0/ev). Die Elterneigenschaft ist nicht nachgewiesen. Er erhält ein monatliches Gehalt von 5.080,00 €. Für den Monat September entsteht vom 23. bis zum 30. ein Teillohnzahlungszeitraum. Das Gesamt-Brutto, die Steuerabzugsbeträge und Sozialversicherungsbeiträge für September berechnen sich (basierend auf der Übungs-Lohnsteuertabelle und einem Zusatzbeitragssatz seiner Krankenkassen von 1,1 %) wie folgt:

Tageslohnsatz	5.080,00 €	:	22 Arbeitstage	=	230,91 €
Gehalt für September	230,91 €	x	6 Arbeitstage	=	**1.385,46 €**
Lohnsteuer für September	46,60 €*	x	8 Tage	=	372,80 €
Kirchensteuer 9 %	4,19 €*	x	8 Tage	=	33,52 €
Steuerabzugsbeträge für Sept.					**406,32 €**
Krankenversicherung	7,3 %	aus	1.330,00 € **	=	97,09 €
Krankenversicherung Zusatz	0,55 %	aus	1.330,00 € **	=	7,32 €
Pflegeversicherung	1,525 %	aus	1.330,00 € **	=	20,28 €
Pflegeversicherung Zuschlag	0,35 %	aus	1.330,00 € **	=	4,66 €
Rentenversicherung	9,30 %	aus	1.385,46 €	=	128,85 €
Arbeitslosenversicherung	1,30 %	aus	1.385,46 €	=	18,01 €
					276,21 €
Nettolohn					**702,93 €**

* Werte aus der Tagestabelle
** anteilige BBG für 8 Sozialversicherungstage

$$\frac{4.987,50 \, €}{30 \, SV\text{-}Tage} \; x \; 8 \, SV\text{-}Tage \; = \; 1.330,00 \, €$$

$$\frac{7.100,00 \, €}{30 \, SV\text{-}Tage} \; x \; 8 \, SV\text{-}Tage \; = \; 1.893,33 \, €$$

Ermittlung der Lohnsteuer für einen Tag:

LSt-pflichtiges Tagesgehalt
1.385,46 € : 8 Tage =   173,18 €

Lohnsteuer aus Tagestabelle: 46,60 €

7.4 Einmalzahlungen und sonstige Bezüge

Neben dem laufenden Arbeitslohn sind auch **Einmalzahlungen** steuer- und sozialversicherungspflichtig. Im Steuerrecht werden Einmalzahlungen als „sonstige Bezüge", im Sozialversicherungsrecht als „**einmalig gezahlte Arbeitsentgelte**" bezeichnet.

7.4.1 Steuerliche Behandlung von sonstigen Bezügen

Beispiel: Steuerliche Behandlung von sonstigen Bezügen
Frau Heimann erhält im November eine Weihnachtsgratifikation in Form eines zusätzlichen Monatsgehaltes. Herr Baumann erhält im Juli ein Urlaubsgeld von 2.250,00 €. Wie sind diese zusätzlich zum laufenden Gehalt gezahlten Bezüge zu beurteilen?

Was sind steuerpflichtige sonstige Bezüge?

Im Steuerrecht werden sonstige Bezüge vom laufenden Arbeitslohn unterschieden. Gemäß Lohnsteuerrichtlinie (LStR) R 39b.2 Abs. 2 ergänzend zum § 39b EStG gehören folgende Bezüge zu den sonstigen Bezügen:

Steuerpflichtige Bezüge

- Dreizehnte und vierzehnte Monatsgehälter
- Einmalige Abfindungen und Entschädigungen
- Gratifikationen und Tantiemen, die nicht fortlaufend gezahlt werden
- Jubiläumszuwendungen
- Urlaubsgelder, die nicht fortlaufend gezahlt werden
- Urlaubsentschädigungen zur Abgeltung von nicht genommenem Urlaub
- Weihnachtszuwendungen
- Nachzahlungen und/oder Vorauszahlungen für das nicht laufende Geschäftsjahr
- Vergütungen für Erfindungen
- Ausgleichszahlungen für die in der Arbeitsphase erbrachten Vorleistungen auf Grund eines Altersteilzeitverhältnisses im Blockmodell, das vor Ablauf der vereinbarten Zeit beendet wird
- Zahlungen innerhalb eines Kalenderjahres als viertel- oder halbjährliche Teilbeträge

Lohnsteuerabzug bei sonstigen Bezügen

Wie bei laufendem Arbeitslohn erfolgt auch bei sonstigen Bezügen der Lohnsteuerabzug durch den Arbeitgeber. Dazu muss dieser den abzuführenden **Lohnsteuerbetrag** ermitteln. Voraussetzung dazu ist bei Geldzahlungen die Feststellung, dass es sich bei der betreffenden Zahlung um einen lohnsteuerpflichtigen sonstigen Bezug handelt *(siehe vorigen Abschnitt)* bzw. bei Sachbezügen die Ermittlung des anzurechnenden geldwerten Vorteils (Sachbezugswert) *(siehe dazu auch Kapitel 8.4)*. Die Berechnung des Lohnsteuerbetrages für einen sonstigen Bezug (§ 39b Abs. 3 EStG) erfolgt dann in drei Schritten:

Ermittlung des Abzugsbetrags

Jahreslohn ohne sonst. Bezüge

1. Schritt: Zunächst wird der voraussichtliche steuerpflichtige Jahresarbeitslohn ohne sonstige Bezüge des laufenden Monats ermittelt. Hierzu gehören die bisherigen und zukünftigen laufenden Bezüge sowie die bisherigen sonstigen Bezüge. Zukünftige sonstige Bezüge sind nicht zu berücksichtigen. Ist der Arbeitnehmer während des laufenden Kalenderjahres eingetreten, wird der Arbeitslohn des Vorarbeitgebers, wenn nicht bekannt, anhand der aktuellen Lohnzahlungen geschätzt (in diesem Fall ist der Großbuchstabe „S" auf der Lohnsteuerbescheinigung einzutragen). Von diesem voraussichtlichen Jahresarbeitslohn sind noch die Freibeträge (lt. ELStAM-Datei, Altersentlastungsbetrag etc.) abzuziehen bzw. der Hinzurechnungsbetrag aufzuaddieren.

Jahreslohn mit sonst. Bezug

2. Schritt: Zu dem voraussichtlichen Jahresarbeitslohn wird nun der sonstige Bezug des laufenden Abrechnungsmonats hinzugerechnet. Es ergibt sich daraus der Jahresarbeitslohn mit sonstigem Bezug.

Ermittlung der Lohnsteuer

3. Schritt: Für die bereinigten Jahresarbeitslöhne, die in Schritt 1 und Schritt 2 berechnet wurden, wird nun getrennt voneinander jeweils die Jahreslohnsteuer anhand der Jahrestabelle ermittelt. Anschließend wird von der Jahreslohnsteuer **mit** sonstigem Bezug die Jahreslohnsteuer **ohne** sonstige Bezüge abgezogen. Es ergibt sich der Lohnsteuerbetrag für den sonstigen Bezug.

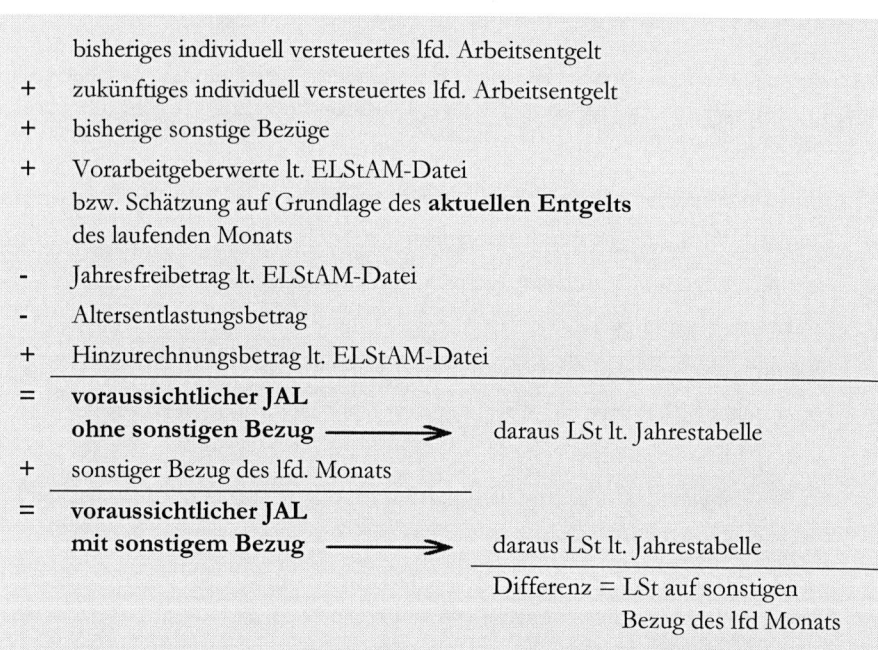

4. Schritt: Die auf die Lohnsteuer entfallenden Zuschlagssteuern sind rechnerisch zu ermitteln und nicht aus der Jahreslohnsteuertabelle abzulesen.

Im November erhält Frau Heimann ein 13. Monatsgehalt als Weihnachtsgratifikation. Die folgende Übersicht zeigt die Berechnung der Steuerabzugsbeträge auf diesen sonstigen Bezug (basierend auf der Übungs-Lohnsteuertabelle).

Frau Heimann bezieht ein monatliches Gehalt von 2.095,00 €. Hinzugerechnet wird der geldwerte Vorteil für den privat genutzten Firmenwagen mit 428,00 € und der private Nutzwert für die Fahrten zwischen Wohnung und erster Tätigkeitsstätte mit 112,14 €. Zusammen ergibt dies einen steuerpflichtigen laufenden Bezug von 2.635,14 €. Abgerechnet wird nach den Lohnsteuerabzugsmerkmalen: IV/0,5/rk und einem Jahresfreibetrag von 1.200,00 €. Der Kirchensteuersatz beträgt 9 %.

1. Ermittlung des Jahresarbeitslohns mit sonstigem und ohne sonstigen Bezug

voraussichtlicher Jahresarbeitslohn ohne sonstigen Bezug

12 Monate x 2.635,14 €	31.621,68 €
- Freibetrag	-1.200,00 €
	30.421,68 €
+ sonstiger Bezug	2.095,00 €
voraussichtlicher Jahresarbeitslohn mit sonstigem Bezug	**32.516,68 €**

2. Ermittlung der Steuern auf sonstigen Bezug

	mit sonstigem Bezug	ohne sonstigen Bezug	für sonstigen Bezug
LSt	5.634,00 €	4.996,00 €	638,00 €
KiSt 9 %			57,42 € *

* Solidaritätszuschlag und die Kirchensteuer dürfen hier nicht aus der Lohnsteuertabelle abgelesen, sondern müssen zwingend rechnerisch ermittelt werden. Gemäß § 3 Abs. 4a SolZG ist kein Solidaritätszuschlag zu berechnen.

Herr Baumann hat in der Zeit von Januar bis Juli ein steuerpflichtiges Brutto von 31.500,00 € (schwankende Bezüge). Im Juli erhält er ein Urlaubsgeld in Höhe von 2.250,00 €. Die folgende Übersicht zeigt die Berechnung der Steuerabzugsbeträge auf diesen sonstigen Bezug (basierend auf der Übungs-Lohnsteuertabelle). Herr Baumann hat keine Kinder, ist in der Steuerklasse III und gehört der evangelischen Konfession an (9 % Kirchensteuer).

1. Ermittlung des Jahresarbeitslohns mit sonstigem und ohne sonstigen Bezug

voraussichtlicher Jahresarbeitslohn ohne sonstigen Bezug

31.500,00 € : 7 Monate x 12 Monate	**54.000,00 €**
+ sonstiger Bezug	2.250,00 €
voraussichtlicher Jahresarbeitslohn mit sonstigem Bezug	**56.250,00 €**

2. Ermittlung der Steuern auf sonstigen Bezug

	mit sonstigem Bezug	ohne sonstigen Bezug	für sonstigen Bezug
LSt	8.892,00 €	8.244,00 €	648,00 €
KiSt 9 %			58,32 €

Gemäß § 3 Abs. 4a SolZG ist kein Solidaritätszuschlag zu berechnen.

Fünftel-Regelung

Bei Einmalzahlungen, die für mehrere Kalenderjahre gezahlt werden (z. B. Jubiläumszahlungen) wird der steuerliche Progressionsnachteil durch die Anwendung der **Fünftel-Regelung** (§ 39b Abs. 3 Satz 9 EStG) ausgeglichen. Dabei wird der sonstige Bezug zunächst durch fünf geteilt, die Steuern für ein Fünftel berechnet, und dieser Steuerbetrag dann wiederum mit fünf multipliziert. Die Einmalzahlung wird damit so besteuert, als wäre sie über einen Zeitraum von fünf Jahren verteilt gezahlt worden.

Der Arbeitgeber hat im Rahmen einer **Günstigkeitsprüfung** eine Vergleichsrechnung ohne Anwendung der Fünftel-Regelung durchzuführen, um zu ermitteln, ob unter Anwendung der Fünftel-Regelung eine Steuerentlastung erzielt wird. Es ist die jeweils günstigere Berechnungsmethode anzuwenden. Bezüge, die nach der Fünftel-Regelung versteuert werden, sind in der Lohnsteuerbescheinigung in einer separaten Zeile als ermäßigt besteuerter Arbeitslohn für mehrere Kalenderjahre zu bescheinigen.

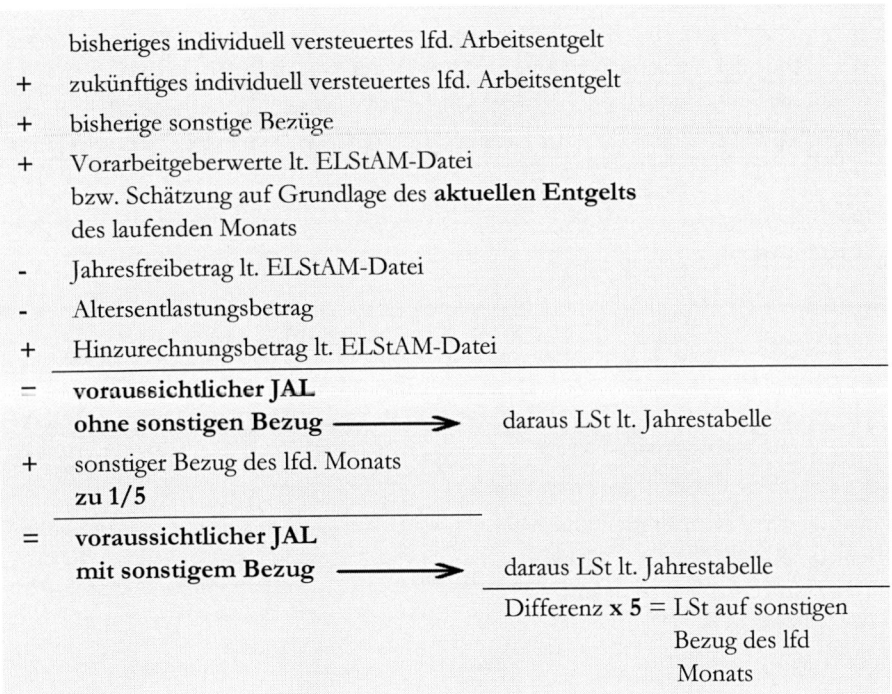

bisheriges individuell versteuertes lfd. Arbeitsentgelt
+ zukünftiges individuell versteuertes lfd. Arbeitsentgelt
+ bisherige sonstige Bezüge
+ Vorarbeitgeberwerte lt. ELStAM-Datei
  bzw. Schätzung auf Grundlage des **aktuellen Entgelts**
  des laufenden Monats
- Jahresfreibetrag lt. ELStAM-Datei
- Altersentlastungsbetrag
+ Hinzurechnungsbetrag lt. ELStAM-Datei
= **voraussichtlicher JAL**
  ohne sonstigen Bezug ⟶ daraus LSt lt. Jahrestabelle
+ sonstiger Bezug des lfd. Monats
  zu 1/5
= **voraussichtlicher JAL**
  mit sonstigem Bezug ⟶ daraus LSt lt. Jahrestabelle

Differenz **x 5** = LSt auf sonstigen
Bezug des lfd
Monats

Treffen in einem Abrechnungsmonat ein sonstiger Bezug, welcher nicht mit der Fünftel-Regelung abzurechnen ist (z. B. Urlaubsgeld) und ein sonstiger Bezug, welcher mit der Fünftel-Regelung abzurechnen ist, aufeinander, so ist zuerst die Lohnsteuer auf den regulär abzurechnenden sonstigen Bezug zu ermitteln. Bei der Ermittlung der Lohnsteuer auf den sonstigen Bezug nach Fünftel-Regelung ist dann bei der Ermittlung des voraussichtlichen Jahresarbeitslohns ohne sonstigen Bezug des laufenden Monats der regulär abzurechnende sonstige Bezug als „früherer sonstiger Bezug" mit einzubeziehen.

Wurde im laufenden Jahr bereits ein sonstiger Bezug nach der Fünftel-Regelung abgerechnet, so ist dieser bei der Ermittlung des voraussichtlichen Jahresarbeitslohns für einen erneuten sonstigen Bezug nur mit einem Fünftel anzusetzen.

Herr Schneider hat monatlich einen Anspruch auf Gehalt in Höhe von 3.500,00 €. Im Monat Juni erhält er ein Urlaubsgeld in Höhe von 2.000,00 € sowie eine Jubiläumszuwendung in Höhe von 6.000,00 €. Im November erhält er ein Weihnachtsgeld in Höhe von 2.000,00 €.

Juni:

1. Urlaubsgeld

voraussichtlicher Jahresarbeitslohn ohne sonstigen Bezug (bereinigt)		
3.500,00 € x 12 Monate	=	**42.000,00 €**
+ sonstiger Bezug		2.000,00 €
voraussichtlicher Jahresarbeitslohn mit sonstigem Bezug		**44.000,00 €**

Aus diesen Werten ist die Lohnsteuer auf das Urlaubsgeld zu ermitteln und einzubehalten.

2. Jubiläumszahlung

voraussichtlicher Jahresarbeitslohn ohne sonstigen Bezug (bereinigt)		
3.500,00 € x 12 Monate	=	42.000,00 €
+ Urlaubsgeld		2.000,00 €
		44.000,00 €
+ sonstiger Bezug 1/5 von 6.000,00 €		1.200,00 €
voraussichtlicher Jahresarbeitslohn mit sonstigem Bezug		**45.200,00 €**

Günstigerprüfung

voraussichtlicher Jahresarbeitslohn ohne sonstigen Bezug (bereinigt)		
3.500,00 € x 12 Monate	=	42.000,00 €
+ Urlaubsgeld		2.000,00 €
		44.000,00 €
+ sonstiger Bezug		6.000,00 €
voraussichtlicher Jahresarbeitslohn mit sonstigem Bezug		**50.000,00 €**

Aus diesen Werten ist jeweils die Lohnsteuer zu ermitteln und die geringere Lohnsteuer ist anzusetzen.

Möglichkeiten des Ansatzes der Jubiläumszuwendung entsprechend der Günstigerprüfung.

November:

3a Weihnachtsgeld

voraussichtlicher Jahresarbeitslohn ohne sonstigen Bezug (bereinigt)	
3.500,00 € x 12 Monate	42.000,00 €
+ Urlaubsgeld	2.000,00 €
+ Jubliäumszuwendung Ansatz Fünftelregelung	1.200,00 €
	45.200,00 €
+ sonstiger Bezug	2.000,00 €
voraussichtlicher Jahresarbeitslohn mit sonstigem Bezug	**47.200,00 €**

Aus diesen Werten ist die Lohnsteuer zu ermitteln und einzubehalten.

November:

3b Weihnachtsgeld

voraussichtlicher Jahresarbeitslohn ohne sonstigen Bezug (bereinigt)	
3.500,00 € x 12 Monate	42.000,00 €
+ Urlaubsgeld	2.000,00 €
+ Jubliäumszuwendung	6.000,00 €
	50.000,00 €
+ sonstiger Bezug	2.000,00 €
voraussichtlicher Jahresarbeitslohn mit sonstigem Bezug	**52.000,00 €**

Aus diesen Werten ist die Lohnsteuer zu ermitteln und einzubehalten.

7.4.2 Sozialversicherungsrechtliche Behandlung von einmalig gezahlten Arbeitsentgelten

Obwohl Einmalentgelte im Sozialversicherungsrecht und sonstige Bezüge im Steuerrecht definiert sind, können sie inhaltlich weitgehend gleichgesetzt werden. Einmalentgelte im Sinne der Sozialversicherung sind alle aus einem besonderen Anlass gewährte Leistungen des Arbeitgebers, die nicht für die Arbeit in einem einzelnen Entgeltabrechnungszeitraum gezahlt werden. Dazu zählen insbesondere:

Einmalzahlungen

- Weihnachtsgelder bzw. zusätzliche Gehälter
- Gratifikationen
- Gewinnbeteiligungen
- Urlaubsgelder
- Urlaubsabgeltungen für nicht gewährten Erholungsurlaub
- Überstundenvergütung für mehrere Monate

Anteilige Jahresbeitragsbemessungsgrenze

Handelt es sich bei einer Einmalzahlung um sozialversicherungspflichtiges Arbeitsentgelt, gilt es für den Betrag der Einmalzahlung die Sozialversicherungsbeiträge zu berechnen. Dabei müssen die jeweiligen **Beitragsbemessungsgrenzen** der Kranken- und Pflegeversicherung bzw. der Renten- und Arbeitslosenversicherung berücksichtigt werden *(zu Beitragsbemessungsgrenzen siehe auch Kapitel 4.2)*.

Einmalzahlungen sind nur in dem Maße beitragspflichtig, wie die Jahresbeitragsbemessungsgrenze noch nicht ausgeschöpft ist. Um dies festzustellen, wird die Jahresgrenze anteilig bis zum Auszahlungszeitpunkt angerechnet. Für die Berechnung der **anteiligen Jahresbeitragsbemessungsgrenze** werden nur die Zeiten berücksichtigt, die der Arbeitnehmer bei dem aktuellen Arbeitgeber beschäftigt war. Beitragsfreie Zeiten werden nicht berücksichtigt. Es ergibt sich daraus eine Berechnung der Sozialversicherungsbeiträge in vier Schritten.

Beitragsberechnung

■ Schritt 1: Zuordnung der Einmalzahlung zu einem Entgeltabrechnungszeitraum

■ Schritt 2: Ermittlung der anteiligen Jahresbeitragsbemessungsgrenze

■ Schritt 3: Ermittlung des bisherigen beitragspflichtigen Arbeitsentgeltes einschl. bisheriger Einmalzahlungen, soweit beitragspflichtig

■ Schritt 4: Ermittlung des beitragspflichtigen Anteils der Einmalzahlung und Berechnung der Beiträge

Zuordnung

1. Schritt: Um die Jahresbeitragsbemessungsgrenze anteilig berücksichtigen zu können, muss die Einmalzahlung zunächst einem **Entgeltabrechnungszeitraum** zugeordnet werden. In der Regel wird dies der Monat sein, in dem sie ausgezahlt wurde. Einmalzahlungen, die nach Beendigung eines Arbeitsverhältnisses ausgezahlt werden, sind dem letzten Abrechnungszeitraum des Kalenderjahres zuzuordnen.

> **Beispiel: Einmalig gezahlte Arbeitsentgelte im laufenden Arbeitsverhältnis**
>
> Frau Manger erhält im November ein 13. Monatsgehalt als Weihnachtsgratifikation. Diese Einmalzahlung wird in der Gehaltsabrechnung für November berücksichtigt.

> **Beispiel: Einmalig gezahlte Arbeitsentgelte nach Beendigung des Arbeitsverhältnisses**
>
> Herr Baumann hat zum 01. August zur ModeFix GmbH gewechselt. Im September erhält er von seinem vorhergehenden Arbeitgeber noch eine Tantieme ausgezahlt. Die Tantieme ist beim Vorarbeitgeber im Abrechnungszeitraum Juli zu berücksichtigen, da dies der letzte Abrechnungszeitraum vor dem Arbeitgeberwechsel war.

Anteilige Jahres-BMG

2. Schritt: Um feststellen zu können, ob und in welchem Umfang die Einmalzahlung beitragspflichtig ist, muss nun der Anteil der Jahresbeitragsbemessungsgrenze ermittelt werden, der auf die Zeit von Beginn des Kalenderjahres (bzw. bei unterjährigem Eintritt in das Beschäftigungsverhältnis ab dem Monat des Eintritts) bis zum Ende des Entgeltabrechnungszeitraumes entfällt, dem die Einmalzahlung in Schritt 1 zugeordnet wurde. Dazu wird die Jahresgrenze auf einen **Berechnungszeitraum** heruntergerechnet (z. B. einen Monat oder einen Tag) und mit der Anzahl der zu berücksichtigenden beitragspflichtigen Zeiträume multipliziert (dabei sind volle Kalendermonate mit 30 Tagen, angebrochene Monate mit den tatsächlichen Kalendertagen zu berücksichtigen). Im einfachsten Fall wird die Monatsgrenze mit den Kalendermonaten bis einschließlich des Abrechnungszeitraumes multipliziert. Folgende Tabelle bietet einen beispielhaften Überblick zur Anrechnung beitragspflichtiger Zeiten.

Anrechnung als beitragspflichtige Zeit, z. B.	keine Anrechnung (beitragsfreie Zeit), z. B.
▪ Kurzarbeit ▪ unbezahlter Urlaub ▪ Arbeitskampf (Streiktage) ▪ Fortbestehen des Arbeitsverhältnisses ohne Arbeitsentgelt für längstens einen Monat	▪ Elterngeld ▪ Krankengeld ▪ Verletztengeld oder Übergangsgeld ▪ Mutterschaftsgeld ▪ Versorgungskrankengeld

3. Schritt: Nach der Feststellung der anteiligen Jahresbeitragsbemessungsgrenze wird das **bisherige Jahresarbeitsentgelt** ermittelt, um zu überprüfen, ob die Grenze überschritten wird. Dazu werden alle beitragspflichtigen laufenden und einmaligen Entgelte zusammengerechnet, die im laufenden Kalenderjahr bis zum Ende des in Schritt 1 bestimmten Abrechnungszeitraumes verbeitragt wurden. Beträge, die bisher gezahlt wurden, wegen Überschreitung der Beitragsbemessungsgrenze aber beitragsfrei waren, bleiben dabei unberücksichtigt.

Bisheriges Jahresarbeitsentgelt

4. Schritt: Als letzter Berechnungsschritt wird der **beitragspflichtige Anteil der Einmalzahlung** ermittelt. Dazu wird die Differenz zwischen der anteiligen Jahresbeitragsbemessungsgrenze und dem bisherigen Jahresarbeitsentgelt berechnet. Ist das bisherige Arbeitsentgelt niedriger als die anteilige Bemessungsgrenze, so ist die Einmalzahlung beitragspflichtig, soweit die restliche Beitragsbemessungsgrenze noch nicht ausgeschöpft wurde.

Beitragspflichtiger Anteil

-	anteilige Jahresbeitragsbemessungsgrenze bisheriges beitragspfl. Jahresarbeitsentgelt
=	Differenzbetrag/ SV-Luft (= maximal beitragspflichtiger Anteil der Einmalzahlung)

Vom beitragspflichtigen Anteil der Einmalzahlung werden nun die gesetzlichen Sozialabgaben entsprechend der Beitragssätze abgezogen und an die zuständige Krankenkasse abgeführt.

Abführung der Beiträge

Beispiel: Berechnung der Beitragspflicht von einmalig gezahlten Arbeitsentgelten

Frau Manger, deren monatliches Bruttoentgelt 2.635,14 € beträgt, erhält im November eine Weihnachtsgratifikation in Höhe von 2.095,00 €. Die Beitragspflicht für das Einmalentgelt berechnet sich wie folgt:

Berechnung beitragspfl. Einmalentgelt	KV/PV	RV/AV
anteilige Jahres-BBG einschließlich Abrechnungsmonat		
11 x 4.987,50 € bzw. 11 x 7.300,00 €	54.862,50 €	80.300,00 €
abzüglich bisherige beitragspfl. Arbeitsentgelte (einschließlich bisheriger Sonderzahlungen)		
11 x 2.635,14 €	-28.986,54 €	-28.986,54 €
Differenz / SV-Luft	25.875,96 €	51.313,46 €
beitragspflichtige Einmalzahlung	**2.095,00 €**	**2.095,00 €**

Somit ist das Weihnachtsgeld von 2.095,00 € in allen Zweigen der Sozialversicherung in voller Höhe beitragspflichtig.

Es ist weiterhin darauf zu achten, dass jeder Sozialversicherungszweig auf seine beitragspflichtigen Zeiten überprüft wird (z.B. Statuswechsel).

Beispiel: Berechnungsbeispiel bei Statuswechsel

Herr Greiner war bis April diesen Jahres als geringfügig entlohnter Beschäftigter bei der ModeFix GmbH (Filiale im Bundesland Bayern) mit einem monatlichen Arbeitsentgelt in Höhe von 400,00 € beschäftigt. Ab Mai diesen Jahres wurde seine Arbeitszeit auf 30 Stunden pro Woche und sein Entgelt auf 1.600,00 € erhöht. Im November erhält er eine Sondergratifikation in Höhe von 3.000,00 €.

Prüfung der Beitragspflicht für das Einmalentgelt

				KV/PV	RV/AV	
anteilige BBG	7	x	4.987,50 €	34.912,50 €		
	7	x	7.300,00 €		51.100,00 €	AV
	11	x	7.300,00 €		80.300,00 €	RV
bisher beitragspfl. Lfd. Entgelt						
KV, PV, AV	7	x	1.600,00 €	-11.200,00 €	-11.200,00 €	AV
RV	7	x	1.600,00 €			
	+ 4	x	400,00 €		-12.800,00 €	RV
verbleiben				23.712,50 €	39.900,00 €	AV
					67.500,00 €	RV
somit beitragspflichtig				**3.000,00 €**	**3.000,00 €**	

Des Weiteren ist immer **der im Abrechnungszeitraum gültige Beitragssatz** zu verwenden. Wenn z. B. ein Arbeitnehmer ab Mai den Status auf Altersvollrentner wechselt und im Abrechnungsjahr bis April der allgemeine Beitragssatz und ab Mai der ermäßigte Beitragssatz der Krankenkasse zu verwenden war, so ist bei einer evtl. Sonderzahlung im November der aktuell gültige ermäßigte Beitragssatz zu verwenden.

Anwendung der Märzklausel

Einmalzahlungen, die bis zum 31.03. eines laufenden Kalenderjahres erfolgen und dadurch die anteilige Jahresbeitragsbemessungsgrenze überschritten wird, sind nach § 23a SGB IV Abs. 4 dem **letzten Entgeltabrechnungszeitraum** des vorangegangenen Kalenderjahres zuzuordnen (sofern zu diesem Zeitpunkt das Arbeitsverhältnis bereits bestanden hat). Durch diese so genannte **Märzklausel** soll verhindert werden, dass die zu einem frühen Zeitpunkt im Jahr entsprechend niedrige anteilige Jahresbeitragsbemessungsgrenze durch Einmalzahlungen relativ schnell überschritten wird und entsprechende Entgelte beitragsfrei bleiben.

Mindestens ein SV-Zweig

Wenn die Einmalzahlung aufgrund der Anwendung der Märzklausel dem Vorjahr zugerechnet werden muss, muss auch im Vorjahr der beitragspflichtige Teil dieser Einmalzahlung in gleicher Weise überprüft werden. Es werden dann jedoch die Beitragsbemessungsgrenzen des Vorjahres herangezogen. Außerdem wird der beitragspflichtige Teil der Einmalzahlung mit den Beitragssätzen des Vorjahres verbeitragt.

Die Märzklausel ist zwingend anzuwenden, auch dann, wenn im Vorjahr weniger oder die Einmalzahlung aufgrund der im Vorjahr schon ausgeschöpften Beitragsbemessungsgrenze gar nicht zu verbeitragen ist. Es ist keine „Mehrbeitrags-Prüfung" durchzuführen.

Die Sonderzahlung sowie die Beiträge, welche dem Vorjahr zuzuordnen sind, werden in der Lohnabrechnung des laufenden Abrechnungsmonats ausgewiesen. Es ist also nicht die Lohnabrechnung für Dezember des Vorjahres zu korrigieren. Ist jedoch bereits eine Jahresmeldung an die Krankenkasse übermittelt worden, muss diese um den beitragspflichtigen Teil der Einmalzahlung berichtigt werden.

Beispiel: Berechnungsbeispiel zur Anwendung der Märzklausel

Frau Herrmann erhält im neuen Jahr eine Gehaltserhöhung und bezieht nun ein steuer- und sozialversicherungspflichtiges Brutto von insgesamt 3.900,00 €. Im März erhält sie eine Provision in Höhe von 5.000,00 €. Im Vorjahr lag ihr beitragspflichtiges Entgelt bei 41.600,00 €. Für die Frage, ob diese Provision im März der Sozialversicherung zu unterwerfen ist oder aufgrund der Anwendung der Märzklausel im vorangegangenen Kalenderjahr, muss die anteilige Jahresbeitragsbemessungsgrenze wie folgt ermittelt werden:

Prüfung der Märzklausel und Beitragspflicht für das Einmalentgelt

				KV/PV	RV/AV
anteilige BBG für 3 Monate	3	x	4.987,50 €	14.962,50 €	
	3	x	7.300,00 €		21.900,00 €
bisheriges beitragspfl. lfd. Entgelt	3	x	3.900,00 €	-11.700,00 €	-11.700,00 €
verbleiben				3.262,50 €	10.200,00 €
somit beitragspflichtig in 03/2023				**0,00 €**	**0,00 €**

Die Provision von 5.000,00 € ist somit in voller Höhe dem Vorjahr zuzuordnen. Hatte Frau Herrmann eine Provision bis zu einer Höhe von 3.262,50 € erhalten, wäre die anteilige Jahresbemessungsgrenze in der Kranken- und Pflegeversicherung nicht überschritten worden und die Provision würde dem laufenden Jahr zugerechnet werden.

Rückrechnung nach 2022

				KV/PV	RV/AV
BBG	12	x	4.837,50 €	58.050,00 €	
	12	x	7.050,00 €		84.600,00 €
bisheriges beitragspfl. lfd. Entgelt				-41.600,00 €	-41.600,00 €
verbleiben				16.450,00 €	43.000,00 €
somit beitragspflichtig in 2022				**5.000,00 €**	**5.000,00 €**

Es sind die Beitragssätze des Vorjahres anzuwenden.

Beispiel: Berechnungsbeispiel zur Nicht-Anwendung der Märzklausel

Herr Lehmann (freiwillig gesetzlich versichert) hat zum 1. Januar die Stelle bei seinem neuen Arbeitgeber angetreten. Sein monatliches steuer- und sozialversicherungspflichtiges Brutto beträgt 5.800,00 €. Im Februar erhält Herr Lehmann eine Sonderzahlung in Höhe von 2.750,00 €. Das beitragspflichtige Arbeitsentgelt für den Monat Februar errechnet sich wie folgt:

Prüfung der Märzklausel und Beitragspflicht für das Einmalentgelt

				KV/PV	RV/AV
anteilige BBG für 2 Monate	2	x	4.987,50 €	9.975,00 €	
	2	x	7.300,00 €		14.600,00 €
bisheriges beitragspfl. lfd. Entgelt	2	x	5.800,00 €		-11.600,00 €
bzw. maximal KV/PV	2	x	4.987,50 €	-9.975,00 €	
verbleiben				0,00 €	3.000,00 €
somit beitragspflichtig in 02/2023				**0,00 €**	**2.750,00 €**

Da die anteilige Jahresbeitragsbemessungsgrenze der KV und PV überschritten wurde, ist die Einmalzahlung in diesen Zweigen der Sozialversicherung beitragsfrei. In der RV und AV ist sie hingegen teilweise beitragspflichtig.

Da das Beschäftigungsverhältnis erst seit dem 1. Januar besteht, kommt die Anwendung der Märzklausel nicht in Betracht.

Praxisübungen

Die Lösungen finden Sie unter https://www.edumedia.de/verlag/loesungen.

Aufgabe 1: Laufende Bezüge / Einmalzahlungen

■ Kreuzen Sie für folgende Entgeltarten an, ob es sich um einen laufenden Bezug oder um eine Einmalzahlung handelt

Entgelt	laufender Bezug	Einmalzahlung
Monatslohn		
Fahrtkostenzuschuss		
Weihnachtsgratifikation		
Urlaubsentgelt		
Urlaubsgeld		

Aufgabe 2:
Steuerabzugsbeträge / Beiträge zur Sozialversicherung

■ Berechnen Sie die Steuerabzugsbeträge sowie die Arbeitnehmeranteile zur Sozialversicherung für den Monat Januar. Alle Arbeitnehmer sind gesetzlich krankenversichert. Gehen Sie von dem allgemeinen Beitragssatz und einem Zusatzbeitragssatz von 1,8 % aus. Alle Arbeitnehmer sind über 23 Jahre alt und nicht vor dem 01.01.1940 geboren. Der Firmensitz ist im Bundesland Brandenburg.

a) Gehalt vom 01.-31.   2.100,00 €   Steuerklasse I
   Überstunden   129,20 €   keine Kinder
   Zuschuss AG zur Vermögensbildung 20,00 €   rk

b) Gehalt vom 01.-31.   1.500,00 €   Steuerklasse II
   laufende Provision   300,00 €   2 Kinder
                                               (Kinderfrei-
                                               beträge 1,0)
   Geldwerter Vorteil Pkw   320,00 €   ev

c) Gehalt vom 01.-31.   4.110,00 €   Steuerklasse III
   Geldwerter Vorteil Pkw   520,00 €   2 Kinder
                                               (Kinderfrei-
                                               beträge 2,0)
   Überstundenvergütung   370,00 €   ev/rk

d) Lohn vom 01.-17.   2.500,00 €   Steuerklasse IV
   Urlaubsentgelt vom 18.-31. 1.154,00 €   keine Kinder
   monatlicher Freibetrag lt. ELStAM-Datei 250,00 € konfessionslos

Steuerabzugsbeträge				SV-Beiträge (AN-Anteil)				
steuer-pflichtiges Brutto-entgelt	LSt	SolZ	KiSt	Sozialversi-cherungspfl. Brutto-entgelt	KV und Zusatz	PV und Zuschlag	RV	AV
a)								
b)								
c)								
d)								

Aufgabe 3:
Steuern und Sozialversicherungsbeiträge auf sonstige Bezüge

▧   Erstellen Sie die Lohnabrechnung für den Monat Oktober.

Theo Schneider ist seit dem 1. Mai in der Schlosserei Hansen (Betriebssitz Bayern) angestellt. Er hat ein monatliches Gehalt in Höhe von 2.500,00 € und er erhält ab Juli eine monatliche Leistungszulage in Höhe von 160,00 €. Im Oktober erhält Theo Schneider 126,00 € für geleistete Überstunden und eine einmalige Provision in Höhe von 1.980,00 €. Die Summe der Überstundenvergütungen betrug bis einschließlich September insgesamt 740,00 €.

Lohnsteuerabzugsmerkmale: IV/2/ev, Freibetrag: monatlich 60,00 €, jährlich 720,00 €. Herr Schneiders Krankenkasse erhebt einen Zusatzbeitragssatz von 1,7 %. Das vom Vorarbeitgeber für Januar bis April gezahlte Arbeitsentgelt wurde nicht mitgeteilt.

8

Besondere Lohnbestandteile

In diesem Kapitel lernen Sie Lohnbestandteile kennen, für die besondere Regelungen bei der Lohnabrechnung zu berücksichtigen sind. Dazu gehören insbesondere Sachbezüge, die als geldwerte Vorteile zu beurteilen und zu versteuern sind.

Inhalt

- Steuer- und sozialversicherungsrechtliche Beurteilung besonderer Lohnbestandteile
- Fahrten zwischen Wohnung und erster Tätigkeitsstätte
- Lohnsteuer- und sozialversicherungsfreier Arbeitslohn nach § 3 EStG
- Geldwerte Vorteile
- Mahlzeiten im Betrieb
- Betriebsveranstaltungen
- Firmenwagen

8.1 Steuer- und sozialversicherungsrechtliche Beurteilung besonderer Lohnbestandteile

Eine wesentliche Aufgabe der Lohn- und Gehaltsbuchführung ist die Ermittlung des steuer- bzw. sozialversicherungspflichtigen Arbeitsentgeltes, das als Bemessungsgrundlage für den Lohnsteuerabzug und zur Berechnung der Sozialversicherungsbeiträge herangezogen wird. Dabei gilt es zu beachten, dass nicht jede Geldzahlung des Arbeitgebers an den Arbeitnehmer steuerpflichtigen Lohn darstellt, umgekehrt aber auch Sachleistungen einen geldwerten Vorteil für den Arbeitnehmer mit sich bringen und somit steuerpflichtig sein können. Hinzu kommt die Beachtung von Freibeträgen oder Pauschalierungsmöglichkeiten. Die Prüfung der einzelnen Lohnbestandteile hinsichtlich ihrer steuer- und sozialversicherungsrechtlichen Behandlung ist daher grundlegende Voraussetzung für eine korrekte Lohnabrechnung.

Zollkodex-Anpassungsgesetz

Das Zollkodex-Anpassungsgesetz (ZollkodexAnpG) ist ein Jahressteuergesetz, in dem alle bestehenden Regelungen, Neuregelungen und Vorschriften des Steuerrechts zusammengefasst sind.

8.2 Fahrten zwischen Wohnung und erster Tätigkeitsstätte

Beispiel: Fahrten zwischen Wohnung und erster Tätigkeitsstätte

Frau Lehmann fährt jeden Morgen mit dem eigenen Pkw zur Arbeit. Die ModeFix GmbH gewährt ihr einen Zuschuss für die Fahrten zwischen Wohnung und erster Tätigkeitsstätte von 0,30 € pro Kilometer. Die Verkäuferin und der Auszubildende der ModeFix GmbH fahren dagegen lieber mit der Bahn. Die Verkäuferin wandelt einen Teil Ihres Arbeitsentgeltes (60,00 €) in ein Job-Ticket um. Dem Auszubildenden wird vom Arbeitgeber ein monatliches Job-Ticket zur Verfügung gestellt. Wie sind der Fahrtkostenzuschuss und die Job-Tickets steuerlich zu behandeln?

Beförderung als Sachbezug

Ermöglicht der Arbeitgeber eine unentgeltliche oder verbilligte **Beförderung** von Mitarbeitern **zwischen Wohnung und erster Tätigkeitsstätte** oder gewährt er zu diesem Zweck finanzielle Zuschüsse an die Arbeitnehmer, so sind diese Zuwendungen steuer- und beitragspflichtig und beim Lohnsteuerabzug und bei der Ermittlung der Sozialversicherungsbeiträge entsprechend zu berücksichtigen.

Der Gesetzgeber hat jedoch die Möglichkeit geschaffen, die **Fahrtkosten** zwischen Wohnung und erster Tätigkeitsstätte steuerlich (und damit zum Teil auch beitragsmäßig) zu begünstigen:

Steuerliche Begünstigungen

- Werden vom Arbeitgeber **Sammelbeförderungen** bereitgestellt, so gilt dieser Sachbezug als steuerfrei.

- Arbeitnehmer können Fahrtkosten zwischen Wohnung und erster Tätigkeitsstätte ab dem 1. Entfernungskilometer mit der Entfernungspauschale wie **Werbungskosten** absetzen.

- Der Arbeitgeber kann die Zuwendungen für Fahrten von der Wohnung zur ersten Tätigkeitsstätte in Höhe der Entfernungspauschale mit einer **pauschalen Lohnsteuer** von 15 % besteuern.

Für die Verwendung der pauschalierten Lohnsteuer mit 15 % müssen jedoch folgende Voraussetzungen erfüllt sein:

Lohnsteuerpauschalierung

- Finanzielle Zuschüsse werden zusätzlich zum ohnehin geschuldeten Arbeitslohn gewährt.
- Die pauschal besteuerten Bezüge dürfen den Betrag nicht übersteigen, den der Arbeitnehmer als Werbungskosten absetzen könnte.

Erhält der Arbeitnehmer entsprechende Bezüge, die pauschal versteuert werden, mindern diese seine Werbungskosten, die er in seiner Einkommensteuererklärung geltend machen kann. Daher müssen die pauschal versteuerten Zuwendungen für Fahrten zwischen Wohnung und erster Tätigkeitsstätte auf der **Lohnsteuerbescheinigung** in Zeile 18 gesondert ausgewiesen werden.

Werbungskosten

Da für pauschal versteuerte Bezüge keine **Sozialversicherungsbeiträge** anfallen, ist die Pauschalversteuerung von Fahrtkostenzuschüssen für den Arbeitnehmer günstiger als der Werbungskostenabzug; selbst dann, wenn der Arbeitgeber die Pauschalsteuer auf den Arbeitnehmer abwälzt.

Entscheidend für den maximal zulässigen Betrag, der pauschal versteuert werden darf, ist die Höhe der **Werbungskosten** (§ 9 EStG), die der Arbeitnehmer in seiner Einkommensteuererklärung geltend machen könnte, wenn die Zuwendungen nicht pauschal besteuert würden. Bis zum 31.12.2020 betrug die Entfernungspauschale 0,30 € für jeden vollen Kilometer ab dem 1. Entfernungskilometer zwischen Wohnung und erster Tätigkeitsstätte.

Pauschalierbarer Betrag

Im Zeitraum vom 01.01.2022 bis zum 31.12.2026 beträgt die Entfernungspauschale ab dem 21. Entfernungskilometer 0,38 € pro Entfernungskilometer (§ 9 Abs. 4 EStG). Diese Pauschalen gelten auch für Familienheimfahrten im Rahmen der doppelten Haushaltsführung (§ 9 Abs. 1 Nr. 5 EStG).

Ab dem 01.01.2027 beträgt die Entfernungspauschale wieder 0,30 € für jeden vollen Kilometer ab dem 1. Entfernungskilometer zwischen Wohnung und erster Tätigkeitsstätte. Als Entfernung wird dabei die kürzeste Straßenverbindung angenommen, abgerundet auf volle Kilometer.

Maßgebend für die Berechnung sind weiterhin die Arbeitstage, an denen der Arbeitnehmer tatsächlich den Weg zwischen Wohnung und erster Tätigkeitsstätte zurückgelegt hat, wobei jeweils nur **eine** Fahrt geltend gemacht werden kann. Fahrten von einer Zweitwohnung oder anderen Übernachtungsorten werden nicht berücksichtigt. Um aufwändige Aufzeichnungen bezüglich der tatsächlichen Arbeitstage zu vermeiden, kann monatlich von 15 Arbeitstagen pauschal ausgegangen werden.

Gewährt der Arbeitgeber zusätzlich zum laufenden Arbeitsentgelt Vergünstigungen zu den Fahrten zwischen Wohnung und erster Tätigkeitsstätte, indem er kostenlose oder verbilligte Job-Tickets für öffentliche Verkehrsmittel zur Verfügung stellt oder bezuschusst, handelt es sich um keinen steuer- und beitragspflichtigen geldwerten Vorteil. Es besteht die Möglichkeit auf die Steuerfreiheit zu verzichten und die zusätzlichen Vergünstigungen (Arbeitgeberzuschuss zum laufenden Gehalt) oder nicht zusätzlichen Vergünstigungen (Arbeitsentgeltumwandlung des Arbeitnehmers vom laufenden Gehalt) pauschal mit 25 % zu versteuern. Eine pauschale Besteuerung führt beim Arbeitnehmer zu keiner geminderten Entfernungspauschale bei der Einkommensteuererklärung.

Öffentliche Verkehrsmittel

Frau Lehmann fährt jeden Morgen mit ihrem Pkw zur Arbeit (einfache Entfernung: 25 km). Der Arbeitgeber (Filiale im Bundesland Hessen) gewährt ihr zusätzlich zum Gehalt einen Fahrtkostenzuschuss von 0,30 € pro tatsächlich gefahrenen Kilometer. Die Berechnung zeigt die pauschalen Steuerbeträge für den September mit 20 Arbeitstagen (AT).

Fahrkostenzuschuss	0,30 €	x	50 km	x	20 AT	=	300,00 €
davon pauschalierungsfähig	0,30 €	x	20 km	x	20 AT	=	120,00 €
	0,38 €	x	5 km	x	20 AT	=	38,00 €
							158,00 €
pauschale Lohnsteuer			158,00 €	x	15,0 %	=	23,70 €
Solidaritätszuschlag			23,70 €	x	5,5 %	=	1,30 €
pauschale Kirchensteuer (Hessen 7 %)			23,70 €	x	7,0 %	=	1,65 €
Steuerbetrag gesamt							**26,65 €**

Hinweis: Bei der Berechnung der Lohnsteuer mit einem pauschalen Lohnsteuersatz wird kaufmännisch gerundet, während bei der Berechnung der dazugehörigen Annexsteuern (Solidaritätszuschlag und Kirchensteuer) nach der zweiten Nachkommastelle "abgeschnitten" wird.

Das von der Verkäuferin für das Job-Ticket umgewandelte Arbeitsentgelt in Höhe von 60,00 € kann mit 25 % pauschal versteuert werden und bleibt dann beitragsfrei. Es erfolgt keine Anrechnung auf die Entfernungspauschale.

pauschale Lohnsteuer	60,00 €	x	25,0 %	=	15,00 €
Solidaritätszuschlag	15,00 €	x	5,5 %	=	0,82 €
pauschale Kirchensteuer (Hessen 7 %)	15,00 €	x	7,0 %	=	1,05 €
Steuerbetrag gesamt					**16,87 €**

Für das Job-Ticket, das dem Auszubildenden zur Verfügung gestellt wird, zahlt die ModeFix GmbH monatlich 75,00 € an die städtischen Verkehrsbetriebe. Der Auszubildende wohnt 18 km von seiner ersten Tätigkeitsstätte entfernt. Die Entfernung spielt hier keine Rolle; das Job-Ticket ist steuer- und beitragsfrei. Es besteht auch die Möglichkeit die 75,00 € dieses Job-Tickets mit 25 % pauschal zu versteuern.

8.3 Lohnsteuer- und sozialversicherungsfreier Arbeitslohn nach § 3 EStG

In § 3 EStG sind sämtliche Einnahmearten festgelegt, die steuerfrei sind. Aus den einzelnen Regelungen dieses Paragraphen lassen sich daher die Kriterien zur Prüfung der steuerlichen Behandlung verschiedener Lohnbestandteile ableiten. Das Sozialversicherungsrecht wiederum lehnt sich eng an das Steuerrecht an, sodass in der Regel steuerfreie Lohnbestandteile auch in der Sozialversicherung beitragsfrei bleiben.

8.3.1 Berufsbekleidung

Der Arbeitgeber kann dem Arbeitnehmer steuer- und beitragsfrei Berufskleidung überlassen, wenn diese

- für diesen Beruf typisch ist und eine private Nutzung so gut wie ausschließt und/oder
- dem Arbeitsschutz dient.

Der Arbeitgeber kann dem Arbeitnehmer auch die Kosten für eine solche Berufskleidung steuer- und beitragsfrei ersetzen, wenn

- der Arbeitnehmer auf Gestellung der Berufskleidung Anspruch hat (Unfallverhütungsvorschriften, Tarifvertrag oder Betriebsvereinbarungen)
- der Arbeitgeber die Barablösung aus betrieblichen Gründen bevorzugt

Daraus ist zu schließen, dass bei der Gestellung von z. B. einfacher weißer Oberbekleidung ohne Firmenaufdruck oder schwarzen Schuhen (Kellner) keine steuer- und beitragsfreie Überlassung bzw. Erstattung der angefallenen Kosten möglich ist.

8.3.2 Kinderbetreuungskosten

Der Arbeitgeber kann dem Arbeitnehmer die Kosten für die Betreuung und Verpflegung einschließlich Unterkunft seiner nicht schulpflichtigen Kinder unter bestimmten Voraussetzungen steuer- und beitragsfrei erstatten. Grundvoraussetzung ist, dass die Betreuungskosten zusätzlich zum geschuldeten Arbeitslohn erstattet werden. Eine Gehaltsumwandlung ist nicht begünstigt. Zu den Voraussetzungen gehört nicht, dass der Arbeitnehmer selbst die Kosten der Kinderbetreuung trägt. Auch dann, wenn der andere Elternteil die Kosten trägt und der Arbeitnehmer mit dem anderen Elternteil nicht verheiratet ist, ist eine steuer- und beitragsfreie Erstattung möglich. Die Verpflichtung zur Zahlung und die Höhe der Beiträge (Rechnung, Vertrag) sowie die tatsächliche Bezahlung des Beitrages (Kontoauszug) müssen jedoch nachgewiesen werden. Aus Vereinfachungsgründen ist die Schulpflicht nicht bei Kindern zu prüfen, die

- das 6. Lebensjahr noch nicht vollendet haben,
- das 6. Lebensjahr im lfd. Kalenderjahr nach dem 30.06. vollenden werden, es sei denn, sie wären vorzeitig eingeschult worden (Erstattung bis 31.07. möglich),
- das 6. Lebensjahr vollendet haben und nicht schulpflichtig sind.

Nicht schulpflichtige Kinder stehen schulpflichtigen Kindern gleich, solange sie mangels Schulreife vom Schulbesuch zurückgestellt sind (Lohnsteuerrichtlinie (LStR) R 3.33 Abs. 3 ergänzend zum § 3 Nr. 33 EStG).

Steuerfrei und damit beitragsfrei bleibt die Zuwendung außerdem nur, wenn es sich um eine auswärtige Betreuung handelt (Kindergarten, Kindertagesstätte, Tagesmutter, etc.). Eine Kostenerstattung zur Kinderbetreuung in der Wohnung des Arbeitnehmers ist immer steuer- und beitragspflichtig. Auch eine Kostenübernahme von Zusatzkosten zur Betreuung wie z. B. Fahrtkosten zur Kindertagesstätte oder gesonderte Beiträge zur musikalischen oder sonstigen Förderung des Kindes während der Betreuung, stellt steuer- und beitragspflichtigen Arbeitslohn dar.

8.4 Sachbezüge / geldwerte Vorteile

Sachbezüge sind eine besondere Form der Vergütung von Arbeitsleistung, die anstelle von Geldzahlungen gewährt wird. Für die Besteuerung und Abführung von Sozialversicherungsbeiträgen ergibt sich daraus die Schwierigkeit, den Sachbezug in seinen Geldwert umrechnen zu müssen, denn Steuern und Sozialabgaben können schließlich nur in Form von Geld geleistet werden. Man spricht beim wertmäßigen Ansatz eines Sachbezuges auch vom **geldwerten Vorteil**, der das Bruttoentgelt erhöht. Beispiele hierfür sind Verpflegung, Wohnraum, private Nutzung von Firmenfahrzeugen, Personalrabatte, Arbeitgeberdarlehen.

Rechtsgrundlagen

Die Qualifizierung einer Zuwendung als Sachbezug hat erhebliche steuerliche und beitragsrechtliche Konsequenzen. Aus diesem Grund hat der Gesetzgeber neben den allgemeinen **Steuergesetzen** (§ 8 Abs. 2 und Abs. 3, § 19a EStG) weitere Verwaltungsvorschriften in den **Lohnsteuerrichtlinien** erlassen, in denen detaillierte Regelungen zum Arbeitslohn (LStR R 19.3), zur Bewertung von geldwerten Vorteilen und zum Bezug von Waren und Dienstleistungen getroffen sind. Die Sozialversicherung richtet sich in der Beurteilung und Bewertung von Sachbezügen nach dem Steuerrecht. Darüber hinaus erstellen die Sozialversicherungsträger jährlich eine **Sozialversicherungsentgeltverordnung (SvEV)**, in der Festlegungen zur Bewertung einzelner Sachbezüge, wie Verpflegung und Unterkunft, getroffen werden. Die Regelungen der SvEV werden wiederum vom Steuerrecht übernommen.

96 %-Regelung

Bei der Einzelbewertung von Sachbezügen wird als Ausgangswert, der um erhaltene Preisnachlässe geminderte Endpreis, angesetzt (§ 8 Abs. 2 Satz 1 EStG). Aus Vereinfachungsgründen werden 96 % des geminderten Endpreises als steuer- und beitragspflichtiger geldwerter Vorteil in der Lohnabrechnung angesetzt.

Aufzeichnung

Um nachvollziehbar zu belegen, in welcher Höhe Sachbezüge bei der Lohn- und Gehaltabrechnung berücksichtigt wurden, hat der Arbeitgeber entsprechende Rechnungen und Zahlungsbelege nachzuweisen. Zur Überprüfung durch das Finanzamt sind diese Belege zehn Jahre aufzubewahren. Zur Prüfung durch die Sozialversicherungsträger sind zur Beitragsberechnung relevante Belege bis zum Ablauf des auf die letzte Prüfung folgenden Kalenderjahres aufzubewahren.

8.4.1 Steuerliche Behandlung von Sachbezügen

Steuerpflichtiges Einkommen

Geldwerte Vorteile, die sich aus Sachbezügen ergeben, sind regelmäßig Bestandteil des steuerpflichtigen Arbeitsentgeltes. Die Schwierigkeit für die Lohn- und Gehaltsrechnung besteht zum einen in der Bewertung von Sachbezügen mit einem Geldwert, zum anderen darin festzustellen, wann es sich überhaupt um einen steuerpflichtigen Sachbezug handelt.

Der Ansatz der allgemeinen monatlichen Sachbezugsgrenze bei Gutscheinen und Geld-karten ist nur ansetzbar, wenn diese ausschließlich zum Bezug von Waren oder Dienst-leistungen gemäß Zahlungsdiensteaufsichtsgesetz (ZAG) berechtigen; ansonsten sind Gutscheine und Geldkarten keine Sachbezüge, sondern Geldersatzleistungen.

Gutscheine und Geldkarten

Allgemeine Sachbezugsfreigrenze

Für allgemeine Sachbezüge gilt eine monatliche allgemeine Sachbezugsfreigrenze in Höhe von 50,00 €. Die monatliche Sachbezugsfreigrenze kann mehrfach pro Jahr ange-wendet, aber nicht zu einer Jahresfreigrenze aufaddiert werden. Wird der Grenzbetrag überschritten, ist der gesamte Betrag (auch die ersten 50,00 €) steuer- und sozialversi-cherungspflichtig.

Sachzuwendungen im betrieblichen Interesse

Für Sachzuwendungen, die der Arbeitgeber aus ganz überwiegend eigenem betriebli-chem Interesse erbringt, gelten erhöhte Steuerfreigrenzen oder Steuerfreibeträge:

- Für bis zu zwei Betriebsveranstaltungen (Ausflüge, Weihnachtsfeier usw.) im Jahr ein Freibetrag von 110,00 € je Veranstaltung und Arbeitnehmer gegebenenfalls mit Anteil für eine Begleitperson.

- Für Sachzuwendungen an einzelne Mitarbeiter, die aus einem persönlichen Anlass gewährt werden (z. B. Jubiläum, Geburtstag, Abschied), eine Freigrenze von 60,00 €. Diese Freigrenze kann mehrfach im Monat und Jahr genutzt, jedoch nicht aufsummiert werden.

- Für Aufmerksamkeiten, z. B. kostenfrei zur Verfügung gestellte Getränke und Ge-nussmittel, eine Freigrenze von 60,00 € pro Monat. Die monatliche Freigrenze kann nicht zu einer Jahresgrenze aufsummiert, aber mehrfach pro Jahr angewendet werden.

Beispiel: Sachbezüge

Herr Lehmann erhält zu seinem Geburtstag im April ein Buch im Wert von 52,00 € und im Juli eine CD im Wert von 25,00 €. Das Buch und die CD sind steuer- und beitragsfrei zu behandeln.

8.4.2 Sozialversicherungsrechtliche Behandlung von Sachbe-zügen

Die Höhe des Bruttoentgeltes dient als Grundlage zur Berechnung der gesetzlichen **So-zialversicherungsbeiträge**. Daher ist die Entscheidung, ob eine Zuwendung als Be-standteil des Arbeitsentgeltes gilt auch hier von Bedeutung.

Das Sozialversicherungsrecht richtet sich in der Qualifizierung und Bewertung von Sachbezügen nach dem Steuerrecht. Die in Kapitel 8.4 erläuterten Beispiele sind daher uneingeschränkt auf die Ermittlung des sozialversicherungspflichtigen Bruttoentgeltes anzuwenden. Als Orientierung kann auch die Regel herangezogen werden, dass Beiträge zur gesetzlichen Sozialversicherung weitgehend nur auf steuerpflichtiges Arbeitsentgelt erhoben werden.

Steuerpflichtiges Brutto

Einen Sonderfall bilden die Sachbezüge, die mit einem festen Satz pauschal versteuert werden. Sie sind in vollem Umfang beitragsfrei in der Sozialversicherung *(siehe Kapitel 4)*.

Beitragsfreiheit

Zuzahlungen durch den Arbeitnehmer

Zuzahlungen des Arbeitnehmers zu einem Sachbezug mindern den geldwerten Vorteil.

Beispiel: Sozialversicherungsrechtliche Behandlung von Sachbezügen

Die kinderlose Frau Lehmann (Lohnsteuerabzugsmerkmale: I/0/-) erhält von ihrem Arbeitgeber zusätzlich zu ihrem monatlichen Gehalt in Höhe von 2.300,00 € einen Firmenwagen zur privaten Nutzung zur Verfügung gestellt. Die Gesamtbewertung des privaten Nutzwertes ergibt einen privaten Nutzwert in Höhe von 550,00 € monatlich. Frau Lehmann muss jedoch für die private Nutzung monatlich eine Zahlung in Höhe von 100,00 € leisten. Dieser Betrag wird in der Lohnabrechnung vom Nettoentgelt einbehalten. Die Krankenkasse von Frau Lehmann hat einen Zusatzbeitragssatz von 1,7 % festgelegt. Der geldwerte Vorteil und die Zuzahlung werden in der Lohnabrechnung wie folgt dargestellt:

Bruttolohn				
Gehalt			2.300,00 €	
geldwerter Vorteil			450,00 €	
				2.750,00 €

Gesetzliche Abzüge				
Steuern				
LSt lfd.		aus 2.750,00 €	481,58 €	
SV-Beiträge Arbeitnehmer				
KV lfd. allg.	7,3 %	aus 2.750,00 €	200,75 €	
KV lfd. Zusatz	0,85 %	aus 2.750,00 €	23,38 €	
PV lfd.	1,525 %	aus 2.750,00 €	41,94 €	
PV lfd. Zuschlag	0,35 %	aus 2.750,00 €	9,63 €	
RV lfd.	9,3 %	aus 2.750,00 €	255,75 €	
AV lfd.	1,3 %	aus 2.750,00 €	35,75 €	
				-1.048,78 €

Nettolohn				1.701,22 €

Sonstige Zahlungen oder Abzüge				
geldwerter Vorteil			-450,00 €	
Zuzahlung			-100,00 €	
				-550,00 €

Auszahlungsbetrag				1.151,22 €

Bei einer monatlichen Zuzahlung in Höhe von 550,00 € ist kein geldwerter Vorteil zu berücksichtigen. Dennoch müssten die Unterlagen zur Ermittlung des geldwerten Vorteils und der tatsächlichen geleisteten Zuzahlung aufbewahrt und dokumentiert werden.

8.4.3 Bewertung und Abrechnung der einzelnen Sachbezüge

Für die Bewertung des einzelnen Sachbezugs ist nach § 8 Abs. 2 EStG in der Regel der Endpreis am Abgabeort anzusetzen, also der Preis, den auch ein Endverbraucher für die Ware einschl. Umsatzsteuer bezahlen müsste. 96 % dieses Wertes sind als steuer- und beitragspflichtiger geldwerter Vorteil in der Lohnabrechnung zu versteuern und zu verbeitragen, wenn es für den Sachbezug keinen amtlichen Sachbezugswert gibt. Der Gesetzgeber lässt also noch einen Abschlag für übliche Preisnachlässe in Höhe von 4 % zu. Diese Art der Bewertung ist jedoch nur zulässig, wenn es sich tatsächlich um einen Gegenstand bzw. eine Dienstleistung handelt *(siehe dazu Kapitel 8.4.7)*, die nicht überwiegend für die eigenen Mitarbeiter hergestellt, vertrieben oder erbracht werden. Der Abschlag in Höhe von 4 % kommt auch zum Ansatz, wenn der Arbeitgeber der Vertragspartner des Leistungserbringers ist.

Für einige geldwerte Vorteile sind jedoch zusätzliche Regelungen zur Bestimmung des Geldwertes zu beachten. Die Bewertung der Nutzung eines Firmenwagens zu privaten Zwecken ist in § 8 Abs. 2 EStG geregelt, die Behandlung von Personalrabatten in § 8 Abs. 3 EStG.

Die Sozialversicherungsträger geben für die Bewertung von Mahlzeiten und Unterkunft eine **Sozialversicherungsentgeltverordnung (SvEV)** heraus, in der jährlich aktualisierte Geldwerte für diese Sachbezüge aufgelistet sind. Diese sind auch für das Steuerrecht maßgebend. | SvEV

8.4.4 Verpflegung und Unterkunft

> **Beispiel: Verpflegung und Unterkunft als Sachbezug**
>
> Der 17-jährige Benedikt, Sohn des Geschäftsführers der ModeFix GmbH, tritt eine Lehre als Hotelfachmann an. Die Ausbildung erfolgt in einer Pension mit angeschlossener Gastronomie. Der Ausbildungsort Eisenach ist 250 km vom elterlichen Wohnort entfernt. Der Wirt gewährt dem Auszubildenden während der Lehrzeit freie Kost sowie Unterkunft in einem Zimmer der Pension. Wie ist dieser Sachverhalt steuerlich zu bewerten?

In einigen Branchen ist es durchaus noch üblich, dass der Arbeitgeber dem Arbeitnehmer freie oder verbilligte Verpflegung und Wohnung zur Verfügung stellt (z. B. im Hotel- und Gastgewerbe). Diese Sachbezüge sind als **geldwerte Vorteile** und somit als Bestandteil des steuer- und beitragspflichtigen Gesamt-Brutto anzusehen. | Bewertung nach der SvEV

Auch hier ergibt sich wiederum die Schwierigkeit, den Geldwert der Verpflegung und des Wohnraumes zu ermitteln.

Sachbezug freier oder verbilligter Wohnraum

In der SvEV wird zwischen den Sachbezügen einer Unterkunft und einer Wohnung unterschieden. Als **Unterkunft** wird eine Unterbringung im Haushalt des Arbeitgebers, in einer Gemeinschaftsunterkunft oder in einem Zimmer bezeichnet. Im Gegensatz dazu steht die Unterbringung in einer eigenen in sich geschlossenen **Wohnung**, in der die Führung eines selbständigen Haushaltes möglich ist, d. h. insbesondere eine Wasserversorgung und Wasserentsorgung, eine angemessene Kochgelegenheit und eine Toilette vorhanden sind. | Unterkunft und Wohnung

Sachbezugswerte
für Unterkunft

Der anzurechnende Sachbezugswert für eine allgemeine freie **Unterkunft** beträgt im Jahr 2023 bundeseinheitlich monatlich 265,00 € (kalendertäglich 8,83 €). Dieser Betrag kann bei bestimmten Sachverhalten gemindert werden:

Minderungssachverhalt	Minderungsprozentsatz
Unterbringung im Arbeitgeberhaushalt oder in einer Gemeinschaftsunterkunft	15 %
Unterbringung von Auszubildenden oder Jugendlichen bis 18 Jahre	15 %
Mehrfachbelegung mit 2 Beschäftigten	40 %
Mehrfachbelegung mit 3 Beschäftigten	50 %
Mehrfachbelegung mit mehr als 3 Beschäftigten	60 %

Es können mehrere Minderungssachverhalte vorhanden sein.

Sachbezugswerte für
Mitarbeiterwohnung

Für eine vollwertige **Mitarbeiterwohnung** ist die ortsübliche Kaltmiete zuzüglich der Nebenkosten (Warmmiete) als Sachbezugswert anzusetzen.

Wird eine vollwertige Mitarbeiterwohnung verbilligt oder kostenlos zur Verfügung gestellt, ist der Differenzbetrag zwischen der tatsächlichen Mietzahlung und dem ortsüblichen Mietpreis ein geldwerter Vorteil. Es erfolgt kein Ansatz eines geldwerten Vorteils, wenn der Arbeitnehmer mindestens zwei Drittel der ortsüblichen Warmmiete zahlt und der Kaltmiete-Quadratmeterpreis unter 25,00 € liegt. Zahlt der Arbeitnehmer weniger als zwei Drittel der ortsüblichen Warmmiete oder liegt der Kaltmiete-Quadratmeterpreis über 25,00 €, ist die Berechnungsgrundlage für die Ermittlung des geldwerten Vorteils zwei Drittel der ortsüblichen Warmmiete; folglich ist nur die Differenz zwischen der tatsächlichen gezahlten Warmmiete des Arbeitnehmers und der ermittelten Berechnungsgrundlage (ortsübliche Warmmiete minus ein Drittel Bewertungsabschlag) ein geldwerter Vorteil. Ist eine ortsübliche Miete nicht feststellbar, kann im Jahr 2023 gemäß § 2 Abs. 4 SvEV 4,66 € oder 3,81 € (einfache Ausstattung, ohne Sammelheizung oder ohne Bad oder Dusche) pro Quadratmeter monatlich angesetzt werden.

Sachbezug freie Verpflegung

Die unentgeltliche Verpflegung von Arbeitnehmern durch den Arbeitgeber ist als **geldwerte Leistung** dem steuerpflichtigen Arbeitsentgelt hinzuzurechnen, sofern keine Verpflegungspauschale gezahlt wird. Die Sozialversicherungsentgeltverordnung legt hier folgende Bewertungssätze für freie Verpflegung im Jahr 2023 fest:

Sachbezugswerte für Verpflegung

- 288,00 € monatlich (kalendertäglich 9,60 €) für Vollverpflegung
- 60,00 € monatlich (kalendertäglich 2,00 €) für Frühstück
- jeweils 114,00 € monatlich (kalendertäglich 3,80 €) für Mittag- bzw. Abendessen

Kalendertäglich ist jeweils 1/30 des monatlichen Wertes anzusetzen.

Familienmitglieder

Werden neben dem Arbeitnehmer selbst auch dessen **Familienangehörige** mitverpflegt, so erhöht sich der Sachbezugswert für jedes Familienmitglied basierend auf dem Wert für nur eine Person wie folgt:

Familienangehörige	anzusetzender Prozentsatz
ab 18 Jahre	100 %
zwischen 14 und 18 Jahre	80 %
zwischen 7 und 14 Jahre	40 %
jünger als 7 Jahre	30 %

Erfolgt die Verpflegung nur für einzelne Tage im Monat, so wird als **Tagessatz** 1/30 des zutreffenden Monatssatzes verwendet.

Tagessätze

Wird die Verpflegung **verbilligt** gewährt, so ist der Differenzbetrag als Sachbezugswert anzurechnen, der sich zwischen dem verbilligten Preis und dem Sachbezugswert ergibt, wie er laut Sozialversicherungsentgeltverordnung bei kostenfreier Verpflegung anzunehmen wäre.

Verbilligte Verpflegung

---

zu Beispiel: Verpflegung und Unterkunft als Sachbezug

Benedikt kann während seiner Lehre kostenfrei in einem Zimmer der Pension wohnen. Dies muss er sich allerdings mit einem weiteren Auszubildenden teilen. Des Weiteren erhält er eine kostenfreie Vollverpflegung. Der steuer- und sozialversicherungspflichtigen Ausbildungsvergütung werden monatlich folgende Sachbezugswerte hinzugerechnet:

Sachbezug freie Unterkunft				265,00 €
Minderung wegen Auszubildenden	265,00 € x	15 %	=	- 39,75 €
Minderung wegen Mehrfachbelegung	265,00 € x	40 %	=	- 106,00 €
geminderter Sachbezugswert				119,25 €
Sachbezug Vollverpflegung				288,00 €
Insgesamt als geltwerter Vorteil der Ausbildungsvergütung für freie Verpflegung und Unterkunft hinzuzurechnen:				407,25 €

Die Anwendung der allgemeinen Sachbezugsfreigrenze von 50,00 € ist nicht zulässig.

8.4.5 Arbeitgeberdarlehen

Beispiel: Arbeitgeberdarlehen

Familie Lehmann benötigt dringend ein neues Auto. Da ihnen aber ein Bankdarlehen mit banküblichen Zinssätzen oder der Finanzierungskauf zu teuer ist, bittet Frau Lehmann ihren Arbeitgeber um ein Darlehen über 25.000,00 €. Die ModeFix GmbH gewährt das Arbeitgeberdarlehen zum 01.10.2022 und legt schriftlich die Tilgungs- und Zinskonditionen fest. Demnach wird auf das Darlehen ein Zinssatz von 3 % erhoben. Wie ist ein solches Arbeitgeberdarlehen steuerrechtlich in Bezug auf das Arbeitsentgelt von Frau Lehmann zu werten?

Grundsätzlich handelt es sich bei Arbeitgeberdarlehen nicht um steuerpflichtigen Arbeitslohn. Schließlich ist das Geld nur geliehen und wird, wie bei einem normalen Bankkredit auch, zurückgezahlt. Allerdings werden in der Praxis Arbeitgeberdarlehen oft zu besonders günstigen Zinskonditionen vergeben oder es wird auf einen Teil der Rückzahlung verzichtet. Ein nicht zurückzuzahlender Darlehensbetrag ist stets eine Geldleistung des Arbeitgebers und damit steuer- und beitragspflichtig.

Eine Zinsersparnis gegenüber banküblichen Konditionen stellt einen **geldwerten Vorteil** dar und ist als Sachbezug dem steuerpflichtigen Arbeitslohn hinzuzurechnen. Dabei kann die allgemeinen Sachbezugsfreigrenze von 50,00 € angewendet werden.

Freigrenze

Beträgt die gesamte Darlehenssumme bzw. die Resttilgungssumme nicht mehr als 2.600,00 €, ist kein geldwerter Vorteil für die ersparten Zinsen zu ermitteln.

Beträge aus Zinsersparnis

Als **Zinsersparnis** werden die Beträge angerechnet, die sich aus der Differenz der tatsächlich zu zahlenden Zinsen und dem Zinsbetrag ergeben, der bei einem marktüblichen Zinssatz zu zahlen wäre. Der marktübliche Zinssatz ist entweder durch Vergleiche bei Kreditinstituten zu ermitteln oder es ist der bei Vertragsabschluss von der Deutschen Bundesbank zuletzt veröffentlichte Effektivzinssatz (Neugeschäft) heranzuziehen. Der Effektivzinssatz darf um 4 % gemindert werden.

---

zu Beispiel: Arbeitgeberdarlehen

Die Restdarlehenssumme von Frau Lehmann beläuft sich zum 01.01.2023 auf 19.398,50 €. Zum Zeitpunkt der Kreditvergabe lag der Effektivzinssatz gemäß Europäischer Zentralbank bei 9,01 % (angenommener Wert). Hiervon kann ein Abschlag von 4 % vorgenommen werden, sodass der zum Vergleich heranzuziehende marktübliche Zinssatz bei 8,6496 % liegt.

Restdarlehensbetrag:			19.398,50 €
marktübliche Zinsen:	19.398,50 € x	8,6496 % : 12 Monate	139,82 €
zu zahlende Zinsen:	19.398,50 € x	3,0 % : 12 Monate	- 48,50 €
Zinsersparnis:			**91,32 €**

Da mit einer Zinsersparnis von 91,32 € die allgemeinen Sachbezugsfreigrenze von 50,00 € überschritten ist, hat Frau Lehmann einen steuer- und sozialversicherungspflichtigen geldwerten Vorteil in Höhe von 91,32 €. Tilgung und gezahlte Zinsen sind Nettoabzüge.

8.4.6 Personalrabatte

Beispiel: Personalrabatt

Frau Lehmann erhält als Angestellte der ModeFix GmbH einen Mitarbeiterrabatt von 45 % auf alle Artikel des Modehauses. Herr Fröbel ist Angestellter einer Spedition und darf, wie alle Mitarbeiter, seinen privaten PKW an der betriebsinternen Tankstelle betanken. Wie sind die geldwerten Vorteile aus diesen Rabatten steuerlich zu behandeln?

Mitarbeiterrabatte

Mitarbeiter- oder Belegschaftsrabatte sind in vielen Firmen üblich. Grundsätzlich stellen Waren oder Dienstleistungen, die vom Arbeitgeber **unentgeltlich oder verbilligt** den Arbeitnehmern überlassen werden, geldwerte Vorteile dar und sind somit dem steuerpflichtigen Arbeitslohn hinzuzurechnen. Durch die Bewertungsregeln des § 8 EStG ergeben sich jedoch **steuerliche Vorteile**, die Mitarbeiterrabatte zu einer beliebten, weil steuerlich subventionierten Form des Arbeitslohns werden lassen, mit dem ein Arbeitgeber zudem seine Mitarbeiter an das Unternehmen binden, sie als eigene Kunden gewinnen und somit den Umsatz steigern kann.

§ 8 des EStG sieht im Einzelnen folgende Regelungen zur Besteuerung von Mitarbeiterrabatten vor:

- Als Wert einer Ware oder Dienstleistung werden 96 % des Endpreises angenommen.

- Die Differenz zwischen dem verminderten Endpreis und der tatsächlichen Zahlung ist als Sachbezug (geldwerter Vorteil) steuerpflichtig.

- Dabei gilt ein Freibetrag von 1.080,00 € im Kalenderjahr pro Beschäftigungsverhältnis, d.h. erst wenn der geldwerte Vorteil durch Mitarbeiterrabatte 1.080,00 € im Jahr übersteigen, sind sie auf den steuerpflichtigen Arbeitslohn anzurechnen.

Voraussetzung für den steuerlichen Freibetrag ist, dass der Rabatt vom Arbeitgeber (nicht von einem Dritten oder einem Konzernunternehmen) gewährt wird, und dass der Arbeitgeber mit den verbilligt überlassenen Waren oder Dienstleistungen üblicherweise handelt oder sie für Kunden herstellt oder erbringt. Sie dürfen nicht ausschließlich für den eigenen Bedarf produziert werden.

---

zu Beispiel: Personalrabatt

Frau Lehmann erhält auf den Kauf von Textilwaren bei ihrem Arbeitgeber, der ModeFix GmbH, einen Rabatt von 45 %. Im Monat Mai hat sie bei ihrem Arbeitgeber Sommerkleidung für die ganze Familie im Wert von 1.567,20 € (Ladenpreis) gekauft. Im laufenden Kalenderjahr hat sie noch keine Waren bei ihrem Arbeitgeber erworben.

Warenwert	1.567,20 €
hiervon 96 %	1.504,51 €
Zahlung mit Personalrabatt (55 % vom Warenwert)	- 861,96 €
geldwerter Vorteil	642,55 €

Für den Monat Mai ist kein geldwerter Vorteil in der Lohnabrechnung zu berücksichtigen, da der Rabattfreibetrag in Höhe von 1.080,00 € für das Kalenderjahr noch nicht überschritten ist.

Der geldwerte Vorteil, den Herr Fröbel durch das private Tanken an der Betriebstankstelle erhält, fällt nicht unter die Freibetragsregelung des § 8 Abs. 3 EStG, weil die Tankstelle ausschließlich für den betriebseigenen Bedarf genutzt wird. Der Arbeitgeber handelt also nicht üblicherweise mit dem Kraftstoff. Der geldwerte Vorteil ist daher in voller Höhe auf das steuerpflichtige Brutto von Herrn Fröbel anzurechnen – es sei denn, es wird die allgemeine Sachbezugsfreigrenze von 50,00 € nicht überschritten (§ 8 Abs. 2 EStG, Anwendung der Bagatellgrenze). Dann ist der geldwerte Vorteil des Sachbezuges Tanken steuerfrei.

8.4.7 Gutscheine und Geldkarten

Warengutscheine als Sachbezüge

Erhält der Arbeitnehmer vom Arbeitgeber Gutscheine, die beim Arbeitgeber oder einem Dritten einzulösen sind, so gelten diese als Sachbezüge, wenn sichergestellt ist, dass die Gutscheine ausschließlich zum Bezug von Waren oder Dienstleistungen beim Arbeitgeber oder einem Dritten berechtigen.

Wird der Gutschein zusätzlich zum laufenden Arbeitsentgelt gewährt, kommt die allgemeine monatliche Sachbezugsfreigrenze in Höhe von 50,00 € zum Ansatz.

Des Weiteren kann der Arbeitgeber dem Arbeitnehmer zweckgebundenes Geld überlassen. Dabei ist zu beachten, dass das Geld unmittelbar und für den vereinbarten Zweck verwendet wird.

Beispiel: Warengutschein

Herr Lehmann erhält von seinem Arbeitgeber, zusätzlich zum laufenden Arbeitsentgelt, einen Benzingutschein einer nahegelegenen Tankstelle mit der Wertangabe „35,00 €". Weitere Sachbezüge erhält Herr Lehmann nicht.

Es handelt sich hier um einen Sachbezug. Die allgemeine Sachbezugsfreigrenze von 50,00 € ist eingehalten, sodass der Benzingutschein steuer- und beitragsfrei zu behandeln ist.

8.4.8 Bewirtung von Arbeitnehmern - Unentgeltliche und verbilligte Mahlzeiten

---

Beispiel: Bewirtung von Arbeitnehmern

Die ModeFix GmbH möchte ihren Mitarbeitern ein verbilligtes Mittagessen zur Verfügung stellen. Da sie keine eigene Betriebskantine betreiben kann, hat sie eine Vereinbarung mit einem benachbarten Wirtshaus getroffen. Die ModeFix GmbH zahlt nun einen Geldbetrag an das Wirtshaus und erhält dafür Essenmarken, mit denen die Mitarbeiter einmal täglich ein Mittagessen im Wirtshaus erhalten können. Die ModeFix GmbH gibt jedem Arbeitnehmer 15 Essenmarken zu 5,50 € im Monat. Auch Frau Lehmann nimmt dieses Angebot gerne an. Wie müssen diese Bezüge versteuert werden?

Mahlzeiten

Erhält der Arbeitnehmer unentgeltlich oder verbilligt **Mahlzeiten** im Betrieb, so gilt dies als **geldwerter Vorteil** und ist als Sachbezug dem steuerpflichtigen Arbeitslohn zuzurechnen. Gleiches gilt, wenn der Arbeitgeber Barzuschüsse an betriebsfremde Kantinen, Gaststätten oder ähnliche Verpflegungseinrichtungen zahlt, in denen seine Mitarbeiter dann z. B. gegen Vorlage von Essenmarken unentgeltlich oder verbilligt Mahlzeiten erhalten. Als geldwerter Vorteil sind die Beträge entsprechend der **Sozialversicherungsentgeltverordnung** anzusetzen, d. h. im Jahr 2023 für ein Mittag- oder Abendessen 3,80 € und für ein Frühstück 2,00 €.

Pauschalierung mit 25 %

Sofern die Mahlzeiten als zusätzliche Leistung charakterisiert werden können, d. h. nicht als Entgeltbestandteil vereinbart wurden, kann der Arbeitgeber diese Zuwendung mit **25 % pauschal** versteuern.

Essenmarken

Auch wenn das Unternehmen keine eigene Kantine hat und stattdessen **Essenmarken** zur Einlösung in einem externen Verpflegungsbetrieb an die Arbeitnehmer ausgibt, ist eine **Pauschalierung** der Lohnsteuer möglich. Um dabei den geringeren Sachbezugswert anstelle des tatsächlichen Verrechnungspreises der Essenmarke ansetzen zu können, müssen gemäß Lohnsteuerrichtlinie (LStR) R 8.1 Abs. 7 folgende Bedingungen erfüllt sein:

- Der Arbeitgeber muss mit der Institution, die die Speisen abgibt (Gaststätte, Verpflegungseinrichtung), vereinbart haben, dass täglich nur eine Essenmarke in Zahlung genommen wird.

- Der Verrechnungswert der Essenmarke darf maximal 3,10 € höher sein als der aktuelle Sachbezugswert (2023: 3,80 € + 3,10 € = maximal 6,90 €).

- Die Essenmarken dürfen nicht an Arbeitnehmer ausgegeben werden, die eine Fahr- oder Einsatzwechseltätigkeit ausüben oder auf Dienstreise sind.

- Der Arbeitnehmer darf die Essenmarken nur für die Tage erhalten an denen er anwesend ist; Essenmarken von Krankheitstagen, Urlaubstagen, Dienstreisen usw. müssen zurückgegeben oder können auf den nächsten Monat übertragen werden. Dies erfordert seitens des Arbeitgebers eine genaue Dokumentation. Bei Arbeitnehmern, die im Jahresdurchschnitt nicht mehr als 3 Arbeitstage im Kalendermonat auf Dienstreisen sind, ist keine Dokumentation notwendig, wenn je Kalendermonat nicht mehr als 15 Essenmarken ausgegeben werden.

---

zu Beispiel: Bewirtung von Arbeitnehmern

Die ModeFix GmbH (Filiale im Bundesland Saarland) gewährt ihren Mitarbeitern monatlich 15 Essenmarken mit einem Wert von 5,50 € pro Essensmarke. Der Verrechnungspreis der Essenmarken hat den Grenzwert von 6,90 € nicht überschritten, somit kann auf den Sachbezugswert von 3,80 € zurückgegriffen werden. Bei 20 Angestellten sieht die Berechnung wie folgt aus:

Sachbezugswert	3,80 €	x	15 Essenmarken	x	20 AN		1.140,00 €
pauschale Lohnsteuer			1.140,00 €	x	25,0 %	=	285,00 €
Solidaritätszuschlag			285,00 €	x	5,5 %	=	15,67 €
pauschale Kirchensteuer (Saarland)			285,00 €	x	7,0 %	=	19,95 €
Steuerbetrag gesamt							320,62 €

Hinweis: Bei der Berechnung der Lohnsteuer mit einem pauschalen Lohnsteuersatz wird kaufmännisch gerundet, während bei der Berechnung der dazugehörigen Annexsteuern (Solidaritätszuschlag und Kirchensteuer) nach der zweiten Nachkommastelle "abgeschnitten" wird

---

zu Beispiel: Bewirtung von Arbeitnehmern

Folgende Berechnung zeigt die pauschale Besteuerung der Essensmarken auf die Person von Frau Lehmann bezogen:

Sachbezugswert	3,80 €	x	15 Essenmarken	x	1 AN		57,00 €
pauschale Lohnsteuer			57,00 €	x	25,0 %	=	14,25 €
Solidaritätszuschlag			14,25 €	x	5,5 %	=	0,78 €
pauschale Kirchensteuer (Saarland)			14,25 €	x	7,0 %	=	0,99 €
Steuerbetrag gesamt							16,02 €

---

zu Beispiel: Bewirtung von Arbeitnehmern

Im August hat das Wirtshaus die Preise erhöht, sodass die Essenmarken, die die Mode-Fix GmbH ihren Mitarbeitern zur Verfügung stellt, nun einen Wert von 7,50 € haben. Der Verrechnungspreis der Essenmarken hat damit den Grenzwert von 6,90 € überschritten, somit kann nicht auf den Sachbezugswert von 3,80 € zurückgegriffen werden.

Eine Pauschalversteuerung mit 25 % ist jetzt nicht mehr möglich, da die Voraussetzung zur Anwendung der Lohnsteuerrichtlinie (LStR) R 40.2 Abs. 1 Nr. 1 nicht mehr gegeben ist (die Mahlzeit muss mit dem Sachbezugswert zu bewerten sein). Für jeden dieser 20 Angestellten ergibt sich monatlich ein geldwerter Vorteil in Höhe von 112,50 € (7,50 € x 15 Essenmarken), der individuell zu versteuern ist.

Kantinenessen

Werden an Arbeitnehmer durch eine betriebseigene Kantine unterschiedliche Mahlzeiten zu unterschiedlich verbilligten Preisen angeboten, müssen Arbeitgeber die Anzahl der ausgegebenen Essen und die Zuzahlung der Arbeitnehmer aufzeichnen, um eine exakte Berechnungsgrundlage für die pauschale Lohnsteuer und die Annexsteuern zu erhalten. Durchschnittsberechnungen sind nicht erlaubt. Voraussetzung ist, dass das Angebot der Mahlzeiten allen Arbeitnehmern zur Verfügung steht.

Beispiel: Kantinenessen

Im Monat September wurden in der Betriebskantine folgende Mahlzeiten ausgegeben:

Menü	ausgegebene Essen	Preis des Essenslieferanten (Großküche)	Kantinenpreis (Zuzahlung des Arbeitnehmers)
1	700	5,00 €	2,20 €
2	600	5,20 €	2,60 €

Sachbezugswert	1.300 eingenommene Essen x	3,80 €	4.940,00 €
abzüglich der Zuzahlungen	700 x	2,20 €	-1.540,00 €
der Arbeitnehmer	600 x	2,60 €	-1.560,00 €
verbleiben zu versteuern			1.840,00 €
pauschale Lohnsteuer	1.840,00 € x	25,0 % =	460,00 €
Solidaritätszuschlag	460,00 € x	5,5 % =	25,30 €
pauschale Kirchensteuer (Saarland)	460,00 € x	7,0 % =	32,20 €
Steuerbetrag gesamt			517,50 €

Arbeitsessen

Das so genannte Arbeitsessen stellt eine typische Bewirtung von Arbeitnehmern durch den Arbeitgeber im überwiegend betrieblichen Interesse dar. Es ist somit steuer- und beitragsfrei (Lohnsteuerrichtlinie (LStR) R 8.1 Abs. 8 und R 9.6 Abs. 2), wenn folgende Bedingungen erfüllt sind:

Bewirtung im Betriebs-Interesse

- Die Bewirtung erfolgt anlässlich und während eines außergewöhnlichen Arbeitseinsatzes (z. B. während einer kurzfristig anberaumten betrieblichen Besprechung oder Sitzung).
- Die Bewirtung dient dem überwiegend betrieblichen Interesse an einer günstigen Gestaltung des Arbeitsablaufes.
- Der Wert der Bewirtung übersteigt nicht 60,00 € pro Arbeitnehmer.

Beispiel: Arbeitsessen

Die Zuschneidemaschine der ModeFix GmbH ist defekt. Die Reparatur der Maschine ist auch zum Schichtwechsel um 19:00 Uhr noch nicht abgeschlossen, es ist jedoch dringend erforderlich, dass die Maschine bis spätestens 23:00 Uhr wieder zur Verfügung steht. Der mit der Reparatur beauftragte Mitarbeiter erhält daher im Auftrag der ModeFix GmbH eine Mahlzeit im Wert von 8,50 € vom nahegelegenen Pizzaservice geliefert. Im Anschluss an das Essen setzt dieser die Reparatur fort.

Die Voraussetzungen zur steuerfreien Gewährung des Arbeitsessens liegen in diesem Fall vor. Das überwiegende Interesse des Arbeitgebers ist gegeben, indem durch die Bewirtung ein reibungsloser Ablauf der Reparatur unterstützt wird. Die Reparatur stellt zudem einen außergewöhnlichen Arbeitseinsatz dar und der Wert der Mahlzeit liegt innerhalb der 60-Euro-Grenze.

Teilnahme an geschäftlich veranlassten Bewirtungen

Die Teilnahme eines Arbeitnehmers an einer geschäftlich veranlassten Bewirtung von Dritten ist eine Bewirtung von Arbeitnehmern im überwiegend betrieblichen Interesse. Im Gegensatz zum Arbeitsessen dient hier die Bewirtung nicht in erster Linie der Nahrungsaufnahme des Arbeitnehmers, sondern stellt lediglich den gesellschaftlichen Rahmen für eine ansonsten geschäftliche Zusammenkunft mit einem Kunden, Geschäftspartner, Lieferanten, etc. dar. Der Arbeitnehmer nimmt also nur aufgrund seiner betrieblichen Funktion an der Bewirtung teil. Der durch die Teilnahme an einer geschäftlich veranlassten Bewirtung entstehende Vorteil der kostenlosen Verpflegung stellt keinen steuer- und beitragspflichtigen Sachbezug dar.

Bewirtung von Dritten

Beispiel: Geschäftlich veranlasste Bewirtung

Der Einkäufer der ModeFix GmbH lädt während der Messe in Düsseldorf den Vertriebsleiter des Hauptlieferanten Wollenweber AG zum Mittagessen ein und reicht den Bewirtungsbeleg mit der Reisekostenabrechnung ein.

Die Bewirtungskosten werden dem Einkäufer steuerfrei erstattet, da es sich um einen Auslagenersatz handelt. Die damit verbundene Gewährung einer Mahlzeit durch den Arbeitgeber bleibt steuerfrei, da es sich um die Teilnahme an der geschäftlich veranlassten Bewirtung handelt, die im überwiegend betrieblichen Interesse liegt *(Sonderregelungen siehe Kapitel 11.2.2 und im Lehrbuch für Fortgeschrittene)*.

8.4.9 Betriebsveranstaltungen

Begriffsbestimmung

Um eine Betriebsveranstaltung, z. B. Weihnachtsfeier, Jubiläumsfeiern, Betriebsausflüge, handelt es sich, wenn diese Veranstaltung auf betrieblicher Ebene stattfindet. Dabei ist unerheblich, ob die Veranstaltung vom Arbeitgeber, vom Betriebsrat oder einer Abteilung durchgeführt wird. Als Teilnehmer sind aktive und ehemalige Arbeitnehmer, Praktikanten, Referendare und deren Begleitpersonen anzusehen.

Beispiel: Betriebsveranstaltung

Die ModeFix GmbH veranstaltet jedes Jahr eine Weihnachtsfeier, zu der alle Betriebsangehörigen eingeladen sind. Die Feier besteht traditionell aus einem Opernbesuch und einem anschließenden geselligen Beisammensein in einem nahegelegenen Wirtshaus (für ausreichend Speisen und Getränke ist gesorgt). Schließlich erhält jeder Mitarbeiter eine kleine Aufmerksamkeit in Form eines Weihnachtsgeschenkes, z. B. ein Buch oder eine CD.

Wie sind die geldwerten Vorteile, die Frau Lehmann durch die Betriebsveranstaltung zukommen, steuerlich zu behandeln?

Freibetrag

Für geldwerte Vorteile oder sonstige Bezüge, die einem Arbeitnehmer und dessen Begleitpersonen bei einer Betriebsveranstaltung vom Arbeitgeber gewährt werden, gilt ein **Freibetrag** in Höhe von 110,00 €. Voraussetzung für die Gewährung des Steuerfreibetrages ist, dass die Betriebsveranstaltung allen Angehörigen des Betriebes oder eines Betriebsteils und dessen Begleitpersonen offensteht. Falls alle Zuwendungen den Bruttobetrag von 110,00 € pro Betriebsveranstaltung und pro Teilnehmer nicht übersteigen, werden sie nicht als steuerpflichtiger Arbeitslohn behandelt. Übersteigende Zuwendungen können individuell versteuert werden und sind damit sozialversicherungspflichtig. Es besteht auch die Möglichkeit einer Pauschalversteuerung von 25 %, damit wären die übersteigenden Zuwendungen sozialversicherungsfrei. Es ist nicht von Bedeutung, ob die Aufwendungen einzelnen Arbeitnehmern individuell zuzurechnen sind. Berechnungsgrundlagen sind die Gesamtkosten der Betriebsveranstaltung und die Anzahl der Teilnehmer.

Übliche Zuwendungen

Entscheidend bei Betriebsveranstaltungen ist demnach, ob der Freibetrag von 110,00 € pro Teilnehmer überschritten wird. Die Aufwendungen sind dabei auf den einzelnen Teilnehmer zu beziehen, wobei insbesondere die folgenden im Rahmen einer Betriebsveranstaltung üblichen **Zuwendungen** zu berücksichtigen sind:

- Bewirtung mit Speisen, Getränken, Tabakwaren und Süßwaren
- Übernahme der Fahrtkosten, Übernachtungskosten
- kostenlose oder verbilligte Überlassung von Eintrittskarten (z. B. für Museen, Sehenswürdigkeiten, Sport- oder Kulturveranstaltungen usw.)
- Geschenke
- Organisation der Veranstaltung durch eine Eventagentur
- Raummiete

Der Kostenanteil für eine Begleitperson wird dem jeweiligen Arbeitnehmer hinzugerechnet, ohne dass für die Begleitperson ein weiterer Freibetrag angesetzt wird.

Der Freibetrag in Höhe von 110,00 € wird je Betriebsveranstaltung gewährt; ein nicht ausgeschöpfter Teil des Freibetrags darf nicht auf eine andere Betriebsveranstaltung übertragen werden. Die Anwendung der allgemeinen Sachbezugsfreigrenze von 50,00 € ist bei Betriebsveranstaltungen nicht erlaubt.

Werden **mehr als zwei** Veranstaltungen im Jahr durchgeführt, ist die dritte und jede weitere Veranstaltung **steuerpflichtig** und muss individuell oder mit 25 % pauschal versteuert werden. Der Arbeitgeber hat ein Wahlrecht bei welchen Betriebsveranstaltungen er den Freibetrag anwenden möchte.

Mehrere Betriebsveranstaltungen

---

zu Beispiel: Betriebsveranstaltung

Für die Weihnachtsfeier hatte die ModeFix GmbH (Filiale im Bundesland Saarland) folgende Aufwendungen:

Fahrtkosten	7,00 € / Arbeitnehmer
Opernbesuch	43,00 € / Arbeitnehmer
Speisen und Getränke	30,00 € / Arbeitnehmer
Gage für Live-Musiker	20,00 € / Arbeitnehmer
Geschenk	15,00 € / Arbeitnehmer
Gesamtaufwendungen	**115,00 € / Arbeitnehmer**

Da der Freibetrag von 110,00 € pro Arbeitnehmer überschritten wurde, handelt es sich bei dem übersteigenden Betrag dieser Betriebsveranstaltung um einen steuer- und sozialversicherungspflichtigen Sachbezug. Die ModeFix GmbH hat zwei Möglichkeiten:

- Sie kann die 5,00 € als Sachbezug in der Gehaltsabrechnung von Frau Lehmann berücksichtigen und löst somit Steuer- und Sozialversicherungsbeträge aus; einschließlich dem Arbeitgeberanteil zur Sozialversicherung.

- Sie kann die 5,00 € wie folgt pauschal versteuern:

Sachbezugswert				5,00 €
pauschale Lohnsteuer	5,00 €	x	25,0 %	=	1,25 €
Solidaritätszuschlag	1,25 €	x	5,5 %	=	0,06 €
pauschale Kirchensteuer	1,25 €	x	7,0 %	=	0,08 €
Steuerbetrag gesamt				**1,39 €**

Aufgrund der Pauschalierung der Lohnsteuer wird die Sozialversicherung beitragsfrei gesetzt.

Beispiel: Berechnung zur Zuwendung Betriebsveranstaltung

Ein Reisebüro veranstaltet ein Sommerfest, zu dem alle Arbeitnehmer mit Begleitperson eingeladen sind. Das Sommerfest wird von einem externen Veranstalter durchgeführt und kostet einschließlich aller anrechenbaren Nebenkosten 5.200,00 €. An der Veranstaltung haben 65 Personen teilgenommen, 25 Arbeitnehmer kamen mit Begleitperson. Es ergibt sich folgende Berechnung:

Sachbezugswert	5.200,00 €	:	65 Teilnehmer	=	80,00 €

Die Veranstaltung bleibt für Arbeitnehmer ohne Begleitperson steuerfrei, da der Freibetrag in Höhe von 110,00 € nicht überschritten wird. Für Arbeitnehmer mit Begleitpersonen entsteht ein steuer- und sozialversicherungspflichtiger Sachbezug in Höhe von 50,00 €, da ihnen der Anteil der Betriebsveranstaltungskosten der Begleitperson hinzugerechnet wird und damit der Freibetrag überschritten wird. Der übersteigende steuerpflichtige Betrag kann pauschal versteuert werden und ist damit sozialversicherungsfrei.

Jubiläums- und Abteilungsfeiern

Zu den üblichen Betriebsveranstaltungen gehören auch Jubiläums- oder Abteilungsfeiern, die nur von einer bestimmten Abteilung oder bestimmten Personengruppe durchgeführt werden. Voraussetzung ist, dass es sich um eine Gemeinschaftsveranstaltung mehrerer Personen handelt.

Pensionärstreffen Zu den üblichen Betriebsveranstaltungen gehören auch Feiern ehemaliger Mitarbeiter oder Feiern bei denen nur Arbeitnehmer eingeladen sind, die bereits ein rundes Arbeitsjubiläum gefeiert haben.

Beispiel: Jubiläumsfeier

Die BestTool AG veranstaltet eine Jubiläumsfeier für Mitarbeiter, die in diesem Jahr ihre zehnjährige Firmenzugehörigkeit begehen. Neben der Bewirtung und Unterhaltung durch eine Live-Band erhält jeder Jubilar eine Uhr im Wert von 200,00 € überreicht. Es nehmen insgesamt 90 Personen teil - 35 Arbeitnehmer, von denen 30 je eine Begleitperson mitbringen und 25 andere Gäste (Kunden, Lieferanten). Folgende Kosten sind der BestTool AG entstanden:

Bewirtung mit Speisen und Getränken	1.800,00 €
Künstlerhonorar	900,00 €
Geschenke	7.000,00 €
Gesamtaufwendungen	9.700,00 €

Die Jubiläumsfeier kann als Betriebsfeier anerkannt werden, da der Arbeitgeber sie ausgerichtet, die Gästeliste festlegt und die Veranstaltung für mehrere Jubilare ist.

Gesamtaufwendungen	9.700,00 €
Aufwendungen pro Teilnehmer	
9.700,00 € : 90 Teilnehmer	= 107,78 €

Der Sachbezug liegt bei den Arbeitnehmern ohne Begleitperson bei 107,78 € und ist damit steuer- und sozialversicherungsfrei. Der Sachbezug für Arbeitnehmer mit Begleitperson beträgt 215,56 €, damit überschreitet er den Freibetrag von 110,00 €. Der übersteigende Betrag in Höhe von 105,56 € ist steuer- und sozialversicherungspflichtig.

8.4.10 Firmenwagen

Beispiel: Firmenwagen

Frau Lehmann hat von der ModeFix GmbH einen PKW zur Verfügung gestellt bekommen, den sie sowohl für dienstliche als auch für private Fahrten nutzt; u. a. nutzt sie das Fahrzeug für die tägliche Fahrt zur ersten Tätigkeitsstätte. In welchem Maße wird die private Nutzung als steuerpflichtiges Arbeitsentgelt angerechnet?

Private Nutzung betrieblicher Fahrzeuge

Die private Nutzung betrieblicher Fahrzeuge ist als Sachbezug zu werten und somit Bestandteil des steuerpflichtigen Arbeitslohns. Zur Berechnung des Lohnsteuerabzugs muss daher der Geldwert der Privatnutzung ermittelt werden.

Der private Nutzwert eines Fahrzeugs kann ermittelt werden, indem ein **Fahrtenbuch** geführt wird. Darin sind dienstliche und private Fahrten getrennt zu erfassen. Anhand des Fahrtenbuchs wird dann das Verhältnis von dienstlichen zu privaten Fahrten ermittelt und daraus der private Nutzwert abgeleitet, indem die insgesamt anfallenden Aufwendungen für das Fahrzeug zugrunde gelegt werden. Voraussetzung dafür ist der korrekte Nachweis dieser tatsächlichen Kosten durch Belege *(Näheres zum Fahrtenbuch finden Sie im Lehrbuch für Fortgeschrittene).*

1. Möglichkeit: Fahrtenbuch

Eine weitere Möglichkeit den privaten Nutzwert zu ermitteln, ist die **1 %-Regelung**. Bei der 1 %-Regelung wird monatlich 1 % vom Inlandsbruttolistenneuwagenpreis des Fahrzeugs als steuerpflichtiger Arbeitslohn angerechnet. Dabei reicht bereits die Möglichkeit der privaten Nutzung aus, um den vollen 1 %-Anteil anrechnen zu müssen. Der tatsächliche Umfang der Nutzung ist unerheblich.

2. Möglichkeit: 1 %-Regelung

Als Neupreis wird der auf volle Hundert abgerundete **Inlandsbruttolistenneuwagenpreis** zum Zeitpunkt der Erstzulassung einschließlich Umsatzsteuer und zuzüglich Sonderausstattung/Zubehör herangezogen, soweit diese am Tag der Erstzulassung bereits werkseitig eingebaut wurden. Nicht zu berücksichtigen sind nachträgliche Ein- oder Umbauten und gewährte Nachlässe. Folgende zusätzliche Anschaffungskosten, Sonderausstattung bzw. Zubehör sind dem Inlandsbruttolistenneuwagenpreis nicht zuzurechnen:

- Überführungs- und Zulassungskosten
- Freisprecheinrichtung
- zusätzlicher Satz Winterreifen mit Felgen

Auch bei **EU-Importen, Gebrauchtwagen** und **Leasingfahrzeugen** wird der Inlandsneupreis zum Zeitpunkt der Erstzulassung als Berechnungsbasis herangezogen. Zudem ist bereits die Möglichkeit der privaten Nutzung ausreichend, um den vollen 1%-Anteil anrechnen zu müssen. Der tatsächliche Umfang der Nutzung ist unerheblich.

Bei Firmenfahrzeugen mit **Elektro- oder Hybridelektroantrieb** wird auch der Inlandsbruttolistenneuwagenpreis zum Zeitpunkt der Erstzulassung als Berechnungsbasis für die 1 %-Regelung herangezogen. Ab dem 01.01.2019 muss zwischen zwei Anschaffungszeiträumen unterschieden werden:

- **Anschaffung bis zum 31.12.2018 und ab dem 01.01.2031**
  Der Inlandsbruttolistenneuwagenpreis wird um die Kosten für das Batteriesystem gemindert. Bis zum 31.12.2013 erfolgte eine Kürzung in Höhe von 500,00 € pro kWh Speicherkapazität des Batteriesystems (Höchstbetrag 10.000,00 €). Für Anschaffungen ab dem 01.01.2014 mindert sich der Kürzungsbetrag von 500,00 € um 50,00 € pro Jahr. Des Weiteren vermindert sich der Höchstbetrag von 10.000,00 € um 500,00 € pro Jahr. Der so errechnete geminderte Inlandsbruttolistenneuwagenpreis wird dann auf volle 100,00 € abgerundet.

- **Anschaffung im Zeitraum vom 01.01.2019 bis zum 31.12.2030**
  Der Inlandsbruttolistenneuwagenpreis wird zu einem Viertel (abgerundet auf volle Hunderter) herangezogen, wenn das Fahrzeug keine CO_2-Emission aufweist und der Inlandsbruttolistenneuwagenpreis nicht mehr als 60.000,00 € beträgt. Der Inlandsbruttolistenneuwagenpreis wird für extern aufladbare Hybridelektrofahrzeuge zur Hälfte (abgerundet auf volle Hunderter) herangezogen, wenn die CO_2-Emission je gefahrenen km höchstens 50 Gramm oder die Reichweite des Fahrzeuges unter ausschließlicher Nutzung des Elektroantriebes in der Zeit vom 01.01.2019 bis zum 31.12.2021 mindestens 40 km, vom 01.01.2022 bis zum 31.12.2024 mindestens 60 km und vom 01.01.2025 bis zum 31.12.2030 mindestens 80 km mit einer Batterieladung beträgt.

Fahrten zwischen Wohnung und erster Tätigkeitsstätte

Zusätzlicher Nutzwert

Wenn ein betriebliches Fahrzeug auch für Fahrten zwischen der Wohnung und der ersten Tätigkeitsstätte genutzt wird, ist – unabhängig von anderen Privatfahrten – auch dafür ein **Nutzwert** anzurechnen. Bei Anwendung der 1 %-Regelung entsteht durch Fahrten zwischen Wohnung und erster Tätigkeitsstätte ein zusätzlicher Nutzwert, der dem durch die 1 %-Regelung ermittelten Nutzwert hinzugerechnet werden muss. Dabei werden monatlich für jeden Entfernungskilometer von Wohnung zu erster Tätigkeitsstätte 0,03 % des Inlandsbruttolistenneuwagenpreises veranschlagt. Auch hier ist der tatsächliche Umfang der privaten Nutzung nicht von Belang; allein die Möglichkeit der Nutzung genügt, um den zusätzlichen Nutzwert anrechnen zu müssen.

Wird das Fahrzeug jedoch nachweislich an weniger als 180 Tagen im Jahr für Fahrten zwischen Wohnung und erster Tätigkeitsstätte genutzt, kann pro Tag von einem Nutzwert von 0,002 % x einfache Entfernung ausgegangen werden *(vgl. hierzu Lehrbuch für Fortgeschrittene)*.

Pauschalversteuerung

Die Nutzung eines betrieblichen Fahrzeugs für Fahrten zwischen Wohnung und erster Tätigkeitsstätte kann auch mit einer **pauschalen Lohnsteuer** abgegolten werden. Der durch Prozentregel ermittelte private Nutzwert wird dann nicht dem steuerpflichtigen Arbeitslohn hinzugerechnet, sondern vom Arbeitgeber mit einem pauschalen Satz von 15 % versteuert. Dies ist allerdings nur bis zu der Höhe zulässig, die der Gesetzgeber im Rahmen des Werbungskostenabzuges zulässt. Der übersteigende Betrag muss dem laufenden Arbeitslohn hinzugerechnet werden *(näheres zur Pauschalversteuerung von Fahrten zwischen Wohnung und erster Tätigkeitsstätte finden Sie im Kapitel 8.2)*.

Aus Vereinfachungsgründen kann unterstellt werden, dass der Arbeitnehmer das Fahrzeug für 15 Fahrten im Monat genutzt hat. Der pauschal versteuerte Teil ist jedoch in der Lohnsteuerbescheinigung gesondert einzutragen.

Vorteile in der Sozialversicherung

In der Sozialversicherung werden pauschal versteuerte Sachbezüge nicht zum beitragspflichtigen Bruttoentgelt gezählt. Die Lohnsteuerpauschalierung zieht für die betreffenden Lohnbestandteile daher vollständige Beitragsfreiheit nach sich. Da der Arbeitgeber seinen Sozialversicherungsanteil auf diese Weise im Jahr 2023 in Höhe von mehr als 19,425 % (KV: 7,3 % und dem halben kassenabhängigen Zusatzbeitragssatzes, RV: 9,3 %, AV: 1,3 %, PV: 1,525 %) einspart, wird die pauschale Lohnsteuer häufig vom Arbeitgeber übernommen. Möglich ist aber auch die Abwälzung der Pauschsteuer auf den Arbeitnehmer.

Erweiterung Beispiel Firmenwagen

Frau Lehmann fährt einen Firmenwagen (kein Elektrofahrzeug), dessen Inlandsbruttolistenneuwagenpreis einschließlich Sonderausstattung 32.892,00 € betragen hat. Die einfache Entfernung zwischen Wohnung und erster Tätigkeitsstätte beträgt 31 km; sie führt kein Fahrtenbuch.

Für die private Nutzung des Firmenwagens ist in der monatlichen Gehaltsabrechnung ein geldwerter Vorteil in Höhe von 1 % von 32.800,00 € = **328,00 €** zu berücksichtigen. Des Weiteren erfolgt eine Hinzurechnung für die Fahrten zwischen Wohnung und erster Tätigkeitsstätte:

Hinzurechnungsbetrag **ohne Pauschalierung** der Lohnsteuer (volle Steuer- und Sozialversicherungspflicht):

32.800,00 €	x	0,03 %	x	31 km	=	**305,04 €**

Hinzurechnungsbetrag **mit Pauschalierung** der Lohnsteuer:

privater Nutzwert							305,04 €
davon pauschalierbar	20 km	x	0,30 €	x	15 Arbeitstage	=	90,00 €
	11 km	x	0,38 €	x	15 Arbeitstage	=	62,70 €
übersteigender Betrag							**152,34 €**

- für 328,00 € + 152,34 € volle Steuer- und Sozialversicherungspflicht
- für 152,70 € pauschale Lohnsteuer von 15 % zuzüglich Solidaritätszuschlag und Kirchensteuer (sozialversicherungsfrei)

Erweiterung Beispiel Firmenwagen

Frau Heinze erhält ab dem 01.01.2021 den neuangeschafften Elektrofirmenwagen ohne CO_2 Emission, dessen Inlandsbruttolistenneuwagenpreis einschließlich Sonderausstattung 36.750,00 € beträgt, zur privaten Nutzung. Die einfache Entfernung zwischen Wohnung und erster Tätigkeitsstätte beträgt 28 km; sie führt kein Fahrtenbuch. Es erfolgt keine Pauschalierung der Lohnsteuer durch die Firma für Fahrten zwischen Wohnung und erster Tätigkeitsstätte.

Der geldwerte Vorteil für die private Nutzung des Firmenwagens ist in der monatlichen Gehaltsabrechnung nach der Anwendung 1 %-Regelung auf den auf die vollen Hunderter abgerundeten Wert von 25 % des Bruttolistenneuwagenpreises von 36.750,00 € mit 91,00 € zu berücksichtigen. Des Weiteren erfolgt eine Hinzurechnung für die Fahrten zwischen Wohnung und erster Tätigkeitsstätte:

Hinzurechnungsbetrag **ohne Pauschalierung** der Lohnsteuer (volle Steuer- und Sozialversicherungspflicht):

9.100,00 €	x	0,03 %	x	28 km	=	**76,44 €**

Bei Arbeitnehmern, die keine erste Tätigkeitsstätte im Betrieb haben (z. B. Außendienstmitarbeiter), werden keine Fahrten zwischen Wohnung und erster Tätigkeitsstätte angesetzt. Fährt ein solcher Arbeitnehmer zum Betrieb, werden auch diese Fahrten als auswärtiges Dienstgeschäft behandelt.

Besonderheiten

Steht einem Arbeitnehmer ein Werkstattwagen (Fahrzeug, dass aufgrund der Beschaffenheit und der Einrichtung überwiegend zur Beförderung von Gütern und Materialien bestimmt ist) zur Verfügung, ist dem Arbeitnehmer kein geldwerter Vorteil anzurechnen.

Kostenübernahme durch den Arbeitnehmer

Minderung des geldwerten Vorteils

Jede Form von Kostenübernahmen durch den Arbeitnehmer, reduzieren den steuer- und beitragspflichtigen Sachbezug. Es gibt drei Formen der Kostenübernahmen:

- laufende Zuzahlungen
- Übernahme von Einzelkosten
- Zuzahlungen zu den Anschaffungskosten

Laufende Zuzahlungen

Der geldwerte Vorteil mindert sich im Falle von tatsächlichen Zuzahlungen, entweder durch direkte Zahlung an den Arbeitgeber oder durch Einbehaltung eines bestimmten Betrages in der Lohnabrechnung (Nettoabzug). Die Zuzahlung kann ein monatlich gleichbleibender Betrag sein oder eine Zuzahlung anhand gefahrener Kilometer.

Übernahme von Einzelkosten

Mindernde Auswirkung auf den geldwerten Vorteil haben auch alle Einzelkosten, die der Arbeitnehmer übernimmt, z. B. Übernahme der Benzin-, Versicherungs- oder Reparaturkosten. Der Arbeitnehmer muss diese Kosten durch Belege nachweisen.

Einmalzahlung

Die Zuzahlung zu den Anschaffungskosten eines privat und für die Fahrten zwischen Wohnung und erster Tätigkeitsstätte benutzten Firmenwagens mindert nicht die Bemessungsgrundlage des geldwerten Vorteils, sondern verringert den monatlich anzurechnenden geldwerten Vorteil während der Nutzungsdauer.

Gemäß LStR R 8.1 Abs. 9 Nr. 4 erfolgt eine Verrechnung der Zuzahlung im Zahlungsjahr und in den Folgejahren, bis die Zuzahlung gegengerechnet ist.

Erstattung der Kosten für eine Garage durch den Arbeitgeber

Erstattet der Arbeitgeber die Kosten für die Unterstellung des Firmenfahrzeugs in der Garage des Arbeitnehmers, ist diese Zahlung eine steuer- und sozialversicherungsfreie Zahlung (Nettobezug).

Erstattung der Ladekosten durch den Arbeitgeber

Erstattet der Arbeitgeber keinen Auslagenersatz für das Aufladen eines Elektro- oder Hybridelektrofirmenfahrzeuges beim Arbeitnehmer zu Hause mindern folgenden Beträge den monatlichen geldwerten Vorteil aus der Firmenwagengestellung beim Arbeitnehmer.

- Elektrofirmenfahrzeug: 70,00 €
- Hybridelektrofirmenfahrzeug: 35,00 €

Besteht eine zusätzliche Lademöglichkeit beim Arbeitgeber können folgende monatlichen Pauschalen angesetzt werden:

- Elektrofirmenfahrzeug: 30,00 €
- Hybridelektrofirmenfahrzeug: 15,00 €

Anstatt der Pauschalbeträge können auch höhere nachgewiesene tatsächliche Kosten angesetzt werden.

Praxisübungen

Die Lösungen finden Sie unter https://www.edumedia.de/verlag/loesungen.

Aufgabe 1: Aufmerksamkeiten und freie Verpflegung

■ Beantworten Sie die folgenden Fragen.

a) Der Arbeitgeber stellt seinen Mitarbeitern alkoholfreie Getränke und Kaffee kostenlos zur Verfügung. Sind diese Aufmerksamkeiten dem lohnsteuer- und sozialversicherungspflichtigen Arbeitsentgelt der Mitarbeiter hinzuzurechnen? Begründen Sie Ihre Entscheidung.

-----

b) Claudia Zöller arbeitet nachmittags als Kellnerin in einem Restaurant. Im Arbeitsvertrag wurde vereinbart, dass ihr täglich ein Abendessen zur Verfügung steht. Mit welchem Wert wird dieses Abendessen in der Gehaltsabrechnung berücksichtigt?

Aufgabe 2: Firmenwagen

■ Wie ist in den folgenden Fällen die Nutzung des Firmenwagens (keine Elektrofahrzeuge) in der Gehaltsabrechnung zu berücksichtigen?

a) Sven Kleinschmidt arbeitet als kaufmännischer Angestellter bei der Treufonds GmbH. Der Chef möchte sein Gehalt erhöhen und bietet ihm hierfür die Nutzung eines Firmenwagens an. Der Firmenwagen hat einen Inlandsbruttolistenneuwagenpreis von 31.228,00 €. Allerdings ist der Wagen inzwischen vier Jahre alt und hat einen geschätzten Wert von 20.000,00 €. Für die Entfernung zwischen Wohnung und erster Tätigkeitsstätte sind 3 km zu berücksichtigen. Sven Kleinschmidt möchte von Ihnen wissen, wie dieses Fahrzeug in seiner Gehaltsabrechnung berücksichtigt wird.

-----

b) Dem Kundendienstmonteur Fritz Mendel der Maschinenfabrik Kolle steht ein Firmenwagen zur Verfügung. Der Firmenwagen hat einen Inlandsbruttolistenneuwagenpreis von 36.500,00 € und ist als Werkstattwagen eingerichtet. Fritz Mendel fährt zu seinen Kunden von zu Hause aus und ist nur selten im Betrieb. Mit welchem Wert ist der Firmenwagen in der Gehaltsabrechnung zu berücksichtigen?

c) Die Firma Süder (Bundesland Brandenburg) stellt dem leitenden Angestellten Mahler ein Firmenfahrzeug (Neuwagen) zur Verfügung, das vom Arbeitnehmer auch privat und für Fahrten zwischen Wohnung und erster Tätigkeitsstätte genutzt werden darf. Ein Fahrtenbuch wird nicht geführt. Für den PKW liegt folgende Eingangsrechnung vor:

BMW Touring Sport	41.347,83 €
Sonderausstattung Arktissilber	1.191,30 €
Klimaautomatik	3.217,39 €
Geschwindigkeitsregulierung	608,70 €
Bordcomputer	1.086,96 €
Radio „Alpha"	652,17 €
Sonnenschutzrollo Heckscheibe	391,30 €
Leichtmetallräder	695,65 €
Armauflage vorn	260,87 €
Fernbedienung mit Zentralverriegelung	391,30 €
Edelholzausführung	652,17 €
CD-Halterung	86,96 €
Nachlass	- 7.058,26 €
Überführungskosten	605,22 €
Gesamtfahrzeugpreis	44.129,56 €
19 % Umsatzsteuer (USt)	8.384,62 €
Gesamtpreis brutto	**52.514,18 €**

- Berechnen Sie den vom Arbeitnehmer monatlich zu versteuernden geldwerten Vorteil. Die Entfernung der Wohnung zur ersten Tätigkeitsstätte beträgt 30 km. Der Arbeitgeber möchte, soweit möglich, von der Pauschalversteuerung der Fahrten zwischen Wohnung und erster Tätigkeitsstätte Gebrauch machen. Die Pauschalversteuerung erfolgt zu Lasten des Arbeitgebers. Die Kirchensteuer wird nicht individuell ermittelt.

- Berechnen Sie die pauschalen Steuern.

Aufgabe 3: Betriebsveranstaltungen

- Entscheiden Sie sich im folgenden Fall für die günstigste Variante und berechnen Sie für diese die pauschalen Steuerbeträge.

Rechtsanwalt Frisch (Bundesland Hessen) hat 12 Angestellte. Um die Arbeitsmotivation hoch zu halten veranstaltet er gerne Betriebsfeiern oder unternimmt mit seiner Belegschaft Ausflüge. In diesem Jahr wurden folgende Betriebsveranstaltungen durchgeführt:

	Teilnehmer	Gesamtaufwand	Aufwand je Teilnehmer
zu Ostern: Osterei suchen in den Bergen	12	2.400,00 €	200,00 €
zu Pfingsten: gemeinsames Bowling	12	600,00 €	50,00 €
im August: gemeinsames Grillfest mit Partner	12 x 2	960,00 €	40,00 €
im September: Jubilarfeier 10-jährige Betriebszugehörigkeit mehrerer Arbeitnehmer	9	810,00 €	90,00 €
zu Weihnachten: Varietébesuch mit Essen	12	1.260,00 €	105,00 €

- Rechtsanwalt Frisch möchte seine Mitarbeiter nicht mit Steuern und Sozialversicherungsbeiträgen aus den Betriebsveranstaltungen belasten. Welche steuer- und sozialversicherungsrechtliche Lösung würden Sie empfehlen?

Aufgabe 4: Mahlzeiten im Betrieb

■ Wie ist der folgende Fall in der Lohn- und Gehaltsrechnung zu behandeln, damit die Mitarbeiter nicht belastet werden?

Die Mitarbeiter im Stadtkrankenhaus (Bundesland Saarland) können in der Kantine verbilligt zu Mittag essen. Für den Monat März legt die Kantine der Personalabteilung folgende Abrechnung vor:

Menü	Ausgegebene Essen	Preis des Essenslieferanten (Großküche)	Kantinenpreis (Zuzahlung des AN)
1	500	4,50 €	2,50 €
2	300	5,80 €	3,10 €
3	200	6,50 €	3,50 €

Aufgabe 5: Fahrten zwischen Wohnung und erster Tätigkeitsstätte

■ Erstellen Sie die Lohnabrechnung für Juli.

Die Steuerfachangestellte Brigitte Kaufig arbeitet in Wiesbaden und erhält ein monatliches Gehalt von 3.140,00 €. Sie hat einen Bausparvertrag abgeschlossen in den monatlich als vermögenswirksame Leistungen 40,00 € einbezahlt werden. Ihr Arbeitgeber zahlt ihr hierzu einen Zuschuss in Höhe von 20,00 €. Ihr steht ein Firmenwagen zur Verfügung, dessen Inlandsbruttolistenneuwagenpreis zum Zeitpunkt der Erstzulassung 27.395,00 € betragen hat. Die Entfernung zwischen Wohnung und erster Tätigkeitsstätte beträgt 29 km; diese Fahrten sollen soweit wie möglich pauschal versteuert werden. Die Pauschalsteuer wird auf Frau Kaufig abgewälzt. Die Kirchensteuer wird im Falle der Pauschalversteuerung von der Firma pauschaliert. Frau Kaufig hat die Lohnsteuerabzugsmerkmale: IV / 2 / rk und ihre Krankenkasse hat den Zusatzbeitragssatz auf 1,2 % festgelegt.

9

Betriebliche Altersvorsorge

In diesem Kapitel lernen Sie die Formen der betrieblichen Altersvorsorge kennen und erfahren, wie sie steuer- und sozialversicherungsrechtlich behandelt werden.

Inhalt

- Formen der betrieblichen Altersvorsorge
- Anspruch des Arbeitnehmers auf betriebliche Altersvorsorge
- Besteuerung von Beiträgen und Leistungen
- Sozialversicherungsrechtliche Behandlung von Beiträgen und Leistungen

9.1 Formen der betrieblichen Altersvorsorge

9.1.1 Prinzip der betrieblichen Altersvorsorge

Ergänzend zur gesetzlichen Rentenversicherung und der privaten Vorsorge hat sich in Deutschland die **betriebliche Altersvorsorge** etabliert. Dabei werden durch den Arbeitgeber Beiträge abgeführt, die in unterschiedlichen Vorsorgeformen angelegt werden können. Durch die betriebliche Altersvorsorge erwirbt der Beschäftigte einen Anspruch auf entsprechende Versorgungsleistungen im Alter (laufende Renten oder Einmalzahlung). Finanziert werden die Beiträge entweder durch freiwillige (oder arbeits- bzw. tarifvertraglich festgelegte) **zusätzliche Leistungen des Arbeitgebers,** oder durch **Entgeltumwandlung** des Arbeitnehmers. Möglich ist auch eine Mischfinanzierung.

> **Beispiel: Prinzip der betrieblichen Altersvorsorge**
>
> Herr und Frau Lehmann haben erkannt, dass neben der gesetzlichen Rente eine zusätzliche Vorsorge nötig ist, wenn sie auch im Alter ihren Lebensstandard sichern wollen. Sie möchten zukünftig etwa 130,00 € im Monat für das Alter anlegen.
>
> Ihr Versicherungsberater hat eine private Rentenversicherung empfohlen, die als betriebliche Altersvorsorge eingerichtet werden soll. Die Kino-Film AG ist jedoch nicht bereit, einen arbeitgeberfinanzierten Beitrag zur betrieblichen Altersvorsorge zu leisten. Ist eine durch Entgeltumwandlung arbeitnehmerfinanzierte Kapitallebensversicherung als betriebliche Vorsorge möglich?

9.1.2 Vorsorgeformen

Pensionszusagen

Die **Pensionszusage** ist die direkteste Form der betrieblichen Altersvorsorge, da hier die Versorgungsleistungen aus eigenen Mitteln des Arbeitgebers erbracht werden. Der Arbeitgeber macht steuerlich begünstigte **Pensionsrückstellungen** und finanziert die direkte Auszahlung von Altersrenten an pensionierte ehemalige Arbeitnehmer durch Rückdeckungsversicherungen oder aus dem laufenden Geschäftsergebnis.

Pensionskassen

Möchte der Arbeitgeber keine eigenen Versorgungsleistungen zusagen, kann er stattdessen Beiträge in eine **Pensionskasse** abführen. Dadurch erwirbt der betroffene Arbeitnehmer einen Anspruch auf Pensionszahlungen durch die Pensionskasse.

Die Versorgungsleistung kann entweder als monatliche Leibrente gewährt oder kapitalisiert, d. h. als **Einmalzahlung** ausgezahlt werden.

Pensionsfonds

Eine seit 2002 zugelassene Form der betrieblichen Altersvorsorge sind **Pensionsfonds**. Dabei werden die Vorsorgebeiträge nicht nur zinsbringend angelegt (wie bei Pensionskassen) sondern verwendet, um durch verschiedene **Anlageformen** wie Wertpapiere, Immobilien usw. zusätzliche **Kapitalerträge** zu erzielen. Die Anlageformen können dabei durchaus risikoreicher sein (z. B. Aktien), müssen aber eine ausreichende Sicherheit und Liquidität des Pensionsfonds gewährleisten.

Die Auszahlung der Versorgungsleistung durch den Pensionsfond erfolgt ausschließlich als lebenslange **Leibrente** (nicht als Einmalzahlung) an den begünstigten Pensionsempfänger.

Ähnlich wie bei Pensionskassen leistet der Arbeitgeber zur betrieblichen Vorsorge Beiträge an eine **Unterstützungskasse**. Unterstützungskassen werden oftmals von einzelnen oder in einer Kooperation mehrerer Unternehmen als GmbH oder gemeinnützige Vereine zum Zweck der betrieblichen Altersvorsorge gegründet. Anders als Pensionskassen gewähren Unterstützungskassen jedoch keinen unmittelbaren Rechtsanspruch auf Leistungen. *Unterstützungskassen*

Eine weitere Form der betrieblichen Altersvorsorge ist die **Direktversicherung**. Dabei schließt der Arbeitgeber als Versicherungsnehmer eine **private Rentenversicherung** auf den begünstigten Arbeitnehmer ab. Die Versicherungsleistung steht im Versicherungsfall (z. B. bei Erreichen der vereinbarten Altersgrenze) dem Arbeitnehmer (Versicherter) zu. Als betriebliche Altersvorsorge werden folgende Vertragsarten mit Versicherungsgesellschaften anerkannt: *Direktversicherung*

- Kapitallebensversicherungen mit mindestens 5-jähriger Laufzeit (Versicherungsleistung nach vereinbarter Laufzeit) (Altverträge)
- kombinierte Risiko- und Kapitalversicherungen mit mindestens 5-jähriger Laufzeit (Versicherungsleistung bei Tod oder nach vereinbarter Laufzeit) (Altverträge)
- Rentenversicherungen (Rentenzahlung nach vereinbarter Laufzeit)
- Rentenversicherungen mit Kapitalwahlrecht, das noch nicht ausgeübt wurde

zu Beispiel: Prinzip der betrieblichen Altersvorsorge

Herr Lehmann kann eine Direktversicherung in Form einer Rentenversicherung als betriebliche Altersvorsorge abschließen. Die Beiträge kann er aus einer Entgeltumwandlung selbst finanzieren und der Arbeitgeber leistet gegebenenfalls einen gesetzlich geregelten Beitragszuschuss für eingesparte Sozialversicherungsbeiträge.

Arbeitgeberzuschüsse zur betrieblichen Altersvorsorge (bAV)

Ab dem 01.01.2022 muss jeder Arbeitgeber, unabhängig vom Datum des Vertragsabschlusses, zu allen Arbeitsentgeltumwandlungen zur Direktversicherung, Pensionskasse oder Pensionsfond einen Arbeitgeberzuschuss zahlen, wenn er dabei Sozialversicherungsbeiträge einspart. Der gesetzlich geregelte Arbeitgeberzuschuss beträgt maximal 15 % des umgewandelten Arbeitsentgeltes von dem Sozialversicherungsbeiträge eingespart werden oder die tatsächlichen eingesparten Sozialversicherungsbeiträge.

Berechnungsgrundlage für die Ermittlung der Sozialversicherungsersparnisse sind die Arbeitgebergesamtsozialversicherungsbeiträge zur gesetzlichen Kranken-, Pflege- Renten- und Arbeitslosenversicherung. Von der Sozialversicherungspflicht befreit sind Arbeitsentgeltumwandlungen bis zu 4 % der Beitragsbemessungsgrenze zur allgemeinen Rentenversicherung West. Im Jahr 2023 beträgt der jährliche beitragsfreie Höchstbetrag 3.504,00 € (4 % von 87.600,00 €). Übersteigende Beiträge sind sozialversicherungspflichtig. *Ermittlung der Sozialversicherungsersparnisse*

Der pauschale Arbeitgeberzuschuss beträgt 15 % des umgewandelten Arbeitsentgeltes, von dem Sozialversicherungsbeiträge gespart werden. Der Arbeitgeber hat auch die Möglichkeit den Arbeitgeberzuschuss prozentual in Höhe der tatsächlichen eingesparten Sozialversicherungsbeiträge zu zahlen. Die Mindesthöhe des Arbeitgeberzuschusses richtet sich danach, zu welchen Sozialversicherungszweigen eine Beitragspflicht für den Arbeitnehmer besteht und in welcher Höhe der Arbeitsentgeltumwandlungsbetrag, zusammen mit dem laufenden Bruttoarbeitsentgelt, die Beitragsbemessungsgrenzen der Kranken-/Pflegeversicherung und/oder Renten-/Arbeitslosenversicherung erreicht oder übersteigt. *Pauschaler oder prozentualer Arbeitgeberzuschuss*

Beispiel: Arbeitgeberzuschuss zur bAV bei einem Einkommen bis zur BBG KV/PV

Frau Lesser verdient monatlich 2.100,00 € und legt monatlich vom laufenden Arbeitsentgelt 150,00 € <u>zuzüglich</u> des Arbeitgeberzuschusses für die betriebliche Altersvorsorge an.

Arbeitnehmerinnen Beitragsanteil	150,00 €
pauschaler Arbeitgeberzuschuss 15 % von 150,00 €	22,50 €
oder	
prozentualer Arbeitgeberzuschuss 20,225 % von 150,00 €	30,34 €
(20,225 % = (14,6 % + 1,6 % + 3,05 % + 18,6 % + 2,6 %) : 2)	

Beispiel: Arbeitgeberzuschuss zur bAV bei einem Einkommen bis zur BBG KV/PV

Frau Lesser verdient monatlich 2.100,00 € und legt monatlich vom laufenden Arbeitsentgelt 150,00 € <u>einschließlich</u> des Arbeitgeberzuschusses für die betriebliche Altersvorsorge an.

Arbeitnehmerinnen Beitragsanteil	130,43 €
pauschaler Arbeitgeberzuschuss 150,00 € x 15 % : 115 %	19,57 €
oder	
Arbeitnehmerinnen Beitragsanteil	124,77 €
prozentualer Arbeitgeberzuschuss 150,00 € x 20,225 % : 120,225 %	25,23 €
(20,225 % = (14,6 % + 1,6 % + 3,05 % + 18,6 % + 2,6 %) : 2)	

Beispiel: Arbeitgeberzuschuss zur bAV bei einem Einkommen oberhalb BBG KV/PV und bis zur BBG RV/AV

Frau Reiser verdient monatlich 5.600,00 € und legt monatlich vom laufenden Arbeitsentgelt 250,00 € <u>zuzüglich</u> des Arbeitgeberzuschusses für die betriebliche Altersvorsorge an.

Arbeitnehmerinnen Beitragsanteil	250,00 €
pauschaler Arbeitgeberzuschuss 15 % von 250,00 €	37,50 €
oder	
prozentualer Arbeitgeberzuschuss 10,6 % von 250,00 €	26,50 €
(10,6 % = (18,6 % + 2,6 %) : 2)	

Beispiel: Arbeitgeberzuschuss zur bAV bei einem Einkommen oberhalb BBG KV/PV und bis zur BBG RV/AV

Frau Reiser verdient monatlich 5.600,00 € und legt monatlich vom laufenden Arbeitsentgelt 250,00 € <u>einschließlich</u> des Arbeitgeberzuschusses für die betriebliche Altersvorsorge an.

Arbeitnehmerinnen Beitragsanteil	217,39 €
pauschaler Arbeitgeberzuschuss 250,00 € x 15 % : 115 %	32,61 €
oder	
Arbeitnehmerinnen Beitragsanteil	226,04 €
prozentualer Arbeitgeberzuschuss 250,00 € x 10,6 % : 110,6 %	23,96 €
(10,6 % = (18,6 % + 2,6 %) : 2)	

Beispiel: Arbeitgeberzuschuss zur bAV bei einem Einkommen oberhalb BBG RV/AV

Herr Meiler verdient monatlich 7.600,00 € und legt monatlich vom laufenden Arbeitsentgelt 250,00 € für die betriebliche Altersvorsorge an. Da Herr Meiler mit seinem Arbeitsentgelt abzüglich des Beitrags zur Pensionskasse (7.350,00 €) über der Beitragsbemessungsgrenze RV/AV (West 7.300,00 € bzw. Ost 7.100,00 €) liegt, hat der Arbeitgeber keine Ersparnis an Sozialversicherungsbeiträgen. Der Arbeitgeber muss deshalb **keinen** Zuschuss zur Altersvorsorge von Herrn Meiler leisten.

9.2 Anspruch des Arbeitnehmers auf betriebliche Altersvorsorge

Prinzipiell sind Leistungen des Arbeitgebers zur betrieblichen Altersvorsorge **freiwillig**, soweit sie nicht tarifvertraglich oder in einer Betriebsvereinbarung festgelegt sind. Um neben der gesetzlichen Rentenversicherung auch die Säulen der privaten und betrieblichen Vorsorge zu stärken, hat der Gesetzgeber aber jedem Arbeitnehmer einen **Anspruch** auf betriebliche Altersvorsorge durch **Entgeltumwandlung** zugebilligt. Dabei werden **Entgeltansprüche** in einer bestimmten Höhe für die Beitragszahlung in eine Pensionskasse, einen Pensionsfonds oder eine Direktversicherung verwendet.

Die Wahl der Anlageform bei einer betrieblichen Altersvorsorge obliegt bevorrechtigt dem Arbeitgeber. Nur wenn der Arbeitgeber keinen anderen Vorschlag erbringt, kann der Arbeitnehmer seinen Anspruch auf Abschluss z. B. einer Direktversicherung geltend machen. *Wahl der Anlageform*

Der Arbeitgeber ist zur Entgeltumwandlung gemäß § 1a BetrAVG bis zu einer Höhe von 4 % der aktuellen Jahresbeitragsbemessungsgrenze der allgemeinen Rentenversicherung verpflichtet. Für 2023 entspricht dies einem jährlichen Betrag von 3.504,00 € (West) bzw. 3.408,00 € (Ost). Der Arbeitnehmer wiederum ist bei Inanspruchnahme der Entgeltumwandlung verpflichtet einen **Mindestbetrag** von **jährlich** 1/160 der Bezugsgröße der Sozialversicherung (§ 18 Abs. 1 des SGB IV) als Altersvorsorge aufzuwenden. Die Bezugsgröße entspricht dem Durchschnittsentgelt aller in der gesetzlichen Rentenversicherung versicherten Arbeitnehmer im vorvergangenen Kalenderjahr, aufgerundet auf den nächsthöheren, durch 420 teilbaren Betrag. Für das Jahr 2023 beträgt der Mindestbetrag 254,63 € (West 40.740,00 € : 160) bzw. 246,75 € (Ost 39.480,00 € : 160). *Entgeltumwandlung*

9.3 Steuerliche und sozialversicherungsrechtliche Behandlung von Beiträgen

Grundsätzlich lassen sich die verschiedenen Formen der betrieblichen Altersvorsorge in zwei Kategorien einteilen, die sich im Wesentlichen durch den **Zeitpunkt der Besteuerung** unterscheiden:

- Die Finanzierung der Beiträge aus versteuertem Einkommen führt zur Steuerfreistellung der Leistungen bzw. zur Besteuerung der Leistungen mit dem Ertragsanteil (Direktversicherungen nach altem Recht, gesetzliche Sozialversicherung bis 31.12.2004).

- Die Steuerfreistellung von Beiträgen führt zur Besteuerung der Leistungen in der Auszahlungsphase und wird als nachgelagerte Besteuerung bezeichnet *(Pensionskassen, Pensionsfonds, Pensionszusagen, Unterstützungskassen, Direktversicherung, Tarifpartner- und Sozialpartnermodell; siehe Übersicht im Anhang)*

Bei einer Durchschnittsbildung (Direktversicherungen und Pensionskassen) können Beiträge bis 2.148,00 € pauschal versteuert werden. Voraussetzung ist, dass der durchschnittliche jährliche Betrag pro Mitarbeiter 1.752,00 € nicht überschreitet.

Die steuerliche und sozialversicherungsrechtliche Behandlung der Beiträge hängt im Wesentlichen davon ab, ob es sich um eine Alt- oder Neuzusage handelt.

Von einer Altzusage spricht man, wenn die Vereinbarung zur betrieblichen Altersversorgung vor dem 01.01.2005 getroffen wurde. Demnach liegt eine Neuzusage vor, wenn
die betriebliche Altersversorgung ab dem 01.01.2005 vereinbart wurde. Es ist nicht erforderlich, dass bereits im Jahr 2004 Beiträge geflossen sind.

Dagegen kann auch bei einem Arbeitgeberwechsel und der Mitnahme der Ansprüche
einer Altzusage zum neuen Arbeitgeber diese weiterhin als Altzusage behandelt werden,
wenn die wesentlichen Vertragsgrundlagen beibehalten werden.

Ab 01.01.2005 wird in § 3 Nr. 63 EStG die Steuerfreistellung der Beiträge zu einer betrieblichen Altersvorsorge geregelt. Die Beiträge sind steuerfrei zu behandeln, wenn

- die Versorgungszusage im ersten Arbeitsverhältnis gewährt wird,
- die Beiträge in kapitalgedeckter Form (Zahlung von Beiträgen) erhoben werden,
- die spätere Versicherungsleistung in Form einer lebenslangen Rente oder eines Aus-
  zahlungsplans mit Restverrentung festgelegt ist (Option zur Kapitalauszahlung ist
  unschädlich, so lange nicht ausgeübt)
- die Hinterbliebenenregelung entsprechend der gesetzlichen Rentenversicherung
  ausgelegt ist (keine Vererblichkeit der Ansprüche; Lebensgefährte wird als Hinter-
  bliebener gewertet)
- der Arbeitnehmer bei einer Altzusage nicht auf die Steuerfreistellung der Beiträge
  verzichtet hat.

Die im Nachfolgenden genannten steuerfrei möglichen Beträge gelten jeweils im ersten
Arbeitsverhältnis. Dies bedeutet, dass bei einem Arbeitgeberwechsel innerhalb eines Kalenderjahres die Beträge vollständig nochmals zur Verfügung stehen.

9.3.1 Pensionskassen Lohnsteuer

Beiträge zu Pensionskassen und Pensionsfonds sind grundsätzlich als Bestandteil des
steuerpflichtigen Arbeitslohns zu behandeln und beim Lohnsteuerabzug entsprechend
zu berücksichtigen.

8 %-Grenze Steuerfrei verbleibt gemäß § 3 Nr. 63 EStG ein Betrag von höchstens **8 % der Beitragsbemessungsgrenze der gesetzlichen Rentenversicherung (West)**. Für 2023 entspricht dies einem jährlichen Steuerfreibetrag von 7.008,00 €.

9.3.2 Pensionskassen Sozialversicherung

SV-pflichtige Beiträge Grundsätzlich sind Beiträge zu Pensionskassen und Pensionsfonds beitragspflichtiges
Arbeitsentgelt im Sinne der Sozialversicherung. Unter bestimmten Bedingungen können
jedoch Teile der Vorsorgebeiträge sozialversicherungsfrei bleiben.

Beitragsfreie Vorsorgebeiträge Vorsorgebeiträge, die durch zusätzliche Leistungen des Arbeitgebers oder durch Entgeltumwandlung vom Arbeitnehmer finanziert werden, sind bis zu einer Grenze von **4 % der
Beitragsbemessungsgrenze der gesetzlichen Rentenversicherung (West)** beitragsfrei.

9.3.3 Direktversicherungen Lohnsteuer

Für Direktversicherungsverträge in Form von Kapitallebensversicherungen sowie für Rentenversicherungsverträge, bei denen das Kapitalwahlrecht ausgeübt wurde, die vor dem 01.01.2005 abgeschlossen wurden, sind weiterhin die folgenden Regeln zur Pauschalierung und zur Ertragsbesteuerung anzuwenden.

Die Beiträge an eine Direktversicherung (Altvertrag) sind als **steuerpflichtiger Arbeitslohn** beim Lohnsteuerabzug zu berücksichtigen. Eine Steuerbefreiung nach § 3 Nr.63 EStG (8 %-BBG West) ist zwar nicht möglich, die Lohnsteuer kann aber bis zu einem Betrag von 1.752,00 € bzw. 2.148,00 € (Gruppenversicherung) im Jahr mit 20 % **pauschaliert** werden. Voraussetzung für die Pauschalierung der Lohnsteuer ist, dass die Direktversicherung dem Arbeitnehmer im Erlebensfall nicht vor seinem **59. Geburtstag** ausgezahlt wird und eine vorzeitige Kündigung ausgeschlossen ist. Arbeitnehmern, welche mit Steuerklasse VI abgerechnet werden, sind von der Pauschalierungsmöglichkeit ausgenommen.

(margin note) Pauschalierung

Für Altverträge, die vor dem 01.01.2005 und als Rentenversicherungen mit Kapitalwahlrecht abgeschlossen wurden, jedoch die Voraussetzung von § 3 Nr. 63 EStG erfüllen, wurden zum 01.01.2005 automatisch steuerfrei. Der Arbeitnehmer konnte aber auf die Steuerfreiheit verzichten, um weiterhin die Pauschalversteuerung in Anspruch nehmen zu können. Neuverträge ab dem 01.01.2005 können nicht mehr pauschal versteuert werden, sind jedoch bis zu 8 % der BBG der RV (West) steuerfrei.

(margin note) Direktversicherungen

Wird bei einem bestehenden und weitergeführten Altvertrag ein zusätzlicher Neuvertrag abgeschlossen, muss der pauschal versteuerte Beitrag von dem Steuerfreibetrag der 8 % BBG RV West subtrahiert werden *(Näheres dazu finden Sie im Lehrbuch für Fortgeschrittene).*

(margin note) Alt- und Neuvertrag

9.3.4 Direktversicherungen Sozialversicherung

Für Beiträge zu Direktversicherungen wird hinsichtlich der Sozialversicherungspflicht nach Art der Finanzierung unterschieden. Beiträge zu Direktversicherungen sind:

sozialversicherungspflichtig

■ soweit sie aus individuell (nach Lohnsteuerabzugsmerkmalen) versteuertem Entgelt geleistet werden;

sozialversicherungsfrei

■ soweit sie aus steuerfreien Beiträgen (Neuverträge oder Altverträge ohne ausgeübtes Kapitalwahlrecht) geleistet werden **oder**

■ soweit sie aus pauschal versteuerten Zusatzleistungen des Arbeitgebers (Altverträge mit Kapitalwahlrecht bzw. Kapitallebensversicherungen) stammen **oder**

■ soweit sie aus pauschal versteuerten Beiträgen, die durch Gehaltsumwandlung von Einmalbezügen finanziert werden, stammen.

Bezüglich der Sozialversicherungsbeiträge gibt es hinsichtlich der Pauschalierung von Direktversicherungsprämien einige Besonderheiten zu beachten. Dazu werden drei Arten der Prämienfinanzierung unterschieden: Arbeitgeberleistungen zusätzlich zum Gehalt, Umwandlung von laufendem Gehalt und Umwandlung von Einmalzahlungen. Sie werden im Folgenden anhand von Beispielen dargestellt.

Arbeitgeberleistungen zusätzlich zum Gehalt (Altverträge)

Beispiel: Jährliche Arbeitgeberleistungen zusätzlich zum Gehalt
Die Kino-Film AG hat im Mai 2004 zu Gunsten von Herrn Lehmann eine Direktversicherung (nach altem Recht) abgeschlossen. Der Beitrag in Höhe von 1.752,00 € wird zusätzlich zum normalen Gehalt gewährt und einmal jährlich an die Versicherungsgesellschaft überwiesen.

Beiträge zur betrieblichen Altersvorsorge, die der Arbeitgeber **zusätzlich zum laufenden Lohn/Gehalt** an eine Direktversicherung leistet und die pauschal versteuert werden sind beitragsfrei in der Sozialversicherung.

zu Beispiel: Jährliche Arbeitgeberleistungen zusätzlich zum Gehalt
Mit der jährlichen Versicherungsprämie von 1.752,00 € hat die Kino-Film AG den maximal pauschal zu versteuernden Betrag voll ausgeschöpft. Die gesamte Prämie kann mit 20 % pauschal versteuert werden und bleibt beitragsfrei in der Sozialversicherung.

pauschal versteuerbar				1.752,00 €
Lohnsteuerpauschale	1.752,00 €	x	20,0 % =	350,40 €
Solidaritätszuschlag	350,40 €	x	5,5 % =	19,27 €
pauschale Kirchensteuer (Hessen)	350,40 €	x	7,0 % =	24,52 €
pauschaler Steuerbetrag gesamt				**394,19 €**

Hinweis: Bei der Berechnung der Lohnsteuer mit einem pauschalen Lohnsteuersatz wird kaufmännisch gerundet, während bei der Berechnung der dazugehörigen Annexsteuern (Solidaritätszuschlag und Kirchensteuer) nach der zweiten Nachkommastelle "abgeschnitten" wird.

Beispiel: monatliche Arbeitgeberleistungen zusätzlich zum Gehalt
Die ModeFix GmbH zahlt seit Oktober 2004 für Frau Lehmann zusätzlich zum Gehalt monatlich eine Prämie in Höhe von 200,00 € in eine Direktversicherung ein (Kapitallebensversicherung, Option zur Steuerfreiheit nicht möglich). Im Jahr ergibt dies eine Beitragssumme von 2.400,00 € (12 Monate x 200,00 €). Wie ist mit diesen Beiträgen, die die Pauschalierungsgrenze von 1.752,00 € im Jahr übersteigen, steuer- und sozialversicherungsrechtlich umzugehen?

Pauschalierungsgrenze

Grundsätzlich können Prämien unabhängig ihrer Höhe bis zur Pauschalierungsgrenze pauschal versteuert werden. Nur der Mehrbetrag unterliegt der Individualbesteuerung und somit auch der Beitragspflicht in der Sozialversicherung. Bei **monatlich gezahlten Versicherungsprämien**, die eine zusätzliche Leistung des Arbeitgebers darstellen, kann dies in der Lohn- und Gehaltsabrechnung auf unterschiedliche Weise verwirklicht werden:

■ Die monatlichen Beiträge werden solange pauschal versteuert und bleiben sozialversicherungsfrei, bis die Jahresgrenze erreicht ist. In den dann folgenden Monaten sind die Prämien jeweils dem individuell versteuerten Arbeitsentgelt hinzuzurechnen und entsprechende Sozialversicherungsbeiträge abzuführen.

- Die Pauschalierungsgrenze wird auf eine Monatsgrenze heruntergerechnet (1.752,00 € : 12 Monate = 146,00 €). Die monatlichen Beiträge zur Direktversicherung werden bis zur Höhe von 146,00 € pauschal versteuert und sozialversicherungsfrei gestellt. Der die Monatsgrenze überschreitende Prämienanteil wird dem individuell versteuerten Arbeitsentgelt hinzugerechnet und ist beitragspflichtig in der Sozialversicherung.

> **zu Beispiel: monatliche Arbeitgeberleistungen zusätzlich zum Gehalt**
>
> Für Frau Lehmann ergeben sich diese beiden Varianten der Gehaltsabrechnung:
>
> **Variante 1 - ausschöpfen der Pauschalierungsgrenze zu Beginn des Jahres**
>
> Von **Januar bis August** (8 Monate x 200,00 € = 1.600,00 €) kann der Beitrag zur Direktversicherung pauschaliert werden und ist somit auch sozialversicherungsfrei.
>
> Im **September** können nur noch 152,00 € pauschaliert werden (1.752,00 € - 1.600,00 € = 152,00 €). Der übersteigende Betrag von 48,00 € wird dem Gehalt zugerechnet, unterliegt somit der allgemeinen Lohnsteuer und ist sozialversicherungspflichtig.
>
> Von **Oktober bis Dezember** werden monatlich 200,00 € dem Gehalt hinzugerechnet und unterliegen der allgemeinen Lohnsteuer und Sozialversicherung.
>
> **Variante 2 - verteilen der Pauschalierungsgrenze aufs Jahr**
>
> Von den 200,00 € werden monatlich 146,00 € pauschaliert und sind sozialversicherungsfrei. Der übersteigende Betrag von 54,00 € wird dem monatlichen laufenden Entgelt hinzugerechnet und unterliegt somit der allgemeinen Lohnsteuer- und Sozialversicherungspflicht.

Umwandlung von laufendem Gehalt (Altverträge)

> **Beispiel: Umwandlung von laufendem Gehalt**
>
> Herr Baumann erhält ein monatliches Gehalt in Höhe von 3.000,00 € und im November ein Weihnachtsgeld in Höhe von 1.800,00 €. Herr Baumann hat im Jahr 2004 über die ModeFix GmbH einen Vertrag zur Direktversicherung abgeschlossen. Der Arbeitgeber ist allerdings nicht bereit, die vorgesehene jährliche Versicherungsprämie zusätzlich zum Gehalt zu bezahlen. Herr Baumann schloss daher den Vertrag über eine Jahressumme von 1.752,00 € ab und bezahlt die Beiträge monatlich durch Abzug von seinem laufenden Gehalt. Bei dieser Finanzierungsvariante der Prämie zur Direktversicherung (Altvertrag) zieht die Pauschalierung der Lohnsteuer keine Sozialversicherungsfreiheit nach sich. Der Arbeitgeber spart somit keine Sozialversicherungsbeiträge und muss deshalb keinen Arbeitgeberzuschuss leisten.

Werden die Beiträge zur Direktversicherung nicht zusätzlich zum Lohn/Gehalt gewährt, sondern aus einer **Entgeltumwandlung** finanziert, indem der Arbeitnehmer auf laufendes Gehalt/Lohn verzichtet, so kann die Lohnsteuer zwar pauschaliert werden, die Versicherungsprämie ist jedoch in voller Höhe sozialversicherungspflichtig - unabhängig von einer möglichen Pauschalierung.

Umwandlung von Einmalzahlungen (Altverträge)

Beispiel: Umwandlung von Einmalzahlungen

Herr Baumann hätte sich auch für eine andere Variante entscheiden können und sein gesamtes Weihnachtsgeld in Höhe von 1.800,00 € in eine Direktversicherung (Altvertrag) einzahlen können. Bei dieser Finanzierungsvariante spart der Arbeitgeber durch die Gehaltsumwandlung Sozialversicherungsbeiträge ein und muss deshalb einen Arbeitgeberzuschuss zur Direktversicherungsprämie leisten.

Werden die Beiträge zur Direktversicherung nicht zusätzlich zum Lohn/Gehalt gewährt, sondern aus einer **Entgeltumwandlung** finanziert, indem der Arbeitnehmer auf Lohn/Gehalt im Rahmen einer **Einmalzahlung** verzichtet, so ist die Versicherungsprämie bis zur Höhe der Pauschalierungsgrenze sozialversicherungsfrei.

zu Beispiel: Umwandlung von Einmalzahlungen

Die ModeFix GmbH kann die Lohnsteuer für den Versicherungsbeitrag bis zur Pauschalierungsgrenze von 1.752,00 € pauschalieren. Der übersteigende Betrag von 48,00 € muss versteuert und verbeitragt werden. Für den pauschal versteuerten Anteil der Entgeltumwandlung spart der Arbeitgeber Sozialversicherungsbeiträge und ist somit ab dem 01.01.2022 verpflichtet, einen Arbeitgeberzuschuss zu zahlen. Eine Erhöhung des zu zahlenden Beitrags zu den alten Konditionen ist nicht möglich. Es bestehen folgende Möglichkeiten mit dem Arbeitgeberzuschuss zu verfahren:

1. Der Arbeitgeberzuschuss wird prozentual mit 20,225 % vom Betrag der Entgeltumwandlung der Einmalzahlung (1.457,27 €), von dem Sozialversicherungsbeiträge gespart werden (Pauschalierung der Einmalzahlung, Altvertrag Direktversicherung), berechnet. Der Arbeitgeberzuschuss zur Direktversicherung beträgt 294,73 € und der Arbeitnehmeranteil zur Prämie 1.505,27 € (1.457,27 € + 48,00 €).

2. Der Arbeitgeberzuschuss wird pauschal mit 15 % vom Betrag der Entgeltumwandlung der Einmalzahlung (1.523,48 €), von dem Sozialversicherungsbeiträge gespart werden (Pauschalierung der Einmalzahlung, Altvertrag Direktversicherung), berechnet. Der Arbeitgeberbeitragszuschuss zur Direktversicherung beträgt 228,52 € und der Arbeitnehmeranteil zur Prämie 1.571,48 € (1.523,48 € + 48,00 €).

Reicht die Einmalzahlung nicht aus, um die Versicherungsprämie abzudecken, handelt es sich beim übersteigenden Betrag um Umwandlung vom laufenden Gehalt.

zu Beispiel: Umwandlung von Einmalzahlungen

Herr Baumann erhält ein Weihnachtsgeld in Höhe von 1.500,00 € und finanziert daraus und aus dem laufendem Gehalt die Direktversicherungprämie in Höhe von 1.800,00 €. Bis zum 31.12.2021 konnten 1.500,00 € als Umwandlung von Einmalzahlungen behandelt werden. Die restlichen 300,00 € mussten als Umwandlung von laufendem Gehalt behandelt werden. Ab dem 01.01.2022 muss der Arbeitgeber einen Beitragszuschuss zahlen, da er durch die Entgeltumwandlung der Einmalzahlung Sozialversicherungsbeiträge spart. Der Versicherungsbeitrag setzt sich ab dem 01.01.2022 wie folgt zusammen:

1.500,00 € aus Umwandlung von Einmalzahlung
225,00 € pauschaler Arbeitgeberzuschuss (15 % von 1.500,00 €)
75,00 € aus Umwandlung von laufendem Gehalt

Gemäß § 1 Abs. 3 Nr. 2a Entgeltbescheinigungsverordnung (EBV) mindert die auf den Arbeitnehmer abgewälzte pauschale Lohnsteuer das Gesamtbruttoarbeitsentgelt und ist deshalb im Abschnitt Bruttolohn aufführen.

Darstellung in der Lohn- und Gehaltsabrechnung

Gemäß § 1 Abs. 3 Nr. 3a Entgeltbescheinigungsverordnung (EBV) wirken sich Entgeltumwandlungen gemäß § 1 Abs. 2 Nr. 3 Betriebsrentengesetzes weder erhöhend noch mindernd auf das Gesamtbruttoarbeitsentgelt aus, folglich muss im Abschnitt Bruttolohn der Entgeltumwandlungsbetrag einmal addiert und einmal subtrahiert werden.

9.3.5 Gruppendirektversicherung

Bei Direktversicherungen (Altvertrag) gibt es außerdem noch die Möglichkeit der Pauschalierung der Lohnsteuer mit 20 % bei Gruppenverträgen.

Die Voraussetzungen sind:

- Mehrere Arbeitnehmer sind gemeinsam in einer Versicherung versichert
- Der durchschnittliche Jahresbeitrag je Arbeitnehmer übersteigt nicht 1.752,00 €

Bei der Ermittlung des durchschnittlichen Jahresbeitrags sind Arbeitnehmer, deren Jahresbeitrag 2.148,00 € übersteigt, nicht zu berücksichtigen.

> **Beispiel: Gruppendirektversicherung**
>
> Ein Arbeitgeber hat im Jahr 2003 für 8 Arbeitnehmer (AN) eine Gruppen-Direktversicherung abgeschlossen. Die Beiträge für die einzelnen Arbeitnehmer betragen:
>
> | 3 Arbeitnehmer | mit einem Beitrag von 1.200,00 € |
> | 4 Arbeitnehmer | mit einem Beitrag von 2.000,00 € |
> | 1 Arbeitnehmer | mit einem Beitrag von 2.500,00 € |
>
> Der Jahresbeitrag in Höhe von 2.500,00 € wird in die Durchschnittsberechnung nicht mit einbezogen. Von dem Beitrag können für diesen Arbeitnehmer 1.752,00 € pauschal versteuert werden, der restliche Beitrag ist mit den entsprechenden Lohnsteuerabzugsmerkmalen des Arbeitnehmers zu versteuern (vgl. hierzu Kapitel 9.3.3).
>
> Die Beiträge der anderen Arbeitnehmer sind in die Prüfung mit einzubeziehen:
>
> | 3 AN | x | 1.200,00 € | = | 3.600,00 € | | | |
> |---|---|---|---|---|---|---|---|
> | 4 AN | x | 2.000,00 € | = | 8.000,00 € | | | |
> | Gesamtbeitrag | | | | 11.600,00 € | : | 7 AN | = | **1.657,14 €** |
>
> Der durchschnittliche Jahresbeitrag pro Arbeitnehmer übersteigt die Grenze von 1.752,00 € nicht, sodass hier die Pauschalversteuerung vorgenommen werden kann. Es muss geprüft werden, ob Sozialversicherungsbeiträge des Arbeitgebers durch Entgeltumwandlung eingespart werden und er zur Zahlung von Beitragszuschüssen verpflichtet ist.

9.3.6 Betriebsrentenstärkungsgesetz (BRSG)

Am 01.01.2018 trat das Betriebsrentenstärkungsgesetz in Kraft. Einzelne Regelungen darin werden jedoch erst in den Folgejahren wirksam. Die Neuregelungen gelten nur für die betriebliche Altersvorsorge im Rahmen einer **Pensionskasse**, eines **Pensionsfonds** oder einer **Direktversicherung**. Die betriebliche Altersversorgung in Form einer Direktzusage oder einer Unterstützungskasse wird vom Gesetz nicht berührt.

Sozial- und Tarifpartnermodell

Als "Sozial- und Tarifpartnermodell" wird die Möglichkeit bezeichnet, dass Gewerkschaften und Arbeitgeber ab dem 01.01.2018 eine kapitalgedeckte betriebliche Altersversorgung per Tarifvertrag als **reine Beitragszusage** vereinbaren können.

Beitragszusage
Bei der Beitragszusage ist der Arbeitgeber nur zur Ermittlung und Zahlung der Beiträge verpflichtet. Die Ansprüche des Arbeitnehmers auf Versorgungsleistung richten sich nur gegen den **externen Versorgungsträger**, der eine betriebliche Altersversorgung in Form einer Pensionskasse, eines Pensionsfonds oder einer Direktversicherung anbietet. Da bei dieser Art der betrieblichen Altersvorsorge der Arbeitgeber **nicht für eine dauerhafte Betriebsrente haften muss**, ist es auch für Klein- und Mittelbetriebe möglich, eine Altersvorsorge anzubieten.

Steuer- und Sozialversicherungsbeiträge

Steuerfreibetrag
Ab 01.01.2018 gilt für die kapitalgedeckte betriebliche Altersversorgung ein neuer Steuerfreibetrag von 8 % der BBG der gesetzlichen Rentenversicherung (West). Es entfällt der bisherige zusätzliche Freibetrag von 1.800,00 €. Außerdem werden nach § 40b EStG pauschalversteuerte Beiträge auf den Höchstbetrag angerechnet.

Im Bereich der Sozialversicherung bleibt es bei der bisherigen Regelung, dass Beiträge aus einer steuerfreien betrieblichen Altersversorgung bis zu 4 % der gesetzlichen Rentenversicherung (West) beitragsfrei sind.

Arbeitgeberzuschuss zur Entgeltumwandlung

Gesparte SV-Beiträge
Nutzt der Arbeitnehmer die Möglichkeit einer betrieblichen Altersvorsorge in Form einer kapitalgedeckten Pensionskasse, eines Pensionsfonds oder einer Direktversicherung, so ist der Arbeitgeber verpflichtet 15 % des umgewandelten Arbeitsentgelts zusätzlich als **Arbeitgeberzuschuss** an den Versorgungsträger zu zahlen, soweit er dadurch Sozialversicherungsbeiträge (§ 1a Abs. 1a BetrAVG) spart. Sollten die eingesparten Sozialversicherungsbeiträge niedriger sein als 15 % des umgewandelten Arbeitsentgelts, ist der Arbeitgeber nur zur Zahlung der **eingesparten Sozialversicherungsbeiträge** verpflichtet. Der Zuschuss ist tarifdispositiv, das heißt in Tarifverträgen kann davon abgewichen werden. Für den Arbeitgeberzuschuss tritt, ebenso wie für die Beiträge aus Entgeltumwandlung, sofort gesetzliche Unverfallbarkeit ein.

Steuern und SV-Beiträge
Im Rahmen des § 3 Nr. 63 Satz 1 EStG ist der Arbeitgeberzuschuss steuerfrei; entsprechend sozialversicherungsfrei nach § 1 Abs. 1 Satz 1 Nr. 9 Sozialversicherungsentgeltordnung (SvEV). Wird der Arbeitgeberzuschuss zu einer Entgeltumwandlung für eine pauschalversteuerte Altzusage geleistet, ist er sozialversicherungsfrei, sofern er ebenfalls nach § 40b EStG pauschalversteuert wird.

Die Verpflichtung zur Zahlung des Arbeitgeberzuschusses gilt nur für die kapitalgedeckte Pensionskasse, den Pensionsfonds und die Direktversicherung mit folgendem Zeitrahmen:

- ab 01.01.2018: nur für die betriebliche Altersversorgung, die im Rahmen des Sozialpartnermodells abgeschlossen wird
- ab 01.01.2019: für alle ab diesem Zeitpunkt neu abgeschlossenen Entgeltumwandlungsvereinbarungen
- ab 01.01.2022: für alle bestehenden Verträge

Neuregelungen bei der Riester-Rente

Hat ein Arbeitnehmer eine kapitalgedeckte betriebliche Altersversorgung in Form einer Pensionskasse, eines Pensionsfonds oder einer Direktversicherung, die nach den Bestimmungen des § 3 Nr. 63 Satz 1 EStG steuerfrei ist, dann kann er auf die Steuerfreiheit verzichten, um stattdessen eine Riester-Förderung zu erhalten.

Bei der Riester-Förderung werden die Beiträge zur Altersversorgung durch den Arbeitgeber als Nettoabzug vom Arbeitnehmer entrichtet. Bisher wurden Riester-Renten in der Auszahlungsphase als Versorgungsbezüge mit Kranken- und Pflegeversicherungsbeiträgen in voller Höhe belegt. Rechnet man Anspar- und Auszahlungsphase zusammen, erfolgte eine doppelte Verbeitragung.

Das Betriebsrentenstärkungsgesetz (BRSG) beendet die doppelte Verbeitragung. Ab dem 01.01.2018 ist die Riester-Rente in der Auszahlungsphase nicht mehr kranken- und pflegeversicherungspflichtig. Ab diesem Zeitpunkt steigt auch die Grundzulage der Riester-Rente auf 175,00 € jährlich.

Praxisübungen

Die Lösungen finden Sie unter https://www.edumedia.de/verlag/loesungen.

Aufgabe 1: Formen der betrieblichen Altersvorsorge

■ Beantworten Sie folgende Fragen.

a) Welche Vorsorgeformen gibt es bei der betrieblichen Altersversorgung?

----

b) Wie werden die Beiträge bei den Anlageformen Pensionskasse und Direktversicherung steuerrechtlich behandelt?

Aufgabe 2: Finanzierung der betrieblichen Altersvorsorge

■ Beantworten Sie folgende Fragen.

a) Welche Finanzierungsmöglichkeiten gibt es für eine betriebliche Altersvorsorge?

----

b) Wie muss eine Direktversicherung (Altvertrag) finanziert werden, damit ihre Beiträge sozialversicherungsfrei sind?

----

c) Eine Arbeitnehmerin zahlte monatlich 360,00 € in eine Pensionskasse ein (Neuvertrag). Die Finanzierung erfolgt über laufenden Gehaltsverzicht. Die Arbeitnehmerin erzielt ein laufendes monatliches Bruttogehalt von 3.900,00 €. Ermitteln Sie das Steuer- und das Sozialversicherungsbrutto, wenn sich der Beitrag nicht ändert und der Arbeitgeber den Zuschuss zum Beitrag zur Pensionskasse pauschal aus dem von der Arbeitnehmerin gezahlten Anteil berechnet.

Aufgabe 3: Arbeitgeberzuschuss zur Entgeltumwandlung

▨ Berechnen Sie den zuzüglichen pauschalen Arbeitgeberzuschuss zur Pensionskasse.

Ein Arbeitnehmer hat ein Bruttogehalt in Höhe von 3.500,00 € und zahlt ab dem 01.02.2022 monatlich 200,00 € vom laufenden Arbeitsentgelt in eine kapitalgedeckte Pensionskasse ein.

Aufgabe 4: Pauschalierung bei Direktversicherung

▨ Erstellen Sie die Lohnabrechnung für November.

Harald Müller arbeitet im Bundesland Bayern. Er hat Anspruch auf ein monatliches Gehalt in Höhe von 5.000,00 €. Darüber hinaus erhält er vermögenswirksame Leistungen in Höhe von 40,00 € monatlich, die er auch zweckentsprechend verwendet. Im Abrechnungsmonat November erhält er ein arbeitsvertraglich vereinbartes Weihnachtsgeld in Höhe von 3.000,00 €. Einen Teil des Weihnachtsgeldes verwendet er für eine Direktversicherung, die vor dem 01.01.2005 abgeschlossen wurde. Die Prämie in Höhe von 1.752,00 € wird ab 2023 vom Arbeitgeber in Höhe der eingesparten Sozialversicherungsbeiträge und Herrn Müller getragen. Die auf die Prämie entfallenden pauschalen Steuern trägt Herr Müller. Im Juni hatte Herr Müller ein zusätzliches freiwilliges Urlaubsgeld in Höhe von 1.785,00 € erhalten.

Herr Müller hat die Lohnsteuerabzugsmerkmale: III/1/ev, sowie ab 01.07. des Jahres einen Freibetrag in Höhe von monatlich 1.000,00 € / jährlich 6.000,00 € eingetragen. Die Kirchensteuer im Fall der Pauschalversteuerung ermittelt die Firma pauschal. Er ist seit 2002 freiwillig in einer gesetzlichen Krankenkasse versichert, die Krankenkasse hat einen Zusatzbeitragssatz von 1,8 %.

10

Besondere Abrechnungsgruppen

In diesem Kapitel erfahren Sie, welche Besonderheiten bei der Lohn- und Gehaltsabrechnung für Abrechnungsgruppen wie ältere Arbeitnehmer, Auszubildende oder Studenten steuer- und sozialversicherungsrechtlich beachtet werden müssen.

Inhalt

- Mehrfach beschäftigte Arbeitnehmer
- Ältere Arbeitnehmer
- Beschäftigung von Altersrentnern
- Auszubildende
- Geringfügig entlohnte Beschäftigte
- Kurzfristig Beschäftigte
- Beschäftigte im Übergangsbereich

10.1 Mehrfach beschäftigte Arbeitnehmer

Ist ein Arbeitnehmer gleichzeitig bei mehreren Arbeitgebern beschäftigt, spricht man von einer Mehrfachbeschäftigung. Eine echte Mehrfachbeschäftigung liegt vor, wenn

- der Arbeitnehmer tatsächlich bei verschiedenen Arbeitgebern beschäftigt ist

- und diese Beschäftigungsverhältnisse sozialversicherungsrechtlich in den einzelnen Zweigen zusammengerechnet werden müssen.

Übt der Arbeitnehmer beim selben Arbeitgeber mehrere Tätigkeiten aus, so liegt nur eine Beschäftigung vor, auch wenn z. B. für die unterschiedlichen Tätigkeiten verschiedene Arbeitsverträge bestehen.

10.1.1 Steuerliche Besonderheiten bei Mehrfachbeschäftigten

Soweit der Arbeitslohn nicht pauschal versteuert werden kann, müssen die individuellen Lohnsteuerabzugsmerkmale vorliegen (ELStAM-Daten). Da nur der erste Arbeitgeber mit den Lohnsteuerabzugsmerkmalen für ein erstes Arbeitsverhältnis (Steuerklassen I bis V) abrechnen kann, ist für jede weitere Beschäftigung bei anderen Arbeitgebern nach Lohnsteuerklasse VI abzurechnen. Der Arbeitnehmer kann wählen, welcher Arbeitgeber welche elektronischen Lohnsteuerabzugsmerkmale abrufen soll.

10.1.2 Sozialversicherungsrechtliche Besonderheiten bei Mehrfachbeschäftigten

Es ist zu prüfen, in welchem der Zweige der Arbeitnehmer in der jeweiligen Beschäftigung versicherungspflichtig ist *(vgl. hierzu auch die nachfolgenden besonderen Abrechnungsgruppen).*

Liegt eine Mehrfachbeschäftigung vor, so hat dies Auswirkungen auf die Anwendung der Übergangsregelungen, der Geringfügigkeits-Richtlinien sowie der Beitragsbemessungs- und Jahresarbeitsentgeltgrenzen. *Anwendungsmöglichkeiten gemäß den Übergangsregelungen oder den Geringfügigkeits-Richtlinien finden Sie in den nachfolgenden Kapitel 10.5 und 10.7.*

Beitragsberechnung

Die Beiträge zur Sozialversicherung werden bei jedem Arbeitgeber anhand des beitragspflichtigen Entgelts ermittelt.

Beitragsbemessungsgrenze   Liegt das Arbeitsentgelt in Summe über der Beitragsbemessungsgrenze, so sind die Beiträge insgesamt maximal aus dieser zu berechnen. Jeder Arbeitgeber vermindert das Arbeitsentgelt im Verhältnis zum Gesamtarbeitsentgelt. Überschreitet das Arbeitsentgelt einer Beschäftigung bereits die Beitragsbemessungsgrenze, ist dieses zunächst auf die Beitragsbemessungsgrenze zu kürzen und dann durch die beitragspflichtigen Arbeitsentgelte zu dividieren.

Beispiel 1: Mehrfachbeschäftigung

Herr Kunze ist bei der ModeFix GmbH (Filiale im Bundesland Hamburg) und bei der Stoffgroßhandel OHG (Bundesland Hamburg) jeweils als Außendienstmitarbeiter beschäftigt. Bei der ModeFix GmbH erhält er monatlich brutto 2.000,00 € und bei der Stoffgroßhandel OHG monatlich brutto 3.500,00 €. Herr Kunze ist versicherungspflichtig in allen Zweigen der Sozialversicherung und das Gesamtarbeitsentgelt übersteigt mit 5.500,00 € die Beitragsbemessungsgrenze in der Kranken- und Pflegeversicherung.

Die Bemessungsgrundlage für die Beitragsberechnung in der Kranken- und Pflegeversicherung ermittelt sich wie folgt:

ModeFix GmbH: $\dfrac{4.987,50\ € \quad x \quad 2.000,00\ €}{5.500,00\ €} = 1.813,64\ €$

Stoffgroßhandel OHG: $\dfrac{4.987,50\ € \quad x \quad 3.500,00\ €}{5.500,00\ €} = 3.173,86\ €$

$$\underline{\underline{4.987,50\ €}}$$

Beispiel 2: Mehrfachbeschäftigung

Würde Herr Kunze bei der ModeFix GmbH (Filiale im Bundesland Hamburg) 5.500,00 € und bei der Stoffgroßhandel OHG (Bundesland Hamburg) 1.500,00 € erhalten, würde sich folgende Berechnung ergeben:

ModeFix GmbH: $5.500,00\ € \quad$ gemindert auf BBG $\quad = 4.987,50\ €$

ModeFix GmbH: $\dfrac{4.987,50\ € \quad x \quad 4.987,50\ €}{6.487,50\ €*} = 3.834,32\ €$

Stoffgroßhandel OHG: $\dfrac{4.987,50\ € \quad x \quad 1.500,00\ €}{6.487,50\ €*} = 1.153,18\ €$

$$\underline{\underline{4.987,50\ €}}$$

* Summe der maximal je Arbeitgeber beitragspflichtigen Arbeitsentgelte

Für diese Berechnung muss dem Arbeitgeber das Entgelt aus der anderen Beschäftigung bekannt sein. Dies wird gewährleistet durch eine entsprechende elektronische monatliche Meldung an die Krankenkasse und eine Rückmeldung durch die Krankenkasse *(siehe Kapitel 12.1).*

Übersteigt das Gesamtarbeitsentgelt die Jahresarbeitsentgeltgrenze, ist der Arbeitnehmer in der Kranken- und Pflegeversicherung nicht versicherungspflichtig. Jeder Arbeitgeber ist jedoch zur Zuschusszahlung verpflichtet *(siehe Kapitel 5.3.4).* Der Zuschuss ist auch hier anteilig im Verhältnis zum Gesamtarbeitsentgelt zu leisten.

Jahresarbeitsentgeltgrenze

10.2 Ältere Arbeitnehmer

10.2.1 Steuerliche Besonderheiten bei älteren Arbeitnehmern

Beispiel: Besonderheiten bei älteren Arbeitnehmern
Die ModeFix GmbH beschäftigt die Herren Tischler (Jahrgang 1950/ Altersvollrentner) und Müller (Jahrgang 1951), sowie Frau Peters (Jahrgang 1951). Sie erhalten jeder eine monatliche Vergütung von 1.500,00 €. Was ist bei der Lohnabrechnung zu beachten?

Altersentlastungsbetrag

Bei der Beschäftigung von älteren Arbeitnehmern sind für die Lohn- und Gehaltsrechnung einige Besonderheiten zu beachten. Wenn der Arbeitnehmer am 1. Januar des Jahres das **64. Lebensjahr** vollendet hat, kommt der **Altersentlastungsbetrag** zum Tragen (§ 24a EStG). Dabei handelt es sich um einen steuerlichen Freibetrag auf die Einkommensteuer, der für das gesamte Kalenderjahr gewährt wird. Der Altersentlastungsbetrag ist nicht als Freibetrag in der ELStAM-Datei eingetragen.

Höhe

Die Höhe des Altersentlastungsbetrages wird als Prozentsatz des **Bruttoarbeitslohns** zuzüglich der positiven Summe der übrigen Einkünfte (z. B. Kapitaleinkünfte, Einkünfte aus Vermietung und Verpachtung usw.) angesetzt, ist jedoch auf einen Maximalbetrag im Jahr begrenzt. Der Altersentlastungsbetrag sinkt seit 2005 in Folge des Alterseinkünftegesetzes sowohl hinsichtlich des Prozentsatzes als auch hinsichtlich des Höchstbetrages kontinuierlich ab. Maßgebliches Jahr ist das auf die Vollendung des 64. Lebensjahres folgende Kalenderjahr. Der bei Erreichen der Altersgrenze maßgebliche (persönliche) Prozentsatz wird jeweils auch in den Folgejahren beibehalten.

maßgebliches Jahr	Altersentlastungsbetrag	
	in % der Einkünfte	jährlicher Höchstbetrag
2005	40,0	1.900,00 €
2006	38,4	1.824,00 €
2007	36,8	1.748,00 €
...		
2022	14,4	684,00 €
2023	13,6	646,00 €
2024	12,8	608,00 €
...		
2039	0,8	38,00 €
2040	0,0	0,00 €

Die vollständige Tabelle finden Sie im Anhang.

Bemessungsgrundlage

Bei Arbeitnehmern wird zunächst nur der steuerpflichtige Bruttolohn als Bemessungsgrundlage herangezogen. Weitere Einkünfte können erst bei einer **Einkommensteuererklärung** geltend gemacht werden. Folgende Einkünfte können nicht als Bemessungsgrundlage herangezogen werden, da sie bereits anderweitig steuerbegünstigt sind:

- Pauschal besteuerter Arbeitslohn
- Steuerfreie Einkünfte
- Versorgungsbezüge

Die Höchstgrenze des Altersentlastungsbetrages wird für die unterschiedlichen **Lohnzahlungszeiträume** entsprechend der Jahresgrenze ermittelt. Dabei wird ein Monat mit 1/12 der Jahresgrenze, ein Tag mit 1/30 der Monatsgrenze und eine Woche mit 7/30 der Monatsgrenze gewertet. Wird der Höchstbetrag in einem Lohnzahlungszeitraum nicht ausgeschöpft, kann der Restbetrag nicht auf den nächsten Zahlungszeitraum übertragen werden. Ein entsprechender Ausgleich ist nur am Ende eines Jahres durch einen **Lohnsteuerjahresausgleich** durch den Arbeitgeber oder im Rahmen einer privaten **Einkommensteuererklärung** des Arbeitnehmers möglich.

Lohnzahlungszeiträume

Der anhand des Bruttolohns ermittelte Altersentlastungsbetrag wird bei der Lohn- und Gehaltsrechnung wie ein Freibetrag in der ELStAM-Datei behandelt, d. h. er wird **vor Anwendung der Lohnsteuertabelle** vom Bruttolohn abgezogen.

Lohnsteuerabzug

---

zu Beispiel: Besonderheiten bei älteren Arbeitnehmern

Herr Tischler ist am 27.12.1950 geboren. Somit ist das erste Jahr, in dem er zum Stichtag (01.01. eines jeden Jahres) das 64. Lebensjahr vollendet hat, das Jahr 2015. Sein Altersentlastungsbetrag beträgt ab 2015 (und alle Folgejahre) 24 %, höchstens jedoch 95,00 €* im Monat.

Herr Müller ist am 10.01.1951 geboren. Somit ist das erste Jahr, in dem er zum Stichtag (01.01. eines jeden Jahres) das 64. Lebensjahr vollendet hat, das Jahr 2016. Sein Altersentlastungsbetrag beträgt ab 2016 (und alle Folgejahre) 22,4 % höchstens jedoch 89,00 €* im Monat.

Frau Peters ist am 01.01.1951 geboren. Somit ist das erste Jahr, in dem sie zum Stichtag (01.01. eines jeden Jahres) das 64. Lebensjahr vollendet hat, das Jahr 2015. Am 31.12.2014 vollendete sie ihr 64. Lebensjahr. Ihr Altersentlastungsbetrag beträgt ab 2015 (und alle Folgejahre) 24 %, höchstens jedoch 95,00 €* im Monat.

* Hinweis: Gemäß Einkommenssteuer-Richtlinie (EStR) R 24a Abs. 1 wird der Wert auf den nächsten vollen Euro aufgerundet.

10.2.2 Sozialversicherung bei älteren Arbeitnehmern

In der Sozialversicherung, genauer in der Arbeitslosenversicherung, gibt es für ältere Arbeitnehmer verschiedene Sonderregelungen.

Arbeitslosenversicherung

Bei Arbeitnehmern, die das 55. Lebensjahr vollendet haben und zuvor arbeitslos waren, ist der Arbeitgeber von seiner Beitragspflicht in die Arbeitslosenversicherung befreit. Nur der Beitrag des Arbeitnehmers ist zu berechnen und an die Krankenkasse abzuführen. Diese Regelung gilt jedoch zum einen nur für Beschäftigungsverhältnisse, die bis zum 31.12.2007 begründet wurden und zum anderen darf dieser Arbeitnehmer zuvor noch nicht bei diesem Arbeitgeber beschäftigt gewesen sein. Für Beschäftigungsverhältnisse, die ab dem 01.01.2008 neu begründet werden, muss der Arbeitgeberanteil wieder gezahlt werden.

Arbeitnehmern, die die Regelaltersgrenze erreicht haben, sind von der Beitragspflicht in der Arbeitslosenversicherung befreit. Die Beitragspflicht des Arbeitgebers bleibt bestehen.

10.2.3 Eingliederungszuschuss für förderungsbedürftige Arbeitnehmer

Ab 01.01.2015 erhalten Arbeitgeber zur Eingliederung von förderungsbedürftigen Arbeitnehmern, Zuschüsse zum Arbeitsentgelt als Ausgleich für die Minderleistung des Arbeitnehmers. Als förderungsbedürftig gelten auch Arbeitnehmer, die mindestens sechs Monate arbeitslos sind. Voraussetzung für den Zuschuss ist, dass mindestens ein zwölfmonatiges Beschäftigungsverhältnis geplant wird; die Förderdauer beträgt die Hälfte der Beschäftigungsdauer, maximal 12 Monate. Bei Arbeitnehmern, die das 50. Lebensjahr vollendet haben, kann die Förderdauer bis zu 36 Monate betragen; Voraussetzung ist, dass die Förderung bis zum 31.12.2019 begonnen wird. Die Förderhöhe liegt bei maximal 50 % des Bruttoarbeitsentgeltes und des anteiligen Arbeitgeberanteils zu den Sozialversicherungen. Der Arbeitnehmer ist in allen Zweigen voll sozialversicherungspflichtig. Eingliederungszuschüsse sind Ermessensleistungen (§ 88 SGB III)) der aktiven Arbeitsförderung der Bundesagentur für Arbeit, auf deren Leistung kein Rechtsanspruch besteht.

Teilhabechancengesetz
Ab dem 01.01.2019 gibt es zwei weitere Fördermöglichkeiten für Langzeitarbeitslose. Die Bundesregierung unterstützt Arbeitgeber, die Personen der jeweiligen Zielgruppe einstellen durch Lohnkostenzuschüsse.

Die erste Zielgruppe betrifft Personen, die älter als 25 Jahre sind, mindestens sechs Jahre in den letzten sieben Jahren Arbeitslosengeld II bezogen haben und in dieser Zeit nicht oder nur kurzzeitig beschäftigt waren.

Die zweite Zielgruppe umfasst Personen, die seit mindestens zwei Jahren arbeitslos sind.

10.3 Beschäftigung von Altersrentnern

10.3.1 Steuerliche Besonderheiten bei Altersrentnern

Rentenausweis

Beschäftigte Rentner müssen dem Arbeitgeber bei Beginn der Beschäftigung sowie bei Änderung der Rentenart den Rentenausweis vorlegen bzw. bei Wegfall der Rente, dies dem Arbeitgeber mitteilen. Der Rentenausweis wird dem Rentner mit dem Rentenbescheid durch den Rentenversicherungsträger ausgestellt. Der Rentenausweis enthält folgende Angaben:

- Vor- und Zuname
- Geburtsdatum
- Sozialversicherungsnummer
- Beginn der Gültigkeit

Auf dem Rentenausweis ist allerdings nicht ersichtlich, welche Art von Rente der Beschäftigte bezieht, z. B. Altersvollrente oder Altersteilrente. Hierzu benötigt der Arbeitgeber vom Arbeitnehmer gesonderte Informationen. Wie auch bei sonstigen älteren Arbeitnehmern ist der Altersentlastungsbetrag anzuwenden. Bei der Berechnung der Lohnsteuer muss die besondere Lohnsteuertabelle verwendet werden, wenn der Arbeitnehmer keine Beiträge zur Rentenversicherung zahlt.

10.3.2 Sozialversicherung von Altersrentnern

Die Beitragspflicht von beschäftigten Altersrentnern ist in den einzelnen Zweigen der Sozialversicherung unterschiedlich geregelt.

Rentenversicherungsfreiheit besteht für Altersvollrentner, die die Regelaltersgrenze überschritten haben. Diese Arbeitnehmer haben jedoch die Möglichkeit durch eine Erklärung gegenüber dem Arbeitgeber auf ihre Rentenversicherungsfreiheit zu verzichten und weiterhin Beiträge zur Rentenversicherung zu zahlen. In diesem Fall wirken sich die Beitragszahlungen von Arbeitgeber und Arbeitnehmer rentensteigernd aus. Für Altersrentner, die die Regelaltersgrenze noch nicht erreicht haben, besteht Rentenbeitragspflicht für Arbeitnehmer und Arbeitgeber. *Rentenversicherung*

Für Altersrentner in einer geringfügigen Beschäftigung muss der pauschale Rentenversicherungsbeitragssatz von 15 % gezahlt werden, unabhängig davon, ob er die Regelaltersgrenze erreicht hat oder nicht.

Krankenversicherungpflicht besteht für alle Altersrentner. Für Altersvollrentner ist der ermäßigte Beitragssatz anzuwenden, da Altersvollrentner keinen Anspruch mehr auf Krankengeld haben. Für alle anderen Altersrentner ist der allgemeine Beitragssatz anzuwenden. Für alle Altersrentner die einer geringfügigen Beschäftigung nachgehen muss der Arbeitgeber den pauschalen Krankenversicherungsbeitragssatz von 13 % zahlen. *Kranken- u. Pflegeversicherung*

Wird durch Altersrente und zusätzliches Arbeitsentgelt die **Beitragsbemessungsgrenze (BBG)** in der Krankenversicherung überschritten, so werden die Beiträge dennoch vom vollen Arbeitsentgelt bis zur Beitragsbemessungsgrenze berechnet. Eine **Erstattung** der zu viel gezahlten Beiträge kann erst im Nachhinein auf Antrag erfolgen.

Arbeitslosenversicherungsfreiheit besteht für Altersvollrentner, die die Regelaltersgrenze überschritten haben. In diesem Fall zahlt nur der Arbeitgeber seinen Anteil zur Arbeitslosenversicherung. Für Altersrentner, die die Regelaltersgrenze noch nicht erreicht haben, besteht Arbeitslosenversicherungspflicht für Arbeitnehmer und Arbeitgeber. Beitragsfreiheit entsteht für den Arbeitnehmer ab dem Monat, in dem der Arbeitnehmer die Regelaltersgrenze erreicht. *Arbeitslosenversicherung*

Die bisherige Jahreshinzuverdienstgrenze für vorgezogene Altersrenten wird ab dem 01.01.2023 aufgehoben. Altersrentner können, unabhängig von der Regelaltersgrenze, in unbegrenzter Höhe hinzuverdienen, ohne dass das Auswirkungen auf die Rentenzahlungen hat. Diese Regelung galt bis zum 31.12.2022 nur für Altersvollrentner, die die Regelaltersgrenze erreicht hatten. *Hinzuverdienstgrenze*

zu Beispiel: Besonderheiten bei älteren Arbeitnehmern

Folgende Übersicht zeigt die Sozialversicherungsbeiträge für Herrn Tischler, 72 Jahre. Herr Tischler ist Altersvollrentner und hat die Regelaltersgrenze überschritten. Er hat zwei erwachsene Kinder und nimmt die Rentenversicherungsfreiheit in Anspruch. Der Zusatzbeitragssatz seiner Krankenkasse beträgt 1,8 %.

	Kranken-versicherung ermäßigter Satz	Pflege-versicherung	Renten-versicherung	Arbeitslosen-versicherung
beitragspflichtiges Brutto	2.300,00 €	2.300,00 €	2.300,00 €	2.300,00 €
Beitragssatz	14,00 %	3,05 %	18,60 %	2,60 %
Zusatzbeitragssatz	1,80 %			
Arbeitnehmeranteil	181,70 €	35,08 €	0,00 €	0,00 €
Arbeitgeberanteil	181,70 €	35,08 €	213,90 €	29,90 €

Arbeitnehmer, die 45 Jahre lang Beiträge zur Rentenversicherung gezahlt haben, können mit Vollendung des 63. Lebensjahres ab dem 1. Juli 2014 ohne Abzüge in Rente gehen. Die abschlagsfreie Rente gilt nur für Versicherte, die vor dem 1. Januar 1953 geboren sind und deren Rente nach dem 1. Juli 2014 beginnt. Für Versicherte, die nach dem 1. Januar 1953 geboren sind, steigt die Altersgrenze mit jedem Jahrgang um zwei Monate *(siehe vorgezogene Altersrententabelle im Anhang).*

10.4 Auszubildende

Beispiel: Besonderheiten bei Auszubildenden

Die ModeFix GmbH beschäftigt die 20-jährige Auszubildende Melanie Keller, die vor zwei Monaten ihre Berufsausbildung begonnen hat. Da Melanie Abitur hat, wird sie ihre Ausbildungszeit verkürzen. Die ModeFix GmbH zahlt ihren Auszubildenden im ersten Lehrjahr 620,00 €, im zweiten Lehrjahr 731,60 € und im dritten Lehrjahr 837,00 € monatliches Entgelt. Welches Entgelt erhält Melanie Keller am Beginn ihrer Ausbildung und wie wird die Vergütung steuerlich und sozialversicherungsrechtlich behandelt?

10.4.1 Arbeitsrechtliche Grundlagen und Ausbildungsvergütung

Rechtliche Grundlagen

Auszubildende sind nicht in einem normalen Arbeitsverhältnis angestellt, sondern in einem so genannten **Berufsausbildungsverhältnis**. Die Regelungen des Arbeitsrechts werden durch besondere Bestimmungen des Berufsausbildungsgesetztes ergänzt und zum Teil verschärft. So gilt für Auszubildende etwa ein **besonderer Kündigungsschutz** oder die Verpflichtung zur Durchführung von Untersuchungen der **gesundheitlichen Eignung** für einen Beruf. Viele Auszubildende sind noch minderjährig, weswegen auch das **Jugendarbeitsschutzgesetz** berücksichtigt werden muss.

Ausbildungsvergütung

Auch für die Lohn- und Gehaltsabrechnung stellen Auszubildende eine besondere Abrechnungsgruppe. Nach § 17 Abs. 1 BBiG hat der Arbeitgeber einem Auszubildenden eine angemessene **Vergütung** zu zahlen. Ab dem 01.01.2020 gibt es für neu abgeschlossene Ausbildungsverträge eine Mindestvergütung (§ 17 Abs. 2 BBiG) für Auszubildende, deren Ausbildungsverträge außerhalb einer Tarifbindung liegen.

Monatliche Mindestausbildungsvergütung für das erste Ausbildungsjahr:

Ausbildungsbeginn ab dem:	Mindestausbildungsvergütung:
01.01.2022	585,00 €
01.01.2023	620,00 €

Die Mindestausbildungsvergütung steigt im zweiten Ausbildungsjahr um 18 %, im dritten Ausbildungsjahr um 35 % und im vierten Ausbildungsjahr um 40 %.

Teilzahlungsmonate

In § 18 BBiG ist außerdem geregelt, dass sich die Ausbildungsvergütung nach Monaten bemisst und die Vergütung für einzelne Tage zu 1/30 zu rechnen ist. Es ist also bei Teilzahlungsmonaten nicht mit den tatsächlichen Arbeitstagen bzw. -stunden, sondern mit fiktiven Kalendertagen zu rechnen.

Eine besondere Schwierigkeit ergibt sich mit der Möglichkeit, die Ausbildungszeit zu verkürzen. Das Bundesarbeitsgericht hat hierzu entschieden, dass die Ausbildung stets im **ersten** Lehrjahr beginnt und entsprechend zu vergüten ist. Die Annahme, dass Auszubildende mit verkürzter Ausbildung sofort mit dem zweiten Lehrjahr beginnen und eine entsprechend höhere Vergütung erhalten müssten, ist daher falsch. Anders sieht es aus, wenn nicht nur die Ausbildungszeit verkürzt wird, sondern dem Auszubildenden bestimmte **qualifizierte Vorbildung** auf die Ausbildungszeit angerechnet wird. In diesem Fall kann es sein, dass der Auszubildende tatsächlich unmittelbar mit dem **zweiten** Lehrjahr beginnt und er die dementsprechend höhere Ausbildungsvergütung erhält.

Verkürzte Ausbildung

10.4.2 Gesundheitsbescheinigung

Auszubildende unter 18 Jahren genießen durch das Jugendarbeitsschutzgesetz einen besonderen Schutz. Dieser sieht auch eine **ärztliche Untersuchung** vor Ausbildungsbeginn vor. Dabei soll festgestellt werden, ob der Jugendliche die angestrebte Berufsausbildung absolvieren kann, ohne dass **gesundheitliche Schäden** zu befürchten sind. Eine weitere Pflichtuntersuchung ist im 4. Quartal des ersten Ausbildungsjahres durchzuführen. Darüber hinaus kann der Arzt weitere Nachuntersuchungen anordnen.

Gesundheitliche Eignung

Das Ergebnis der jeweiligen Untersuchung wird in einer formellen **Gesundheitsbescheinigung** dokumentiert, die vom untersuchenden Arzt ausgestellt wird. Die Gesundheitsbescheinigung wird auch als **Gesundheitszeugnis** bezeichnet, ist aber nicht mit dem Gesundheitszeugnis nach dem Infektionsschutzgesetz zu verwechseln. Sie wird vom Arbeitgeber für die Zeit der Berufsausbildung, längstens aber bis zum vollendeten 18. Lebensjahr des Jugendlichen aufbewahrt. Bei Beendigung des Ausbildungsverhältnisses hat der Arbeitgeber dem jugendlichen Auszubildenden die Gesundheitsbescheinigung auszuhändigen.

Gesundheitsbescheinigung

10.4.3 Steuern und Sozialversicherung

Im steuerlichen Sinne sind Auszubildende normale Arbeitnehmer, für die ein **individueller Lohnsteuerabzug** anhand der Lohnsteuerabzugsmerkmale und der Lohnsteuertabellen vorgenommen wird. Der Arbeitgeber berechnet dabei die gesetzlichen Steuerabzüge vom Bruttoarbeitslohn und führt diese an das Betriebsstättenfinanzamt ab.

Lohnsteuerabzug

---

zu Beispiel: Ausbildungsvergütung

Die Auszubildende Melanie Keller (20 Jahre), die in diesem Jahr ihre Ausbildung bei der ModeFix GmbH begonnen hat, erhält eine monatliche Bruttoausbildungsvergütung in Höhe von 620,00 €. Frau Keller ist in einer gesetzlichen Krankenkasse pflichtversichert. Der Zusatzbeitragssatz dieser gesetzlichen Krankenkasse beträgt 1,3 %. Frau Keller hat folgende Lohnsteuerabzugsmerkmale: I/0/ev.

Ausbildungsvergütung				620,00 €
Steuerabzugsbeträge		Steuerklasse I		- 0,00 €
Krankenversicherung	620,00 €	x	7,30 %	- 45,26 €
Krankenversicherung Zusatz	620,00 €	x	0,65 %	- 4,03 €
Rentenversicherung	620,00 €	x	9,30 %	- 57,66 €
Arbeitslosenversicherung	620,00 €	x	1,30 %	- 8,06 €
Pflegeversicherung	620,00 €	x	1,525 %	- 9,46 €
Nettovergütung				**495,53 €**

Die Übergangsregelung findet bei Auszubildenden keine Anwendung.

Eine Besonderheit ist, dass die Pauschalierungsmöglichkeiten für geringfügig entlohnte Beschäftigungsverhältnisse **nicht** für Ausbildungsbeschäftigungen gelten, deren Entgelt die Geringfügigkeitsgrenze von 520,00 € im Monat nicht übersteigt. Ausbildungsvergütungen unterliegen dem individuellen Lohnsteuerabzug, selbst wenn sie die Geringfügigkeitskriterien erfüllen.

Zahlt der Arbeitgeber die Gesamtsozialversicherungsbeiträge allein, ist bei der Ermittlung der Steuerbeträge die besondere Lohnsteuertabelle B anzuwenden.

Sozialversicherung

Mit dem Beginn der Berufsausbildung erhalten Auszubildende ein eigenes Einkommen. Sie können somit nicht mehr in der Familienversicherung der Eltern mitversichert sein, sondern werden selbst **versicherungspflichtig** in der Kranken-, Pflege-, Renten- und Arbeitslosenversicherung. Zudem besteht auch für Auszubildende die Versicherungspflicht in der gesetzlichen Unfallversicherung.

Auch wenn die Eltern bisher eine private Krankenversicherung auf das Kind abgeschlossen hatten, tritt mit Beginn der Ausbildung die Versicherungspflicht in der gesetzlichen Sozialversicherung ein, soweit der Auszubildende mit seinen Einkünften nicht die gültige Jahresarbeitsentgeltgrenze überschreitet.

Sozialversicherungsbeiträge

Die Beiträge zur Sozialversicherung werden für Auszubildende wie für normale Arbeitnehmer anhand des beitragspflichtigen Arbeitsentgeltes berechnet. Dabei werden die vollen Beitragssätze zugrunde gelegt. Eine Pauschalierung der Beiträge für Entgelte bis 520,00 € im Monat ist für Auszubildende **nicht** möglich. Auch die Anwendung der Übergangsregelung ist **nicht** möglich.

In der Regel werden die Beiträge zur Kranken-, Pflege-, Renten- und Arbeitslosenversicherung jeweils zur Hälfte (Halbteilungsgrundsatz) vom Arbeitgeber und vom Auszubildenden getragen; es sei denn, die monatliche Ausbildungsvergütung beträgt nicht mehr als 325,00 € (**Geringverdiener**). In diesem Fall trägt allein der Arbeitgeber die vollen Beiträge zur Sozialversicherung, auch den Zusatzbeitragssatz zur Krankenversicherung und gegebenenfalls den Zusatzbeitragssatz zur Pflegeversicherung. Es wird der durchschnittliche Zusatzbeitragssatz (2023 von 1,6 %) verwendet (§ 242 Abs. 3 Nr. 6 SGB V).

10.5 Geringfügig entlohnte Beschäftigte

Normalerweise unterliegt jede abhängige Beschäftigung der Steuer- und Sozialversicherungspflicht. Im Unterschied zu Voll- oder Teilzeitarbeitsverhältnissen sind geringfügige Beschäftigungsverhältnisse jedoch besonderen Regelungen in der Lohnbesteuerung und Sozialversicherungspflicht unterworfen, mit denen Arbeitnehmer entlastet werden sollen. Damit trägt der Gesetzgeber dem Umstand Rechnung, dass z. B. Aushilfstätigkeiten oder Nebenjobs keine berufsmäßigen Tätigkeiten darstellen, die dauerhaft auf den Erwerb des Lebensunterhalts ausgerichtet sind.

10.5.1 Geringfügigkeitsgrenze für Mini-Jobs

Regelmäßiges monatliches Arbeitsentgelt

> **Beispiel: Regelmäßiges monatliches Arbeitsentgelt für Mini-Jobs**
>
> Die ModeFix GmbH beschäftigt seit einem halben Jahr eine Schneiderin. Sie arbeitet jeweils dienstags bis donnerstags 2,5 Stunden und erhält einen Stundenlohn in Höhe von 12,00 €. Zum 17.03. scheidet die Schneiderin auf eigenen Wunsch aus dem Unternehmen aus.
>
> Handelt es sich bei der Beschäftigung um eine geringfügige Beschäftigung?

Eine Begriffsbestimmung der auch als **Mini-Jobs** bezeichneten geringfügig entlohnten Beschäftigungsverhältnisse findet sich in § 8 Abs. 1 Nr. 1 SGB IV. Danach liegt eine geringfügige Beschäftigung vor, wenn das Arbeitsentgelt aus dieser Beschäftigung regelmäßig im Monat 520,00 € nicht übersteigt. Bezüge, die vom Arbeitgeber nach § 40 Abs. 2 EStG pauschal versteuert werden, werden nicht dem Arbeitsentgelt zugerechnet (z. B. Mahlzeiten im Betrieb, Zuschüsse für Fahrten zwischen Wohnung und erster Tätigkeitsstätte *(siehe dazu Kapitel 4.1)*.

Geringfügig entlohnte Beschäftigte

Bei schwankenden Arbeitsentgelten, z. B. aufgrund von Stundenlohn oder saisonbedingten unterschiedlichen Arbeitszeiten, ist darauf zu achten, dass bei Beginn des Beschäftigungsverhältnisses der Jahresarbeitslohn geschätzt werden muss. Auch während des Beschäftigungsverhältnisses muss monatlich geprüft werden, ob die 520-Euro-Grenze im Durchschnitt weiter eingehalten wird.

Wird die Grenze im Laufe des Jahres überschritten und ist absehbar, dass auch die Jahresgrenze überschritten wird, ist der Arbeitnehmer ab diesem Zeitpunkt nicht mehr geringfügig beschäftigt. Das Beschäftigungsverhältnis wird dann, sofern der Arbeitgeber seinen Prüfpflichten nachgekommen ist, nicht rückwirkend sozialversicherungspflichtig gestellt.

Bei Beschäftigungen, die kürzer als einen Monat ausgeübt werden, ist dennoch die volle Geringfügigkeitsentgeltgrenze von 520,00 € anzusetzen.

Das Beschäftigungsverhältnis ist auch dann noch geringfügig, wenn die monatliche Arbeitsentgeltgrenze von 520,00 € durch Einmalzahlungen wie Urlaubs- oder Weihnachtsgeld, überschritten wird; unter der Voraussetzung, dass die durchschnittliche Monatsentgeltgrenze von 520,00 € oder die Jahresentgeltgrenze von 6.240,00 € nicht überschritten wird.

Des Weiteren ist das Beschäftigungsverhältnis auch dann noch geringfügig, wenn die monatliche Arbeitsentgeltgrenze nur gelegentlich durch Beschäftigungen, die zu einem unvorhersehbaren Zeitpunkt sofort erforderlich sind, z. B. Krankheitsvertretung oder eine erhöhte Auftragslage, überschritten wird. Als gelegentlich ist hierbei ein Zeitraum von bis zu zwei Monaten innerhalb eines Zeitjahres anzusehen. Die Höhe des Arbeitsentgelts in dem Monat, in dem die Arbeitsentgeltgrenze gelegentlich unvorhersehbar überschritten wird, beträgt maximal das Doppelte der monatlichen Geringfügigkeitsgrenze von 520,00 €. Die Jahresverdienstgrenze eines geringfügig beschäftigten Arbeitnehmers beträgt 6.240,00 € (12 x 520,00 €), in begründeten Ausnahmefällen 7.280,00 € (14 x 520,00 €).

Beispiel: Prüfung der Jahresverdienstgrenze für Mini-Jobs

Frau Müller ist als geringfügig entlohnte Beschäftigte mit einem monatlichen Arbeitsentgelt von 450,00 € im Einzelhandel tätig. Sie hat Anspruch auf Weihnachtsgeld in gleicher Höhe. Frau Müller übernahm bisher Krankheitsvertretungen im März und August. In diesen Monaten verdiente Sie 620,00 € und 680,00 €.

Arbeitsentgelt für 9 Monate	9	x	450,00 €	=	4.050,00 €
Weihnachtsgeld	1	x	450,00 €		450,00 €
Arbeitsentgelt März					620,00 €
Arbeitsentgelt August					680,00 €
voraussichtlicher Jahresverdienst					5.800,00 €

Damit wird die Jahresverdienstgrenze für geringfügig Entlohnte von derzeit 6.240,00 € nicht überschritten. In den Monaten der Krankheitsvertretung liegt das Arbeitsentgelt unterhalb des Doppelten der monatlichen Geringfügigkeitsgrenze in Höhe von 1.040,00 €. Es handelt sich somit weiterhin um eine geringfügig entlohnte Beschäftigung.

Ausgeschlossener Personenkreis

Nach dem Sozialversicherungsrecht sind folgende Personengruppen von der Geringfügigkeit ausgenommen, auch wenn ihr monatliches Entgelt nicht über 520,00 € liegt:

- Auszubildende und Praktikanten

- Personen, die ein freiwilliges soziales oder ökologisches Jahr leisten

- Behinderte Personen in geschützten Einrichtungen, Berufsbildungswerken oder ähnlichen Einrichtungen

- Jugendliche in Einrichtungen der Jugendhilfe

- Personen die stufenweise wieder in das Erwerbsleben eingegliedert werden

- Personen, deren Entgelt aufgrund von Kurzarbeit oder Saison-Kurzarbeitergeld nicht über 520,00 € liegt

---

zu Beispiel: monatliches Arbeitsentgelt für Mini-Jobs

Für die Monate, in denen die Schneiderin voll beschäftigt war, hat sie je nach Anzahl der Arbeitstage zwischen **375,00 €** (12 Arbeitstage x 2,5 Stunden x 12,50 €) und **468,75 €** (15 Arbeitstage x 2,5 Stunden x 12,50 €) erhalten. Das monatliche Arbeitsentgelt lag somit unter der Geringfügigkeitsgrenze von 520,00 €.

Zusammenrechnung mehrerer Beschäftigungen

Werden mehrere geringfügig entlohnte Beschäftigungen nebeneinander ausgeübt, so werden alle daraus bezogenen Entgelte **zusammengerechnet**. Wird dann die Geringfügigkeitsgrenze überschritten, so ist **keine** der Beschäftigungen mehr als geringfügig im Sinne des Sozialversicherungsrechtes anzusehen.

Mehrere geringfügig entlohnte Beschäftigungen

Neben einer hauptberuflichen sozialversicherungspflichtigen Tätigkeit darf **ein** geringfügig entlohntes Beschäftigungsverhältnis eingegangen werden. Dieses wird nicht mit der Hauptbeschäftigung zusammengerechnet. Jedes weitere geringfügig entlohnte Beschäftigungsverhältnis ist beitragspflichtig in der Kranken-, Pflege- und Rentenversicherung (nicht in der Arbeitslosenversicherung), auch wenn es zusammen mit der ersten geringfügigen Beschäftigung die Höchstgrenze von 520,00 € nicht überschreitet. Als „erster" wird dabei derjenige Mini-Job angesehen, der in **zeitlicher** Reihenfolge als erstes angetreten wurde.

Haupt- u. Nebenbeschäftigung

Wie bei den sozialversicherungspflichtigen Arbeitsverhältnissen, musste der Arbeitnehmer bis zum 31.12.2011 dem Arbeitgeber alle Arbeitsentgelte aus anderen Beschäftigungsverhältnissen mitteilen. Ab dem 01.01.2012 wurde dies durch eine elektronische Meldung und Rückmeldung der Krankenkasse des Arbeitnehmers ersetzt.

Weitere Beschäftigungen

Beispiel: Zusammenrechnung mehrerer Beschäftigungen

Frau Sabine Meyer ist halbtags im Steuerbüro als Bilanzbuchhalterin angestellt. In dieser voll steuer- und sozialversicherungspflichtigen Haupttätigkeit verdient sie 1.800,00 € im Monat. Seit Januar arbeitet sie zusätzlich montags für 3 Stunden bei der ModeFix GmbH und übernimmt dort Buchführungsarbeiten. Sie bekommt dafür 200,00 € im Monat. Im März nimmt sie noch eine weitere Nebentätigkeit auf und arbeitet 4 Stunden in der Woche als Schreibkraft in einem Ingenieurbüro. Dabei verdient sie 250,00 € im Monat. Bei der sozialversicherungsrechtlichen Geringfügigkeitsprüfung werden die Arbeitsverhältnisse wie folgt angerechnet:

Arbeitsverhältnis	monatl. Entgelt	Status
Steuerbüro	1.800,00 €	Haupttätigkeit (steuer- und SV-pflichtig)
ModeFix GmbH	200,00 €	erste geringfügig entlohnte Nebentätigkeit; wird als Mini-Job anerkannt, (AG: RV 15 % + KV 13 %, AN: RV 3,6 %, AG oder AN: pauschale Lohnsteuer 2 %)
Ingenieurbüro	250,00 €	zweite geringfügig entlohnte Nebentätigkeit; keine Anerkennung als Mini-Job (SV-pflichtig: KV, PV, RV; SV-frei: AV)

Die zweite geringfügige Nebentätigkeit wird nicht als geringfügige Beschäftigung angerechnet, auch wenn das Entgelt zusammen mit der ersten geringfügigen Nebentätigkeit die Höchstgrenze von 520,00 € nicht überschreitet. Frau Meyer kann nicht anstelle der Nebentätigkeit bei der ModeFix GmbH die Beschäftigung im Ingenieurbüro als geringfügig auslegen, um den höheren Verdienst abgabenfrei zu stellen. Als Mini-Job kann nur die Beschäftigung bei ModeFix gelten, da sie zeitlich vor der Anstellung im Ingenieurbüro angetreten wurde.

Prüfung durch SV-Träger

Die Zusammenrechnung der Arbeitsentgelte aus mehreren geringfügigen Beschäftigungsverhältnissen wird von der Krankenkasse des Arbeitnehmers oder der Knappschaft-Bahn-See monatlich überprüft. Wird festgestellt, dass die maßgebende Arbeitsentgeltgrenze **überschritten** ist und somit Versicherungspflicht vorliegt, tritt diese gemäß § 8 Abs. 2 Satz 3 SGB IV mit dem **Tage der Bekanntgabe** der Feststellung ein. Um sich vor Beitragsnachforderungen zu schützen, sollte sich der Arbeitgeber einen Personalfragebogen vom Arbeitnehmer ausfüllen und unterschreiben lassen, aus dem ersichtlich ist, welchen geringfügigen Beschäftigungen der Arbeitnehmer bereits nachgeht.

10.5.2 Sozialversicherungsbeiträge für Mini-Jobs

> **Beispiel: Sozialversicherungsbeiträge für Mini-Jobs**
>
> Frau Winkler, Reinigungskraft der Firma ModeFix GmbH, erhält als geringfügig entlohnte Beschäftigte ein monatliches Brutto von 420,00 €. Welche Sozialversicherungsbeiträge sind abzuführen?

Bei der geringfügigen Beschäftigung handelt es sich um ein teilweise versicherungsfreies Beschäftigungsverhältnis. Der Arbeitgeber muss einen pauschalen Beitrag zur Krankenversicherung (13 % ohne Zusatzbeitrag) und zur Rentenversicherung (15 %) zahlen. Beiträge zur Pflege- und Arbeitslosenversicherung fallen nicht an. Der pauschale Krankenversicherungsbeitrag entfällt, wenn der Arbeitnehmer nicht in einer gesetzlichen Krankenkasse, sondern privat versichert ist.

Die pauschalen Arbeitgeberbeiträge zur Krankenversicherung begründen keine Leistungsansprüche des Arbeitnehmers aus der Krankenkasse. Der Arbeitnehmer ist für eine geringfügig entlohnte Beschäftigung von der Sozialversicherungspflicht in der Kranken-, Pflege- und Arbeitslosenversicherung befreit. In der Rentenversicherung besteht für den Arbeitnehmer Versicherungspflicht. Der zur Berechnung des Arbeitnehmerbeitrags herangezogene Beitragssatz ist die Differenz (3,6 %) zwischen dem vollen Beitragssatz (2023: 18,6 %) und dem pauschalen Beitragssatz (15 %). Von dieser gesetzlichen Rentenversicherungspflicht kann sich der Arbeitnehmer auf Antrag befreien lassen. Der Antrag auf Befreiung von der Rentenversicherungspflicht bei der Deutschen Rentenversicherung oder der Knappschaft-Bahn-See muss in elektronischer Form gestellt werden.

Beitragsbemessungsgrundlage

Hier ist jedoch die Mindestbeitragsbemessungsgrundlage von 175,00 € bei der monatlichen Berechnung des Pflichtbeitrages zur Rentenversicherung zu beachten, wobei der Arbeitgeber den pauschalen Beitrag nur aus dem tatsächlichen Entgelt leisten muss. In den Fällen in denen das Arbeitsentgelt weniger als 175,00 € beträgt, muss der Arbeitnehmer zusätzlich zu seinem Beitragsanteil die Differenz zum insgesamt zu zahlenden Pflichtbeitrag zur Rentenversicherung zahlen. Der monatliche Mindestbeitrag in der Rentenversicherung für geringfügig Beschäftigte bei Rentenversicherungspflicht beträgt 32,55 € (175,00 € x 18,6 %).

Beispiel: Sozialversicherungsbeiträge für Mini-Jobs
Beibehaltung der Rentenversicherungspflicht

Frau Winkler hat sich nicht von der Rentenversicherungspflicht befreien lassen. In diesem Fall sind folgende Beiträge zu zahlen:

SV Zweig Arbeitnehmer (Frau Winkler)	Arbeitgeber (ModeFix GmbH)
KV keine	420,00 € x 13 % = **54,60 €**
RV 420,00 € x 3,6 % = **15,12 €**	420,00 € x 15 % = **63,00 €**
AV keine	keine
PV keine	keine

Der Arbeitnehmerbeitrag von 15,12 € zur Rentenversicherung wird Frau Winkler von ihrem Entgelt abgezogen, sodass ein Auszahlungsbetrag von 404,88 € verbleibt.

Frau Seidel verdient 100,00 € monatlich und stellt keinen Antrag auf Rentenversicherungsfreiheit. In diesem Fall sind folgende Beiträge zu zahlen:

SV Zweig Arbeitnehmer (Frau Seidel)	Arbeitgeber (ModeFix GmbH)
KV keine	100,00 € x 13 % = **13,00 €**
RV 175,00 € x 18,6 % = 32,55 €	100,00 € x 15 % = **15,00 €**
- AG Beitrag 15,00 €	
17,55 €	
AV keine	keine
PV keine	keine

Der Arbeitnehmerbeitrag von 17,55 € zur Rentenversicherung bekommt Frau Seidel von ihrem Entgelt abgezogen, sodass ein Auszahlungsbetrag von 82,45 € verbleibt.

Die Beibehaltung der Rentenversicherungspflicht hat zur Folge, dass sich der Gesamtbeitrag basierend auf den 3,6 % des Arbeitnehmers und basierend auf den Pauschalsatz von 15 % des Arbeitgebers rentensteigernd auswirkt.

Lässt sich der Arbeitnehmer auf Antrag von der Rentenversicherungspflicht befreien, wirkt sich der Beitragsanteil des Arbeitgebers anteilig auf die Anrechnungszeiten und die Höhe der Rente aus.

Beispiel: Sozialversicherungsbeiträge für Mini-Jobs
Befreiung von der Rentenversicherungspflicht

Frau Winkler hat sich von der Rentenversicherungspflicht befreien lassen. In diesem Fall sind folgende Beiträge zu zahlen:

SV Zweig Arbeitnehmer (Frau Winkler)	Arbeitgeber (ModeFix GmbH)
KV keine	420,00 € x 13 % = **54,60 €**
RV keine	420,00 € x 15 % = **63,00 €**
AV keine	keine
PV keine	keine

10.5.3 Lohnsteuern für geringfügig entlohnte Beschäftigungen

Lohnsteuerpflicht

Geringfügig entlohnte Beschäftigungsverhältnisse sind nicht von der Lohnsteuer befreit. Jedoch gibt es verschiedene Möglichkeiten, die Lohnsteuer zu **pauschalieren**. Der Arbeitgeber hat jeweils unter bestimmten Voraussetzungen folgende Möglichkeiten, den Lohnsteuerabzug durchzuführen:

- Lohnsteuerabzug anhand der individuellen Lohnsteuerabzugsmerkmale
- Pauschalierung mit 2 %
- Pauschalierung mit 20 %

Lohnsteuerabzugsmerkmale

Die Möglichkeit den Lohnsteuerabzug anhand der Lohnsteuerabzugsmerkmale durchzuführen, die aus der ELStAM-Datei des Beschäftigten zu entnehmen sind, steht dem Arbeitgeber auch bei geringfügig entlohnten Beschäftigungen offen. Für die Lohnsteuerklassen I bis IV fallen beim individuellen Lohnsteuerabzug für eine geringfügig entlohnte Beschäftigung keine Lohnsteuern an. Anders sieht dies in den **Steuerklassen V** und **VI** aus. Arbeitnehmer mit der Steuerklasse V und VI werden durch einen Lohnsteuerabzug belastet.

Pauschalierung mit 2 %

Die steuergünstigste Abrechnung ist die **Pauschalierung** der Lohnsteuer mit 2 %. In diesem Pauschbetrag sind Kirchensteuer und Solidaritätszuschlag bereits enthalten. Voraussetzung ist, dass der Arbeitgeber die **Rentenversicherungsbeiträge** mit dem pauschalen Rentenversicherungsprozentsatz von 15 % des beitragspflichtigen Arbeitsentgeltes berechnet und abführt, also das Beschäftigungsverhältnis in der Sozialversicherung geringfügig ist. Die Pauschalsteuer von 2 % wird mit dem Beitragsnachweis für geringfügig Beschäftigte an die Knappschaft-Bahn-See „Minijob-Zentrale" gemeldet und abgeführt und nicht an das Betriebsstättenfinanzamt.

Besteht eine arbeitsrechtliche Vereinbarung zwischen Arbeitgeber und Arbeitnehmer, kann die Pauschalsteuer auf den Arbeitnehmer abgewälzt werden. Die pauschalen Arbeitgeberbeiträge zur Sozialversicherung müssen immer vom Arbeitgeber getragen werden; eine Abwälzung auf den Arbeitnehmer ist nicht möglich.

Pauschalierung mit 20 %

Hat der Arbeitgeber für ein Beschäftigungsverhältnis, das für sich betrachtet geringfügig entlohnt ist (höchstens 520,00 € monatlich) normale Rentenversicherungsbeiträge zu entrichten (z. B. weil es sich um ein zweites oder weiteres geringfügiges Beschäftigungsverhältnis neben einer Hauptbeschäftigung handelt), so kann er dennoch eine **Pauschalierung** der Lohnsteuer vornehmen.

Der Pauschalsteuersatz beträgt dann 20 %. Im Gegensatz zur 2 %-Pauschalierung werden hier jedoch **zusätzlich** der Solidaritätszuschlag und gegebenenfalls Kirchensteuer auf Basis der Lohnsteuer erhoben.

Die Pauschalsteuer von 20 % und die Zuschlagssteuern werden mit der Lohnsteueranmeldung an das zuständige Betriebsstättenfinanzamt gemeldet und abgeführt.

Ein besonderer Vorteil der Pauschalierung entsteht für den Arbeitnehmer, wenn die pauschale Lohnsteuer vom Arbeitgeber getragen wird und der Arbeitnehmer somit einen Bruttolohn erhält, der **ohne gesetzliche Abzüge** in voller Höhe ausgezahlt wird. Der Arbeitgeber kann die pauschale Lohnsteuer aber auch auf den Arbeitnehmer abwälzen.

> **Beispiel: Lohnsteuern für geringfügig entlohnte Beschäftigungen**
>
> Frau Winkler, Reinigungskraft der ModeFix GmbH, erhält als geringfügig entlohnte Beschäftigte monatlich 420,00 €. Da Frau Winkler keinen weiteren Minijob hat, kann die ModeFix GmbH die Steuer mit 2 % pauschalieren. Abzuführen ist ein Steuerbetrag von 8,40 € (2 % von 420,00 €).

10.5.4 Entgeltfortzahlung und Umlagen

Auch geringfügig Beschäftigte haben einen Anspruch auf **Entgeltfortzahlung** im Krankheitsfall für bis zu sechs Wochen. Ausschlaggebend ist dabei die Höhe des Entgeltes, das der Beschäftigte verdient hätte, wenn er nicht erkrankt wäre. Da bei mehreren Arbeitsverhältnissen die Entgelte von allen Arbeitgebern fortgezahlt werden, muss der Erkrankte auch **jedem seiner Arbeitgeber** eine ärztliche Arbeitsunfähigkeitsbescheinigung vorlegen. Geringfügig beschäftige Arbeitnehmer haben auch einen Anspruch auf Entgeltfortzahlung bei Arbeitsausfällen an Feiertagen. Fällt ein gesetzlicher Feiertag auf einen Arbeitstag, muss der Arbeitgeber das Arbeitsentgelt zahlen, das der geringfügig beschäftigte Arbeitnehmer ohne den Arbeitsausfall erhalten hätte (§ 2 EntgFG). Die Fortzahlung von Entgelt an Feiertagen darf nicht dadurch umgangen werden, dass der Arbeitnehmer die ausgefallenen Arbeitsstunden an anderen Tagen vor- oder nacharbeiten muss.

Entgeltfortzahlungen

Geringfügig beschäftige Arbeitnehmer haben auch einen Anspruch auf bezahlten Urlaub und damit ein Anspruch auf Urlaubsentgeltzahlungen gemäß Teilzeit-Befristungsgesetz (TzBfG). Der gesetzliche Jahresurlaubsanspruch beträgt mindestens 24 Werktage bei 6 Arbeitstagen pro Woche und mindestens 20 Arbeitstage bei 5 Arbeitstagen pro Woche im Jahr. Die Anzahl der Urlaubstage ist abhängig von den individuellen Arbeitstagen des geringfügig beschäftigten Arbeitnehmers.

Berechnung des gesetzlich garantierten Urlaubsanspruchs:

> individuelle Arbeitstage pro Woche x 24 Werktage : 6 Werktage
> = Urlaubstage pro Jahr

oder

> individuelle Arbeitstage pro Woche x 20 Arbeitstage : 5 Arbeitstage
> = Urlaubstage pro Jahr

Bei der Berechnung des individuellen Urlaubsanspruchs ist nur relevant, an wie vielen Tagen der Arbeitnehmer in der Woche arbeitet, nicht aber die Anzahl der Arbeitsstunden pro Tag. Kann der Arbeitnehmer seinen gesetzlich garantierten oder vertraglich vereinbarten Urlaub wegen der Beendigung seines Arbeitsvertrages nicht in Anspruch nehmen, steht ihm eine Abgeltung des Resturlaubs zu. Die Abgeltungshöhe richtet sich nach der Berechnung des Urlaubsentgelts; hierbei ist die Anzahl der Arbeitsstunden pro Tag zu berücksichtigen.

Einen Zuschuss zum Mutterschaftsgeld hat der Arbeitgeber einer geringfügig beschäftigten Arbeitnehmerin nur dann zu zahlen, wenn das kalendertägliche Entgelt über 13,00 € liegt, unabhängig davon, ob diese auch Mutterschaftsgeld von der Krankenkasse bekommt.

AG-Zuschuss Mutterschaftsgeld

Geringfügig beschäftige Arbeitnehmer haben auch einen Anspruch auf eine Freistellung von bis zu zehn Arbeitstagen, wenn in ihrer Familie ein akuter Pflegefall auftritt, unabhängig von der Zahl der Beschäftigten eines Betriebes oder eines Arbeitgebers. Die Freistellung darf nicht dadurch umgangen werden, dass der Arbeitnehmer die ausgefallenen Arbeitsstunden nacharbeiten muss. Des Weiteren hat der geringfügig beschäftigte Arbeitnehmer Anspruch auf Pflegeunterstützungsgeld von der Krankenkasse des Pflegebedürftigen. Das Pflegeunterstützungsgeld ist eine Bruttoleistung, die sich gegebenenfalls noch um Beitragsanteile des Leistungsempfängers zur Sozialversicherung mindert. *(Näheres dazu erfahren Sie im Lehrbuch für Fortgeschrittene)*

Pflegeunterstützungsgeld

Umlagen

Um die Belastungen, die einem Arbeitgeber durch Entgeltfortzahlungen entstehen können, besser kalkulieren zu können, zahlen Betriebe in eine **Ausgleichskasse** Beiträge ein. Diese erstattet teilweise die Aufwendungen für **Krankheit** von Arbeitnehmern und die Aufwendungen für **Mutterschutzlohn**. Für geringfügig beschäftigte Arbeitnehmer sind die Umlagen einheitlich an die Knappschaft-Bahn-See zu entrichten und die Erstattungen auch dort geltend zu machen *(siehe Kapitel 12.10)*.

U1 1,1 %

Die Erstattungsleistungen durch die Umlagekasse (Knappschaft-Bahn-See) betragen 80 Prozent. Erstattet werden 80 Prozent des fortgezahlten Bruttoarbeitsentgelts, die erstattungsfähigen Arbeitgeberanteile zur Sozialversicherung sind darin bereits enthalten. Die entsprechende Umlage (U1) beträgt in 2023 1,1 % der laufenden **rentenversicherungspflichtigen Bruttoarbeitsentgelte** aller geringfügig beschäftigten Arbeitnehmer des Betriebes.

U2 0,24 %

Die Erstattungsleistungen durch die Umlagekasse (Knappschaft-Bahn-See) betragen 100 Prozent. Erstattet werden 100 Prozent des fortgezahlten Bruttoarbeitsentgelts, die erstattungsfähigen Arbeitgeberanteile zur Sozialversicherung sind darin bereits enthalten. Die entsprechende Umlage (U2) beträgt in 2023 0,24 % der laufenden **rentenversicherungspflichtigen Bruttoarbeitsentgelte** aller geringfügig beschäftigten Arbeitnehmer des Betriebes.

U3 0,06 %

Die Bundesagentur für Arbeit zahlt im Falle der Insolvenz eines Arbeitgebers zum Ausgleich des ausgefallenen Arbeitsentgeltes für maximal drei Monate Insolvenzgeld. Der Einzug der Insolvenzumlage erfolgt durch die jeweilige Einzugsstelle der Minijob-Zentrale (derzeit Knappschaft-Bahn-See). Die entsprechende Umlage (U3) beträgt in 2023 0,06 % der rentenversicherungspflichtigen Bruttoarbeitsentgelte aller geringfügig beschäftigten Arbeitnehmer eines Betriebes.

Beispiel: Entgeltfortzahlung und Umlagen

Die ModeFix GmbH muss für Frau Winkler folgende Umlagen für Entgeltfortzahlung, und Mutterschutz zahlen:

U1	420,00 €	x	1,10 %	=	4,62 €
U2	420,00 €	x	0,24 %	=	1,01 €
U3	420,00 €	x	0,06 %	=	0,25 €

10.5.5 Einzugsstellen für gesetzliche Abgaben bei Mini-Jobs

Knappschaft-Bahn-See / Mini-Job-Zentrale

SV-Beiträge und Umlagen

Die für eine geringfügige Beschäftigung zu leistenden pauschalen Sozialabgaben, der Arbeitnehmeranteil zur Rentenversicherung sowie die Umlagen sind an die Knappschaft-Bahn-See abzuführen. Dabei spielt es keine Rolle, dass die Beschäftigten in einer anderen Krankenkasse oder über die Familienversicherung krankenversichert sind. Auch die **Meldungen** zur Sozialversicherung sind an die Knappschaft-Bahn-See zu erstatten *(zu Meldungen für geringfügig Beschäftigte siehe Kapitel 12.1)*.

Steuerbeträge

Bei einer mit 2 % pauschal erhobenen Lohnsteuer, wird der **Steuerbetrag** zusammen mit den Arbeitgeber- und Arbeitnehmerbeiträgen zur Sozialversicherung an die Knappschaft-Bahn-See abgeführt. Die Knappschaft-Bahn-See leitet dann die Sozialversicherungsbeiträge an die Sozialversicherungsträger weiter und nimmt eine Aufteilung der

Pauschalsteuer auf die erhebungsberechtigten Körperschaften vor. Dabei werden 90 % der einheitlichen Pauschalsteuer für die Lohnsteuer verwendet und jeweils 5 % für den Solidaritätszuschlag und die Kirchensteuer.

Betriebsstättenfinanzamt

Führt der Arbeitgeber für eine geringfügig entlohnte Beschäftigung den Lohnsteuerabzug anhand der **elektronischen Lohnsteuerabzugsmerkmale** durch oder berechnet er die Lohnsteuer pauschal mit 20 %, so sind die entsprechenden Steuerbeträge (Lohnsteuer zuzüglich Solidaritätszuschlag und Kirchensteuer) an das zuständige Betriebsstättenfinanzamt zu melden.

10.6 Kurzfristig Beschäftigte

Eine zweite Form der geringfügigen Beschäftigung ist die **kurzfristige** Beschäftigung. Auch hier gelten steuerliche und sozialversicherungsrechtliche Besonderheiten. Anders als bei den geringfügig entlohnten Arbeitsverhältnissen unterscheiden sich jedoch die Definitionen der kurzfristigen Beschäftigung im Steuer- und Sozialversicherungsrecht. Typische kurzfristige Beschäftigungen sind:

- Beschäftigung während einer Saison
  - Ski-Saison
  - Freibad-Saison
- Bedienung bei Veranstaltungen
  - Konzert
- Beschäftigung in „Notsituationen"
  - erhöhte Auftragslage
  - Krankheitsvertretung
- Beschäftigung bezogen auf ein Projekt
  - Planung im Ingenieur- oder Architekturbüro

10.6.1 Kurzfristig Beschäftigte im Sozialversicherungsrecht

Nach § 8 SGB IV ist die kurzfristige Beschäftigung eine zweite Form der sozialversicherungsfreien geringfügigen Beschäftigung. Es handelt sich dabei um eine Beschäftigung, die entweder aufgrund ihrer Eigenart oder vertraglich festgelegt von vornherein **zeitlich begrenzt** sind. Eine zeitliche Begrenzung aus der Eigenart der Beschäftigung liegt beispielsweise bei Saisonarbeit oder Urlaubsvertretung vor. Leitet sich die zeitliche Begrenzung nicht aus Art und Umfang der Tätigkeit ab, so ist sie vertraglich zu fixieren. Da es sich bei einem kurzfristigen Beschäftigungsverhältnis um ein befristetes Arbeitsverhältnis handelt, ist zur Anerkennung ein schriftlicher Arbeitsvertrag erforderlich. Des Weiteren sind für eine kurzfristige Beschäftigung folgende Voraussetzungen zu erfüllen:

Kurzfristigkeit im SV-Recht

- Das Beschäftigungsverhältnis darf von vornherein nicht länger als für **drei Monate oder 70 Arbeitstage** im Kalenderjahr bestehen.
- Die Tätigkeit darf **nicht berufsmäßig** ausgeübt werden.

Prüfung der Berufsmäßigkeit

Von einer Berufsmäßigkeit ist auszugehen, wenn die kurzfristige Beschäftigung für den Arbeitnehmer nicht von untergeordneter wirtschaftlicher Bedeutung ist, d. h. wenn er seinen Lebensunterhalt in erheblichem Maße aus der kurzfristigen Beschäftigung bezieht. Dabei sind die wirtschaftlichen Gesamtverhältnisse, insbesondere weitere Einkünfte, Unterhaltsansprüche und Vermögensverhältnisse, zu berücksichtigen.

Berufsmäßige Tätigkeiten

Die Feststellung der Berufsmäßigkeit ist in der Praxis oftmals schwierig. Grundsätzlich kann von einer **Berufsmäßigkeit** ausgegangen werden, bei kurzfristigen Beschäftigungen

- zwischen abgeschlossenem Studium und Eintritt ins Berufsleben
- zwischen Schulabschluss und Antritt einer Dauerbeschäftigung oder Ausbildung
- während eines unbezahlten Urlaubs
- während der Elternzeit
- während dem Bezug von Leistungen von der Bundesagentur für Arbeit
- vor Ableistung eines Freiwilligendienstes (freiwilliger Wehrdienst, Bundesfreiwilligendienst, freiwilliges soziales oder ökologisches Jahr), auch wenn im Anschluss hieran ein Studium beabsichtigt ist.

Nicht berufsmäßige Tätigkeiten

Dagegen ist grundsätzlich **keine berufsmäßige Tätigkeit** bei kurzfristigen Beschäftigungen anzunehmen ...

- bei Vorliegen einer Hauptbeschäftigung
- zwischen Schulabschluss und Antritt eines Studiums
- während der Ableistung des Freiwilligendienstes
- nach Ausscheiden aus dem Erwerbsleben
- von Hausfrauen, Schülern und Studenten

Höchstgrenze

Eine Prüfung der Berufsmäßigkeit ist nicht notwendig, wenn das Arbeitsentgelt höchstens 520,00 € monatlich beträgt. Die Beschäftigung ist in diesem Fall geringfügig entlohnt und somit auch dann sozialversicherungsfrei, wenn sie berufsmäßig ausgeübt wird *(zu geringfügig entlohnten Beschäftigungsverhältnissen siehe auch Kapitel 10.5 und 10.9.1).*

Prüfung der Zeitgrenze

> **Beispiel: Kurzfristig Beschäftigte**
>
> Frau Kirchner ist Hausfrau und nicht berufstätig. Um wegen eines krankheitsbedingten Engpasses auszuhelfen, nimmt sie am 01.08. eine Beschäftigung als Aushilfsverkäuferin bei der ModeFix GmbH auf. Die Beschäftigung ist von vornherein bis zum 31.08. befristet und auf 6 Tage in der Woche (montags bis samstags) festgelegt. Vom 15.10. bis zum 14.11. springt sie nochmals als Urlaubsvertretung bei der ModeFix GmbH ein, diesmal aber nur für 4 Tage in der Woche (dienstags bis freitags). Bleibt Frau Kirchner mit beiden Beschäftigungen unter den Zeitgrenzen der kurzfristigen Beschäftigung?

Zeitgrenzen

Bis zum 31.05.2021 waren die Zeitgrenzen von der wöchentlichen Arbeitszeit abhängig. Wurde die kurzfristige Beschäftigung an mindestens 5 Tagen in der Woche ausgeübt, war die Zeitgrenze von 3 Monaten bzw. 90 Kalendertagen bei Teilmonaten maßgebend. Erfolgte die kurzfristige Beschäftigung an weniger als 5 Tage in der Woche waren die 70 Arbeitstage anzusetzen.

Ab dem 01.06.2021 sind die Zeitgrenzen unabhängig von der wöchentlichen Arbeitszeit anwendbar. Der Arbeitgeber entscheidet welche Zeitgrenze für die kurzfristige Beschäftigung angesetzt wird.

Wie auch bei den geringfügig entlohnten Tätigkeiten werden mehrere kurzfristige Beschäftigungen innerhalb eines Kalenderjahres **zusammengerechnet**, um festzustellen, ob die Zeitgrenzen überschritten werden. Zu beachten ist, dass **nur kurzfristige Beschäftigungen** untereinander zusammengerechnet werden dürfen, nicht aber kurzfristige mit geringfügig entlohnten Beschäftigungen oder Hauptbeschäftigungen. Bei der Zusammenrechnung mehrerer Beschäftigungen für die Prüfung der Kurzfristigkeit kann nicht wahlweise auf der Basis Monat oder Kalendertag abgestellt werden. Sobald ein Arbeitsverhältnis auf Tagesbasis zu bewerten ist, sind auch alle anderen Beschäftigungen mit der Tagesgrenze anzusetzen. Gleiches gilt für das Ersetzen der Drei-Monats-Grenze durch 90 Kalendertage.

Zusammenrechnung

---

zu Beispiel: Kurzfristig Beschäftigte

Die beiden Beschäftigungen von Frau Kirchner bei der ModeFix GmbH sind zur Prüfung der Kurzfristigkeit zu summieren. Dabei kann der Arbeitgeber entscheiden, ob die Monats- oder die Tagesbasis herangezogen werden muss. Der Arbeitgeber entscheidet sich bei der Prüfung auf Kurzfristigkeit für die Zeitgrenze von 70 Arbeitstagen. Im ersten Beschäftigungszeitraum sind 26 Arbeitstage, im zweiten 19 Arbeitstage zu berücksichtigen. Mit insgesamt 45 Arbeitstagen wird die Kurzfristigkeitsgrenze von 70 Tagen somit nicht überschritten.

Hätte der Arbeitgeber sich für die Drei-Monats-Grenze entschieden, wäre auf Grund, dass es sich bei dem zweiten Zeitraum um Teilmonate handelt, diese durch die 90 Kalendertage-Grenze zu ersetzen. Für den Zeitraum August werden 30 Kalendertage berechnet. Da die beiden Teilmonatszeiträume im September und Oktober einen gesamten Monat umfassen, sind für diesen Zeitraum ebenfalls 30 Kalendertage zu berücksichtigen. Mit insgesamt 60 Kalendertagen wird die Kurzfristigkeitsgrenze von 90 Kalendertagen auch nicht überschritten und beide Beschäftigungen sind somit kurzfristige Beschäftigungen.

Sozialversicherungsbeiträge

Anders als bei den geringfügig entlohnten Beschäftigungen sind bei kurzfristigen Beschäftigungen **keine** pauschalen Sozialversicherungsbeiträge durch den Arbeitgeber zu entrichten. Kurzfristige Beschäftigungen sind sowohl für den Arbeitnehmer als auch für den Arbeitgeber vollständig **beitragsfrei**. Eine Verdienstgrenze gibt es nicht.

Keine pauschalen Beiträge

Erfüllt ein Arbeitsverhältnis gleichzeitig die Bedingungen einer geringfügig entlohnten Beschäftigung und einer kurzfristigen Beschäftigung, so ist es als **kurzfristige** Beschäftigung anzusehen.

Vorrang kurzfristiger Beschäftigung

Auch kurzfristig Beschäftigte müssen der Knappschaft-Bahn-See gemeldet werden *(siehe dazu auch Kapitel 12.1.6)*. Eine Jahresmeldung ist jedoch nicht erforderlich; auch dann nicht, wenn die kurzfristige Beschäftigung über einen Jahreswechsel hinausreicht. Es sind nur An- und Abmeldungen zu erstellen.

Meldung zur Sozialversicherung

Umlagen zur Entgeltfortzahlungsversicherung

U1 1,1 %
Auch kurzfristig Beschäftigte Arbeitnehmer haben gesetzlichen Anspruch auf Lohnfortzahlung im Krankheitsfall, jedoch erst ab der 5. Beschäftigungswoche. Es sind nur Umlagebeträge zu zahlen, wenn das Beschäftigungsverhältnis für mehr als 4 Wochen besteht oder vorab ein Rahmenvertrag bis zu 90 Arbeitstagen jährlich über mehrere kurzfristige Beschäftigungsverhältnisse von weniger als vier Wochen geschlossen wurde. Die Umlage ist dann allerdings ab dem 1. Beschäftigungstag zu leisten. Die Erstattungsleistungen durch die Umlagekasse (Knappschaft-Bahn-See) betragen 80 Prozent. Erstattet werden 80 Prozent des fortgezahlten Bruttoarbeitsentgelts, die erstattungsfähigen Arbeitgeberanteile zur Sozialversicherung sind darin bereits enthalten. Die Umlage (U1) beträgt in 2023 1,1 % der Bruttoarbeitsentgelte aller kurzfristig Beschäftigten eines Betriebes.

U2 0,24 %
Die Umlage (U2) zur Erstattung der Aufwendungen wegen Mutterschutz beträgt in 2023 mit 0,24 %. Die Erstattungsleistungen durch die Umlagekasse (Knappschaft-Bahn-See) betragen 100 Prozent. Erstattet werden 100 Prozent des fortgezahlten Bruttoarbeitsentgelts, die erstattungsfähigen Arbeitgeberanteile zur Sozialversicherung sind darin bereits enthalten.

U3 0,06 %
Auch kurzfristig Beschäftigte Arbeitnehmer haben einen gesetzlichen Anspruch auf Insolvenzgeld. Eine Zahlung erfolgt durch die Bundesagenturen für Arbeit im Falle der Insolvenz des Arbeitgebers zum Ausgleich des ausgefallenen Arbeitsentgeltes für maximal 3 Monate.

10.6.2 Kurzfristig Beschäftigte im Steuerrecht

Pauschalierung mit 25 %
Ähnlich wie für geringfügig entlohnte Beschäftigungen sieht § 40a EStG auch für kurzfristige Arbeitsverhältnisse eine **Pauschalierung der Lohnsteuer** vor. Der Pauschalsteuersatz beträgt hier **25 %** des Arbeitslohns. Hinzu kommen Kirchensteuer und Solidaritätszuschlag auf der Bemessungsgrundlage der Lohnsteuer.

Kurzfristigkeit im Steuerrecht
Die Definition der Kurzfristigkeit unterscheidet sich im Steuerrecht jedoch von der im sozialversicherungsrechtlichen Sinne. Gemäß § 40a EStG liegt eine kurzfristige Beschäftigung vor, wenn der Arbeitnehmer bei dem Arbeitgeber **gelegentlich** (d.h. nicht regelmäßig wiederkehrend) beschäftigt wird und die Dauer der **Beschäftigung 18 zusammenhängende Arbeitstage** nicht übersteigt. Des Weiteren muss **eine** der folgenden Bedingungen erfüllt sein:

- ▪ Der Arbeitslohn übersteigt während der Beschäftigungsdauer 150,00 € durchschnittlich je Arbeitstag nicht.

- ▪ Die Beschäftigung wird zu einem unvorhersehbaren Zeitpunkt sofort erforderlich.

Des Weiteren darf der durchschnittliche Stundenlohn 19,00 € nicht übersteigen und es ist unzulässig, dass der Arbeitnehmer für eine andere Beschäftigung, von demselben Arbeitgeber, Arbeitsentgelt bezieht von dem Lohnsteuer nach den oder ohne den Lohnsteuerabzugsmerkmalen abzuführen ist.

Abführung ans Finanzamt
Die pauschale Lohnsteuer für kurzfristig Beschäftigte ist an das zuständige **Betriebsstättenfinanzamt** abzuführen.

Individualversteuerung
Bei kurzfristigen Beschäftigungen ist ein individueller **Lohnsteuerabzug** anhand der Lohnsteuerabzugsmerkmale des einzelnen Beschäftigten möglich bzw. wenn die obigen Kriterien nicht erfüllt sind, notwendig. Dazu wird das normale Lohnsteuerabzugsverfahren mit elektronischen Lohnsteuerabzugsmerkmalen angewendet. Bei der Ermittlung der Steuerbeträge ist die besondere Lohnsteuertabelle B anzuwenden.

10.6.3 Aufzeichnungspflichten bei geringfügig entlohnten und kurzfristig Beschäftigten

Wie auch bei Hauptbeschäftigten hat der Arbeitgeber bei geringfügig entlohnten und kurzfristig Beschäftigten bestimmten **Aufzeichnungspflichten** nachzukommen. Es müssen mindestens die folgenden Daten erfasst werden:

- Name und Anschrift des Beschäftigten

- Sozialversicherungsnummer des Beschäftigten

- Dauer der Beschäftigung mit Zahl der tatsächlich geleisteten Arbeitsstunden im Lohnzahlungszeitraum

- Tag der Lohnzahlung

- Höhe des Arbeitslohns einschließlich eventuell steuerfreien Arbeitslohns und pauschal besteuerte Teile des Arbeitslohns wie z. B. Fahrkostenzuschüsse

Das Sozialversicherungsrecht fordert zudem zwingend einen Stundennachweis bei geringfügig Beschäftigten. Generell ist es von Vorteil, wenn neben den allgemeinen Aufzeichnungen ein **schriftlicher Arbeitsvertrag** ausgearbeitet wird. Bei zeitlich begrenzten Beschäftigungen ist dies unbedingt erforderlich.

10.7 Beschäftigte im Übergangsbereich

Ab einem regelmäßigen monatlichen Arbeitsentgelt von 520,01 € tritt die Sozialversicherungspflicht bzw. die individuelle Steuerpflicht ein. Um die Belastungen für geringverdienende Arbeitnehmer gering zu halten, wurde im Niedriglohnbereich von 520,01 € bis 2.000,00 € die **Übergangsregelung** eingeführt. Durch die Anwendung spezieller gesetzlicher Formeln wird erreicht, dass der Arbeitnehmer **reduzierte Sozialversicherungsbeiträge** zahlt. Der Arbeitnehmerbeitrag beträgt an der Geringfügigkeitsgrenze (520,00 €) 0,00 € und erreicht bei der Obergrenze des Übergangsbereiches (2.000,00 €) den regulären Beitrag, der sich aus den aktuellen Beitragssätzen des tatsächlich erzielten Arbeitsentgelts in den Sozialversicherungszweigen ergibt. Der Arbeitgeber trägt im Übergangsbereich höhere Beiträge im Vergleich zur normalen Beitragsberechnung auf Grundlage des tatsächlich erzielten Arbeitsentgelts. Die Beiträge passen sich bei der Annäherung an die Obergrenze des Übergangbereichs (2.000,00 €) den allgemeinen Sozialversicherungsbeiträgen an. Die Übergangsregelung gilt nicht für:

- Auszubildende und Praktikanten

- Beschäftigten in Altersteilzeit oder bei sonstigen Vereinbarungen über flexible Arbeitszeiten, in denen lediglich das reduzierte Arbeitsentgelt in den Übergangsbereich fällt

- Arbeitsentgelt aus Wiedereingliederungsmaßnahmen, wenn das volle Arbeitsentgelt nicht im Übergangsbereich liegt

- alle Fälle, in denen das sozialversicherungspflichtige Entgelt aus anderen Gründen, als der regelmäßigen Gehaltsvereinbarung im Übergangsbereich liegt, z.B. Kurzarbeitergeld, Teillohnzahlungszeitraum

Der Arbeitnehmer erwirbt aus den geminderten Sozialversicherungsbeiträgen einen vollen Kranken- und Pflegeversicherungsschutz. Des Weiteren hat der Arbeitnehmer Anspruch auf Krankengeld sowie Anspruch auf Arbeitslosengeld aus dem tatsächlichen Arbeitsentgelt.

KV, PV und AV

Rentenversicherung | Die geminderten Rentenversicherungsbeiträge führen nicht zu geringeren Rentenleistungen. Der Arbeitnehmer erwirbt Ansprüche und Anwartschaften aus dem tatsächlichen Arbeitsentgelt und hat Anspruch auf das volle Leistungspaket der Rentenversicherung. Er erwirbt vollwertige Pflichtbeitragszeiten, die für die Erfüllung der verschiedenen Wartezeiten berücksichtigt werden.

Umlagen | Die Beiträge zur Umlagekasse werden von der geminderten Bemessungsgrundlage berechnet.

Lohnsteuer | Lohnsteuerrechtlich gibt es für den Übergangsbereich keine besonderen Regelungen. Der Abzug erfolgt nach den individuellen Lohnsteuerabzugsmerkmalen, es bestehen keine Pauschalisierungsmöglichkeiten.

Beispiel: Beschäftigte im Übergangsbereich

Emil Fichtner arbeitet bei einer Gebäudereinigungsfirma, die auch mit der täglichen Reinigung der Verkaufsräume der ModeFix GmbH beauftragt ist. Er verdient monatlich 1.500,00 €, zusätzlich erhält er laut Arbeitsvertrag ein Urlaubsgeld in Höhe von 500,00 € (im August) und ein Weihnachtsgeld von 1.000,00 € (im November).

Für welche Monate kann Herr Fichtner die Übergangsregelung in Anspruch nehmen und welche Sozialversicherungsbeiträge werden für ihn abgeführt?

10.7.1 Prüfung der Grenzen im Übergangsbereich

Regelmäßiges Arbeitsentgelt | Bei der Prüfung, ob das regelmäßige Arbeitsentgelt höchstens 2.000,00 € beträgt, werden neben den monatlichen Bezügen auch **Einmalzahlungen** wie Urlaubs- und Weihnachtsgeld berücksichtigt. Die Einmalzahlungen wirken sich nicht nur entgelterhöhend auf den Monat der Auszahlung, sondern auf das gesamte Kalenderjahr aus. Nachdem die Einmalzahlung auf die Monate eines Kalenderjahres verteilt wurde, in der das Beschäftigungsverhältnis besteht, erfolgt eine Überprüfung, ob die monatliche Grenze von 2.000,00 € überschritten wird.

Ist dies der Fall fällt das gesamte Beschäftigungsverhältnis nicht mehr unter die Übergangsregelung.

---

zu Beispiel: Beschäftigte im Übergangsbereich

Zur Prüfung des regelmäßigen Arbeitsentgeltes von Emil Fichtner werden die regelmäßigen Bezüge und die Einmalzahlungen für das gesamte Jahr zusammengerechnet und anschließend auf den Beschäftigungsmonat heruntergerechnet.

voraussichtliches Jahresentgelt aus laufenden Bezügen	12 Monate	x	1.500,00 €	=	18.000,00 €
Urlaubsgeld				500,00 €
Weihnachtsgeld				1.000,00 €
voraussichtlicher Jahresverdienst				**19.500,00 €**
regelmäßiges monatliches Arbeitsentgelt	19.500,00 €	:	12 Monate	=	1.625,00 €

Da das regelmäßige Arbeitsentgelt nicht über 2.000,00 € liegt, ist die Übergangsregelung für alle Beschäftigungsmonate anzuwenden, in denen das Arbeitsentgelt zwischen 520,01 € und 2.000,00 € liegt.

Soweit ein Arbeitnehmer ein monatlich gleichbleibendes Arbeitsentgelt erhält, ist die Hochrechnung unkompliziert. Wenn das Arbeitsentgelt jedoch von Monat zu Monat schwankt, muss eine **Durchschnittsberechnung** für das Jahr durchgeführt werden. Gegebenenfalls ist auch eine **Schätzung** notwendig. Sollte sich im Nachhinein herausstellen, dass die Schätzung nicht mit den tatsächlichen Gegebenheiten übereinstimmt, ist die Entscheidung, die Übergangsregelung anzuwenden, zu korrigieren.

Durchschnittsberechnung

Werden mehrere Beschäftigungen ausgeübt, kann die Übergangsregelung nur angewandt werden, wenn die **Summe der Entgelte** die Grenze von 2.000,00 € nicht übersteigt. Unberücksichtigt bleiben Arbeitsentgelte aus versicherungsfreien, geringfügig entlohnten Beschäftigungsverhältnissen. Ein Arbeitsverhältnis mit einer Vergütung bis 2.000,00 €, das neben einer sozialversicherungspflichtigen **Hauptbeschäftigung** besteht, fällt nicht unter die Übergangsregelung, es ist in vollem Umfang steuer- und sozialversicherungspflichtig.

Mehrere Beschäftigungen

> **Beispiel: Übergangsregelung bei mehreren geringfügigen Beschäftigungen**
>
> Brigitte Kainz arbeitet in der Personalverwaltung eines Gebäudereinigers und verdient dort im Monat 350,00 €. Sie hat ein zweites Beschäftigungsverhältnis, bei dem sie für 230,00 € im Monat die Lohnbuchführung einer Buchhandlung bearbeitet. Beide Beschäftigungen sind für sich betrachtet geringfügig entlohnt, aufgrund der Zusammenrechnung handelt es sich jedoch nicht mehr um geringfügige Arbeitsverhältnisse. Da die Summe der Entgelte nicht über 2.000,00 € liegt, ist für Frau Kainz die Übergangsregelung anzuwenden.

> **Beispiel: Übergangsregelung bei Haupt- und Nebenbeschäftigungen**
>
> Herr Kielholz hat neben seiner Hauptbeschäftigung, bei der er 1.700,00 € verdient, ein erstes geringfügiges Beschäftigungsverhältnis mit 300,00 € monatlich und ein zweites geringfügiges Beschäftigungsverhältnis mit 320,00 € monatlich.
>
> Die Beschäftigungsverhältnisse sind wie folgt zu beurteilen:
>
> **Hauptbeschäftigung:**
>
> - sozialversicherungspflichtig in allen Zweigen, Zusammenrechnung mit der zweiten geringfügigen Beschäftigung, Prüfung der Übergangsregelung in den einzelnen Versicherungszweigen
>
> **1. geringfügige Nebenbeschäftigung:**
>
> - erfüllt die Geringfügigkeits-Richtlinien, ist weder mit der Hauptbeschäftigung noch mit der zweiten geringfügigen Beschäftigung zusammen zu rechnen
>
> **2. geringfügige Nebenbeschäftigung:**
>
> - ist aus sozialversicherungsrechtlicher Sicht nicht geringfügig, sozialversicherungspflichtig in KV, PV und RV, jedoch nicht in der Arbeitslosenversicherung, Prüfung der Übergangsregelung in den einzelnen Versicherungszweigen
>
> **Ergebnis:** Durch die Zusammenrechnung von der Hauptbeschäftigung mit der zweiten geringfügigen Beschäftigung ist Herr Kielholz mit seinem gesamten sozialversicherungspflichtigen Entgelt auch ab Juli regelmäßig über der oberen Übergangsgrenze. Lediglich die Arbeitslosenversicherung in der Hauptbeschäftigung wird weiterhin nach der Übergangsregelung abgerechnet.

10.7.2 Sozialversicherungsbeiträge im Übergangsbereich

Bemessungsgrundlage

Durch Anwendung der Übergangsregelung bezahlt der Arbeitnehmer auf sein Arbeitsentgelt einen reduzierten Sozialversicherungsbeitrag. Die Sozialversicherungsbeträge werden nicht vom tatsächlichen Arbeitsentgelt sondern von einer **geminderten Bemessungsgrundlage** berechnet. Die geminderte Bemessungsgrundlage wird unter Anwendung einer speziellen Formel ermittelt.

$$BE = F \times 520 + \left(\left[\frac{2000}{2000 - 520} \right] - \left[\frac{520}{2000 - 520} \right] x\, F \right) x\, (AE - 520)$$

AE = Arbeitsentgelt
BE = beitragspflichtige Einnahmen

Mit dem Faktor F wird der Teil des Arbeitsentgeltes berechnet für den Sozialversicherungsbeiträge gezahlt werden müssen. Der Faktor F wird ermittelt, indem die Gesamtbelastung des Arbeitgebers für geringfügige Beschäftigte durch den aktuellen durchschnittlichen Gesamtsozialversicherungsbeitragssatz dividiert und auf vier Dezimalstellen gerundet wird.

Ab dem 01.10.2022 wurde der bisherige Prozentsatz der Gesamtbelastung von Arbeitgebern von 30 % (15 % RV + 13 % KV + 2 % Lohnsteuer) auf 28 % (15 % RV + 13 % KV) reduziert. Die Faktorformel lautet:

$$F = \frac{\text{BS KV Minijob + BS RV Minijob Arbeitgeberanteil}}{\text{BS KV + durchschnittlicher ZBS KV + BS RV + BS AV + BS PV}}$$

BS = Beitragssatz

Daraus ergibt sich für 2023:

$$F = 28\,\% : 40,45 = 0,6922$$

Die dazugehörige vereinfachte **Berechnungsformel** für die, der Berechnung der gesamten Sozialversicherungsbeträge zu Grunde liegenden beitragspflichtigen Einnahmen, lautet ab dem 01.01.2023:

$$BE\ gesamt = 1{,}108145946 \times AE - 216{,}2918919$$

Um die Arbeitnehmer im Übergangsbereich besonders zu entlasten, wurde ab dem 01.10.2022 eine weitere Formel zur Berechnung der geminderten Bemessungsgrundlage, der für den Arbeitnehmer beitragspflichtigen Einnahmen, eingeführt.

Die Formel lautet ab dem 01.01.2023:

$$BE\ Arbeitnehmer \;=\; \frac{2000}{(2000 - 520)} \; x \; (AE - 520)$$

AE = Arbeitsentgelt
BE = beitragspflichtige Einnahmen

Zuschlag Pflegeversicherung

Für Arbeitnehmer, die den Zuschlag zur Pflegeversicherung entrichten müssen, berechnet sich dieser von der geminderten Beitragsbemessungsgrundlage der gesamten Sozialversicherungsbeiträge.

zu Beispiel: Beschäftigte im Übergangsbereich

Emil Fichtner (Elterneigenschaft ist nachgewiesen) verdient im Monat Juli 1.500,00 €. Die Beiträge zur Sozialversicherung werden mit dem allgemeinen Krankenkassensatz und einem Zusatzbeitragssatz von 1,6 % wie folgt berechnet:

Berechnung der geminderten Beitragsbemessungsgrundlagen

für die gesamten SV-Beiträge	0,6922 x 520,00 € + ((2.000,00 € : (2.000,00 € - 520,00 €)) - (520,00 € : (2.000,00 € - 520,00 €)) x 0,6922) x (1.500,00 € - 520,00 €)	=	1.445,93 €
für die SV-Beiträge des Arbeitnehmers	2.000,00 € : (2.000,00 € - 520,00 €) x (1.500,00 € 520,00 €)	=	1.321,32 €

Berechnung der gesamten SV-Beiträge

Krankenversicherung + Zusatz	(1.445,93 € x 8,10 % = 117,12 €*) x 2	=	234,24 €
Rentenversicherung	(1.445,93 € x 9,30 % = 134,47 €*) x 2	=	268,94 €
Arbeitslosenversicherung	(1.445,93 € x 1,30 % = 18,80 €*) x 2	=	37,60 €
Pflegeversicherung	(1.445,93 € x 1,525 % = 22,05 €*) x 2	=	44,10 €

*kaufmännisch gerundet

Berechnung der Arbeitnehmerbeiträge

Krankenversicherung + Zusatz	1.324,32 € x (7,30 % + 0,80 %)	=	107,27 €
Rentenversicherung	1.324,32 € x 9,30 %	=	123,16 €
Arbeitslosenversicherung	1.324,32 € x 1,30 %	=	17,22 €
Pflegeversicherung	1.324,32 € x 1,525 %	=	20,20 €

Berechnung der Arbeitgeberbeiträge

Krankenversicherung + Zusatz	234,24 € - 107,27 €	=	126,97 €
Rentenversicherung	268,94 € - 123,16 €	=	145,78 €
Arbeitslosenversicherung	37,60 € - 17,22 €	=	20,38 €
Pflegeversicherung	44,10 € - 20,20 €	=	23,90 €

Für Teilzahlungszeiträume sind die für einen vollen Kalendermonat (30 SV-Tage) geminderten Bemessungsgrundlagen für die beitragspflichtigen Einnahmen bezüglich der Gesamtsozialversicherungsbeiträge und der Sozialversicherungsbeiträge der Arbeitnehmer auf die tatsächlichen SV-Tage zu kürzen.

Teilzahlungszeitraum

---

zu Beispiel: Beschäftigte im Übergangsbereich

Herr Fichtner scheidet zum 10.10. (letzter Arbeitstag) aus. Sein regelmäßiges Entgelt für den vollen Monat beträgt 1.500,00 €.

mtl. Arbeitsentgelt					1.500,00 €
Arbeitsentgelt für Oktober	1.500,00 € :	23 AT*	x 8 AT*	=	521,74 €
mtl. gesamt beitrags-pflichtige Einnahme	1,108145946 x	1.500,00 €	- 216,2918919	=	1.445,93 €
mtl. beitragpflichtige Einnahme Arbeitnehmer	2.000,00 € : (2.000,00 € - 520,00 €) x (1.500,00 € - 520,00 €)			=	1.324,32 €
anteilige beitragspflichtige Einnahme	1.445,93 € :	30 SV-Tage	x 10 SV-Tage	=	481,98 €
anteilige beitragspflichtige Einnahme Arbeitnehmer	1.324,32 € :	30 SV-Tage	x 10 SV-Tage	=	441,44 €

* Feiertage, die auf einen Arbeitstag fallen, werden bei der Berechnung als Arbeitstag mitgezählt.

Mehrere Beschäftigungen

Auch bei einer Zusammenrechnung mehrerer Beschäftigungen sind die Bemessungsgrundlagen bei jedem Arbeitgeber mit den gesonderten Formeln zu ermitteln. Für das Jahr 2023 gelten folgende Formeln:

$$BE\ gesamt = F \times 520 + \left(\left[\frac{2000}{2000 - 520} \right] - \left[\frac{520}{2000 - 520} \right] \times F \right) \times (GAE - 520) \times \frac{EAE}{GAE}$$

$$BE\ Arbeitnehmer = \frac{2000}{(2000 - 520)} \times (GAE - 520) \times \frac{EAE}{GAE}$$

EAE = Einzelarbeitsentgelt
GAE = Gesamtarbeitsentgelt

---

zu Beispiel: Beschäftigte im Übergangsbereich

Ein Arbeitnehmer übt 2023 mehrere geringfügig entlohnte Beschäftigungen aus, welche aufgrund der Zusammenrechnung jeweils SV-pflichtig sind:

Arbeitgeber A					350,00 €
Arbeitgeber B					370,00 €
Arbeitsverhältnis A	(1,108145946 x	720,00 €	- 216,2918919)		
BB-Grundlage		x 350,00 €	:	720,00 € =	282,71 €
BB-Grundlage	2.000,00 € : (2.000,00 € - 520,00 €) x (720,00 € - 520,00 €)				
Arbeitnehmer		x 350,00 €	:	720,00 € =	131,38 €
Arbeitsverhältnis B	(1,108145946 x	720,00 €	- 216,2918919)		
BB-Grundlage		x 370,00 €	:	720,00 € =	298,86 €
BB-Grundlage	2.000,00 € : (2.000,00 € - 520,00 €) x (720,00 € - 520,00 €)				
Arbeitnehmer		x 370,00 €	:	720,00 € =	138,89 €

Hinweis: Das gleiche Ergebnis ergibt sich bei Verwendung der Berechnungsformel beziehungsweise der vereinfachten Berechnungsformel.

Liegt das Arbeitsentgelt z.B. aufgrund schwankender Bezüge in einem Monat außerhalb des Übergangsbereiches, gelten gleichfalls gesonderte Formeln. In den Monaten, in denen der Übergangsbereich **unterschritten** wird, gilt folgende Formel:

Schwankende Bezüge

beitragspflichtige Einnahmen gesamt = tatsächliches AE x F

Berechnung für das Jahr 2023:

beitragspflichtige Einnahmen gesamt = tatsächliches AE x 0,6922

In den Monaten, in denen der Übergangsbereich **überschritten** wird, gilt:

beitragspflichtige Einnahmen gesamt = tatsächliches AE

Liegt das Arbeitsentgelt in einem Monat über der oberen Übergangbereichsgrenze von 2.000,00 €, dann sind bei der Beitragsberechnung keine Besonderheiten im Zusammenhang mit dem Übergangsbereich zu beachten.

Beitragsberechnung

Unterschreitet das Arbeitsentgelt dagegen für einen Arbeitnehmer, der nicht unter den Bestandsschutz fällt, die untere Übergangsbereichsgrenze von 520,01 €, dann zahlt der Arbeitgeber den gesamten SV-Beitrag allein. Eine Ausnahme bildet der Beitragszuschlag in der Pflegeversicherung, den trägt der dazu verpflichtete Arbeitnehmer.

Übergangsregelung im Zusammenhang mit der Geringfügigkeitsgrenze

Durch die Erhöhung der Geringfügigkeitsgrenze von 450,00 € auf 520,00 € ab dem 01.10.2022, sind Arbeitnehmer deren durchschnittliches Monatseinkommen zwischen 450,01 und 520,00 € liegt, nicht mehr Arbeitnehmer im Übergangsbereich, sondern geringfügig beschäftigte Arbeitnehmer und damit nicht mehr voll sozialversicherungspflichtig in allen Zweigen der Sozialversicherung.

Für Arbeitnehmer die vor dem 01.10.2022 in einem bestehenden Arbeitsverhältnis standen und deren durchschnittliches Monatseinkommen zwischen 450,01 € und 520,00 € lag, besteht ein Bestandsschutz.

In den Sozialversicherungszweigen Krankenversicherung, Pflegeversicherung und Arbeitslosenversicherung können diese Arbeitnehmer bis zum 31.12.2023 nach den, bis zum 30.09.2022 geltenden Übergangsregelungen, abgerechnet werden.

Bestandsschutz

In der Rentenversicherung werden diese Arbeitnehmer als geringfügig Beschäftigte abgerechnet. Hier besteht die Möglichkeit einen Antrag auf Befreiung von der Rentenversicherungspflicht zu stellen.

Sonderregelungen: Sozialversicherungen

In der Kranken-, Pflege- und Arbeitslosenversicherung besteht eine Versicherungspflicht, von der sich Arbeitnehmer auf Antrag befreien lassen können.

Für Arbeitnehmer, für die der Bestandsschutz gilt, hat der Arbeitgeber zwei Einzugsstellen. Die Knappschaft-Bahn-See für die Rentenversicherung und die Krankenkasse des Arbeitnehmers für die Kranken-, Pflege- und Arbeitslosenversicherung.

Einzugsstellen

Praxisübungen

Die Lösungen finden Sie unter https://www.edumedia.de/verlag/loesungen.

Aufgabe 1: Lohnsteuer für Rentenempfänger und ältere Arbeitnehmer

■ Beantworten Sie folgende Fragen.

a) Welche Besonderheit ist bei der Beschäftigung von Altersrentnern in Bezug auf die Steuerabzugsbeträge zu berücksichtigen?

---

b) Wie hoch ist der Altersentlastungsbetrag in 2023? Ist er in der ELStAM-Datei eingetragen?

Aufgabe 2: Sozialversicherungsbeiträge für Rentenempfänger

■ Beantworten Sie folgende Fragen.

Gibt es eine Besonderheit bei der Berechnung der Sozialversicherungsbeiträge bei Altersrentnern?

Aufgabe 3: Mini-Jobs

■ Beurteilen Sie folgende Fälle bezüglich der Steuer- und Sozialversicherungspflicht (ohne Umlage).

a) Herr Hoffmann arbeitet für eine Gebäudereinigung und verdient im Monat 450,00 € und hat sich von der Rentenversicherungspflicht befreien lassen. Außer diesem Job hat er keine weitere Beschäftigung. Er ist in einer gesetzlichen Krankenversicherung versichert. Wie kann der Arbeitgeber am günstigsten abrechnen? Welche Steuer- und Sozialversicherungsbeiträge hat der Arbeitgeber abzuführen? Wieviel bekommt Herr Hoffmann ausgezahlt?

b) Ab Juli putzt Herr Hoffmann neben der Beschäftigung in der Gebäudereinigung bei der ModeFix GmbH einmal im Monat die Fenster und erhält hierfür 120,00 €. Kann die ModeFix GmbH dieses Entgelt im Rahmen eines geringfügig entlohnten Beschäftigungsverhältnisses auszahlen? Welche Auswirkungen hat diese Beschäftigung auf das Beschäftigungsverhältnis bei der Gebäudereinigung?

c) Hermine Wagner arbeitet als gelernte Verwaltungsangestellte aushilfsweise in der Stadtbücherei und verdient im Monat 420,00 €. In den Herbstferien übernimmt sie die Urlaubsvertretung einer Bekannten als Verkäuferin in einem Café und verdient in den 14 Tagen insgesamt 500,00 €. Wie sind die beiden Beschäftigungen für Hermine Wagner am günstigsten abzurechnen?

d) August Klein ist als Koch im Hotel Admiral angestellt. Er arbeitet 40 Stunden in der Woche und verdient als 5-Sterne-Koch durchschnittlich 3.500,00 € im Monat. Als Junggeselle geht er mit seinem Geld allerdings sehr großzügig um, sodass er sich noch einen Nebenjob gesucht hat. An seinen freien Tagen arbeitet er auf 520-Euro-Basis in einem Sonnenstudio. Kann die Tätigkeit im Sonnenstudio als Minijob abgerechnet werden? Welche Abgaben hat das Sonnenstudio für August Klein abzuführen?

Aufgabe 4: Übergangsbereich

▪ Beurteilen Sie folgende Fälle und begründen Sie Ihre Entscheidung.

a) Frau Annette Klein arbeitet stundenweise in einem Sonnenstudio und verdient dort monatlich 1.600,00 € brutto. Des Weiteren arbeitet sie stundenweise als Aushilfe in einem Blumengeschäft. Dort verdient sie monatlich 450,00 €. Das Entgelt aus dem Blumengeschäft wird als geringfügiges Beschäftigungsverhältnis abgerechnet. Muss für die Tätigkeit im Sonnenstudio die Übergangsregelung angewendet werden? Begründen Sie Ihre Antwort.

b) Monika Clüver arbeitet von Montag bis Mittwoch als Verkäuferin in einer Bäckerei und von Donnerstag bis Samstag als Kassiererin in einem Supermarkt. In beiden Beschäftigungsverhältnissen verdient sie jeweils 1.100,00 €. Muss die Übergangsregelung angewendet werden? Begründen Sie Ihre Antwort.

11

Reisekosten

In diesem Kapitel lernen Sie den Begriff der Auswärtstätigkeit kennen. Sie erfahren, welche Aufwendungen als Reisekosten geltend gemacht werden können und wie die entsprechenden Erstattungen des Arbeitgebers in der Lohn- und Gehaltsabrechnung zu berücksichtigen sind.

Inhalt

- Aufwendungen für Auswärtstätigkeiten
- Reisekostenabrechnung
- Fahrtkosten
- Übernachtungskosten
- Verpflegungsmehraufwendungen
- Reisenebenkosten

11.1 Aufwendungen für eine Auswärtstätigkeit

Erste Tätigkeitsstätte

Der Begriff der Arbeitsstätte wurde 2014 neu definiert. Die „regelmäßige Arbeitsstätte" wird durch den Begriff der „ersten Tätigkeitsstätte" ersetzt (§ 9 Abs.4 EStG). Die erste Tätigkeitsstätte ist eine ortsfeste betriebliche Einrichtung des Arbeitgebers, der der Arbeitnehmer dauerhaft zugeordnet ist. Von einer dauerhaften Zuordnung ist auszugehen, wenn der Arbeitnehmer unbefristet oder über einen längeren Zeitraum (48 Monate) an dieser Tätigkeitsstätte arbeitet. Fehlen solche zeitlichen Festlegungen ist die erste Tätigkeitsstätte die betriebliche Einrichtung, an der der Arbeitnehmer an zwei vollen Arbeitstagen je Arbeitswoche oder mindestens ein Drittel seiner vereinbarten regelmäßigen Arbeitszeit arbeitet.

Ab 2014 gilt auch eine Bildungseinrichtung als erste Tätigkeitsstätte, wenn diese der Arbeitnehmer außerhalb seines Arbeitsverhältnisses zum Zwecke eines Vollzeitstudiums oder einer vollzeitlichen Bildungsmaßnahme aufsucht.

Erstattungen von Reisekosten

Bei einer Auswärtstätigkeit können für den Arbeitnehmer **zusätzliche Belastungen** für Verpflegung, Fahrtkosten, Übernachtung oder Reisenebenkosten anfallen, die er entweder zunächst auslegt und später vom Arbeitgeber erstattet bekommt oder deren Zahlungen direkt vom Arbeitgeber übernommen werden. Der Anspruch auf Reisekostenerstattung ist zwar geregelt, jedoch wird vom Gesetzgeber keine exakte Höhe festgelegt. In welcher Form und Höhe Reisekostenerstattungen erfolgen, ist daher arbeits- bzw. tarifvertraglich zu regeln.

Steuerfreiheit

Die entsprechenden Leistungen des Arbeitgebers sind dabei **innerhalb bestimmter Grenzen** grundsätzlich nicht dem steuer- und sozialversicherungspflichtigen Brutto hinzuzurechnen. Schließlich hat der Arbeitnehmer eventuelle Auslagen aus seinem bereits versteuerten Nettoeinkommen gezahlt. Voraussetzung für die Steuerfreiheit ist jedoch, dass es sich im Sinne des Gesetzgebers um eine **betrieblich veranlasste Reise** handelt und die Aufwendungen als Reisekosten anerkannt sind. Eine betriebliche Reise liegt in folgenden Fällen vor:

▧ Wenn der Arbeitnehmer eine Auswärtstätigkeit ausübt.

▧ Wenn der Arbeitnehmer aufgrund seiner Tätigkeit nur an ständig wechselnden Arbeitsstellen eingesetzt wird (Einsatzwechseltätigkeit).

▧ Wenn der Arbeitnehmer seine Tätigkeit in einem Fahrzeug ausübt (Fahrtätigkeit).

Beispiel: Aufwendungen für eine Auswärtstätigkeit

Kurt Peters ist Angestellter der ModeFix GmbH. Er besucht im Auftrag der Firma regelmäßig Kunden zwecks Kontaktpflege. Diese Woche stehen mehrere Kunden in Mecklenburg-Vorpommern auf seinem Plan. Er ist daher vier Tage unterwegs und übernachtet in unterschiedlichen Hotels. In der nächsten Woche besucht er verschiedene Kunden in unmittelbarer Nähe des Firmensitzes. Er ist daher im Laufe eines Tages mehrmals bei Kunden und zwischendurch wieder in der Firma. Handelt es sich in beiden Wochen um Auswärtstätigkeiten und wie werden diese bezüglich der Reisekosten behandelt?

Begriff der Auswärtstätigkeit

Eine Auswärtstätigkeit liegt vor, wenn eine vorübergehende Abwesenheit von der Wohnung und der ersten Tätigkeitsstätte aus betrieblichen Gründen erforderlich ist. Die zurückgelegte Entfernung ist dabei unerheblich.

Als **Reisekosten** erkennt die Lohnsteuerrichtlinie (LStR) R 9.4 folgende Aufwendungen an: Begriff der Reisekosten

- Reisekosten, Fahrtkosten
- Übernachtungskosten
- Verpflegungsmehraufwendungen
- Reisenebenkosten

> **zu Beispiel: Aufwendungen für eine Auswärtstätigkeit**
>
> In den Zeiten, in denen Kurt Peters für die Firma unterwegs ist, übt er eine Auswärtstätigkeit aus. Die Entfernung und die Frage, ob er auswärts übernachtet, ist für den Status der Auswärtstätigkeit unerheblich.

11.2 Reisekostenabrechnung

Liegt eine Auswärtstätigkeit vor, kann der Arbeitgeber dem Arbeitnehmer dessen Auslagen für Fahrtkosten, Verpflegungsmehraufwendungen, Übernachtungskosten und Reisenebenkosten erstatten. Voraussetzung ist, dass der Arbeitnehmer entsprechende Aufzeichnungen über die Auswärtstätigkeit geführt hat. Innerhalb bestimmter Grenzen unterliegen die **Reisekostenerstattungen** nicht der Lohnsteuer und nicht der Sozialversicherung. Werden Erstattungen über die gesetzlichen Grenzen hinaus gewährt, sind diese steuer- und sozialversicherungspflichtig.

In den meisten Betrieben werden die Reisekosten über entsprechende Formulare abgerechnet. Der Arbeitnehmer trägt die ihm entstandenen Reisekosten in das Abrechnungsformular ein, fügt **Belege** hinzu und übergibt die Abrechnung der Firma. Die Reisekosten können über die Gehaltsabrechnung oder separat ausgezahlt werden. Der Arbeitgeber ist verpflichtet, steuerfreie Erstattungen von Verpflegungsmehraufwendungen in der Lohnsteuerbescheinigung und im Lohnkonto zu dokumentieren, damit der Arbeitnehmer diese Erstattungen nicht nochmals in seiner Einkommensteuererklärung als Werbungskosten ansetzen kann. Die Reisekostenabrechnung hat der Arbeitgeber zu den Lohnunterlagen zu nehmen.

Reisekostenabrechnung

Hurtig, Kurt	Name, Vorname
ModeFix GmbH	Arbeitgeber / Auftraggeber
03.10.2023 7.00 Uhr	Reisebeginn (Datum, Uhrzeit)
06.10.2023 19.00 Uhr	Reiseende (Datum, Uhrzeit)
3 Tage u. 12 Stunden	Reisedauer (Tage, Stunden)
Schwerin, Rostock, Stralsund	Reiseziel (Ort, Land)
Kundenbesuche	Reisezweck (Anlass der Reise)
privater Pkw	genutztes Verkehrsmittel

1. Fahrtkosten	km	Euro/km	Betrag in Euro
- Ansatz Pauschbetrag	931	0,30	279,30
oder			
- Einzelnachweis (Belege erforderl.)			0,00

2. Verpflegungsmehraufwendungen	Tage	Euro/Tag	Betrag in Euro
- Anreisetag	03.10.	14,00	14,00
- Zwischentage	04./05.10.	28,00	56,00
- Abreisetag	06.10.	14,00	14,00

3. Übernachtungskosten	Betrag in Euro
	201,00

4. Reisenebenkosten	Betrag in Euro
	0,00

	Gesamtbetrag in Euro
	564,30

11.2.1 Abrechnung von Fahrtkosten

Bei den Erstattungen für Fahrtkosten wird zwischen der Benutzung **öffentlicher Verkehrsmittel** und eines eigenen Kfz unterschieden. Bei öffentlichen Verkehrsmitteln kann der Arbeitgeber den tatsächlich bezahlten Fahrpreis (einschließlich eventueller Zuschläge) steuerfrei erstatten. Entsprechende Belege oder Quittungen sind der Reisekostenabrechnung im Original beizufügen.   Öffentliche Verkehrsmittel

Privates Kfz

Hat der Arbeitnehmer sein **privates Kfz** für eine Auswärtstätigkeit genutzt, kann er seine Aufwendungen mit einer Kilometerpauschale geltend machen. Diese kann individuell berechnet werden, indem die tatsächlichen Gesamtkosten des Fahrzeugs für ein Jahr auf die gefahrenen Jahreskilometer umgerechnet werden. Dazu ist jedoch eine exakte Dokumentation erforderlich. Eine andere Möglichkeit ist die Verwendung eines **pauschalen Kilometersatzes** ohne Einzelnachweise. Dabei kann der Arbeitgeber je gefahrenen Kilometer folgende Sätze steuerfrei erstatten:

Fahrzeug	Kilometerpauschale
Kraftwagen	0,30 €
für jedes andere motorbetriebene Fahrzeug Motorrad / Motorroller / Moped / Mofa	0,20 €

11.2.2 Verpflegungsmehraufwendungen

Verpflegungspauschalen

Verpflegungskosten

Mit der Abrechnung von **Verpflegungsmehraufwendungen** wird berücksichtigt, dass ein Arbeitnehmer während einer Auswärtstätigkeit üblicherweise nicht für sich selbst Mahlzeiten zubereiten kann, sondern auf den Besuch von Restaurants oder anderen Verpflegungseinrichtungen angewiesen ist. Die dadurch entstehenden Mehraufwendungen können vom Arbeitgeber innerhalb festgelegter Pauschalen steuer- und sozialversicherungsfrei erstattet werden. Die Pauschsätze richten sich nach der Abwesenheitsdauer am jeweiligen Tag:

Pauschbetrag

Abwesenheitsdauer	Pauschbetrag für Verpflegungsmehraufwendung
eintägige Abwesenheit mehr als 8 Stunden, aber weniger als 24 Stunden	14,00 €
mehrtägige Abwesenheit Zwischentage (24 Stunden)	28,00 €
An- und Abreisetag	14,00 €

An- und Abreisetag ist der Tag an dem der Arbeitnehmer an diesem, einen anschließenden oder vorhergehenden Tag außerhalb seiner Wohnung übernachtet. Führt ein Arbeitnehmer an einem Tag mehrere Auswärtstätigkeiten aus, so sind die Zeiten der Abwesenheit zusammenzurechnen.

Mitternachtsregelung

Eine Sonderform stellt die so genannte Mitternachtsregelung dar. Beginnt eine auswärtige berufliche Tätigkeit an einem Kalendertag und endet am nachfolgenden Kalendertag (ohne Übernachtung), wird der Pauschalbetrag für Verpflegungsmehraufwendungen in Höhe von 14,00 € gewährt, wenn die Gesamtabwesenheitsdauer (unabhängig von Anreisezeit und Abreisezeit) mehr als 8 Stunden beträgt. Die Verpflegungsmehraufwendungspauschale wird dem Arbeitnehmer für den Kalenderbetrag gewährt, auf den der überwiegende Teil der Auswärtstätigkeit entfällt.

Beispiel: Verpflegungspauschale

Kurt Peters besucht in dieser Woche die Kunden in der näheren Umgebung. Zwischendurch fährt er mehrmals in den Betrieb, um noch andere Tätigkeiten zu erledigen. Um 7:00 Uhr fährt er von seiner Wohnung zum Kunden und kommt um 10:00 Uhr in die Firma. Um 11:30 Uhr fährt er zur Post und zur Bank und ist um 12:00 Uhr zurück. Um 14:00 Uhr fährt er wieder los, besucht an diesem Tag noch drei Kunden und fährt anschließend nach Hause, wo er um 19:30 Uhr ankommt.

Die Zeiten der Abwesenheit werden aufaddiert:

von 07:00 Uhr - 10:00 Uhr   3,0 Stunden

von 11:30 Uhr - 12:00 Uhr   0,5 Stunden

von 14:00 Uhr - 19:30 Uhr   5,5 Stunden

Kurt Peters war insgesamt 9 Stunden unterwegs und kann für diesen Tag eine Pauschale für Verpflegungsmehraufwendungen von 14,00 € ansetzen.

Wenn sich eine Auswärtstätigkeit über mehrere Tage erstreckt, gilt für den An- und den Abreisetag jeweils eine Verpflegungspauschale in Höhe von 14,00 € ohne Prüfung einer Mindestabwesenheitsdauer.

Beispiel: Verpflegungsmehraufwand (Dienstreise über zwei Tage ohne Übernachtung)

Kurt Peters reist für eine Auswärtstätigkeit um 17:00 Uhr ab und kehrt am nächsten Morgen um 07:30 Uhr zurück. Für die Dienstreise rechnet er keine Übernachtungskosten ab.

Die Abwesenheit beträgt insgesamt 14,5 Stunden, für die ein Pauschbetrag in Höhe von 14,00 € steuer- und sozialversicherungsfrei gezahlt werden müsste.

Erstattung höherer Beträge

Erstattet der Arbeitgeber höhere Beträge für Verpflegungsmehraufwendungen als den Pauschalbetrag, können die übersteigenden Beträge nochmals bis zur Höhe des Pauschalbetrags mit 25 % **pauschal versteuert** werden. Pauschalierte Beträge bleiben beitragsfrei in der Sozialversicherung. Darüber hinausgehende Zuwendungen sind als individuell zu versteuerndes und sozialversicherungspflichtiges Entgelt zu behandeln.

Pauschalversteuerung

Beispiel: Erstattung höherer Beträge für Verpflegungsmehraufwendungen

Die ModeFix GmbH erstattet Herrn Peters für die neunstündige Abwesenheit einen Tagessatz von 30,00 €. Diese sind wie folgt abzurechnen:

- 14,00 € können steuerfrei erstattet werden

- 14,00 € könnten mit 25 % pauschaliert werden (zzgl. Solidaritätszuschlag und Kirchensteuer)

- 2,00 € gehen als steuer- und sozialversicherungspflichtige Zuwendung in die Gehaltsabrechnung ein

---

Für dieselbe Auswärtstätigkeit können Verpflegungsmehraufwendungen jedoch nur für die ersten drei Monate steuerfrei erstattet werden. Jede Unterbrechung (vorübergehende Tätigkeit in der ersten Tätigkeitsstätte, Urlaub, Krankheit) für einen Zeitraum von mindestens vier Wochen, führt zu einem Neubeginn der Dreimonatsfrist. Nach Ablauf der Dreimonatsfrist ist die Bereitstellung einer Mahlzeit als Arbeitslohn anzusetzen.

> **Beispiel: Erstattung höherer Beträge für Verpflegungsmehraufwendungen länger als drei Monate**
>
> Herr Hessler wird für die Zeit vom 01.02. bis 31.05. vorübergehend, ohne Unterbrechung, bei der Zweigniederlassung in Stuttgart tätig werden. Verpflegungsmehraufwendungen können lediglich für die Zeit vom 01.02. bis 30.04. steuerfrei erstattet werden.

Kürzung der Verpflegungspauschale

Wird dem Arbeitnehmer von seinem Arbeitgeber oder auf dessen Veranlassung von einem Dritten eine Mahlzeit zur Verfügung gestellt, erfolgt eine Kürzung der Verpflegungspauschale um 20 % (5,60 €) für ein Frühstück und um jeweils 40 % (11,20 €) für ein Mittag- oder Abendessen. Als Berechnungsgrundlage dient immer die Verpflegungspauschale für einen vollen Kalendertag, auch bei einer Abwesenheitsdauer von 8 bis 24 Stunden. Zahlt der Arbeitnehmer einen Eigenanteil für die zur Verfügung gestellte Mahlzeit, mindert das den Kürzungsbetrag.

Kostenlose Mahlzeiten bei Auswärtstätigkeiten

Eine vom Arbeitgeber zur Verfügung gestellte „übliche" Mahlzeit während einer beruflich veranlassten Auswärtstätigkeit wird mit dem amtlichen Sachbezugswert bewertet. Als „übliche" Mahlzeit gilt eine Mahlzeit, einschließlich Getränke, deren Preis 60,00 € nicht überschreitet. Mahlzeiten mit einem Wert von über 60,00 € werden mit dem tatsächlichen Preis als Arbeitslohn angesetzt.

Der Sachbezugswert kommt nicht zum Ansatz, wenn der Arbeitnehmer Anspruch auf Verpflegungsmehraufwendungen hat.

Pauschalversteuerung Bei üblichen Mahlzeiten besteht die Möglichkeit der Pauschalversteuerung mit 25 %, wenn

- der Arbeitnehmer ohne Übernachtung nicht mehr als 8 Stunden auswärts tätig ist
- der Arbeitgeber die Abwesenheitsdauer nicht kennt
- die Dreimonatsfrist gemäß § 9 Abs. 4a Satz 6 EStG abgelaufen ist

Soll eine Pauschalversteuerung nicht erfolgen, wird dieser Sachbezug als geldwerter Vorteil dem steuerpflichtigen Arbeitslohn zugerechnet.

Beispiel: Kostenlose Mahlzeiten bei Auswärtstätigkeiten bis 8 Stunden

Kurt Peters (Bundesland Hamburg) ist mit Hin- und Rückreise von 7:00 Uhr bis 14:30 Uhr unterwegs; in dieser Zeit besucht er ein Seminar, dessen Gesamtkosten 350,00 € betragen. Darin sind die Kosten einer Mahlzeit (Mittagessen, Wert unter 60,00 €), deren tatsächlicher Wert nicht auf der Rechnung des Veranstalters ausgewiesen ist, enthalten.

Da die Abwesenheit von Herrn Peters weniger als 8 Stunden beträgt, hat er keinen Anspruch auf eine Verpflegungsmehraufwandspauschale. Das von Dritten zur Verfügung gestellte Mittagessen ist mit dem amtlichen Sachbezugswert zu berücksichtigen.

Der Arbeitgeber hat drei Möglichkeiten, das kostenfreie Mittagessen steuerlich zu behandeln:

1. Möglichkeit: Der geldwerte Vorteil in Höhe von 3,80 € kann individuell nach den elektronischen Lohnsteuerabzugsmerkmalen des Arbeitnehmers versteuert werden.

2. Möglichkeit: Der Arbeitgeber hat die Möglichkeit, den amtlichen Sachbezugswert mit 25 % pauschal zu versteuern.

pauschale Lohnsteuer	3,80 €	x	25,0 %	=	0,95 €
Solidaritätszuschlag	0,95 €	x	5,5 %	=	0,05 €
pauschale KiSt (Hamburg)	0,95 €	x	4,0 %	=	0,03 €

3. Möglichkeit: Der Arbeitnehmer leistet eine Zuzahlung in Höhe des Sachbezugswertes von 3,80 €, damit entsteht kein geldwerter Vorteil. Diese Zuzahlung wird als Nettoabzug in der nächsten Lohnabrechnung ausgewiesen.

Beispiel: Kostenlose Mahlzeiten bei Auswärtstätigkeiten

Kurt Peters ist mit Hin- und Rückreise von 5:30 Uhr bis 20:00 Uhr unterwegs. Für die 14,5 Stunden Abwesenheit erhält er 14,00 € Verpflegungspauschale. Der tatsächliche Wert der Mahlzeit ist auf der Rechnung des Veranstalters nicht ausgewiesen. Der Arbeitgeber hat zwei Möglichkeiten, das kostenfreie Mittagessen steuerlich zu behandeln:

1. Möglichkeit: Erfolgt eine Verrechnung der Verpflegungspauschale mit dem Kürzungsbetrag in Höhe von 11,20 €, kann der Arbeitgeber den Restbetrag in Höhe von 2,80 € dem Arbeitnehmer steuerfrei erstatten.

2. Möglichkeit: Erfolgt eine Auszahlung der Verpflegungspauschale in Höhe von 14,00 €, davon werden 2,80 € steuerfrei erstattet und 11,20 € sind mit 25 % pauschal oder individuell nach den Lohnsteuerabzugsmerkmalen des Arbeitnehmers zu versteuern.

Teilnahme an geschäftlich veranlassten Bewirtungen bei Auswärtstätigkeiten

Nimmt ein Arbeitnehmer während einer mehrtägigen oder während einer mehr als 8-stündigen Auswärtstätigkeit an einer geschäftlich veranlassten Bewirtung von Dritten teil, zieht das eine Kürzung der Verpflegungsmehraufwendungspauschale nach sich. Die Pauschale für Frühstück ist um 20 %, die Pauschalen für Mittag- oder Abendessen um 40 % zu kürzen. Erfolgt eine geschäftlich veranlasste Bewirtung bei einer Auswärtstätigkeit bis einschließlich 8 Stunden, entsteht für den teilnehmenden Arbeitnehmer kein geldwerter Vorteil.

Geschäftsessen

11.2.3 Abrechnung von Übernachtungskosten

Tatsächliche Kosten

Als **Übernachtungskosten** können die Aufwendungen steuerfrei erstattet werden, die im Rahmen einer Auswärtstätigkeit durch die persönliche Inanspruchnahme einer Unterkunft tatsächlich entstanden sind. Sie sind durch entsprechende Belege nachzuweisen. Ist in den Übernachtungskosten das Frühstück enthalten, muss der **Frühstückanteil** herausgerechnet werden:

- In Höhe des tatsächlichen Aufwandes, soweit erkennbar.

- Wenn der tatsächliche Aufwand nicht erkennbar ist, wird pauschal 20 % des aktuellen Tagessatzes (2023 = 28,00 €) je Übernachtung mit 5,60 € im Inland angesetzt.

Bei Übernachtungen im Inland muss immer davon ausgegangen werden, dass das Frühstück auch ohne gesonderten Ausweis in den Übernachtungskosten enthalten ist. Lediglich dann, wenn durch das Hotel „Übernachtung ohne Frühstück" bescheinigt wurde, ist kein Frühstücksanteil aus den Übernachtungskosten herauszurechnen. Eine diesbezügliche Ergänzung durch den Arbeitnehmer ist nicht zulässig.

Hat der Arbeitgeber das Frühstück vorbestellt bzw. die Hotelbuchung vor Antritt der Auswärtstätigkeit vorgenommen, spricht man davon, dass der Arbeitnehmer **auf Veranlassung des Arbeitgebers** von einem Dritten ein Frühstück unentgeltlich erhalten hat. Das kostenlos zur Verfügung gestellte Frühstück führt zu einer Kürzung der Verpflegungspauschale von 5,60 €.

Unterkunftskosten

Bei längerfristigen beruflichen Tätigkeiten an einer Tätigkeitsstätte, die nicht die erste Tätigkeitsstätte ist, können nach Ablauf von 48 Monaten die tatsächlich entstehenden Unterkunftskosten nur noch bis zu einer Höhe von 1.000,00 € steuerfrei durch den Arbeitgeber erstattet werden. Jede Unterbrechung für einen Zeitraum von mindestens 6 Monaten führt zu einem Neubeginn der 48-Monatsfrist.

> **Beispiel: Übernachtungskosten**
>
> Kurt Peters ist für die ModeFix GmbH vier Tage unterwegs, um verschiedene Firmen zu besuchen. Er übernachtet stets in unterschiedlichen Hotels und legt folgende Belege vor:
>
> | **Übernachtung** | | |
> |---|---|---|
> | Montag auf Dienstag (Hotel zur Krone) | Übernachtung einschl. Frühstück | 70,00 € |
> | Dienstag auf Mittwoch (Hotel zum Hirsch) | Übernachtung
Frühstücksbuffet | 60,00 €
15,00 € |
> | Mittwoch auf Donnerstag (Hotel zur Sonne) | Übernachtung einschl. Frühstück | 80,00 € |
>
> Die ModeFix GmbH kann die Übernachtungskosten wie folgt steuerfrei erstatten:
>
> | **Übernachtung** | | |
> |---|---|---|
> | Montag auf Dienstag (Hotel zur Krone) | Übernachtung einschl. Frühstück | 70,00 € |
> | Dienstag auf Mittwoch (Hotel zum Hirsch) | Übernachtung (Frühstück nicht steuerfrei erstattbar) | 60,00 € |
> | Mittwoch auf Donnerstag (Hotel zur Sonne) | Übernachtung einschl. Frühstück | 80,00 € |
> | steuerfrei erstattbare Übernachtungskosten | | **210,00 €** |
>
> Hinweis: Die Summe der Beträge für die Verpflegungsmehraufwandspauschale ist für das Frühstück am Dienstag und Donnerstag um jeweils 5,60 € zu kürzen.

Ist für eine Übernachtung der tatsächliche Aufwand nicht nachweisbar, so kann ein **Pauschalbetrag** von 20,00 € pro Übernachtung im Inland steuerfrei vom Arbeitgeber erstattet werden. Dies gilt nicht, wenn die Unterkunft vom Arbeitgeber oder aufgrund des Arbeitsverhältnisses von einem Dritten **kostenlos oder verbilligt** zur Verfügung gestellt wurde. Voraussetzung ist zudem, dass tatsächlich eine Übernachtung in einer Unterkunft stattgefunden hat. Das Schlafen im Schlafwagen der Bahn, in einer Kabine auf einem Schiff oder während eines Fluges stellt keine Übernachtung dar. *(Übernachtungspauschale)*

Für Berufskraftfahrer kann gemäß § 9 Abs. 1 S. 3 Nr. 5b EStG ein Pauschalbetrag in Höhe von 8,00 € zur Abgeltung von Mehraufwendungen für Übernachtungskosten in Fahrzeugen des Arbeitgebers angesetzt werden. Dieser Pauschalbetrag kann an den Kalendertagen angesetzt werden, an denen dem Arbeitnehmer pauschale Verpflegungsmehraufwendungen zustehen. Anstatt des Pauschalbetrages können auch höhere nachgewiesene tatsächliche Kosten geltend gemacht werden. *(Berufskraftfahrer)*

> **Beispiel: Übernachtung in Schlafkabine (LKW)**
>
> Der Berufskraftfahrer Theo Fischer fährt für eine Spedition. Er ist regelmäßig von Montag 6 Uhr bis Freitag 16 Uhr unterwegs und übernachtet in der Schlafkabine seines Lkw. Hierfür kann er einen Pauschalbetrag von 40,00 € (5 Kalendertage x 8,00 €) oder die tatsächlichen nachgewiesenen Kosten ansetzen.

11.2.4 Reisenebenkosten

Als Reisenebenkosten können folgende Aufwendungen in ihrer tatsächlichen Höhe steuerfrei erstattet werden, wenn sie durch Belege nachgewiesen sind:

- Gepäckaufbewahrung und -transport
- Reisegepäckversicherung
- Reiseunfallversicherung
- Straßen- und Parkplatzbenutzung sowie Schadensbeseitigung infolge von Verkehrsunfällen, wenn die jeweils damit verbundenen Fahrtkosten als Reisekosten anzusetzen sind
- Telefonkosten und Schriftverkehr beruflichen Inhalts mit dem Arbeitgeber oder mit Geschäftspartnern

Nicht zu den Reisekosten gehören:

- Kosten für die persönliche Lebensführung, z. B. Tageszeitung, private Telefongespräche
- Ordnungs-, Verwarnungs- und Bußgelder
- Verlust von Geld oder Wertgegenständen
- Anschaffungskosten für Bekleidung, Koffer oder anderen Reiseausrüstungsgegenständen

Praxisübungen

Die Lösungen finden Sie unter https://www.edumedia.de/verlag/loesungen.

Aufgabe 1: Reisekostenerstattung

■ Ermitteln Sie in folgenden Fällen die steuer- und sozialversicherungsfrei erstattbaren Reisekosten.

a) Regine Schmidt ist als Handelsvertreterin bei der Firma Lederwaren Kurz angestellt. Sie reicht diese Reisekostenabrechnung ein (die jeweils besuchten Kunden und die Fahrstrecke sollen als Anlage beigefügt sein):

	Beginn	Ende	gefahrene km mit eigenem Pkw
Montag	8:00 Uhr	16:30 Uhr	230
Dienstag	7:30 Uhr	20:00 Uhr	415
Mittwoch	6:00 Uhr	21:30 Uhr	325
Donnerstag	8:15 Uhr	16:00 Uhr	190
Freitag	7:00 Uhr	19:00 Uhr	280

b) Der Berufskraftfahrer Alfred Klein ist von Montag 5:00 Uhr bis Donnerstag 13:45 Uhr in Deutschland unterwegs und übernachtet in der Schlafkabine seines Lkw. Er ist zwischendurch weder in die Firma noch nach Hause gefahren. In welcher Höhe kann Herr Klein für diese Reisetätigkeiten Pauschalen gelten machen?

c) Die Praktikantin Lisa Pfeifer wird von der ModeFix GmbH für drei Tage auf eine Messe geschickt. Lisa Pfeifer fährt Dienstag um 6:30 Uhr los und kommt am Donnerstag um 18:00 Uhr zurück. Sie ist mit dem eigenen Pkw insgesamt 200 km gefahren und hat für die beiden Übernachtungen (ohne separaten Ausweis eines Frühstücks) 120,00 € bezahlt. In welcher Höhe kann Lisa Pfeifer die Reisekosten steuerfrei geltend machen?

12

Arbeiten des Arbeitgebers am Monats- und Jahresende sowie bei Ein- und Austritt eines Arbeitnehmers

Dieses Kapitel erläutert Ihnen die Meldepflichten an die Sozialversicherung, die Arbeiten, die ein Arbeitgeber in Bezug auf Lohn- und Gehaltsbuchführung und die Personalverwaltung am Ende eines jeden Monats bzw. Jahres sowie bei Ein- und Austritt eines Arbeitnehmers zu erbringen hat.

Inhalt

- Meldung zur Sozialversicherung
- Lohnsteueranmeldung
- Beitragsnachweis
- Lohnnachweis für die Berufsgenossenschaft
- Lohnsteuerjahresausgleich
- Abschluss des Lohnkontos
- Prüfung der Jahresarbeitsentgeltgrenze
- Lohnsteuerbescheinigung
- Entgeltfortzahlungsversicherung
- Insolvenzgeldumlage

12.1 Meldung zur Sozialversicherung

Damit die Träger der Sozialversicherungszweige ihre Sozialleistungen korrekt berechnen und dem Empfangsberechtigten auch tatsächlich vollständig und pünktlich zukommen lassen können, benötigen sie stets die aktuellen und korrekten **Daten zur Person** und dem **Arbeitsverhältnis** eines Versicherten. Jeder Arbeitgeber hat bestimmte, einen Arbeitnehmer betreffende, Tatbestände (z.B. den Beginn oder das Ende eines Arbeitsverhältnisses oder die Änderung eines Namens oder einer Anschrift) an die Krankenkassen zu melden, die die Daten dann an die Sozialversicherungsträger weitergeben.

12.1.1 Rechtsgrundlagen

Rechtsgrundlagen

Als Rechtsgrundlage für das Meldeverfahren dienen die §§ 28a ff. SGB IV und die DEÜV (Datenerfassungs- und Datenübermittlungsverordnung). Darin sind insbesondere die **Meldeanlässe** und die jeweils zu meldenden Daten festgelegt.

Personenkreis

Meldungen sind für jeden Beschäftigten zu erstellen, der mindestens in einer der Sozialversicherungszweige (Kranken-, Pflege-, Renten-, Arbeitslosen- oder Unfallversicherung) **versicherungspflichtig** ist. Zu melden sind auch Arbeitnehmer, die zwar versicherungsfrei sind, für die der Arbeitgeber aber Beiträge zur Sozialversicherung abführen muss. Für geringfügig entlohnte und kurzfristig Beschäftigte sind die Meldungen an die **Knappschaft-Bahn-See** zu übermitteln.

12.1.2 Form und Übermittlung der Meldungen

Beitragsnachweise und sonstige Meldungen werden ausschließlich in elektronischer Form übermittelt. Das frühere manuelle Meldeverfahren mittels Papierformularen ist nicht mehr möglich.

12.1.3 Meldeanlässe

> **Beispiel: Meldeanlässe**
>
> Die ModeFix GmbH stellt zum 01.04. die kaufmännische Angestellte Sybille König ein. Frau König heiratet am 11.11. und nimmt den Namen ihres Mannes „Voigt" an. Am 18.01. geht Sybille Voigt in Mutterschaftsurlaub, zieht am 01.02. in eine größere Wohnung und am 03.03. stellt sich Nachwuchs ein. Nach der Mutterschaftsfrist nimmt sie am 28.04. die Arbeit in der ModeFix GmbH wieder auf. Welche Meldungen muss die ModeFix GmbH für Sybille Voigt erstellen?

Meldungen von Tatbeständen

Meldungen zur Sozialversicherung sind jeweils nur zu bestimmten Anlässen zu erstatten. Dazu gehören z. B. der Beginn und die Beendigung eines Arbeitsverhältnisses. Je nach **Meldeanlass** ist eine entsprechende Schlüsselkennzahl für den Grund der Abgabe einzutragen *(eine vollständige Übersicht aller Meldeschlüssel finden Sie im Anhang)*.

Der monatlich zu erstellende Beitragsnachweis *(siehe Kapitel 12.3)* ist **keine** Meldung zur Sozialversicherung auch wenn er in der betrieblichen Praxis oftmals als „Monatsmeldung" bezeichnet wird.

Anmeldung

Der **Beginn** einer versicherungspflichtigen Beschäftigung ist binnen einer Frist von sechs Wochen zu melden. Ein Arbeitnehmer ist außerdem anzumelden, wenn er die Krankenkasse gewechselt hat oder die Beitragspflicht geändert wurde.

Beginn einer Beschäftigung

Anmeldung bei ...	Schlüsselzahl für Abgabegrund
Beginn einer Beschäftigung	10
Krankenkassenwechsel	11
Beitragsgruppenwechsel	12
sonstigen Gründen	13

Seit 2009 wurde im Zuge der Bekämpfung der Schwarzarbeit die **Sofortmeldung** für folgende Branchen wieder eingeführt:

- Baugewerbe
- Gaststätten- und Beherbergungsgewerbe
- Personenbeförderungsgewerbe
- Speditions-, Transport- und damit verbundene Logistikgewerbe
- Schaustellergewerbe
- Unternehmen der Forstwirtschaft
- Gebäudereinigungsgewerbe
- Unternehmen, die sich am Auf- und Abbau von Messen und Ausstellungen beteiligen
- Fleischwirtschaft

Diese Meldung ist mit **Meldegrund „20"** am Tag der Beschäftigungsaufnahme an die Datenstelle der Rentenversicherungsträger zu übermitteln und muss folgende Angaben enthalten:

- Familien- und Vornamen des Beschäftigten
- Versicherungsnummer bzw. die zu deren Vergabe notwendigen Angaben (Tag, Ort der Geburt, Anschrift)
- Arbeitgeberbetriebsnummer
- Tag der Beschäftigungsaufnahme

Die Meldung bleibt so lange beim Rentenversicherungsträger gespeichert, bis die reguläre Anmeldung bei der zuständigen Krankenkasse mit Meldegrund „10" erfolgt.

Abmeldung

Bei **Beendigung** eines Arbeitsverhältnisses, beim Wechsel der Krankenkasse oder bei einer Änderung der Beitragspflicht ist der Arbeitnehmer bei der Krankenkasse abzumelden. Darüber hinaus gibt es weitere Abmeldeanlässe wie beispielsweise das Ende einer Beschäftigung nach einer Unterbrechung von länger als einem Monat oder ein Arbeitskampf von länger als einen Monat *(Eine vollständige Übersicht der Abmeldungsgründe mit dazugehörigen Schlüsselzahlen finden Sie im Anhang).*

Ende einer Beschäftigung

Meldetatbestand	Schlüsselzahl für Abgabegrund
Ende einer versicherungspflichtigen oder geringfügigen Beschäftigung	30
Krankenkassenwechsel	31
Beitragsgruppenwechsel	32
Abmeldung wegen sonstiger Gründe/ Änderungen im Beschäftigungsverhältnis	33

Unterbrechungs- und Änderungsmeldungen

Unterbrechung Entgeltzahlung

Wird eine Beschäftigung für mindestens **einen Kalendermonat unterbrochen**, sodass kein Anspruch mehr auf Arbeitsentgelt besteht, und stattdessen Entgeltersatzleistungen (z. B. Krankengeld, Mutterschaftsgeld) bezogen werden, so ist diese Unterbrechung der Krankenkasse zu melden. Meldepflichtige Unterbrechungen sind zudem die Inanspruchnahme von **Elternzeit** oder das Ableisten eines freiwilligen Wehrdienstes.

Als **Beschäftigungszeit** ist der Zeitraum von Beginn des Jahres (bzw. dem Beschäftigungsbeginn innerhalb des Jahres) bis zum Wegfall der erwirtschafteten Arbeitsentgeltansprüche (also bis zum Beginn der Unterbrechung) anzugeben.

Unterbrechung der Beschäftigung ...	Schlüsselzahl für Abgabegrund
ohne Fortzahlung des Arbeitsentgelts für mindestens einen Monat wegen Bezug einer Entgeltersatzleistung bzw. Anspruch auf Entgeltersatzleistungen (z. B. Krankengeld). Das Versicherungsverhältnis bleibt während der Zahlung der Entgeltersatzleistung erhalten.	51
aufgrund von Elternzeit.	52
aufgrund von gesetzlicher Dienstpflicht oder freiwilligem Wehrdienst.	53

Änderung persönlicher Daten

Für Änderungen von **Namen, Anschrift** oder **Staatsangehörigkeit** sind keine gesonderten Meldungen zu erstellen. Die Änderungen werden mit der darauffolgenden Meldung übermittelt. Bei Änderung der Personalnummer bzw. Aktenzeichen beim Arbeitgeber kann eine freiwillige Meldung mit Meldeschlüssel „62" erstellt werden.

Jahresmeldung

Meldung des Jahresentgeltes

Für jeden versicherungspflichtigen Arbeitnehmer muss der Arbeitgeber am Ende des Kalenderjahres, bis spätestens zum 15. Februar des Folgejahres, eine **Jahresmeldung** durchführen, in dem das Arbeitsentgelt einzutragen ist, von dem die Beiträge oder Beitragsanteile zur Sozialversicherung berechnet wurden. Bei Arbeitnehmern, die nach den Übergangsregelungen abgerechnet wurden, ist zusätzlich das tatsächlich erzielte Arbeitsentgelt anzugeben. Für ehemalige Arbeitnehmer, deren Arbeitsverhältnis im Laufe des Jahres geendet hat und für die bereits eine Abmeldung erfolgt ist, wird keine Jahresmeldung erstellt. Als Meldeanlass ist für die **Jahresmeldung der Schlüssel „50"** einzutragen. Für privat krankenversicherte Arbeitnehmer ist die Jahresmeldung an die zuletzt zuständige gesetzliche Krankenversicherung zu erstatten.

Sondermeldungen

Neben den An-, Ab-, Unterbrechungs-, Änderungs- und Jahresmeldungen gibt es noch so genannte **Sondermeldungen** und Meldungen in Insolvenzfällen, für die jeweils gesonderte Meldeschlüssel zu verwenden sind *(siehe Anhang)*.

Die Meldung der beitragspflichtigen Einnahmen zum Zwecke des Rentenantragsverfahrens ist im Meldeverfahren der Sozialversicherung integriert. Auf Verlangen des Rentenversicherungsträgers hat der Arbeitgeber den Verdienstnachweis mit der nächsten regulären Meldung zur Sozialversicherung abzugeben. Frühestens jedoch drei Monate vor Rentenbeginn. Als Abgabegrund ist der Meldeschlüssel 57 einzutragen. *Rentenantragsverfahren*

Beispiel: Meldeanlässe

Die ModeFix GmbH hat folgende Meldungen für Sybille Voigt abzugeben:

Meldungen	Frist	Abgabegrund
1. Anmeldung zum 01.04.	innerhalb 6 Wochen nach Tätigkeitsbeginn	10
2. Jahresmeldung zum 31.12.	bis zum 15.02. des Folgejahres	50
3. Unterbrechungsmeldung zu Beginn des Mutterschaftsurlaubs	innerhalb von zwei Wochen nach Ablauf des ersten Kalendermonats der Unterbrechung	51
4. Bei Wiederaufnahme der Beschäftigung nach dem Mutterschaftsurlaub ist keine Anmeldung zu erstellen. Die Wiederaufnahme wird mit der nächsten Unterbrechungs-, Jahres- oder Abmeldung im laufenden Kalenderjahr gemeldet.		

Seit dem 01.01.2016 werden die Daten zur Unfallversicherung von der bestehenden Entgeltmeldung zur Sozialversicherung getrennt und müssen mit einer separaten Jahresmeldung zur Unfallversicherung übermittelt werden (§ 28a Abs. 2a SGB IV, Abgabegrund 92). Die Angaben des Personengruppenschlüssels, Staatsangehörigkeitsschlüssels, Beitragsgruppenschlüssels und des Tätigkeitsschlüssels sowie die Angabe der geleisteten Arbeitsstunden entfallen. *Unfallversicherung*

Beispiel: Meldeanlässe

Helmut Groß schied zum 15.12. des Vorjahres aus der Neumann GmbH aus. Im Mai erhält er von der Neumann GmbH eine Einmalzahlung in Höhe von 3.000,00 €.

Da die Einmalzahlung in KV, PV, RV und AV nicht beitragspflichtig ist, besteht keine Meldpflicht bei der Krankenkasse des Arbeitnehmers. Es besteht aber Unfallversicherungspflicht. Der Arbeitgeber muss eine Meldung an die Unfallversicherung mit dem Meldegrund 92 für den Zeitraum vom 01.05. - 31.05. erstellen.

12.1.4 Inhalt der Meldungen

Versicherungsnummer

Anhand der Versicherungsnummer **1** ordnen die Sozialversicherungsträger die Daten des Versicherten zu. Die Versicherungsnummer entnimmt der Arbeitgeber dem Sozialversicherungsausweis des Arbeitnehmers *(siehe auch Kapitel 5.1.1)*.

Name

In diese Felder **2** wird der **Familienname** und der **Vorname** (Rufname) des Versicherten eingetragen. Vorsatzwort (z. B. „von"), Namenszusätze (z. B. „Freiherr") oder Titel (z. B. „Prof.") werden in die Felder nach dem Familiennamen eingetragen.

Anschrift

Die Eintragung der Anschrift **3** ist nur bei einer **Anmeldung** oder bei einer **Anschriftenänderung** nötig. Bei einer Änderung wird die **neue** Adresse eingetragen.

Grund der Abgabe

In das Kästchen **4** wird der **Meldegrund** mit dem entsprechenden Schlüssel eingetragen. Eine Übersicht der Meldetatbestände mit dazugehörigen Schlüsseln finden Sie im Anhang. Treffen für einen meldepflichtigen Sachverhalt mehrere Abgabegründe zu, ist stets der Abgabegrund mit der niedrigeren Schlüsselzahl anzugeben.

Entgelte im Übergangsbereich/Midijob

Das Feld **5** ist anzukreuzen, wenn das Arbeitsentgelt im Übergangsbereich liegt.

Beschäftigungszeiten

In die Felder **6** ist der **Zeitraum** einzutragen, für den die Meldung erfolgt. Bei Abmeldung, Unterbrechungs- oder Jahresmeldung und bei Meldung einmalig gezahlter Arbeitsentgelte ist der Beschäftigungszeitraum während des Kalenderjahres anzugeben. Bei einer Anmeldung ist nur der Beginn der Beschäftigung anzugeben. Bereits gemeldete Zeiten und Entgelte dürfen nicht erneut gemeldet werden. Gab es beispielsweise im Laufe des Jahres eine Unterbrechung und wurden die Beschäftigungszeiten vor der Unterbrechung bereits mit einer Unterbrechungsmeldung angezeigt, so ist in der Jahresmeldung nur noch der Beschäftigungszeitraum ab Wiederaufnahme der Arbeit zu berücksichtigen.

Betriebsnummer

In Feld **7** ist die Betriebsnummer des Arbeitgebers einzutragen. Jeder Betrieb, der Arbeitnehmer beschäftigt, erhält über den Betriebsnummernservice der Bundesagentur für Arbeit in Saarbrücken eine Betriebsnummer zugewiesen, unter der er bei der Krankenkasse geführt wird.

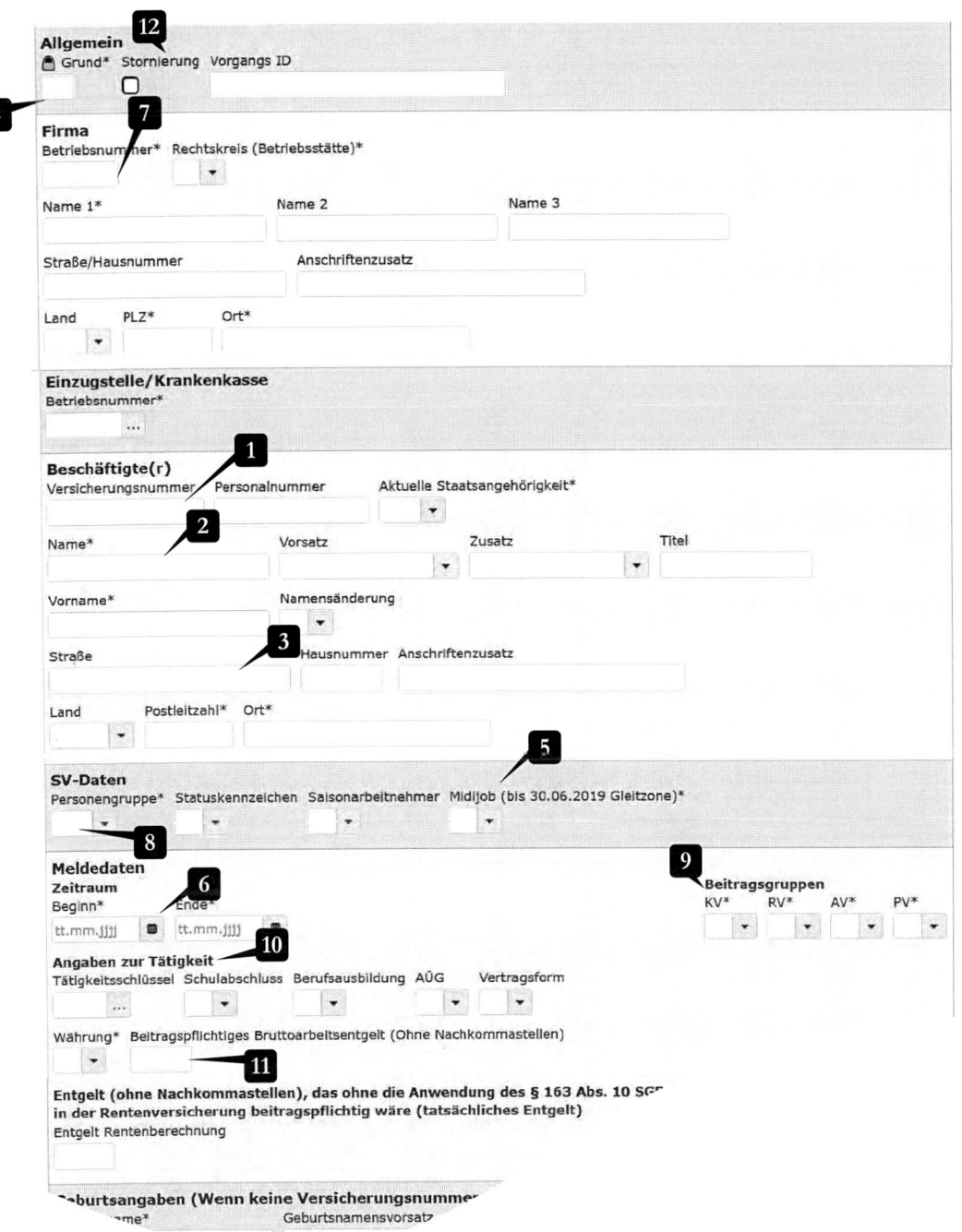

Personengruppe

Hier wird der dreistellige Schlüssel der Personengruppe eingetragen 8, der eine genaue **Berufsbildzuordnung** des Versicherten möglich macht. Für sozialversicherungspflichtig Beschäftigte ohne besondere Merkmale ist der Schlüssel „101" zu verwenden. Für Beschäftigte mit besonderen Merkmalen ist der entsprechende Schlüssel einzutragen, z. B.:

Personengruppenschlüssel

Personengruppe	Schlüsselzahl
Beschäftigte ohne besondere Merkmale	101
Auszubildende ohne besondere Merkmale	102
Auszubildende innerhalb der Geringverdienergrenze	121
Beschäftigte in Altersteilzeit	103
Geringfügig entlohnte Beschäftigte	109
Kurzfristig Beschäftigte	110
Versicherungsfreie Altersvollrentner und Versorgungsbe-zieher wegen Alters	119
Versicherungspflichtige Altersvollrentner und Versor-gungsbezieher wegen Alters	120
Seeleute	140

Eine vollständige Übersicht der Personengruppenschlüssel finden Sie im Anhang.

Treffen für einen Versicherten mehrere Personengruppen zu, hat die **niedrigste Schlüsselzahl Vorrang**. Ausnahme: Schlüssel für geringfügig entlohnte (109) und kurz-fristig Beschäftigte (110) haben immer Vorrang.

Beitragsgruppen

In diese vier Felder **9** wird jeweils für die Krankenversicherung (KV), die Rentenversi-cherung (RV), die Arbeitslosenversicherung (AV) und die Pflegeversicherung (PV) eine Kennziffer zur **Beitragspflicht** eingetragen. Für die Krankenversicherung sind dies u. a.:

Beitragsgruppenschlüssel

Beitragsgruppe KV	Schlüsselzahl
kein Beitrag	0
allgemeiner Beitrag	1
erhöhter Beitrag	2
ermäßigter Beitrag	3
Pauschalbeitrag für geringfügig Beschäftigte	6

Ähnliche **Beitragsgruppenschlüssel** sind auch für die anderen Zweige der Sozialver-sicherung einzutragen. *Eine vollständige Übersicht finden Sie im Anhang.*

Angaben zur Tätigkeit

Tätigkeitsschlüssel **10** für Meldungen ab dem 01.12.2011. Eine vollständige Übersicht der Kennziffern finden Sie auch im Anhang.

ausgeübte Tätigkeit

| 1 | 2 | 3 | 4 | 5 | 6 | 7 | 8 | 9 |

Schulabschluss
Ausbildungsabschluss
Arbeitnehmerüberlassung
Arbeitsvertrag

Stelle 1 bis 5 Ausgeübte Tätigkeit
Es ist die Schlüsselnummer für die aktuell ausgeübte Tätigkeit anzugeben, unabhängig vom erlernten Beruf.

Stelle 6 Höchster allgemeinbildender Schulabschluss	Schlüsselzahl
ohne Schulabschluss	1
Haupt-/Volksschulabschluss	2
Mittlere Reife oder gleichwertiger Abschluss	3
Abitur / Fachabitur	4
Abschluss unbekannt	9

Stelle 7 Höchster beruflicher Ausbildungsabschluss	Schlüsselzahl
ohne beruflichen Ausbildungsabschluss	1
Abschluss einer anerkannten Berufsausbildung	2
Meister- / Techniker- oder gleichwertiger Fachschulabschluss	3
Bachelor	4
Diplom / Magister / Master / Staatsexamen	5
Promotion	6
Abschluss unbekannt	9

Stelle 8 Arbeitnehmerüberlassung	Schlüsselzahl
nein	1
ja	2

Stelle 9 Vertragsform	Schlüsselzahl
unbefristeter Arbeitsvertrag - Vollzeit	1
unbefristeter Arbeitsvertrag - Teilzeit	2
befristeter Arbeitsvertrag - Vollzeit	3
befristeter Arbeitsvertrag - Teilzeit	4

Beitragspflichtiges Bruttoarbeitsentgelt

In das Feld **11** wird das im Beschäftigungszeitraum gezahlte **Bruttoarbeitsentgelt** eingetragen. Dabei ist nur das tatsächlich **rentenversicherungspflichtige Entgelt** zu berücksichtigen. Nicht beitragspflichtiges Entgelt bleibt außer Acht. Meldepflichtig ist daher nur das Entgelt bis zur **Beitragsbemessungsgrenze** der Rentenversicherung.

Das Entgelt wird auf volle Euro gerundet (bis 0,49 € abgerundet, ab 0,50 € aufgerundet) und ist immer sechsstellig einzutragen, im Bedarfsfall mit füllenden Nullen.

Demnach ist auch nur ein Entgelt bei einer Ab-, Jahres- oder Unterbrechungsmeldung einzutragen. Bei einer Anmeldung ist das beitragspflichtige Entgelt noch nicht bekannt, es wird auch nicht geschätzt.

Stornierung einer bereits abgegebenen Meldung `12`

Es kann vorkommen, dass eine Meldung falsch war, z.B. bei Anwendung der Märzklausel muss evtl. eine bereits abgegebene Jahresmeldung korrigiert werden. Es ist hier zunächst die bereits eingereichte Meldung zu stornieren und eine neue korrekte Meldung zu erstellen.

12.1.5 Meldung bei geringfügiger Beschäftigung

Meldung an die
Knappschaft-Bahn-See

Geringfügig entlohnte Beschäftigte sind zwar sozialversicherungsbefreit, jedoch entrichtet der Arbeitgeber **pauschale Beiträge zur Sozialversicherung** und für den Arbeitnehmer den Restbeitrag zur Rentenversicherung, wenn der Arbeitnehmer auf die mögliche Rentenversicherungsfreiheit verzichtet und weiterhin Beiträge zur Rentenversicherung zahlt. Beitragsnachweise und sonstige Meldungen, geringfügig entlohnte Beschäftigte betreffen, werden ausschließlich in elektronischer Form an die **Knappschaft-Bahn-See** übermittelt.

Bei Anmeldungen ist der Arbeitgeber ab dem 01.01.2022 verpflichtet der Knappschaft-Bahn-See mitzuteilen, ob der Arbeitnehmer gesetzlich oder privat krankenversichert ist und bei welcher Krankenkasse der Arbeitnehmer krankenversichert ist. Bei Jahres-, Unterbrechungs- und Abmeldungen ist jeweils die Höhe des rentenversicherungspflichtigen Bruttoarbeitsentgeltes einzutragen, auf deren Grundlage die pauschalen Arbeitgeberbeiträge zur Sozialversicherung berechnet werden.

Meldeschlüssel

Als Schlüssel zum Grund der Abgabe sind dieselben Kennzahlen zu verwenden, wie bei voll sozialversicherungspflichtig Beschäftigten. *(Eine Übersicht der Personengruppen- und Beitragsgruppenschlüssel finden Sie im Anhang)*

Rentenversicherungspflicht

Für eine geringfügig entlohnte Beschäftigung, die ab dem 01.01.2013 aufgenommen wird, besteht eine Rentenversicherungspflicht. Eine Rentenversicherungsfreiheit kann beantragt werden.

Unfallversicherung

Auch für geringfügig entlohnte Beschäftigte werden die Daten zur Unfallversicherung von der bestehenden Meldung zur Sozialversicherung getrennt und müssen mit einer Jahresmeldung zur Unfallversicherung (Abgabegrund 92) übermitteln werden.

12.1.6 Meldung kurzfristig Beschäftigter

Elektronische Rückmeldung

Kurzfristig Beschäftigte werden bei der Knappschaft-Bahn-See elektronisch angemeldet. Ab dem 01.01.2022 erhält der Arbeitgeber nach der Anmeldung eine elektronische Rückmeldung, ob zum Zeitpunkt der Anmeldung des Arbeitnehmers bereits weitere kurzfristige Beschäftigungen bestehen oder im laufenden Kalenderjahr bestanden haben. Als **Personengruppenschlüssel** ist für kurzfristig Beschäftigte „110" anzugeben, der **Beitragsgruppenschlüssel** ist stets „0000". Als **rentenversicherungspflichtiges Entgelt** ist der Wert „000000" einzutragen. Für jeden Arbeitnehmer ist eine Jahresmeldung zur Unfallversicherung (Abgabegrund 92) elektronisch zu übermitteln.

12.2 Lohnsteueranmeldung

Der Arbeitgeber behält im Rahmen des Lohnsteuerabzuges vom Bruttoarbeitslohn eines jeden Beschäftigten die Lohnsteuer, die Kirchensteuer und den Solidaritätszuschlag ein. Zudem können pauschalierte Lohnsteuerbeträge erhoben werden.

Nach Ablauf eines jeden Lohnsteueranmeldezeitraumes (in der Regel ist dies der Kalendermonat) gibt der Arbeitgeber eine **Lohnsteueranmeldung** ab, in der die Summen der für den Anmeldezeitraum einbehaltenen und abgeführten Lohnsteuer, der Kirchensteuer und des Solidaritätszuschlags aufgeführt sind und führt die Steuerbeträge an das zuständige Betriebsstättenfinanzamt ab.

Steueranmeldung

Lohnsteueranmeldungen können ausschließlich in elektronischer Form an das Betriebsstättenfinanzamt übermittelt werden.

Anmeldezeitraum

Grundsätzlich gilt der **Kalendermonat** als Anmeldezeitraum. In Abhängigkeit der Höhe der im letzten Kalenderjahr abgeführten Lohnsteuer, wird der Abrechnungszeitraum jedoch verlängert.

Abrechnungszeiträume

- Bei maximal 1.080,00 € Lohnsteuer im vorangegangenen Jahr ist für dieses Jahr das gesamte Kalenderjahr ein Abrechnungszeitraum. Es muss also nur eine Lohnsteueranmeldung nach Ablauf des Jahres abgegeben werden.
- Bei mehr als 1.080,00 € aber höchstens 5.000,00 € Lohnsteuer im Vorjahr gilt in diesem Jahr das Kalendervierteljahr als Anmeldezeitraum. Eine Lohnsteueranmeldung ist demnach alle drei Monate abzugeben.
- Bei mehr als 5.000,00 € Lohnsteuer im Vorjahr gilt der Kalendermonat als Anmeldezeitraum.

Wenn die Betriebsstätte nicht während des gesamten Vorjahres bestanden hat, werden die für das Teiljahr gezahlten Lohnsteuern auf das gesamte Jahr hochgerechnet.

Fälligkeit

Die Abgabe der Lohnsteueranmeldung und die Überweisung der Steuerbeträge haben jeweils spätestens am zehnten Tag nach Ablauf des Anmeldezeitraums zu erfolgen. Die Frist verlängert sich bis zum nächsten Werktag, der kein Samstag ist, wenn der zehnte Tag auf einen Samstag, einen Sonntag oder einen gesetzlichen Feiertag fällt.

Abgabefrist

Die Steuerabzugsbeträge sind in dem Lohnsteueranmeldezeitraum zu erfassen, in dem die Lohnsteuer tatsächlich einbehalten wurde, d. h. in dem die Lohnabrechnung erfolgte. Wird beispielsweise der Monatslohn für August im Voraus ausgezahlt und erfolgt die Lohnabrechnung am letzten Werktag im Juli, sind die Steuerbeträge der Lohnsteueranmeldung für den Monat Juli zuzuordnen und müssen bis zum 10. August beim Betriebsstättenfinanzamt angemeldet werden.

Erfolgt die Abgabe der Lohnsteueranmeldung nicht fristgerecht, kann das Finanzamt einen **Verspätungszuschlag** (eine steuerliche Nebenleistung bei Nichtabgabe einer Steuerunterlage) festsetzen (§ 152 Abgabenordnung). Die Höhe des Zuschlags richtet sich dabei nach der Dauer der Fristüberschreitung und der Höhe der Steuerschuld.

Folgen verspäteter Abgabe

Folgen verspäteter Zahlung

Wurde die Lohnsteueranmeldung zwar abgegeben, die Zahlung aber nicht fristgerecht geleistet, kann ein **Säumniszuschlag** (eine steuerliche Zusatzabgabe wegen verspäteter Steuerzahlung) erhoben werden (§ 240 Abgabenordnung). Die Säumnis beginnt an dem Tag, an dem Fälligkeit und Anmeldung vorliegen. Wurde die Anmeldung noch nicht abgegeben entsteht noch keine Säumnis (für diese Zeit werden Verspätungszuschläge erhoben). Die Säumnis endet an dem Tag, an dem die Steuerschuld vollständig beglichen wurde.

Form der Lohnsteueranmeldung

Elektronische Übermittlung

Die **Lohnsteueranmeldung** muss gemäß Steuerdatenübermittlungsverordnung elektronisch eingereicht werden.

Inhalt der Lohnsteuer-Anmeldung

1 Steuernummer

Hier muss die Steuernummer des Arbeitgebers (Betriebsstätte) eingetragen werden.

2 Finanzamt

Empfänger ist das Betriebsstättenfinanzamt des Arbeitgebers. In einigen Bezirken weicht das Lohnsteuer-Finanzamt vom Haupt-Finanzamt ab.

3 Arbeitgeber, Anschrift der Betriebsstätte

Absender ist der Arbeitgeber bzw. die Betriebsstätte des Arbeitgebers.

4 Anmeldungszeitraum

Es ist der Anmeldungszeitraum (Monat, Quartal oder Jahr) entsprechend anzukreuzen.

5 Berichtigte Anmeldung

Wurde bereits für den Anmeldungszeitraum eine Lohnsteuer-Anmeldung übermittelt und wurde aufgrund von Korrekturen der Lohnabrechnungen eine Berichtigung der bisherigen Anmeldung erforderlich, ist dies mit „1" zu kennzeichnen. Die bisherige Anmeldung wird dann durch die berichtigte Anmeldung ersetzt.

6 Zahl der Arbeitnehmer

Es ist die Zahl aller Arbeitnehmer (Kopfzahl), unabhängig davon, ob für den einzelnen Arbeitnehmer tatsächlich Lohnsteuer einzubehalten war, einzutragen.

7 Anzahl der Arbeitnehmer mit BAV-Förderbetrag

8 Summe der einzubehaltenden Lohnsteuer

Hier wird die im Anmeldungszeitraum individuell nach den Lohnsteuerabzugsmerkmalen einzubehaltende Lohnsteuer aller Arbeitnehmer in einer Summe eingetragen.

Quelle: Bundesfinanzministerium

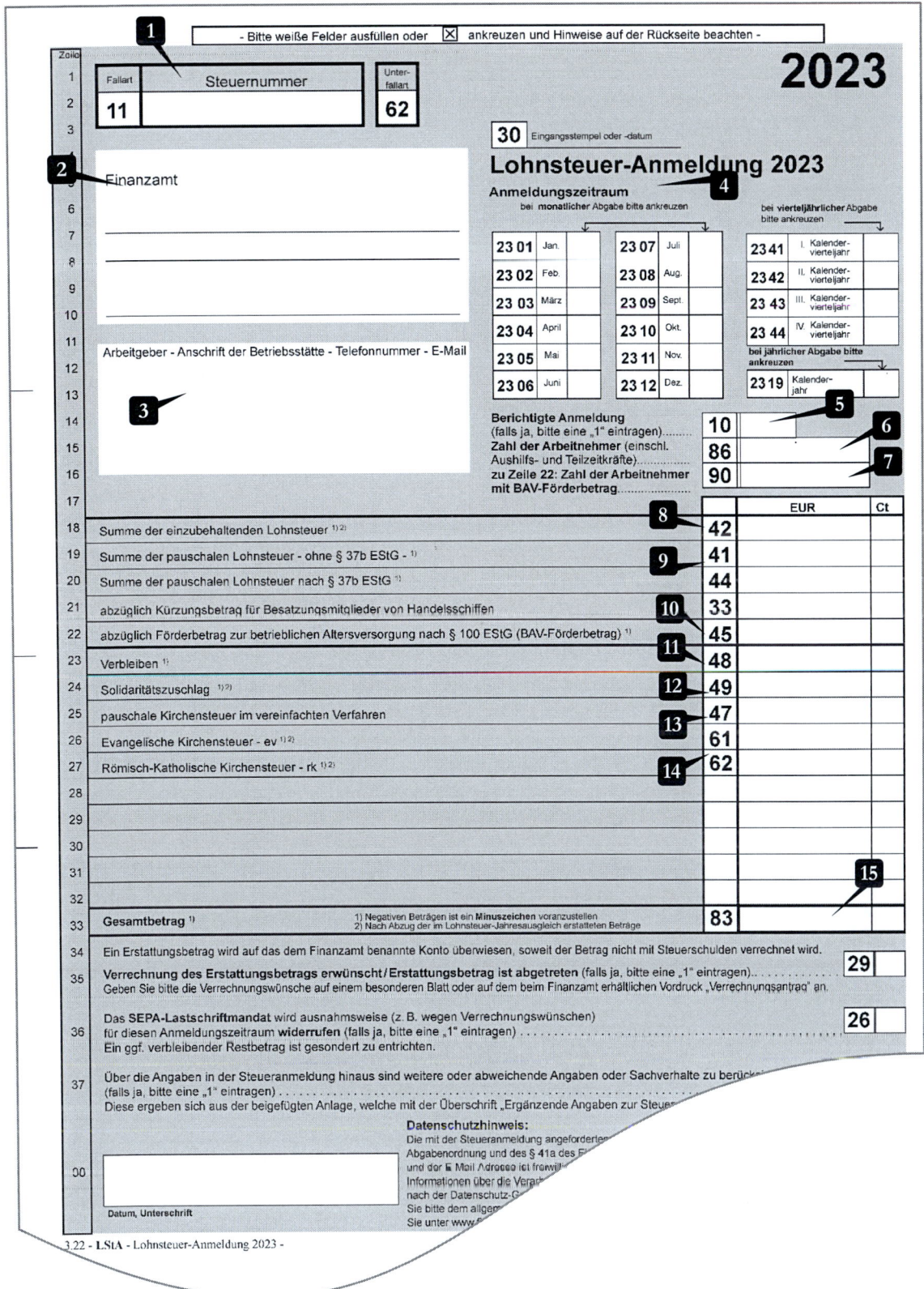

9 Summe der pauschalen Steuer

Es ist die Summe aller im Anmeldungszeitraum pauschal erhobenen Lohnsteuer, unabhängig vom Steuersatz (15 %, 20 %, 25 %), einzutragen, jedoch nicht die pauschale Steuer mit 2 % bei geringfügig Beschäftigten.

Hinweis: Die pauschale Lohnsteuer nach § 37b EStG wird im Lehrbuch für Fortgeschrittene erläutert.

10 Förderbetrag zur betrieblichen Altersvorsorge, den der Arbeitgeber von der einzubehaltenden Lohnsteuer abziehen darf.

11 Verbleiben

Hier ist die Summe der Lohnsteuerbeträge einzutragen.

12 Solidaritätszuschlag

Es ist die Summe des gesamten Solidaritätszuschlags des Anmeldungszeitraums einzutragen. Es wird hier nicht nach Solidaritätszuschlag aus individuell erhobener oder aus pauschaler Versteuerung unterschieden.

13 pauschale Kirchensteuer im vereinfachten Verfahren

Hier wird nur die bei pauschaler Versteuerung mit dem pauschalen Kirchensteuersatz erhobene Kirchensteuer eingetragen. Die Finanzverwaltung nimmt dann die Aufteilung nach den im jeweiligen Bundesland geltenden Regelungen zwischen den kirchensteuerberechtigten Konfessionen vor.

14 Evangelische Kirchensteuer / Römisch-Katholische Kirchensteuer

Hier und in den nachfolgenden Zeilen werden die einzelnen nach Konfessionszugehörigkeit der Arbeitnehmer bzw. nach Eintragung in der ELStAM-Datei einbehaltenen Kirchensteuern eingetragen. Auch die im pauschalen Lohnsteuerabzug nach Kirchenzugehörigkeit der Arbeitnehmer ermittelten Beträge werden hier aufsummiert. Für die Eintragung der Kirchensteuer von anderen zur Kirchensteuererhebung berechtigten Religionsgemeinschaften gibt es länderspezifische Regelungen.

15 Gesamtbetrag

Es ist die Summe aller Steuerbeträge einzutragen.

12.3 Beitragsnachweise

Am Ende eines Entgeltabrechnungszeitraumes (in der Regel ist dies der Kalendermonat) erstellt der Arbeitgeber für jede Krankenkasse, an die er Sozialversicherungsbeiträge für seine Mitarbeiter abführt, einen **Beitragsnachweis**.

Auf diesem Nachweis sind die abgeführten **Beiträge** getrennt nach Kranken-, Pflege-, Renten- und Arbeitslosenversicherung aufgeführt. Die Beiträge zur Krankenkasse werden in den allgemeinen und ermäßigten Beitrag und den Zusatzbeitrag untergliedert. Außerdem sind auch die **Umlagen** zur Entgeltfortzahlungsversicherung (U1 und U2) sowie die Insolvenzgeldumlage (U3) aufzuführen. Dabei werden für die jeweiligen Beitragsgruppen die Beiträge aller bei dieser Krankenkasse versicherten Arbeitnehmer des Betriebes zusammengefasst.

Abgabezeitraum und Fälligkeit

Grundsätzlich ist für jeden **Entgeltabrechnungszeitraum** ein Beitragsnachweis abzugeben. In der Regel ist dies der Kalendermonat.

Der Gesamtsozialversicherungsbetrag ist am drittletzten Bankarbeitstag eines Monats fällig. Der Beitragsnachweis ist zwei Arbeitstage vor Fälligkeit der Beiträge einzureichen. Da durch das Vorziehen des Abgabetermins häufig die Lohnabrechnungen noch nicht fertig gestellt sind, kann eine voraussichtliche Beitragsschuld ermittelt werden. Diese Schätzung ist so genau wie möglich durchzuführen und für einen Betriebsprüfer nachvollziehbar zu dokumentieren. Mögliche Abweichungen sind jeweils zusammen mit dem Folgemonat nachzumelden. Ein Korrekturbeitragsnachweis wird in der Regel nicht erstellt.

Wenn ein Arbeitgeber die fälligen Sozialversicherungsbeiträge nicht fristgerecht zahlt, sind für jeden angefangenen Monat der **Säumnis** 1% der noch offenen Beitragsschuld zu zahlen. Als Berechnungsgrundlage der Säumniszuschläge wird der rückständige Beitrag auf 50,00 € nach unten abgerundet. Die Einzugsstellen (Krankenkassen) sind zur Erhebung des **Säumniszuschlags** verpflichtet; er liegt nicht im Ermessen der jeweiligen Einzugsstelle.

Verspätete Zahlung

Liegt eine Einzugsermächtigung für die Krankenkasse vor, so liegt es in deren Verantwortlichkeit, die Beiträge fristgerecht einzuziehen. Dies kann jedoch nur geschehen, wenn die **Beitragsmeldung** rechtzeitig eingegangen ist. Wurde die Meldung nicht rechtzeitig eingereicht, so kann die Krankenkasse das Arbeitsentgelt zur Berechnung der Beiträge schätzen. Eine solche **Schätzung** wird auch für die Berechnung der Säumniszuschläge zugrunde gelegt, wenn die Beitragszahlung nicht per Bankeinzug erfolgt und der Arbeitgeber mit Beitragszahlung und Monatsmeldung in Verzug geraten ist.

Verspätete Monatsmeldung

Form des Beitragsnachweises

Der Beitragsnachweis muss elektronisch eingereicht werden. Die dazu notwendige Software wird von der jeweiligen Krankenkasse kostenlos zur Verfügung gestellt.

Inhalt des Beitragsnachweises

1 Arbeitgeber

Hier ist die Anschrift des Arbeitgebers einzutragen.

2 Beitragskontonummer / Betriebsnummer

Hier ist die Beitragskontonummer des Arbeitgebers oder die Betriebsnummer einzutragen.

3 Anschrift der Krankenkasse

Hier ist die Anschrift der Krankenkasse einzutragen.

4 Zeitraum

Hier wird der Meldezeitraum eingetragen, in der Regel ein Kalendermonat.

5 Rechtskreis

Wie auch bei der Meldung zur Sozialversicherung ist der Rechtskreis der Meldung einzutragen. Der Beitragsnachweis kann nur einen Rechtskreis enthalten (alte Bundesländer: West, neue Bundesländer: Ost).

6 Dauerbeitragsnachweis

Wenn die Beiträge über einen längeren Zeitraum gleich hoch sind, kann auch ein Dauerbeitragsnachweis eingereicht werden.

7 Beiträge zur Kranken- und Pflegeversicherung

Es sind die Summen der Arbeitgeber- und Arbeitnehmeranteile zu den jeweiligen Versicherungszweigen aller bei dieser Krankenkasse versicherten bzw. gemeldeten Arbeitnehmer einzutragen. Die einzelnen Beiträge sind entsprechend der Beitragsgruppenschlüssel analog zur Meldung zur Sozialversicherung zu summieren.

8 Insolvenzumlage U3

Der Beitrag zur Insolvenzumlage ist hier in einer Summe einzutragen.

9 Umlagen

Die Beiträge zur Umlage 1 und Umlage 2 sind hier in einer Summe einzutragen.

10 Erstattungen gem. Aufwendungsausgleichgesetz (AAG)

Hier wird die Summe der beantragten Erstattungen (Krankheit, Mutterschaft) eingetragen.

11 zu zahlender Betrag / Guthaben

Hier wird der zu zahlende Betrag bzw. das sich ergebende Guthaben eingetragen.

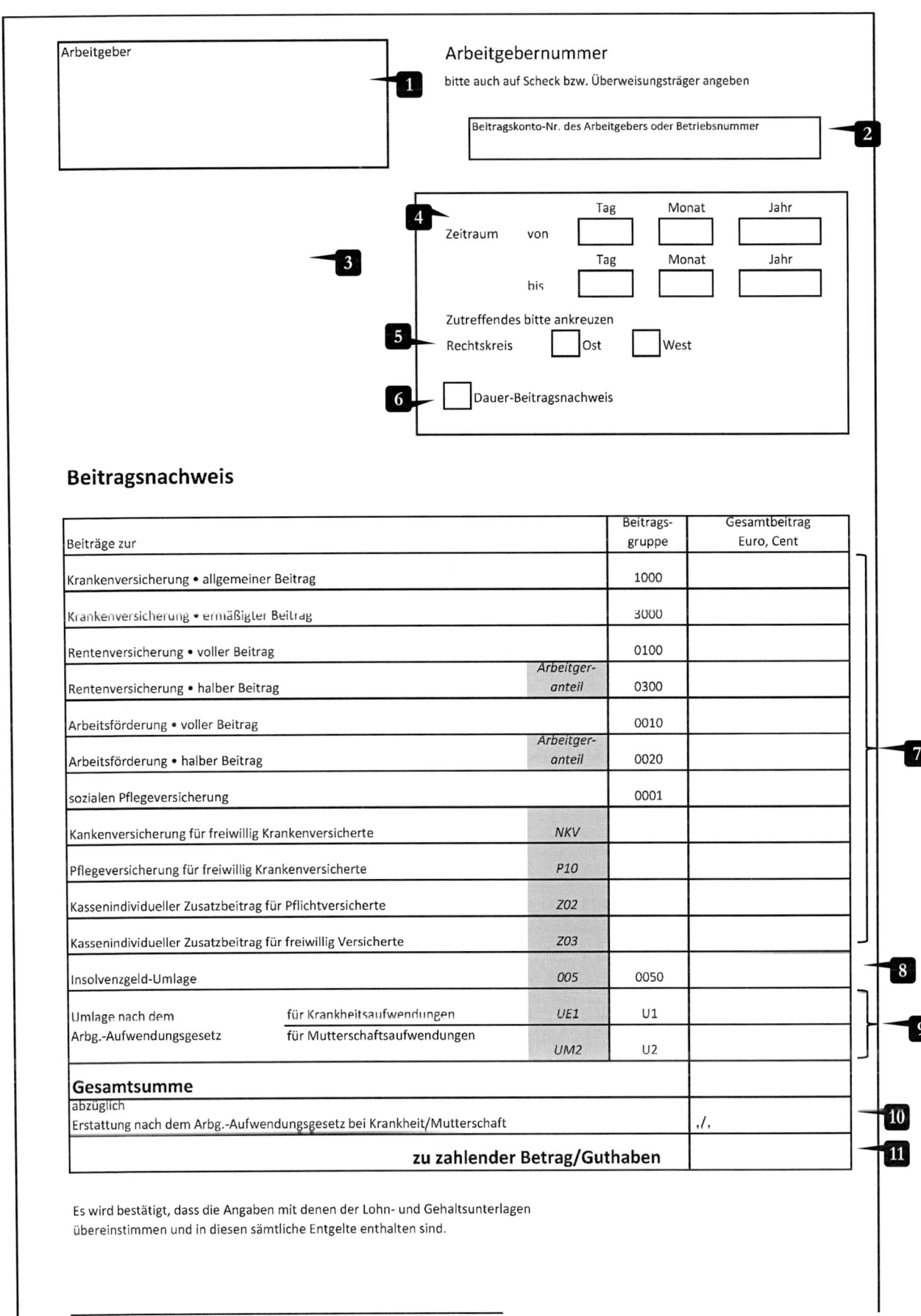

Beitragsnachweis für geringfügig Beschäftigte

Mini-Jober

Zur Beitragsnachweisung **geringfügig entlohnter Beschäftigter** gibt es einen gesonderten Vordruck *(siehe Anhang)*. Darauf sind die abzuführenden pauschalierten Sozialversicherungsbeiträge, die Umlagen zur Lohnfortzahlungsversicherung und die pauschalen Steuerbeträge (2 % Pauschalsteuer) der geringfügig entlohnten Mitarbeiter einzutragen. Der Beitragsnachweis für geringfügig Beschäftigte ist bei der **Knappschaft-Bahn-See** einzureichen.

Inhalt des Beitragsnachweises

Auch hier sind, wie im Beitragsnachweis an die anderen Krankenkassen, die Betriebsnummer, der Arbeitgeber, der Zeitraum etc. einzutragen. Zusätzlich ist die Steuernummer des Arbeitgebers bzw. der Betriebsstätte zu vermerken, wenn die pauschale Steuer mit 2 % gemeldet wird.

Auch hier sind die Summen aller geringfügig Beschäftigten nach Beitragsgruppenschlüssel getrennt aufzulisten.

Es sind ebenfalls die Beiträge zur Insolvenzgeldumlage zu melden. Dies bedeutet, dass auch die Beiträge für **kurzfristig Beschäftigte** im Beitragsnachweis hierfür und Umlagen zur Lohnfortzahlungsversicherung an die Knappschaft-Bahn-See zu entrichten sind. Der Beitragsnachweis muss elektronisch eingereicht werden.

Arbeitgeber	Betriebsnummer des Arbeitgebers	Steuernummer des Arbeitgebers*)

Deutsche Rentenversicherung
Knappschaft-Bahn-See
Minijob-Zentrale
45115 Essen

Zeitraum:	Tag	Monat	Jahr
von			
	Tag	Monat	Jahr
bis			

Rechtskreis**)   Ost [ ]   West [ ]

Dauer-Beitragsnachweis [ ]

bisheriger Dauer-Beitragsnachweis
gilt erneut ab nächsten Monat**) [ ]

Korrektur-Beitragsnachweis
für abgelaufene Kalenderjahre**) [ ]

Beitragsnachweis für geringfügig Beschäftigte (einschließlich einheitlicher Pauschalsteuer)	Beitrags-gruppe	Euro	Cent
Beiträge zur Krankenversicherung für geringfügig Beschäftigte	6000		
Beiträge zur Rentenversicherung - voller Beitrag bei Verzicht auf die Rentenversicherungsfreiheit -	0100		
Beiträge zur Rentenversicherung für geringfügig Beschäftigte	0500		
Umlage nach dem Gesetz über den Ausgleich von Arbeitgeberaufwendungen (AAG) für Krankheitsaufwendungen	U1		
Umlage nach dem Gesetz über den Ausgleich von Arbeitgeberaufwendungen (AAG) für Mutterschaftsaufwendungen	U2		
Umlage Insolvenzgeldaufwendungen	0050		
einheitliche Pauschalsteuer	St		
Gesamtsumme			

Es wird bestäigt, dass die Angaben mit denen der Lohn- und Gehaltsunterlagen übereinstimmen und in diesen sämtliche Entgelte enthalten sind.	abzüglich Erstattung gemäß § 1 AAG		
	zu zahlender Betrag/Guthaben		

Datum, Unterschrift

*) Die Steuernummer ist nur anzugeben, sofern die einheitliche Pauschalsteuer an die Minijob-Zentrale abgeführt wird.

**) Zutreffendes ankreuzen

12.4 Jahresmeldung zur Unfallversicherung

Zu den Aufgaben des Arbeitgebers am Jahresende gehört die Erstellung des Lohnnachweises (Entgeltnachweises) für die Berufsgenossenschaft (Unfallversicherungsträger). Darin werden die **Jahresarbeitsentgelte** aller versicherten Beschäftigten für das abgelaufene Kalenderjahr (Beitragsjahr) aufgeführt. Der Meldezeitraum ist immer der 01.01. bis 31.12. des vergangenen Kalenderjahres (Beitragsjahres), unabhängig vom tatsächlichen Beschäftigungszeitraum des einzelnen Arbeitnehmers. Anhand der **Jahresarbeitsentgeltsumme** und der individuellen **Gefahrenklassen** legt die Berufsgenossenschaft dann den Beitrag fest. Die Zahl oder Schwere von Unfällen im Betrieb kann sich durch einen Zuschlag erhöhend auf den Beitrag zur Berufsgenossenschaft auswirken. Demgegenüber kann die Berufsgenossenschaft auch bei Nichtvorliegen von Unfällen einen Nachlass auf den Beitrag gewähren.

Ab dem 01.01.2016 sind die Daten zur Unfallversicherung von der bestehenden Meldung zur Sozialversicherung getrennt. Für jeden versicherungspflichtigen Arbeitnehmer ist eine Jahresmeldung zur Unfallversicherung (Abgabegrund 92) zu übermitteln.

Für folgende Personengruppen sind keine Jahresmeldungen zur Unfallversicherung zu erstellen:

- Arbeitnehmer in Einrichtungen der Jugendhilfe oder ähnlichen Einrichtungen (Personengruppe 111)
- Arbeitnehmer die Vorruhestandsgelder beziehen (Personengruppe 108)

Abgabefrist

Die Lohnnachweise müssen in elektronischer Form abgegeben werden und sind damit die alleinige Grundlage zur Berechnung der Beiträge zur gesetzlichen Unfallversicherung. Für das Kalenderjahr/Beitragsjahr 2022 muss der Lohnnachweis bis zum 16.02.2023 an den Unfallversicherungsträger übermittelt werden.

Jahresarbeitsentgeltsumme

In die Jahresmeldung ist das Arbeitsentgelt einzutragen, von dem die Beiträge zur Unfallversicherung berechnet wurden. Für das einzutragende Arbeitsentgelt gibt es Höchstjahresarbeitsverdienstgrenzen, die jedoch bei den einzelnen Unfallversicherungsträger unterschiedlich hoch sind. Welche Lohnbestandteile im Einzelnen zum Jahresarbeitsentgelt zählen, kann der Satzung bzw. den Erläuterungen zum Ausfüllen des Lohnnachweises der einzelnen Berufsgenossenschaften entnommen werden.

12.5 Lohnsteuerjahresausgleich durch den Arbeitgeber

Der Arbeitgeber behält im Rahmen des Lohnsteuerabzugs jeden Monat die Lohnsteuer des Arbeitnehmers ein und führt diese für den Arbeitnehmer an das Betriebsstättenfinanzamt ab.

Aufgrund der monatlichen Berechnung kann es aufs Jahr gesehen zu **Über- oder Unterzahlungen** von Lohnsteuer kommen, wenn beispielsweise eine Änderung der Lohnsteuerklasse nicht sofort berücksichtigt werden konnte oder durch schwankende Monatslöhne Progressionsnachteile entstehen. *(Über- oder Unterzahlung)*

Aus diesem Grund führt der Arbeitgeber am Ende des Kalenderjahres einen **Lohnsteuerjahresausgleich** durch. Dabei wird für den einzelnen Beschäftigten berechnet, wie hoch seine Steuerschuld auf Basis des Jahresarbeitslohns ist. Diese Steuerschuld wird dann mit den tatsächlich abgeführten Lohnsteuern verglichen und entsprechende **Differenzbeträge** werden frühestens mit dem Lohnsteuerabzug für den letzten Abrechnungszeitraum des Jahres (Monat Dezember) und spätestens mit dem des Monats Februar (§ 42b Abs. 3 EStG) des Folgejahres verrechnet. Ein Ausgleich findet jedoch nur zu Gunsten des Arbeitnehmers in Form der Erstattung statt. Wurde zu wenig Steuer einbehalten, werden diese Beträge nur in Abzug gebracht, wenn Fehler bei der Steuerberechnung im laufenden Kalenderjahr unterlaufen sind. Gleiches gilt entsprechend für den Solidaritätszuschlag und die Kirchensteuer. *(Lohnsteuerjahresausgleich)*

Bezüge aus bestehendem Arbeitsverhältnis
+ Bezüge aus vorangegangenen Arbeitsverhältnissen
  (anhand der Lohnsteuerbescheinigungen)
- Versorgungsfreibetrag
- Zuschläge zum Versorgungsfreibetrag
- Altersentlastungsbetrag

Tatsächlich abgeführte Lohnsteuer im Kalenderjahr
- Jahreslohnsteuer für geminderten Jahresarbeitslohn

= Steuerdifferenz

Hat der Arbeitgeber am 31.12. eines Kalenderjahres mindestens 10 Arbeitnehmer beschäftigt, so ist er zur Durchführung eines Lohnsteuerjahresausgleichs verpflichtet (§ 42b EStG). Er muss von einem Jahresausgleich absehen, wenn der Arbeitnehmer dies nicht wünscht. Grundlegende Voraussetzungen für einen Lohnsteuerjahresausgleich sind: *(Bedingungen)*

- Der Arbeitnehmer ist unbeschränkt einkommensteuerpflichtig.

- Der Arbeitnehmer stand während des Ausgleichsjahres ständig in einem Arbeitsverhältnis.

- Dem Arbeitgeber liegen die individuellen Lohnsteuerabzugsmerkmale des Arbeitnehmers vor.

- Dem Arbeitgeber liegen Lohnsteuerbescheinigungen aus etwaigen vorangegangenen Arbeitsverhältnissen vor.

- Der Arbeitnehmer war für das Ausgleichsjahr oder für einen Teil des Ausgleichsjahres nicht nach den Steuerklassen V oder VI zu besteuern.

■ Der Arbeitnehmer war nicht nur für einen Teil des Ausgleichsjahres mit der Steuerklasse II, III oder IV zu besteuern, d.h. es darf in Verbindung mit diesen Steuerklassen kein Wechsel der Steuerklasse stattgefunden haben.

■ Bei der Lohnsteuerberechnung war kein Freibetrag, Hinzurechnungsbetrag oder das Faktorverfahren zu berücksichtigen.

■ Der Arbeitnehmer hat kein Kurzarbeitergeld oder Saison-Kurzarbeitergeld, keinen Zuschuss zum Mutterschaftsgeld, keine Entschädigung für Verdienstausfall, keine Aufstockungsbeträge und keine Zuschläge aufgrund des Bundesbesoldungsgesetzes oder Altersteilzeitgesetz bezogen.

■ Im Lohnkonto ist kein Großbuchstabe U eingetragen.

■ Vorsorgeaufwendungen nach § 39b Abs. 2 Satz 5 Nummer 3 Buchstabe a bis d oder der Beitragszuschlag nach § 39b Abs. 2 Satz 5 Nummer 3 Buchstabe c EStG sind jeweils für das vollständige Kalenderjahr (nicht nur zeitweise) berücksichtigt worden.

■ Im Ausgleichsjahr wurde der Arbeitnehmer nicht nach der allgemeinen und nach der besonderen Lohnsteuertabelle besteuert, beispielsweise wird das Arbeitsverhältnis eines rentenversicherungspflichtigen Arbeitnehmers nach seinem Renteneintritt fortgesetzt.

■ Der Arbeitnehmer hat keine Einkünfte aus nichtselbstständiger Tätigkeit bezogen, welche nach einem Doppelbesteuerungsabkommen oder unter Progressionsvorbehalt nach § 34c EStG von der deutschen Lohnsteuer freigestellt ist.

■ Der Zusatzbeitragssatz der Krankenkasse des Arbeitnehmers hat sich im Ausgleichsjahr nicht geändert.

Beispiel: Lohnsteuerjahresausgleich

Der Auszubildende Harry Böhm (I/0/-) beendet seine Ausbildung zum 30.06. Bis dahin verdient er im Monat 802,00 €. Als Geselle erhält er ab 01.07. monatlich 2.095,00 €. Die entsprechende Verrechnung der Lohnsteuer erfolgt mit dem Lohnsteuerjahresausgleich (die Werte basieren auf der Übungs-Lohnsteuertabelle).

	Bemessungsgrundlage	LSt	SolZ
Lohnkonto	17.382,00 €	1.731,48 €	0,00 €
Anwendung der Jahrestabelle	17.382,00 €	1.330,00 €	0,00 €
Erstattung durch Verrechnung mit LSt Dezember		**401,48 €**	**0,00 €**

Permanenter Lohnsteuerjahresausgleich

Unter bestimmten Voraussetzungen kann der Arbeitgeber einen so genannten **permanenten Lohnsteuerjahresausgleich** durchführen. Dabei wird für den monatlichen Lohnsteuerabzug nicht das tatsächliche Monatsentgelt herangezogen, sondern ein Zwölftel des voraussichtlichen Jahresentgelts. Vor allem bei stark schwankenden Monatslöhnen können auf diese Weise progressionsbedingte Überzahlungen von Lohnsteuer vermieden werden. Der permanente Ausgleich ersetzt jedoch nicht den Lohnsteuerjahresausgleich am Ende des Jahres.

12.6 Abschluss des Lohnkontos

Der Arbeitgeber hat für jeden Beschäftigten ein **Lohnkonto** zu führen, in welches alle Daten aufgenommen werden, die für den Lohnsteuerabzug und den Abzug der Sozialversicherungsbeiträge wesentlich sind. Dazu gehören zum einen die einmaligen Aufzeichnungen (z. B. Persönliche Daten des Arbeitnehmers, Freibeträge der ELStAM-Datei, usw.) zum anderen die bei jeder Lohnzahlung einzutragenden Aufzeichnungen (insbesondere die Art und Höhe des Arbeitsentgelts (Lohn, Gehalt Sachbezüge), die einbehaltene Lohnsteuer, steuerfreie und pauschal besteuerte Bezüge).

Lohn- und Gehaltsbuchführung

Für jeden Mitarbeiter wird ein elektronisches Lohnkonto geführt. Zum Ende eines Kalenderjahres muss der Arbeitgeber die Lohnkontendaten elektronisch archivieren oder entsprechende Ausdrucke aufbewahren.

Elektronische Datenverarbeitung

Lohnkonto

Das Lohnkonto beinhaltet die zur Berechnung von Steuerabzugsbeträgen und Sozialversicherungsbeiträgen notwendigen **persönlichen Daten** des Arbeitnehmers. Auf dem Lohnkonto werden sämtliche **Bezüge** des Arbeitnehmers getrennt nach Monaten aufgeführt und alle **Abzugsbeträge** bis hin zum auszuzahlenden Betrag einzeln dargestellt. Wurden während des Jahres Korrekturen durchgeführt, sind auch diese im Lohnkonto dokumentiert.

Lohnaufzeichnungen

Jahreslohnjournal

Neben dem Lohnkonto des einzelnen Arbeitnehmers ist das **Jahreslohnjournal** elektronisch zu archivieren oder auszudrucken. Es umfasst alle im Kalenderjahr beschäftigten Personen. Es lässt in einer übersichtlichen **Zusammenstellung** erkennen, welche Personen im ganzen Jahr beschäftigt und mit welcher Beitragsgruppe sie in welcher Krankenkasse gemeldet waren. Das Jahres-Gesamt-Brutto, die Jahressteuerbeträge und die Jahressozialversicherungsbeiträge werden bezogen auf den einzelnen Arbeitnehmer und in Summe aller Arbeitnehmer dargestellt.

Gesamtübersicht

12.7 Prüfung der Jahresarbeitsentgeltgrenze

Zum Jahreswechsel muss der Arbeitgeber prüfen, ob ein Arbeitnehmer die Jahresarbeitsentgeltgrenze (Versicherungspflichtgrenze) überschritten hat und auch weiterhin überschreiten wird. Da in solch einem Fall im Folgejahr keine Kranken- und Pflegeversicherungspflicht mehr besteht *(siehe dazu auch Kapitel 5)*, ist keine Jahresmeldung zu erstellen, sondern eine Meldung wegen Änderung des Beitragsgruppenschlüssels. Der Arbeitnehmer muss rechtzeitig seine weitere Absicherung in der Kranken- und Pflegeversicherung wählen (privat oder freiwillig). Wenn der Arbeitnehmer keine Regelungen trifft, setzt sich die Mitgliedschaft als freiwillige Versicherung fort (§ 188 Abs. 4 SGB V).

Arbeitnehmer, die im abgelaufenen Kalenderjahr die Jahresarbeitsentgeltgrenze überschritten haben und voraussichtlich im nächsten Kalenderjahr überschreiten werden, sind von der Versicherungspflicht in der Kranken- und Pflegeversicherung befreit. Bei unterjährigem Eintritt eines neuen Mitarbeiters besteht Versicherungsfreiheit ab Beginn der Beschäftigung, wenn das für 12 Monate vereinbarte Entgelt die Jahresarbeitsentgeltgrenze übersteigt *(siehe Kapitel 5.3.3 sowie Anhang)*.

	allgemeine Jahresarbeitsentgeltgrenze	besondere Jahresarbeitsentgeltgrenze
2022	64.350,00 €	58.050,00 €
2023	66.600,00 €	59.850,00 €

Die besondere Jahresarbeitsentgeltgrenze gilt für Arbeitnehmer, die bereits zum 31.12.2002 ausreichend privat krankenversichert waren.

Ermittlung des regelmäßigen Jahresarbeitsentgelts

Für zurückliegende Zeiträume ist die Ermittlung, ob ein Arbeitnehmer die Jahresarbeitsentgeltgrenze überschritten hat oder nicht, relativ unproblematisch, da die Bezüge des Arbeitnehmers in den Lohnabrechnungen vorliegen.

Bei der Vorausschau in das folgende Jahr bzw. bei Neueintritt eines Arbeitnehmers, muss das Jahresarbeitsentgelt geschätzt werden. Dabei müssen alle im Laufe eines Kalenderjahres zu erwartenden Bezüge, auf die der Arbeitnehmer Anspruch hat, aufaddiert werden.

- Bezüge, die nicht regelmäßig gewährt werden und auf die der Arbeitnehmer keinen Anspruch hat, wie z.B. eine Jubiläumszuwendung, bleiben außer Acht.

- Zu berücksichtigen ist außerdem nur beitragspflichtiges Entgelt, also keine steuerfreien oder pauschal versteuerten Bezüge. Auch im Wege der Entgeltumwandlung steuerfrei oder pauschal versteuerte Beiträge in eine Betriebliche Altersversorgung sind nicht einzubeziehen.

- Überstundenvergütungen sind nur mit einzubeziehen, wenn sie entweder pauschal (ohne Aufzeichnung für tatsächlich geleistete Überstunden) gezahlt werden, oder Überstunden tatsächlich regelmäßig anfallen und entsprechend vergütet werden.

- Nicht in die Jahresarbeitsentgeltgrenze mit einzubeziehen sind Vergütungen, die aufgrund des Familienstandes o. ä. gewährt werden (Familienzulage, Kinderzulage etc.)

- Bei Akkordlohn oder Provisionszahlungen ist der Durchschnitt der vergangen zwei Jahre und des laufenden Jahres zu berücksichtigen.

Mehrere Beschäftigungen Übt ein Arbeitnehmer mehrere Beschäftigungsverhältnisse nebeneinander aus, sind die Entgelte aller Beschäftigungen zusammen zu rechnen, für die Pflichtbeiträge abgeführt werden bzw. Anspruch auf Zuschuss durch den Arbeitgeber besteht.

Unterschreitung der Jahresarbeitsentgeltgrenze

Bei bereits privat oder freiwillig versicherten Arbeitnehmern ist zum Jahreswechsel bzw. bei unterjähriger Änderung der vertraglich vereinbarten Vergütung zu prüfen, ob die Kriterien noch erfüllt werden, oder der Arbeitnehmer wieder als Pflichtversicherter anzusehen ist.

Die betroffenen Arbeitnehmer verbleiben jedoch in der privaten Kranken- und Pflegeversicherung, wenn sie sich von der Versicherungspflicht auf Antrag haben befreien lassen. Dies ist möglich, wenn die Unterschreitung der Jahresarbeitsentgeltgrenze auf folgende Tatbestände basieren:

- Anhebung der Jahresarbeitsentgeltgrenze

- Aufnahme einer nicht vollen Erwerbstätigkeit während der Elternzeit

▓ Wenn bereits fünf Jahre wegen Überschreitens der Jahresarbeitsentgeltgrenze Versicherungsfreiheit besteht und die Reduzierung des Entgelts aufgrund der gleichzeitigen Reduzierung der Arbeitszeit auf die Hälfte bzw. weniger als die Hälfte erfolgt.

Der Antrag muss innerhalb von drei Monaten nach Beginn der Versicherungspflicht bei der zuständigen Krankenkasse gestellt werden.

12.8 Die elektronische Lohnsteuerbescheinigung

Bei Beendigung eines Arbeitsverhältnisses und am Ende eines jeden Kalenderjahres hat der Arbeitgeber in elektronischer Form eine Lohnsteuerbescheinigung nach amtlich vorgefertigtem Datensatz an das Betriebsstättenfinanzamt zu überstellen, in der die Lohndaten des Arbeitnehmers erfasst sind. Der Arbeitgeber ist verpflichtet, der Finanzverwaltung bis zum 28. Februar des Folgejahres eine elektronische Lohnsteuerbescheinigung zu übermitteln. Der Arbeitnehmer erhält vom Arbeitgeber einen Ausdruck der elektronischen Lohnsteuerbescheinigung oder der Arbeitnehmer bekommt vom Arbeitgeber die Daten elektronisch zur Verfügung gestellt.

Inhalte der elektronischen Lohnsteuerbescheinigung:

▓ Identifikationsnummer

▓ eTIN (persönliche elektronische Transfer-Identifikationsnummer)

▓ Personalnummer

▓ Geburtsdatum

▓ Lohnsteuerklasse

▓ Steuerfreibeträge

▓ Bruttoarbeitsentgelt

▓ Lohnsteuer, Solidaritätszuschlag, Kirchensteuer

▓ Beiträgen zur Kranken-, Pflege-, Renten- und Arbeitslosenversicherung

▓ Anschrift und Steuernummer des Arbeitgebers

Ausdruck der elektronischen Lohnsteuerbescheinigung für 2023
Nachstehende Daten wurden maschinell an die Finanzverwaltung übertragen.

		vom - bis	
1. Bescheinigungszeitraum			
2. Zeiträume ohne Anspruch auf Arbeitslohn		Anzahl „U"	
Großbuchstaben (S, M, F, FR)			
		EUR	Ct
3. Bruttoarbeitslohn einschl. Sachbezüge ohne 9. und 10.			
4. Einbehaltene Lohnsteuer von 3.			
5. Einbehaltener Solidaritätszuschlag von 3.			
6. Einbehaltene Kirchensteuer des Arbeitnehmers von 3.			
7. Einbehaltene Kirchensteuer des Ehegatten/Lebenspartners von 3. (nur bei Konfessionsverschiedenheit)			
8. In 3. enthaltene Versorgungsbezüge			
9. Ermäßigt besteuerte Versorgungsbezüge für mehrere Kalenderjahre			
10. Ermäßigt besteuerter Arbeitslohn für mehrere Kalenderjahre (ohne 9.) und ermäßigt besteuerte Entschädigungen			
11. Einbehaltene Lohnsteuer von 9. und 10.			
12. Einbehaltener Solidaritätszuschlag von 9. und 10.			
13. Einbehaltene Kirchensteuer des Arbeitnehmers von 9. und 10.			
14. Einbehaltene Kirchensteuer des Ehegatten/Lebenspartners von 9. und 10. (nur bei Konfessionsverschiedenheit)			
15. (Saison-)Kurzarbeitergeld, Zuschuss zum Mutterschaftsgeld, Verdienstausfallentschädigung (Infektionsschutzgesetz), Aufstockungsbetrag und Altersteilzeitzuschlag			
16. Steuerfreier Arbeitslohn nach	a) Doppelbesteuerungsabkommen (DBA)		
	b) Auslandstätigkeitserlass		
17. Steuerfreie Arbeitgeberleistungen, die auf die Entfernungspauschale anzurechnen sind			
18. Pauschal mit 15 % besteuerte Arbeitgeberleistungen für Fahrten zwischen Wohnung und erster Tätigkeitsstätte			
19. Steuerpflichtige Entschädigungen und Arbeitslohn für mehrere Kalenderjahre, die nicht ermäßigt besteuert wurden - in 3. enthalten			
20. Steuerfreie Verpflegungszuschüsse bei Auswärtstätigkeit			
21. Steuerfreie Arbeitgeberleistungen bei doppelter Haushaltsführung			
22. Arbeitgeberanteil/-zuschuss	a) zur gesetzlichen Rentenversicherung		
	b) an berufsständische Versorgungseinrichtungen		
23. Arbeitnehmeranteil	a) zur gesetzlichen Rentenversicherung		
	b) an berufsständische Versorgungseinrichtungen		
24. Steuerfreie Arbeitgeberzuschüsse	a) zur gesetzlichen Krankenversicherung		
	b) zur privaten Krankenversicherung		
	c) zur gesetzlichen Pflegeversicherung		
25. Arbeitnehmerbeiträge zur gesetzlichen Krankenversicherung			
26. Arbeitnehmerbeiträge zur sozialen Pflegeversicherung			
27. Arbeitnehmerbeiträge zur Arbeitslosenversicherung			
28. Beiträge zur privaten Kranken- und Pflege-Pflichtversicherung oder Mindestvorsorgepauschale			
29. Bemessungsgrundlage für den Versorgungsfreibetrag zu 8.			
30. Maßgebendes Kalenderjahr des Versorgungsbeginns zu 8. und/oder 9.			
31. Zu 8. bei unterjähriger Zahlung: Erster und letzter Monat, für den Versorgungsbezüge gezahlt wurden			
32. Sterbegeld: Kapitalauszahlungen/Abfindungen und Nachzahlungen von Versorgungsbezügen - in 3. und 8. enthalten			
33. Ausgezahltes Kindergeld			—
34. Freibetrag DBA Türkei			
Finanzamt, an das die Lohnsteuer abgeführt wurde (Name und vierstellige Nr.)			

Korrektur/Stornierung

Datum:

Identifikationsnummer:

Personalnummer:

Geburtsdatum:

Transferticket:

Dem Lohnsteuerabzug wurden im letzten Lohnzahlungszeitraum zugrunde gelegt:

Steuerklasse/Faktor

Zahl der Kinderfreibeträge

Steuerfreier Jahresbetrag

Jahreshinzurechnungsbetrag

Kirchensteuermerkmale

Anschrift und Steuernummer des Arbeitgebers:

Erläuterung zur elektronischen Lohnsteuerbescheinigung

1. Bescheinigungszeitraum

Eintragung des Beschäftigungszeitraumes, entweder bei Beendigung eines Beschäftigungs-verhältnisses im Laufe eines Kalenderjahres oder am Ende eines jeden Kalenderjahres

2. Zeiträume ohne Anspruch auf Arbeitslohn, Anzahl „U", Großbuchstaben

- „S, M, F, FR"
- U = Unterbrechung
- S = sonstige Bezüge
- M = steuerfrei gezahlte Verpflegungszuschüsse und Vergütungen bei doppelter Haushaltsführung
- F = steuerfreie Sammelbeförderung
- FR = französische Grenzgänger

Ausführliche Erläuterungen zur Zeile 2 befinden sich im Anhang.

3. Bruttoarbeitslohn einschl. Sachbezüge ohne 9. und 10.

Steuerpflichtiges Bruttoentgelt ohne Berücksichtigung von Frei- oder Hinzurechnungs-beträgen, ohne steuerfreie Bezüge, ohne pauschal besteuerte Bezüge

4. Einbehaltene Lohnsteuer von 3.

Lohnsteuer aus in 3. bescheinigten Bezügen, keine pauschale Lohnsteuer

5. Einbehaltener Solidaritätszuschlag von 3.

Solidaritätszuschlag aus in 3. bescheinigten Bezügen, nicht aus pauschaler Lohnsteuer

6. Einbehaltene Kirchensteuer des Arbeitnehmers von 3.

Kirchensteuer aus in 3. bescheinigten Bezügen, nicht aus pauschaler Lohnsteuer

7. Einbehaltene Kirchensteuer des Ehegatten/Lebenspartners von 3. (nur bei Konfessionsverschiedenheit)

Kirchensteuer des Ehegatten/Lebenspartners bei konfessionsverschiedenen Ehen/Le-benspartnerschaften entsprechend der Eintragung der ELStAM Datei, nicht aus pau-schaler Lohnsteuer, da die Aufteilung dieser Kirchensteuer unterschiedlich je nach Bun-desland erfolgen muss

8. In 3. enthaltene Versorgungsbezüge

Ausweisung der in 3. enthaltenen Versorgungsbezüge *(Näheres dazu erfahren Sie im Lehr-buch für Fortgeschrittene)*

9. Ermäßigt besteuerte Versorgungsbezüge für mehrere Kalenderjahre

Ausweisung der in 3. nicht enthaltenen Versorgungsbezüge z.B. Betriebsrenten oder Sterbegeldzahlung an Hinterbliebene für mehrere Kalenderjahre bei Anwendung der Fünftel-Regelung *(Näheres dazu erfahren Sie im Lehrbuch für Fortgeschrittene)*

10. Ermäßigt besteuerter Arbeitslohn für mehrere Kalenderjahre (ohne 9.) und ermäßigt besteuerte Entschädigungen

Ausweisung des in 3. nicht enthaltenen ermäßigten besteuerten Arbeitslohn für mehrere Kalenderjahre und ermäßigte besteuerte Entschädigung wie Anteil einer Abfindung, Jubiläumszuwendungen für mehrere Kalenderjahre und alle Vergütungen, die mit der Fünftel-Regelung berechnet wurden, jedoch ohne Versorgungsbezüge *(siehe hierzu Kapitel 7.4 Lehrbuch für Einsteiger)*

11. Einbehaltene Lohnsteuer von 9. und 10.

Lohnsteuer aus denen in 9. und 10. bescheinigten Bezügen, Lohnsteuer die nicht in 4. enthalten ist, Lohnsteuer der 1/5 Regelung, keine pauschale Lohnsteuer

12. Einbehaltener Solidaritätszuschlag von 9. und 10.

Solidaritätszuschlag aus denen in 9. und 10. bescheinigten Bezügen, Solidaritätszuschlag, der nicht in 5. enthalten ist, nicht aus pauschaler Lohnsteuer

13. Einbehaltene Kirchensteuer des Arbeitnehmers von 9. und 10.

Kirchensteuer aus denen in 9. und 10. bescheinigten Bezügen, Kirchensteuer die nicht in 5. enthalten ist, nicht aus pauschaler Lohnsteuer

14. Einbehaltene Kirchensteuer des Ehegatten/Lebenspartners von 9. und 10. (nur bei Konfessionsverschiedenheit)

Kirchensteuer des Ehegatten/Lebenspartners aus denen in 9. und 10. Bescheinigten Bezügen, Kirchensteuer, die nicht in 5. enthalten ist, nicht die Kirchensteuer aus pauschaler Lohnsteuer bei konfessionsverschiedenen Ehen/Lebenspartnerschaften, da die Aufteilung dieser Kirchensteuer unterschiedlich je nach Bundesland erfolgen muss

15. (Saison-)Kurzarbeitergeld, Zuschuss zum Mutterschaftsgeld, Verdienstausfallentschädigung (Infektionsschutzgesetz), Aufstockungsbetrag und Altersteilzeitzuschlag

steuerfreie Lohnersatzleistungen, die nicht in 3. enthalten sind, *(siehe hierzu Kapitel 6.3, Lehrbuch für Einsteiger)*

16. Steuerfreier Arbeitslohn nach

a) Doppelbesteuerungsabkommen (DBA)

b) Auslandstätigkeitserlass

Doppelbesteuerungsabkommen: steuerfreier ausgezahlter Arbeitslohn aufgrund eines Doppelbesteuerungsabkommens *(Näheres dazu erfahren Sie im Lehrbuch für Fortgeschrittene)*

Auslandstätigkeitserlass: steuerfreier ausgezahlter Arbeitslohn aufgrund eines Auslandstätigkeitserlasses *(Näheres dazu erfahren Sie im Lehrbuch für Fortgeschrittene)*

17. Steuerfreie Arbeitgeberleistungen für Fahrten zwischen Wohnung und erster Tätigkeitsstätte

steuerfrei gewährte Arbeitgeberzuschüsse zu nicht pauschal besteuerten Fahrtkosten

18. Pauschal besteuerte Arbeitgeberleistungen für Fahrten zwischen Wohnung und erster Tätigkeitsstätte

steuerfrei gewährte Arbeitgeberzuschüsse zu pauschal besteuerten Fahrtkosten *(siehe hierzu Kapitel 8.2, Lehrbuch für Einsteiger)*

19. Steuerpflichtige Entschädigungen und Arbeitslohn für mehrere Kalenderjahre, die nicht ermäßigt besteuert wurden - in 3. enthalten

Ausweisung des in 3. nicht enthaltenen steuerpflichtigen Arbeitslohn für mehrere Kalenderjahre und nicht ermäßigt besteuerte Entschädigung, z.B. Anteil einer Abfindung, Jubiläumszuwendungen für mehrere Kalenderjahre und alle Vergütungen, die mit der Fünftel-Regelung berechnet wurden, jedoch ohne Versorgungsbezüge *(siehe hierzu Kapitel 7.4, Lehrbuch für Einsteiger)*

20. Steuerfreie Verpflegungszuschüsse bei Auswärtstätigkeit

steuerfreie gewährte Arbeitgeberverpflegungszuschüsse bei Auswärtstätigkeit *(siehe hierzu Kapitel 11, Lehrbuch für Einsteiger)*

21. Steuerfreie Arbeitgeberleistungen bei doppelter Haushaltsführung

steuerfreie gewährte Arbeitgeberzuschüsse bei doppelter Haushaltsführung *(siehe hierzu Kapitel 10, Lehrbuch für Fortgeschrittene)*

22. Arbeitgeberanteil/ -zuschuss

a) zur gesetzlichen Rentenversicherung
Arbeitgeberanteil der Beiträge und Zuschüsse zur gesetzlichen Rentenversicherung

b) an berufsständische Versorgungseinrichtungen
Arbeitgeberanteil der Beiträge und Zuschüsse zu berufsständischen Versorgungseinrichtungen z. B. für Ärzte, Apotheker und Notare *(siehe hierzu Kapitel 1.1.6, Lehrbuch für Fortgeschrittene)*

23. Arbeitnehmeranteil

a) zur gesetzlichen Rentenversicherung
Arbeitnehmeranteil der Beiträge zur gesetzlichen Rentenversicherung

b) an berufsständische Versorgungseinrichtungen
Arbeitnehmeranteil der Beiträge zu berufsständischen Versorgungseinrichtungen z.B. für Ärzte, Apotheker und Notare *(siehe hierzu Kapitel 1.1.6, Lehrbuch für Fortgeschrittene)*

24. Steuerfreie Arbeitgeberzuschüsse

a) zur gesetzlichen Krankenversicherung

b) zur privaten Krankenversicherung

c) zur gesetzlichen Pflegeversicherung

Steuerfreie gewährte Arbeitgeberzuschüsse zur gesetzlichen oder privaten Krankenversicherung und zur gesetzlichen Pflegeversicherung eines nicht pflichtversicherten Arbeitnehmers in einer gesetzlichen oder privaten Krankenversicherung bzw. einer gesetzlichen Pflegeversicherung, soweit der Arbeitgeber zur Zahlung verpflichtet ist, keine Arbeitgeberanteile bei pflichtversicherten Arbeitnehmern

25. Arbeitnehmerbeiträge zur gesetzlichen Krankenversicherung

Arbeitnehmeranteil zur gesetzlichen Krankenversicherung oder Arbeitnehmeranteil eines freiwillig versicherten Arbeitnehmers in einer gesetzlichen Krankenversicherung; Voraussetzung ist, dass der Arbeitgeber die Gesamtbeiträge an die Krankenkasse abführt

26. Arbeitnehmerbeiträge zur sozialen Pflegeversicherung

Arbeitnehmeranteil zur gesetzlichen Pflegeversicherung oder Arbeitnehmeranteil eines freiwillig versicherten Arbeitnehmers in einer gesetzlichen Pflegeversicherung; Voraussetzung ist, dass der Arbeitgeber die Gesamtbeiträge an die Krankenkasse abführt

27. Arbeitnehmerbeiträge zur Arbeitslosenversicherung

Arbeitnehmeranteil zur gesetzlichen Arbeitslosenversicherung

28. Beiträge zur privaten Kranken- und Pflege-Pflichtversicherung oder Mindestvorsorgepauschale

Arbeitnehmeranteil zur privaten Krankenversicherung und zur privaten Pflegepflichtversicherung in Höhe des im Lohnsteuerabzugsverfahren zu berücksichtigenden Teilbetrages der Vorsorgepauschale oder die Mindestvorsorgepauschale

29. Bemessungsgrundlage für den Versorgungsfreibetrag zu 8.

Bei Beginn des Versorgungsbezuges vor dem 01.01.2005 wird der Versorgungsbezugswert des Jahres 2005 (Versorgungsbezug des Monates Januar 2005 x 12 Monate) als Berechnungsgrundlage eingetragen. Bei Beginn des Versorgungsbezuges ab dem 01.01.2005 wird der Versorgungsbezugswert des jeweiligen Jahres zuzüglich anteiliger Sonderzahlungen des jeweiligen Jahres als Berechnungsgrundlage eingetragen *(siehe hierzu Kapitel 5.3.1, Lehrbuch für Fortgeschrittene)*.

30. Maßgebendes Kalenderjahr des Versorgungsbeginns zu 8. und/oder 9.

vierstellige Jahreszahlangabe

31. Zu 8. bei unterjähriger Zahlung: Erster und letzter Monat, für den Versorgungsbezüge gezahlt wurden

Zeitraum bei unterjähriger Zahlung von laufenden Versorgungsbezügen, Angabe des ersten und letzten Monats, zweistellig mit Bindestrich, z.B. 03-12 Beginn März-Ende Dezember oder 01-10 Beginn Januar-Ende Oktober *(siehe Kapitel 5.3.1, Lehrbuch für Fortgeschrittene)*

32. Sterbegeld; Kapitalauszahlungen/Abfindungen und Nachzahlungen von Versorgungsbezügen - in 3. und 8. enthalten

Versorgungsbezüge, die einen Einmalbezug darstellen und in 3. und 8. Enthalten sind

33. Ausgezahltes Kindegeld

durch den Arbeitgeber ausgezahltes Kindergeld

34. Freibetrag DBA Türkei

Eintragung des verbrauchten **Freibetrags**, um Doppelbesteuerung oder Steuerkürzung gemäß Doppelbesteuerungsabkommen zwischen der Bundesrepublik Deutschland und der Republik Türkei zu vermeiden und Eintragung von Betriebsrenten von Betriebsrentnern mit Wohnsitz und Ansässigkeit in der Türkei, deren aus Deutschland stammenden Alterseinkünfte weiterhin beschränkt steuerpflichtig sind *(siehe hierzu Kapitel 8, Lehrbuch für Fortgeschrittene).*

- Name, Vorname, Geburtsdatum und Anschrift des Arbeitnehmers Weitere Angaben

- Identifikationsnummer oder eTIN (elektronische Transfer-Identifikations-Nummer) und Personalnummer des Arbeitnehmers

- Transferticket, Ausstellungsdatum, Hinweis, wenn es sich um eine Korrektur oder um eine Stornierung handelt

- Steuerklasse oder Faktor, Zahl der Kinderfreibeträge, steuerfreier Jahresbetrag, Jahreshinzurechnungsbetrag, Kirchensteuermerkmale

- Anschrift und Steuernummer des Arbeitgebers oder der Betriebsstätte

- Arbeitnehmerbeitrag zur Zusatzversorgung Freiwillige Angaben

- Arbeitnehmerbeitrag zur Winterbeschäftigungsumlage

- Ausweisung der einzelnen Versorgungsbezüge für mehrere Kalenderjahre, die nicht ermäßigt besteuert wurden und in der Gesamtsumme in 3 und 8 enthalten sind

- Arbeitgeberbeiträge zur Zusatzversorgung, die nach den individuellen Lohnsteuerabzugsmerkmalen versteuert sind

- Anzahl der Arbeitstage bei Fahrten zwischen Wohnung und erster Tätigkeitsstätte

- Arbeitgeberzuschüsse zum steuerfreiem Fahrtkostenersatz für beruflich veranlasste Auswärtstätigkeiten

- abweichende Zustellanschrift des Arbeitnehmers für die Zustellung des Datenübermittlungsprotokolls

Weitere Angaben

Ab dem 01.01.2016 haben nur noch Arbeitgeber die Möglichkeit, nicht am elektronischen Abrufverfahren teilzunehmen, wenn ausschließlich Arbeitnehmer im Rahmen einer geringfügigen Beschäftigung in einem Privathaushalt (§ 8a SGB IV) beschäftigt werden. In diesen Fällen besteht die Möglichkeit, anstelle der elektronischen Lohnsteuerbescheinigung eine manuelle Lohnsteuerbescheinigung (Besondere Lohnsteuerbescheinigung) zu erstellen. Die gesetzliche Grundlage für elektronische und manuell erstellte Lohnsteuerbescheinigungen ist die Lohnsteuerrichtlinie (LStR) R 41b ergänzend zum § 41b EStG. Die elektronische Lohnsteuerbescheinigung muss vom Arbeitgeber bis zum 28. Februar des Folgejahres der Finanzverwaltung (Betriebsstättenfinanzamt) übermittelt werden.

Besondere LSt.-Bescheinigung

12.8.1 Elektronisch unterstützte Betriebsprüfung

Die Rentenversicherungsträger überprüfen im Rahmen einer Betriebsprüfung, ob die Sozialversicherungsbeiträge (Arbeitgeber- und Arbeitnehmerbeiträge) richtig berechnet sind und ob diese Beiträge einschließlich der Umlagen am Fälligkeitstag an die Krankenkasse abgeführt wurden.

Seit dem 01.01.2016 besteht die Möglichkeit alle prüfungsrelevanten Daten elektronisch an den Rentenversicherungsträger zu übermitteln. Im Rahmen dieser elektronisch unterstützten Betriebsprüfung (euBP) entfällt die Einsichtnahme der Unterlagen im Unternehmen vor Ort.

Die Erfassung und die Übermittlung der Daten erfolgt gemäß den Richtlinien der Datenerfassungs- und Datenübermittlungsverordnung (DEÜV).

Ab dem 01.01.2023 müssen die für die Betriebsprüfung prüfungsrelevanten Daten elektronisch an die Rentenversicherungsträger übermittelt werden. Arbeitgeber können sich auf Antrag noch bis zum 31.12.2026 von der elektronischen Übermittlungspflicht befreien lassen.

12.9 Bescheinigungswesen

Der Arbeitgeber ist im Laufe des Beschäftigungsverhältnisses und auch am Ende eines solchen dazu verpflichtet, unterschiedlichste Bescheinigungen für seine Arbeitnehmer zu erstellen. Die meisten Bescheinigungen, die ein Arbeitgeber erstellt, sind Bescheinigungen im Rahmen von Sozialleistungen.

DTA EEL

Arbeitgeber sind verpflichtet, alle erforderlichen Daten, die die Sozialversicherungsträger benötigen, um die Entgeltersatzleistungen zu berechnen, elektronisch zur Verfügung zu stellen. Für die Übermittlung der Daten ist der "Datenaustausch Entgeltersatzleistungen DTA EEL" zwingend für den Arbeitgeber und für den Sozialversicherungsträger vorgeschrieben.

12.10 Entgeltfortzahlungsversicherung nach dem Aufwendungsausgleichgesetz (AAG)

12.10.1 Berechnung der Umlagen zur Lohnfortzahlungsversicherung

Finanzielles Risiko

Die Lohnfortzahlungsversicherung ist eine **Pflichtversicherung** für Unternehmen, durch die finanzielle Belastungen, die durch Entgeltfortzahlung im Krankheitsfall oder beim Mutterschutz entstehen, kalkulierbarer gemacht werden sollen. Das Unternehmen zahlt dazu eine monatliche Umlage in die Ausgleichskasse und erhält im Gegenzug die Aufwendungen für Lohnfortzahlung teilweise oder vollständig erstattet. Die Lohnfortzahlungsversicherung ist in zwei Bereiche unterteilt:

■ Lohnfortzahlungsversicherung für Aufwendungen der Entgeltfortzahlungen im **Krankheitsfall (U1)**. Hier besteht Pflichtmitgliedschaft für Unternehmen bis max. 30 Vollzeit-Mitarbeitern.

■ Lohnfortzahlungsversicherung für **Mutterschutzaufwendungen (U2)**. Hier besteht Pflichtmitgliedschaft für alle Unternehmen, unabhängig von ihrer Beschäftigtenzahl. Umlage 2 wird ebenfalls für sämtliche Mitarbeiter eines Unternehmens erhoben.

Ausgleichskassen

Zuständig für das Umlageverfahren ist die Krankenkasse, bei welcher der Arbeitnehmer versichert ist bzw. an die seine Rentenversicherungsbeiträge abgeführt werden. Beim Arbeitgeberumlageverfahren sind die Kennzeichnungen "m" für männlich, "w" für weiblich und "d" für divers, festgelegt.

Auch **geringfügig und kurzfristig beschäftige Arbeitnehmer** sind in die Lohnfortzahlungsversicherung einzubeziehen. Eine Ausnahme bilden lediglich diejenigen Arbeitnehmer, deren Beschäftigungsverhältnis von vornherein auf höchstens 4 Wochen beschränkt ist, da der Anspruch auf Lohnfortzahlung im Krankheitsfall durch den Arbeitgeber erst mit der 5. Beschäftigungswoche beginnt. Die zuständige Ausgleichskasse ist hier die **Knappschaft-Bahn-See**, auch wenn der Arbeitnehmer bei einer anderen Krankenkasse (über eine Hauptbeschäftigung oder im Rahmen der Familienversicherung) versichert ist.

Geringfügig Beschäftigte

Umlagepflichtige Unternehmen U1

> **Beispiel: Entgeltfortzahlungsversicherung**
>
> Die ModeFix GmbH beschäftigt durchschnittlich 31 Mitarbeiter. Davon sind 13 Angestellte und 11 Arbeiter mit jeweils 40 Stunden Wochenarbeitszeit. Hinzu kommen 3 Auszubildende, 2 Reinigungskräfte mit jeweils 10 Stunden Wochenarbeitszeit und 2 Bürokräfte, die jeweils 12 Stunden in der Woche arbeiten. Ist die ModeFix GmbH mit dieser Belegschaft zur Teilnahme an der Lohnfortzahlungsversicherung verpflichtet?

Die Teilnahmeverpflichtung eines Unternehmens richtet sich in der **U1** nach der **Mitarbeiterzahl** eines Betriebes. Dabei sind die folgenden Arbeitnehmergruppen nicht zu berücksichtigen:

Bis zu 30 Mitarbeiter

- Auszubildende, Praktikanten, Volontäre
- schwerbehinderte Menschen im Sinne des SGB X
- Heimarbeiter und Hausgewerbetreibende
- Bezieher von Vorruhestandsgeld
- Beschäftigte in Altersteilzeit in der Freistellungsphase
- mitarbeitende Familienangehörige in der Landwirtschaft
- Arbeitnehmer, die einen Jugendfreiwilligendienst leisten
- Arbeitnehmer in Elternzeit
- Arbeitnehmer in der Pflegezeit bei vollständiger Freistellung

Ermittlung der Mitarbeiterzahl

Teilzeitbeschäftigte mit einer wöchentlichen Arbeitszeit von bis zu 10 Stunden, werden mit dem Faktor 0,25 angerechnet; eine wöchentliche Arbeitszeit von bis zu 20 Stunden wird mit dem Faktor 0,5, und eine wöchentliche Arbeitszeit von bis zu 30 Stunden wird mit dem Faktor 0,75 berücksichtigt.

Teilzeitbeschäftigte

---

zu Beispiel: Entgeltfortzahlungsversicherung

Zur Feststellung, ob die ModeFix GmbH am Umlageverfahren teilnehmen muss, wird die Mitarbeiterzahl wie folgt ermittelt:

Anzahl	Mitarbeiter	Anrechnungsfaktor
13	Angestellte	13
11	Arbeiter	11
3	Auszubildende	0
2	Aushilfen bis zu 10 Std / Woche	0,5 (2 x 0,25)
2	Aushilfen bis zu 20 Std / Woche	1 (2 x 0,5)
		25,5

Da die Arbeitnehmerzahl unter 30 liegt, muss die ModeFix GmbH am Ausgleichsverfahren teilnehmen.

Umlagepflichtige Unternehmen U2

Zur Umlage U2 sind alle Arbeitgeber verpflichtet, unabhängig von der Zahl der Beschäftigten.

Umlagesätze nach § 7, Abs. 2, AAG

Beim Ausgleichsverfahren für Lohnfortzahlungen wird zwischen zwei Arten der **Entgeltfortzahlung** unterschieden:

- Entgeltfortzahlung bei krankheitsbedingter Arbeitsunfähigkeit und Rehabilitationsmaßnahmen.

- Entgeltfortzahlungen bei Mutterschutzlohn und Zuschüssen zum Mutterschaftsgeld.

Umlage U1
Die Umlage für **Krankheitsfälle** (U1) wird monatlich mit einem von der Umlagekasse festgelegten Prozentsatz erhoben. Bemessungsgrundlage sind die laufenden rentenversicherungspflichtigen Arbeitsentgelte **aller Arbeitnehmer** bis zur Beitragsbemessungsgrenze in der Rentenversicherung. Das Arbeitsentgelt von Heimarbeitern, Hausgewerbetreibenden, Beziehern von Vorruhestandsgeld sowie mitarbeitende Familienangehörige in der Landwirtschaft bleiben außer Acht.

Umlage U2
Die Umlage für **Mutterschaftsfälle** (U2) wird monatlich mit einem von der Krankenkasse festgelegten Prozentsatz vom Arbeitsentgelt aller **Arbeitnehmer** erhoben. Ausgenommen sind wiederum die Arbeitsentgelte von Heimarbeitern, Hausgewerbetreibenden, Beziehern von Vorruhestandsgeld sowie mitarbeitende Familienangehörige in der Landwirtschaft.

Zur Berechnung der Umlage U2 werden im Übrigen auch die Entgelte der männlichen Mitarbeiter herangezogen. Selbst wenn in einem Betrieb keine einzige Frau beschäftigt ist, besteht die Umlagepflicht.

Maßgebende Arbeitsentgelte

Bemessungsgrundlage zur Berechnung der Umlagen bilden die **laufenden rentenversicherungspflichtigen Arbeitsentgelte**. Außer Ansatz bleiben:

RV-pflichtige Entgelte

■ Entgeltbestandteile, die die Beitragsbemessungsgrenze in der Rentenversicherung überschreiten

■ Einmalbezüge

■ fiktive Entgeltbestandteile bei Beziehern von Kurzarbeitergeld, Saison-Kurzarbeitergeld und Altersteilzeitentgelt *(Näheres dazu erfahren Sie im Lehrbuch für Fortgeschrittene)*

Beispiel:
Ermittlung der Beitragsbemessungsgrundlagen zur Entgeltfortzahlungsversicherung

Beispielhafte Ermittlung der Beitragsbemessungsgrundlagen für die Lohnfortzahlungsversicherung für einen Betrieb mit max. 30 Mitarbeitern:

	Bruttoentgelte	Bemessungs-grundlage U1	Bemessungs-grundlage U2
Angestellter A (freiwillig gesetzlich versichert)	7.300,00 €	7.300,00 €	7.300,00 €
Angestellter B (freiwillig gesetzlich versichert)	5.000,00 €	5.000,00 €	5.000,00 €
Angestellter C (gesetzlich versichert)	2.500,00 € zzgl. Einmalbezug 300,00 €	2.500,00 €	2.500,00 €
Angestellter D (freiwillig gesetzlich versichert)	7.600,00 €	7.300,00 €	7.300,00 €
Angestellter E (gesetzlich versichert)	4.000,00 € zzgl. sv-freie Zuschläge: 100,00 €	4.000,00 €	4.000,00 €
kaufmännischer Auszubildender (gesetzlich versichert)	600,00 €	600,00 €	600,00 €

Hätte dieser Betrieb mehr als 30 Mitarbeiter, so entfielen die Beiträge zur U1. Beiträge zur U2 fielen in derselben Höhe an.

Umlagen im Übergangsbereich

> **Beispiel: Umlagen im Übergangsbereich**
>
> Emil Fichtner ist als Fensterputzer in der GebäudePutz GmbH angestellt. Er verdient monatlich 1.500,00 €. Sein Lohn wird unter Berücksichtigung der Übergangsregelungen abgerechnet. Muss der Arbeitgeber Umlagen für Beschäftigte im Übergangsbereich entrichten?

Auch für Beschäftigte, die mit einem monatlichen Entgelt zwischen 520,01 € und 2.000,00 € unter die **Übergangsregelung** fallen, sind Umlagen für die Lohnfortzahlungsversicherung zu zahlen.

Berechnung der Umlagen

Berechnungsgrundlage für die Umlagen sind die **reduzierten** rentenversicherungspflichtigen Entgelte im Übergangsbereich. Obwohl der Arbeitgeber die vollen Sozialversicherungsbeiträge zu zahlen hat, profitiert er in der Lohnfortzahlungsversicherung von den Entgeltreduzierungen für die Beitragsberechnung der Arbeitnehmer. Ein verminderter Erstattungsanspruch resultiert daraus nicht.

> **zu Beispiel: Umlagen im Übergangsbereich**
>
> Emil Fichtner ist bei einer gesetzlichen Krankenkasse pflichtversichert; die ihre Umlagesätze mit 2,5 % für U1 (70 % Erstattung) und 0,59 % für U2 (100 % Erstattung) festgelegt hat. Die Umlagen werden anhand der reduzierten Bemessungsgrundlage wie folgt berechnet:
>
> | | | | | | | |
> |---|---|---|---|---|---|---|
> | U1 | 1.445,93 € | x | 2,50 % | = | 36,15 € |
> | U2 | 1.445,93 € | x | 0,59 % | = | 8,53 € |
> | U3 | 1.445,93 € | x | 0,06 % | = | 0,87 € |
>
> Die Umlagen werden an die zuständige gesetzliche Krankenkasse des Arbeitnehmers abgeführt.

Erstattungen der Ausgleichskasse

Erstattungen bei Krankheit

Auf Antrag wird ein Teil der Aufwendungen, die durch Entgeltfortzahlung für arbeitsunfähig erkrankte Arbeitnehmer (gewerbliche und kaufmännische) entstehen, durch die Umlage U1 erstattet. Die meisten Krankenkassen bieten drei oder vier Erstattungssätze (Wahltarife), die zwischen 40 % und 90 % liegen, an. Der Regelerstattungssatz beträgt 70 % daneben gibt es zumeist einen ermäßigten und einen erhöhten Erstattungssatz. Die Beitragssätze zum Umlageverfahren entsprechen den Erstattungssätzen und werden kassenindividuell festgelegt.

Wahlerklärung

Nur zu Beginn eines Kalenderjahres kann der Erstattungsprozentsatz geändert werden. Die Wahlerklärung zur Entgeltfortzahlungsversicherung U1 muss in elektronischer Form erfolgen.

Erstattungsfähig sind das **fortgezahlte Entgelt** und die darauf entfallenen Arbeitgeberbeiträge zur Sozialversicherung.

Erstattungsfähige Sozialversicherungsarbeitgeberbeiträge sind:

- der Arbeitgeberanteil zur Kranken-, Pflege-, Renten- und Arbeitslosenversicherung,
- der Arbeitgeberanteil bei Rentenversicherungsfreiheit gemäß § 172 Abs. 2 SGB VI und
- die Beitragszuschüsse zur Kranken- und Pflegeversicherung für freiwillig gesetzlich und privatversicherte Arbeitnehmer gemäß § 257 SGB V und § 61 SGB XI.

Krankenkassen können diese gesetzlich festgelegten Erstattungen durch Satzungsbestimmungen beschränken oder ausschließen.

Durch das Umlageverfahren U2 werden die Aufwendungen, die durch Mutterschaft entstehen in vollem Umfang (100 %) erstattet. Dazu gehören die Zuschüsse zum Mutterschaftsgeld, die Entgeltfortzahlungen für Ausfallzeiten aufgrund von Beschäftigungsverboten (Mutterschutzlohn) sowie die darauf entfallenen Arbeitgeberbeiträge zur Sozialversicherung.

Erstattungen bei Mutterschaft

> ### Beispiel: Erstattungen aus der Ausgleichskasse
>
> Die Sachbearbeiterin Gudrun Müller, die ein Gehalt von 2.600,00 € monatlich bezieht, ist erkrankt und wurde von Montag 14.04. bis einschließlich Mittwoch 23.04. arbeitsunfähig geschrieben. Die ModeFix GmbH stellt einen Antrag auf Erstattung der Entgeltfortzahlung bei der zuständigen Krankenkasse. Sie hat sich zu Beginn des Jahres für einen Erstattungssatz von 70 % entschieden. Der Erstattungsanspruch nach dem Lohnfortzahlungsgesetz berechnet sich wie folgt:
>
> | Gehalt | 2.600,00 € | : | 22 AT | = | 118,18 € / AT |
> |---|---|---|---|---|---|
> | | 118,18 € | x | 8 KT | = | 945,44 € |
> | Erstattungsanspruch | 945,44 € | x | 70 % | = | 661,81 € |
>
> KT = Krankheitstage

Erstattungen der U1 oder U2 erfolgen nur auf Antrag durch den Arbeitgeber. Diese Anträge auf Erstattung müssen elektronisch bei der jeweiligen Krankenkasse eingereicht werden, auch die Rückmeldungen der Krankenkassen erfolgen ausschließlich durch elektronische Datenübertragung.

12.11 Insolvenzgeldumlage

Im Falle der Zahlungsunfähigkeit eines Arbeitgebers haben Arbeitnehmer Anspruch auf Ersatz des nicht gezahlten Arbeitslohns für die letzten 3 Monate vor Eröffnung des Insolvenzverfahrens (§ 165 SGB III).

Das auszuzahlende Insolvenzgeld wird durch die Insolvenzgeldumlage finanziert. Grundsätzlich sind alle Arbeitgeber umlagepflichtig. Hiervon ausgenommen sind Privathaushalte, der Bund, die Länder, die Gemeinden sowie Körperschaften, Stiftungen und Anstalten des öffentlichen Rechts, da hier ein Insolvenzverfahren nicht zulässig ist.

Die Insolvenzgeldumlage wird mit dem monatlichen Beitragsnachweis der Einzugsstelle der Gesamtsozialversicherungsbeiträge gemeldet und an diese abgeführt.

Ab dem 01.01.2023 beträgt der Beitragssatz 0,06 % des rentenversicherungspflichtigen Arbeitsentgelts bis maximal zur Beitragsbemessungsgrenze der Rentenversicherung und ist unter dem Beitragsgruppenschlüssel „0050" im Beitragsnachweis zu melden.

Praxisübungen

Die Lösungen finden Sie unter https://www.edumedia.de/verlag/loesungen.

Aufgabe 1: Meldungsschlüssel

■ Setzen Sie für folgende Beispiele die korrekten Schlüssel für die Sozialversicherungsmeldung ein. Gehen Sie davon aus, dass die Arbeitnehmer in einer gesetzlichen Krankenkasse pflichtversichert sind.

	Grund der Abgabe	Beitragsgruppe KV-RV-AV-PV	Personengruppe
Der Elektrofachbetrieb stellt einen Werkstattmeister ein.			
Der Elektrofachbetrieb erstellt die Jahresmeldung für den Auszubildenden.			
Die Lohnsachbearbeiterin geht in Mutterschaft.			
Die Gebäudereinigungsfirma stellt einen geringfügig beschäftigten Fensterputzer ein.			
Die Metzgerei entlässt die Fachverkäuferin, da diese den Arbeitgeber wechselt.			
Der Rechtsanwalt stellt als Urlaubsvertretung kurzfristig eine Rechtsanwaltsgehilfin ein.			
Die Steuerfachangestellte hat die Krankenkasse gewechselt.			
Der Wach- und Schließdienst stellt am 01.07. einen Altersvollrentner (28.02.1954), der auf seine Rentenversicherungsfreiheit verzichtet hat, als Pförtner ein.			

Aufgabe 2: Lohnsteuern

■ Beantworten Sie folgende Fragen.

a) Augenarzt Dr. Wenzel hat im Vorjahr seine Lohnsteuer-Anmeldungen monatlich abgegeben und möchte, da er die Anzahl seiner Mitarbeiter von sechs auf drei reduziert hat, die Lohnsteuer-Anmeldungen im neuen Jahr vierteljährlich abgeben. Muss Dr. Wenzel hierzu einen Antrag stellen? Nach welchen Kriterien erfolgt die Beurteilung, für welche Zeiträume eine Lohnsteueranmeldung abgegeben werden muss?

----

b) In welchen Fällen ist der Arbeitgeber gesetzlich verpflichtet, einen Lohnsteuerjahresausgleich für seine Arbeitnehmer durchzuführen?

----

c) Erklären Sie die Begriffe "Verspätungszuschlag" und "Säumniszuschlag" und benennen deren gesetzliche Grundlage.

Aufgabe 3: Umlagen zur Lohnfortzahlungsversicherung

▪ Beantworten Sie folgende Fragen.

a) Der Augenarzt Dr. Wenzel beschäftigt zwei Arzthelferinnen (40 Stunden Wochenarbeitszeit) und eine geringfügig beschäftigte Reinigungskraft. Welche Umlagen hat Dr. Wenzel monatlich an welche Krankenkasse abzuführen?

----

b) Welche Vorteile zieht Dr. Wenzel aus dem Zahlen der Umlagebeiträge?

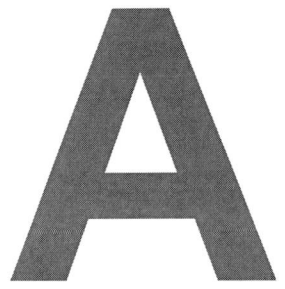

Anhang

Inhalt

- Pauschale Kirchensteuer-Sätze im vereinfachten Verfahren
- Auslandstagessätze für steuerfreie Reisekostenerstattung
- Beitragssätze und Beitragsbemessungsgrenzen in der Sozialversicherung
- Bezugsgrößen (§ 18 Abs. 1 und Abs. 2, SGB IV)
- Jahresarbeitsentgeltgrenzen
- Steuerfreier Arbeitgeberzuschuss zur privaten Kranken- und Pflegeversicherung
- Grundformel zur Berechnung des Übergangsbereiches
- Meldeschlüssel für die Meldungen zur Sozialversicherung nach DEÜV
- Eintragungen in Zeile 2 der Lohnsteuerbescheinigung
- Musterkalendarium
- Lohnsteuerbescheinigung
- Lohnsteueranmeldung
- Beitragsnachweis
- Beitragsnachweis für geringfügig Beschäftigte
- Meldung zur Sozialversicherung
- Versorgungsfreibetrag
- Altersentlastungsbetrag
- Regelaltersrententabelle (Altersrente ohne Abzüge)
- Auszug aus der Pfändungstabelle (01.07.2021 bis 30.06.2023)
- Übersicht zur steuer- und sozialversicherungsrechtlichen Behandlung von Beiträgen zur betrieblichen Altersvorsorge
- Glossar
- Abkürzungsverzeichnis
- Internetseiten

Pauschale Kirchensteuersätze im vereinfachten Verfahren

Bundesland	Steuersatz
Bayern, Bremen, Hessen, Nordrhein-Westfahlen, Rheinland-Pfalz, Saarland	7 %
Niedersachsen, Schleswig-Holstein	6 %
Baden-Württemberg, Berlin, Brandenburg, Mecklenburg-Vorpommern, Sachsen, Sachsen-Anhalt, Thüringen	5 %
Hamburg	4 %

Auslandstagessätze für steuerfreie Reisekostenerstattung

Land	Verpflegungsmehraufwendungen 2023		Pauschbetrag Übernachtung
	bei 24 Std. Abwesenheit je Kalendertag	am An- und Abreisetag bzw. bei Abwesenheit > 8 Std. je Kalendertag	
Australien	51,00 €	34,00 €	158,00 €
- Canberra	51,00 €	34,00 €	158,00 €
- Sydney	68,00 €	45,00 €	184,00 €
Frankreich	53,00 €	36,00 €	105,00 €
- Paris	58,00 €	39,00 €	159,00 €
Italien	40,00 €	27,00 €	135,00 €
- Mailand	45,00 €	30,00 €	158,00 €
- Rom	40,00 €	27,00 €	135,00 €
Luxemburg	63,00 €	42,00 €	139,00 €
Österreich	40,00 €	27,00 €	108,00 €
Spanien	34,00 €	23,00 €	115,00 €
- Barcelona	34,00 €	23,00 €	118,00 €
- Kanarische Inseln	40,00 €	27,00 €	115,00 €
- Madrid	40,00 €	27,00 €	118,00 €
- Palma de Mallorca	35,00 €	24,00 €	121,00 €

Beitragssätze in der Sozialversicherung

Beitrag	allgemeine Beitragssätze (z.B. AOK, DAK, TKK, …)	
	ab 01.01.2022	ab 01.01.2023
KV allgemein	14,60 %	14,60 %
KV ermäßigt	14,00 %	14,00 %
KV Zusatz	individuell	individuell
RV	18,60 % *	18,60 % *
AV	2,40 %	2,60 %
PV	3,05 % **	3,05 % **
PV Zuschlag	0,35 %	0,35 %
U 1	individuell	individuell
U 2	individuell	individuell
U 3 (INSO)	0,09 %	0,06 %
KV freiwillig	706,28 €	728,18 €
KV freiwillig Zusatz	individuell	individuell
PV freiwillig	147,54 €	152,12 €
PV freiwillig Zuschlag	16,93 €	17,46 €

* Der Beitragssatz in der Knappschaft beträgt in der RV 24,7 % (AN 9,3 % und AG 15,4 %).

** PV-Sonderregelung in Sachsen (AN 2,025 % und AG 1,025 %)

geringfügige Beschäftigte	Unternehmer ab		Privathaushalt ab	
	01.01.2022	01.01.2023	01.01.2022	01.01.2023
pauschale KV	13,00 %	13,00 %	5,00 %	5,00 %
pauschale RV	15,00 %	15,00 %	5,00 %	5,00 %
U1 (80 %)	0,90 %	1,10 %	0,90 %	1,10 %
U2 (100 %)	0,29 %	0,24 %	0,29 %	0,24 %
U3 (INSO)	0,09 %	0,06 %	-	-

Beitragsbemessungsgrenzen

2022

Versicherungszweig	Beitragsbemessungsgrenze	
	monatlich	jährlich
Kranken- und Pflegeversicherung	4.837,50 €	58.050,00 €
Renten- und Arbeitslosenversicherung (West) allgemein	7.050,00 €	84.600,00 €
Renten- und Arbeitslosenversicherung (Ost) allgemein	6.750,00 €	81.000,00 €
Renten- und Arbeitslosenversicherung (West) Knappschaft-Bahn-See	8.650,00 €	103.800,00 €
Renten- und Arbeitslosenversicherung (Ost) Knappschaft-Bahn-See	8.350,00 €	100.200,00 €

2023

Versicherungszweig	Beitragsbemessungsgrenze	
	monatlich	jährlich
Kranken- und Pflegeversicherung	4.987,50 €	59.850,00 €
Renten- und Arbeitslosenversicherung (West) allgemein	7.300,00 €	87.600,00 €
Renten- und Arbeitslosenversicherung (Ost) allgemein	7.100,00 €	85.200,00 €
Renten- und Arbeitslosenversicherung (West) Knappschaft-Bahn-See	8.950,00 €	107.400,00 €
Renten- und Arbeitslosenversicherung (Ost) Knappschaft-Bahn-See	8.700,00 €	104.400,00 €

Bezugsgrößen (§ 18 Absatz 1 und 2, SGB IV)

Bezugsgrößen in der Sozialversicherung sind Rechengrößen.

Versicherungszweig	Beitragsbemessungsgrenze	
	monatlich	jährlich
Kranken- und Pflegeversicherung	3.395,00 €	40.740,00 €
Renten- und Arbeitslosenversicherung (West) allgemein	3.395,00 €	40.740,00 €
Renten- und Arbeitslosenversicherung (Ost) allgemein	3.290,00 €	39.480,00 €

Versicherungspflichtgrenze / Jahresarbeitsentgeltgrenzen

Versicherungszweig	2022	2023
allgemeine Jahresarbeitsentgeltgrenze (Neufälle ab 01.01.2003)	64.350,00 €	66.600,00 €
besondere Jahresarbeitsentgeltgrenze (Altfälle bis 31.12.2002)	58.050,00 €	59.850,00 €

Steuerfreier Arbeitgeberzuschuss zur Kranken- und Pflegeversicherung

private Versicherung	monatl. AG-Zuschuss max.	
	mit Krankengeld	ohne Krankengeld
Krankenversicherung	403,99 €	389,03 €
Pflegeversicherung	76,06 €	76,06 €

Der steuerfreie Arbeitgeberzuschuss beträgt 50 % der Versicherungsprämie der privaten KV/PV jedoch maximal die Tabellenwerte.
Ausnahme im Bundesland Sachsen: Arbeitgeberpflegeversicherungszuschuss monatlich maximal 51,12 €

Grundformel zur Berechnung des Übergangsbereiches

$$F \times 520 + \left(\left[\frac{2.000}{2.000 - 520} \right] - \left[\frac{520}{2.000 - 520} \right] \times F \right) \times (AE - 520)$$

AE = Arbeitsentgelt

$$BE \text{ Arbeitnehmer} = \frac{2.000}{(2.000 - 520)} \times (AE - 520)$$

AE = Arbeitsentgelt
BE = beitragspflichtige Einnahmen

Berechnung:
F = 0,6922
14,6 % KV + 1,6 % durchschnittlicher ZBS KV + 18,6 % RV + 2,6 % AV + 3,05 % PV = 40,45 %
28,00 % : 40,45 % = 0,6922

Meldeschlüssel für die Meldungen zur Sozialversicherung DEÜV

Schlüsselzahl-Abgabegrund

Anmeldungen

10 Anmeldung wegen Beginn einer Beschäftigung
11 Anmeldung wegen Krankenkassenwechsel
12 Anmeldung wegen Beitragsgruppenwechsel
13 Anmeldung wegen sonstiger Gründe/Änderungen im Beschäftigungsverhältnis
20 Sofortmeldung bei Aufnahme einer Beschäftigung nach § 28a Absatz 4 SGB IV

Jahresmeldungen / Unterbrechungsmeldungen / sonstige Entgeltmeldungen

50 Jahresmeldung
51 Unterbrechung ohne Fortzahlung des Arbeitsentgelts für mindestens einen Monat wegen Bezug einer Entgeltersatzleistung bzw. Anspruch auf Entgeltersatzleistungen (z.B. Krankengeld). Das Versicherungsverhältnis bleibt während der Zahlung der Entgeltersatzleistung erhalten.
52 Unterbrechungsmeldung wegen Elternzeit
53 Unterbrechung wegen gesetzlicher Dienstpflicht oder freiwilligem Wehrdienst
54 Meldung einmalig gezahlten, nicht ausschließlich in der Unfallversicherung beitragspflichtigen Arbeitsentgelts (Sondermeldung)
55 Meldung von nicht vereinbarungsgemäß verwendetem Wertguthaben (Störfall)
56 Meldung des Unterschiedsbetrages bei Entgeltersatzleistungen während der Altersteilzeitarbeit
57 Gesonderte Meldung nach § 194 SGB VI
58 GKV-Monatsmeldung
92 Jahresmeldung Unfallversicherung, ab 01.01.2016

Abmeldungen

30 Abmeldung wegen Ende einer versicherungspflichtigen Beschäftigung, auch wenn das Beschäftigungsverhältnis fortdauert
31 Abmeldung wegen Krankenkassenwechsel
32 Abmeldung wegen Beitragsgruppenwechsel
33 Abmeldung wegen sonstiger Gründe/Änderungen im Beschäftigungsverhältnis
34 Abmeldung wegen Ende einer sozialversicherungspflichtigen Beschäftigung nach § 7 Abs. 3 Satz 1 SGB IV
35 Abmeldung wegen Arbeitskampf von länger als einem Monat
36 Abmeldung wegen Wechsel des Entgeltabrechnungssystems (optional)
40 Gleichzeitige An- und Abmeldung wegen Ende einer Beschäftigung
49 Abmeldung wegen Tod

Änderungsmeldungen

60 Änderung des Namens des Beschäftigten
61 Änderung der Anschrift des Beschäftigten
62 Änderung des Aktenzeichens oder der Personalnummer des Beschäftigten
63 Änderung der Staatsangehörigkeit des Beschäftigten

Meldungen in Insolvenzfällen

70 Jahresmeldung für freigestellte Arbeitnehmer
71 Meldung des Vortages der Insolvenz/der Freistellung
72 Entgeltmeldung zum rechtlichen Ende der Beschäftigung
91 Sondermeldung Unfallversicherung bis 31.12.2015

Schlüsselzahl-Personengruppen

101 Sozialversicherungspflichtig Beschäftigte ohne besondere Merkmale
102 Auszubildende ohne besondere Merkmale
103 Beschäftigte in Altersteilzeit
104 Hausgewerbetreibende
105 Praktikanten, Auszubildende ohne Arbeitsentgelt
106 Werkstudenten
107 Behinderte Menschen in anerkannten Werkstätten oder gleichartigen Einrichtungen.
108 Bezieher von Vorruhestandsgeld
109 geringfügig entlohnte Beschäftigte nach § 8 Abs. 1 Nr.1 SGB IV
110 kurzfristig Beschäftigte nach § 8 Abs. 1 Nr. 2 SGB IV
111 Personen in Einrichtungen der Jugendhilfe, Berufsbildungswerken oder ähnlichen Einrichtungen für behinderte Menschen.
112 Mitarbeitende Familienangehörige in d. Landwirtschaft
113 Nebenerwerbslandwirte
114 Nebenerwerbslandwirte - saisonal beschäftigt
116 Ausgleichsgeldempfänger nach dem FELEG
117 nicht berufsmäßig unständig Beschäftigte
118 berufsmäßig unständig Beschäftigte
119 Versicherungsfreie Altersvollrentner und Versorgungsbezieher wegen Alters

120 Versicherungspflichtige Altersvollrentner und Versorgungsbezieher wegen Alters. Der Personengruppenschlüssel 120 ist erst für Meldezeiträume ab 01.07.2017 zulässig.
121 Auszubildende, deren Arbeitsentgelt die Geringverdienergrenze nach § 20 Abs. 3 Satz 1 Nr. 1 SGB IV nicht übersteigt.
122 Auszubildende in einer außerbetrieblichen Einrichtung
123 Personen, die ein freiwilliges soziales, ein freiwilliges ökologisches Jahr oder einen Bundesfreiwilligendienst leisten
124 Heimarbeiter ohne Anspruch auf Entgeltfortzahlung im Krankheitsfall
127 Behinderte Menschen, die im Anschluss an eine Beschäftigung in einer anerkannten Werkstatt in einem Integrationsprojekt beschäftigt sind.
140 Seeleute
141 Auszubildende in der Seefahrt
142 Seeleute in Altersteilzeit
143 Seelotsen
144 Auszubildende in der Seefahrt, deren Arbeitsentgelt die Geringverdienergrenze nach § 20 Abs. 3 Satz 1 Nr. 1 SGB IV nicht übersteigt.
149 In der Seefahrt beschäftigte versicherungsfreie Altersvollrentner und Versorgungsbezieher wegen Alters.

150 In der Seefahrt beschäftigte versicherungspflichtige Altersvollrentner und Versorgungsbezieher wegen Alters. Der Personengruppenschlüssel 150 ist erst für Meldezeiträume ab 01.07.2017 zulässig.

190 Beschäftigte, bei denen keine Kranken-, Pflege-, Renten- und Arbeitslosenversicherungspflicht besteht, sondern nur eine Pflichtversicherung zur gesetzl. Unfallversicherung.

307 Bezieher von Übergangsgeld

901 nicht sozialversicherungspflichtige Beschäftigte, Sonderfälle

Schlüsselzahl-Staatsangehörigkeit (Auszug)

000	deutsch	152	polnisch
129	französisch	157	schwedisch
137	italienisch	161	spanisch
149	norwegisch	163	türkisch

Schlüsselzahl-Entgelt im Übergangsbereich/ Midijob

0 kein Arbeitsentgelt innerhalb des Übergangsbereichs

1 Arbeitsentgelt durchgehend im Übergangsbereich

2 Arbeitsentgelt sowohl innerhalb als auch außerhalb des Übergangsbereichs

Schlüsselzahl-Beitragsgruppen

Beitrag zur Krankenversicherung

0 kein Beitrag

1 allgemeiner Beitrag

2 erhöhter Beitrag (nur für Meldezeiträume bis 31.12.2008)

3 ermäßigter Beitrag

4 Beitrag zur landwirtschaftlichen KV

5 Arbeitgeberbeitrag zur landwirtschaftlichen KV

6 Pauschalbeitrag für geringfügig Beschäftigte

9 Firmenzahler bei freiwilliger Krankenversicherung

Beitrag zur Arbeitslosenversicherung

0 kein Beitrag

1 voller Beitrag

2 halber Beitrag

Beitrag zur Rentenversicherung

0 kein Beitrag

1 voller Beitrag

3 halber Beitrag

5 Pauschalbetrag für geringfügig Beschäftigte

Beitrag zur Pflegeversicherung

0 kein Beitrag

1 voller Beitrag

2 halber Beitrag

Besteht Versicherungspflicht in der sozialen Pflegeversicherung, dann ist diese durch "1" oder "2" für freiwillig Krankenversicherte im Beitragsgruppenschlüssel zu kennzeichnen. Das gilt unabhängig davon, ob für die Krankenversicherung der Schlüssel "0" oder "9" verwendet wird.

Schlüsselzahl-Kennziffern für Stellung im Beruf und Ausbildung

Ausgeübte Tätigkeit

Es ist die Schlüsselzahl der aktuell ausgeübten Tätigkeit gemäß der „Klassifikation der Berufe 2010" (KldB 2010) anzugeben.

Höchster allgemeinbildender Schulabschluss

1 ohne Schulabschluss

2 Haupt-/Volksschulabschluss

3 Mittlere Reife oder gleichwertiger Abschluss

4 Abitur/ Fachabitur

9 Abschluss unbekannt

Höchster beruflicher Ausbildungsabschluss

1 ohne beruflichen Ausbildungsabschluss

2 Abschluss einer anerkannten Berufsausbildung

3 Meister-/Techniker- oder gleichwertiger Fachschulabschluss

4 Bachelor

5 Diplom/ Magister/ Master/ Staatsexamen

6 Promotion

9 Abschluss unbekannt

Arbeitnehmerüberlassung

1 nein

2 ja

Vertragsform

1 unbefristeter Arbeitsvertrag, Vollzeit

2 unbefristeter Arbeitsvertrag, Teilzeit

3 befristeter Arbeitsvertrag, Vollzeit

4 befristeter Arbeitsvertrag, Teilzeit

Musterkalendarium

	Jan	Feb	Mrz	Apr	Mai	Juni	Juli	Aug	Sep	Okt	Nov	Dez
Montag									1			1
Dienstag				1			1		2			2
Mittwoch	1			2			2		3	1		3
Donnerstag	2			3	1		3		4	2		4
Freitag	3			4	2		4	1	5	3		5
Samstag	4	1	1	5	3		5	2	6	4	1	6
Sonntag	5	2	2	6	4	1	6	3	7	5	2	7
Montag	6	3	3	7	5	2	7	4	8	6	3	8
Dienstag	7	4	4	8	6	3	8	5	9	7	4	9
Mittwoch	8	5	5	9	7	4	9	6	10	8	5	10
Donnerstag	9	6	6	10	8	5	10	7	11	9	6	11
Freitag	10	7	7	11	9	6	11	8	12	10	7	12
Samstag	11	8	8	12	10	7	12	9	13	11	8	13
Sonntag	12	9	9	13	11	8	13	10	14	12	9	14
Montag	13	10	10	14	12	9	14	11	15	13	10	15
Dienstag	14	11	11	15	13	10	15	12	16	14	11	16
Mittwoch	15	12	12	16	14	11	16	13	17	15	12	17
Donnerstag	16	13	13	17	15	12	17	14	18	16	13	18
Freitag	17	14	14	18	16	13	18	15	19	17	14	19
Samstag	18	15	15	19	17	14	19	16	20	18	15	20
Sonntag	19	16	16	20	18	15	20	17	21	19	16	21
Montag	20	17	17	21	19	16	21	18	22	20	17	22
Dienstag	21	18	18	22	20	17	22	19	23	21	18	23
Mittwoch	22	19	19	23	21	18	23	20	24	22	19	24
Donnerstag	23	20	20	24	22	19	24	21	25	23	20	25
Freitag	24	21	21	25	23	20	25	22	26	24	21	26
Samstag	25	22	22	26	24	21	26	23	27	25	22	27
Sonntag	26	23	23	27	25	22	27	24	28	26	23	28
Montag	27	24	24	28	26	23	28	25	29	27	24	29
Dienstag	28	25	25	29	27	24	29	26	30	28	25	30
Mittwoch	29	26	26	30	28	25	30	27		29	26	31
Donnerstag	30	27	27		29	26	31	28		30	27	
Freitag	31	28	28		30	27		29		31	28	
Samstag			29		31	28		30			29	
Sonntag			30			29		31			30	
Montag			31			30						

Sonn- und Feiertag sind grau hinterlegt.

Ausdruck der elektronischen Lohnsteuerbescheinigung für 2023

Nachstehende Daten wurden maschinell an die Finanzverwaltung übertragen.

Korrektur/Stornierung

Datum:

Identifikationsnummer:

Personalnummer:

Geburtsdatum:

Transferticket:

Dem Lohnsteuerabzug wurden im letzten Lohnzahlungszeitraum zugrunde gelegt:

Steuerklasse/Faktor

Zahl der Kinderfreibeträge

Steuerfreier Jahresbetrag

Jahreshinzurechnungsbetrag

Kirchensteuermerkmale

Anschrift und Steuernummer des Arbeitgebers:

		vom - bis	
1.	Bescheinigungszeitraum		
2.	Zeiträume ohne Anspruch auf Arbeitslohn	Anzahl „U"	
	Großbuchstaben (S, M, F, FR)		
		EUR	Ct
3.	Bruttoarbeitslohn einschl. Sachbezüge ohne 9. und 10.		
4.	Einbehaltene Lohnsteuer von 3.		
5.	Einbehaltener Solidaritätszuschlag von 3.		
6.	Einbehaltene Kirchensteuer des Arbeitnehmers von 3.		
7.	Einbehaltene Kirchensteuer des Ehegatten/Lebenspartners von 3. (nur bei Konfessionsverschiedenheit)		
8.	In 3. enthaltene Versorgungsbezüge		
9.	Ermäßigt besteuerte Versorgungsbezüge für mehrere Kalenderjahre		
10.	Ermäßigt besteuerter Arbeitslohn für mehrere Kalenderjahre (ohne 9.) und ermäßigt besteuerte Entschädigungen		
11.	Einbehaltene Lohnsteuer von 9. und 10.		
12.	Einbehaltener Solidaritätszuschlag von 9. und 10.		
13.	Einbehaltene Kirchensteuer des Arbeitnehmers von 9. und 10.		
14.	Einbehaltene Kirchensteuer des Ehegatten/Lebenspartners von 9. und 10. (nur bei Konfessionsverschiedenheit)		
15.	(Saison-)Kurzarbeitergeld, Zuschuss zum Mutterschaftsgeld, Verdienstausfallentschädigung (Infektionsschutzgesetz), Aufstockungsbetrag und Altersteilzeitzuschlag		
16. Steuerfreier Arbeitslohn nach	a) Doppelbesteuerungsabkommen (DBA)		
	b) Auslandstätigkeitserlass		
17.	Steuerfreie Arbeitgeberleistungen, die auf die Entfernungspauschale anzurechnen sind		
18.	Pauschal mit 15 % besteuerte Arbeitgeberleistungen für Fahrten zwischen Wohnung und erster Tätigkeitsstätte		
19.	Steuerpflichtige Entschädigungen und Arbeitslohn für mehrere Kalenderjahre, die nicht ermäßigt besteuert wurden - in 3. enthalten		
20.	Steuerfreie Verpflegungszuschüsse bei Auswärtstätigkeit		
21.	Steuerfreie Arbeitgeberleistungen bei doppelter Haushaltsführung		
22. Arbeitgeberanteil/ -zuschuss	a) zur gesetzlichen Rentenversicherung		
	b) an berufsständische Versorgungseinrichtungen		
23. Arbeitnehmeranteil	a) zur gesetzlichen Rentenversicherung		
	b) an berufsständische Versorgungseinrichtungen		
24. Steuerfreie Arbeitgeberzuschüsse	a) zur gesetzlichen Krankenversicherung		
	b) zur privaten Krankenversicherung		
	c) zur gesetzlichen Pflegeversicherung		
25.	Arbeitnehmerbeiträge zur gesetzlichen Krankenversicherung		
26.	Arbeitnehmerbeiträge zur sozialen Pflegeversicherung		
27.	Arbeitnehmerbeiträge zur Arbeitslosenversicherung		
28.	Beiträge zur privaten Kranken- und Pflege-Pflichtversicherung oder Mindestvorsorgepauschale		
29.	Bemessungsgrundlage für den Versorgungsfreibetrag zu 8.		
30.	Maßgebendes Kalenderjahr des Versorgungsbeginns zu 8. und/oder 9.		
31.	Zu 8. bei unterjähriger Zahlung: Erster und letzter Monat, für den Versorgungsbezüge gezahlt wurden		
32.	Sterbegeld; Kapitalauszahlungen/Abfindungen und Nachzahlungen von Versorgungsbezügen - in 3. und 8. enthalten		
33.	Ausgezahltes Kindergeld	—	
34.	Freibetrag DBA Türkei		
Finanzamt, an das die Lohnsteuer abgeführt wurde (Name und vierstellige Nr.)			

256

3.22

Eintragungen in Zeile 2 der Lohnsteuerbescheinigung

In der Zeile 2 der Lohnsteuerbescheinigung sind die Angaben zu den Großbuchstaben F, S, M, U und FR einzutragen.

Eintragung des Großbuchstabens F

Der Großbuchstabe „F" ist einzutragen, wenn der Arbeitgeber dem Arbeitnehmer eine steuerfreie Sammelbeförderung zwischen Wohnung und erster Tätigkeitsstätte oder eine Sammelbeförderung zu einem vom Arbeitgeber bestimmten Sammelpunkt oder weiträumigen Tätigkeitsgebiet kostenlos oder verbilligt zur Verfügung stellt und der Arbeitnehmer diese Sammelbeförderung in Anspruch nimmt.

Eintragung des Großbuchstabens S

Ist bei der Besteuerung eines sonstigen Bezugs der Arbeitslohn aus einem früheren Arbeitsverhältnis nicht in die Ermittlung des voraussichtlichen Jahresarbeitslohns einbezogen worden, so ist dies in der Lohnsteuerbescheinigung durch die Eintragung des Großbuchstabens „S" zu vermerken. Der Großbuchstabe „S" ist nur im Rahmen des ersten Arbeitsverhältnisses (Steuerklassen I bis V) zu bescheinigen.

Eintragung des Großbuchstabens M

Der Großbuchstabe „M" ist einzutragen, wenn dem Arbeitnehmer während einer beruflichen Auswärtstätigkeit oder im Rahmen einer beruflichen doppelten Haushaltsführung vom Arbeitgeber oder auf dessen Veranlassung von einem Dritten eine gemäß § 8 Abs. 2 Satz 8 EStG mit dem amtlichen Sachbezugswert zu bewertende Mahlzeit zur Verfügung gestellt wird. Es besteht eine Bescheinigungspflicht.

Eintragung der Anzahl der im Lohnkonto vermerkten Großbuchstaben U

Einzutragen ist die Anzahl der im Lohnkonto vermerkten Großbuchstaben „U". Eine Eintragung erfolgt, wenn bei einem bestehenden Arbeitsverhältnis für mindestens fünf aufeinanderfolgende Arbeitstagen kein Anspruch auf Arbeitslohn besteht.

Eintragung der Großbuchstaben FR

Die Großbuchstaben „FR" und das jeweilige Bundesland sind einzutragen, wenn der Arbeitnehmer gemäß § 39 Abs. 4 Nr. 5 EStG französischer Grenzgänger ist. Grenzgänger sind Arbeitnehmer, die Wohnsitz und Arbeitsort in zwei unterschiedlichen Staaten haben und arbeitstäglich pendeln. Bei Grenzgängern aus Frankreich ist eine weitere Voraussetzung, dass diese innerhalb einer Grenzzone von 30 Kilometern wohnen und arbeiten.

- Bundesland Baden-Württemberg: FR1
- Bundesland Rheinland-Pfalz: FR2
- Bundesland Saarland: FR3

2023

Zeile		
1	Fallart	Steuernummer	Unter-fallart
2	**11**		**62**

30 Eingangsstempel oder -datum

Lohnsteuer-Anmeldung 2023

Anmeldungszeitraum

bei **monatlicher** Abgabe bitte ankreuzen

bei **vierteljährlicher** Abgabe bitte ankreuzen

23 01	Jan.	**23 07**	Juli		**23 41**	I. Kalender-vierteljahr
23 02	Feb.	**23 08**	Aug.		**23 42**	II. Kalender-vierteljahr
23 03	März	**23 09**	Sept.		**23 43**	III. Kalender-vierteljahr
23 04	April	**23 10**	Okt.		**23 44**	IV. Kalender-vierteljahr
23 05	Mai	**23 11**	Nov.		bei **jährlicher** Abgabe bitte ankreuzen
23 06	Juni	**23 12**	Dez.		**23 19**	Kalender-jahr

Finanzamt

Arbeitgeber - Anschrift der Betriebsstätte - Telefonnummer - E-Mail

Berichtigte Anmeldung (falls ja, bitte eine „1" eintragen)........	**10**	
Zahl der Arbeitnehmer (einschl. Aushilfs- und Teilzeitkräfte)...............	**86**	
zu Zeile 22: Zahl der Arbeitnehmer mit BAV-Förderbetrag..................	**90**	

Zeile			EUR	Ct
18	Summe der einzubehaltenden Lohnsteuer [1] [2]	**42**		
19	Summe der pauschalen Lohnsteuer - ohne § 37b EStG - [1]	**41**		
20	Summe der pauschalen Lohnsteuer nach § 37b EStG [1]	**44**		
21	abzüglich Kürzungsbetrag für Besatzungsmitglieder von Handelsschiffen	**33**		
22	abzüglich Förderbetrag zur betrieblichen Altersversorgung nach § 100 EStG (BAV-Förderbetrag) [1]	**45**		
23	Verbleiben [1]	**48**		
24	Solidaritätszuschlag [1] [2]	**49**		
25	pauschale Kirchensteuer im vereinfachten Verfahren	**47**		
26	Evangelische Kirchensteuer - ev [1] [2]	**61**		
27	Römisch-Katholische Kirchensteuer - rk [1] [2]	**62**		
28				
29				
30				
31				
32				
33	**Gesamtbetrag** [1] 1) Negativen Beträgen ist ein **Minuszeichen** voranzustellen 2) Nach Abzug der im Lohnsteuer-Jahresausgleich erstatteten Beträge	**83**		

34 Ein Erstattungsbetrag wird auf das dem Finanzamt benannte Konto überwiesen, soweit der Betrag nicht mit Steuerschulden verrechnet wird.

35 **Verrechnung des Erstattungsbetrags erwünscht / Erstattungsbetrag ist abgetreten** (falls ja, bitte eine „1" eintragen)............. **29**
Geben Sie bitte die Verrechnungswünsche auf einem besonderen Blatt oder auf dem beim Finanzamt erhältlichen Vordruck „Verrechnungsantrag" an.

36 Das **SEPA-Lastschriftmandat** wird ausnahmsweise (z. B. wegen Verrechnungswünschen) **26**
für diesen Anmeldungszeitraum **widerrufen** (falls ja, bitte eine „1" eintragen) ....
Ein ggf. verbleibender Restbetrag ist gesondert zu entrichten.

37 Über die Angaben in der Steueranmeldung hinaus sind weitere oder abweichende Angaben oder Sachverhalte zu berücksichtigen **23**
(falls ja, bitte eine „1" eintragen) ....
Diese ergeben sich aus der beigefügten Anlage, welche mit der Überschrift „Ergänzende Angaben zur Steueranmeldung" gekennzeichnet ist.

Datenschutzhinweis:
Die mit der Steueranmeldung angeforderten Daten werden auf Grund der §§ 149, 150 der Abgabenordnung und des § 41a des Einkommensteuergesetzes erhoben. Die Angabe der Telefonnummer und der E-Mail-Adresse ist freiwillig.
Informationen über die Verarbeitung personenbezogener Daten in der Steuerverwaltung und über Ihre Rechte nach der Datenschutz-Grundverordnung sowie über Ihre Ansprechpartner in Datenschutzfragen entnehmen Sie bitte dem allgemeinen Informationsschreiben der Finanzverwaltung. Dieses Informationsschreiben finden Sie unter www.finanzamt.de (unter der Rubrik „Datenschutz") oder erhalten Sie bei Ihrem Finanzamt.

38 Datum, Unterschrift

Beitragsnachweis

Arbeitgeber	Arbeitgebernummer
	bitte auch auf Scheck bzw. Überweisungsträger angeben

Beitragskonto-Nr. des Arbeitgebers oder Betriebsnummer

	Tag	Monat	Jahr
Zeitraum von			
	Tag	Monat	Jahr
bis			

Zutreffendes bitte ankreuzen

Rechtskreis ☐ Ost ☐ West

☐ Dauer-Beitragsnachweis

Beitragsnachweis

Beiträge zur		Beitrags-gruppe	Gesamtbeitrag Euro, Cent
Krankenversicherung • allgemeiner Beitrag		1000	
Krankenversicherung • ermäßigter Beitrag		3000	
Rentenversicherung • voller Beitrag		0100	
Rentenversicherung • halber Beitrag	Arbeitger-anteil	0300	
Arbeitsförderung • voller Beitrag		0010	
Arbeitsförderung • halber Beitrag	Arbeitger-anteil	0020	
sozialen Pflegeversicherung		0001	
Kankenversicherung für freiwillig Krankenversicherte	NKV		
Pflegeversicherung für freiwillig Krankenversicherte	P10		
Kassenindividueller Zusatzbeitrag für Pflichtversicherte	Z02		
Kassenindividueller Zusatzbeitrag für freiwillig Versicherte	Z03		
Insolvenzgeld-Umlage	005	0050	
Umlage nach dem Arbg.-Aufendungsgesetz — für Krankheitsaufwendungen	UE1	U1	
Umlage nach dem Arbg.-Aufendungsgesetz — für Mutterschaftsaufwendungen	UM2	U2	

Gesamtsumme

abzüglich Erstattung nach dem Arbg. Aufwendungsgesetz bei Krankheit/Mutterschaft	./.
zu zahlender Betrag/Guthaben	

Es wird bestätigt, dass die Angaben mit denen der Lohn- und Gehaltsunterlagen übereinstimmen und in diesen sämtliche Entgelte enthalten sind.

_____

Datum, Unterschrift

Anhang

Beitragsnachweis für geringfügig Beschäftigte

Arbeitgeber	Betriebsnummer des Arbeitgebers	Steuernummer des Arbeitgebers*)

Deutsche Rentenversicherung
Knappschaft-Bahn-See
Minijob-Zentrale
45115 Essen

Zeitraum:
von

	Tag	Monat	Jahr

bis

	Tag	Monat	Jahr

Rechtskreis**)   Ost ☐   West ☐

Dauer-Beitragsnachweis ☐

bisheriger Dauer-Beitragsnachweis
gilt erneut ab nächsten Monat**) ☐

Korrektur-Beitragsnachweis
für abgelaufene Kalenderjahre**) ☐

Beitragsnachweis für geringfügig Beschäftigte (einschließlich einheitlicher Pauschalsteuer)	Beitrags-gruppe	Euro	Cent
Beiträge zur Krankenversicherung für geringfügig Beschäftigte	6000		
Beiträge zur Rentenversicherung - voller Beitrag bei Verzicht auf die Rentenversicherungsfreiheit -	0100		
Beiträge zur Rentenversicherung für geringfügig Beschäftigte	0500		
Umlage nach dem Gesetz über den Ausgleich von Arbeitgeberaufwendungen (AAG) für Krankheitsaufwendungen	U1		
Umlage nach dem Gesetz über den Ausgleich von Arbeitgeberaufwendungen (AAG) für Mutterschaftsaufwendungen	U2		
Umlage Insolvenzgeldaufwendungen	0050		
einheitliche Pauschalsteuer	St		
Gesamtsumme			

| Es wird bestätigt, dass die Angaben mit denen der Lohn- und Gehaltsunterlagen übereinstimmen und in diesen sämtliche Entgelte enthalten sind. | abzüglich Erstattung gemäß § 1 AAG | | |
| | zu zahlender Betrag/Guthaben | | |

Datum, Unterschrift

*) Die Steuernummer ist nur anzugeben, sofern die einheitliche Pauschalsteuer an die Minijob-Zentrale abgeführt wird.

**) Zutreffendes ankreuzen

260

SV-Meldung

Allgemein
🔒 Grund* Stornierung Vorgangs ID

☐

Firma
Betriebsnummer* Rechtskreis (Betriebsstätte)*

Name 1* Name 2 Name 3

Straße/Hausnummer Anschriftenzusatz

Land PLZ* Ort*

Einzugstelle/Krankenkasse
Betriebsnummer*

Beschäftigte(r)
Versicherungsnummer Personalnummer Aktuelle Staatsangehörigkeit*

Name* Vorsatz Zusatz Titel

Vorname* Namensänderung

Straße Hausnummer Anschriftenzusatz

Land Postleitzahl* Ort*

SV-Daten
Personengruppe* Statuskennzeichen Saisonarbeitnehmer Midijob (bis 30.06.2019 Gleitzone)*

Meldedaten
Zeitraum
Beginn* Ende*

tt.mm.jjjj tt.mm.jjjj

Beitragsgruppen
KV* RV* AV* PV*

Angaben zur Tätigkeit
Tätigkeitsschlüssel Schulabschluss Berufsausbildung AÜG Vertragsform

Währung* Beitragspflichtiges Bruttoarbeitsentgelt (Ohne Nachkommastellen)

Entgelt (ohne Nachkommastellen), das ohne die Anwendung des § 163 Abs. 10 SGB VI i.V.m. § 20 Abs.2 SGB IV (Midijobs) in der Rentenversicherung beitragspflichtig wäre (tatsächliches Entgelt)
Entgelt Rentenberechnung

Geburtsangaben (Wenn keine Versicherungsnummer angegeben werden kann)
Geburtsname* Geburtsnamensvorsatz Geburtsnamenszusatz

Geburtsdatum* Geburtsort* Geschlecht*

tt.mm.jjjj

Regelaltersrententabelle (Altersrente ohne Abzüge)

Anhebung der Regelaltersgrenze auf 67

Geburtsjahr des Versicherten	Anhebung um ... Monate	Anhebung auf das Alter ... Jahr	Monat
1947	1	65	1
1948	2	65	2
1949	3	65	3
1950	4	65	4
1951	5	65	5
1952	6	65	6
1953	7	65	7
1954	8	65	8
1955	9	65	9
1956	10	65	10
1957	11	65	11
1958	12	66	0
1959	14	66	2
1960	16	66	4
1961	18	66	6
1962	20	66	8
1963	22	66	10
ab 1964	24	67	0

Altersrente ohne Abzüge ab 63 (Voraussetzung 45 Jahre in RV eingezahlt)

Geburtsjahr des Versicherten	Anhebung um ... Monate	Anhebung auf das Alter ... Jahr	Monat
1953	2	63	2
1954	4	63	4
1955	6	63	6
1956	8	63	8
1957	10	63	10
1958	12	64	0
1959	14	64	2
1960	16	64	4
1961	18	64	6
1962	20	64	8
1963	22	64	10
ab 1964	24	65	0

Versorgungsfreibetrag (§ 19 Abs. 2 EStG)

Jahr des Renten-beginns	Versorgungsfreibetrag		jährlicher Zuschlag
	Grundfreibetrag		
	Bemessungsgrundlage in %	jährlicher Höchstbetrag	
2005	40,0	3.000,00 €	900,00 €
2006	38,4	2.880,00 €	864,00 €
2007	36,8	2.760,00 €	828,00 €
2008	35,2	2.640,00 €	792,00 €
2009	33,6	2.520,00 €	756,00 €
2010	32,0	2.400,00 €	720,00 €
2011	30,4	2.280,00 €	684,00 €
2012	28,8	2.160,00 €	648,00 €
2013	27,2	2.040,00 €	612,00 €
2014	25,6	1.920,00 €	576,00 €
2015	24,0	1.800,00 €	540,00 €
2016	22,4	1.680,00 €	504,00 €
2017	20,8	1.560,00 €	468,00 €
2018	19,2	1.440,00 €	432,00 €
2019	17,6	1.320,00 €	396,00 €
2020	16,0	1.200,00 €	360,00 €
2021	15,2	1.140,00 €	342,00 €
2022	14,4	1.080,00 €	324,00 €
2023	13,6	1.020,00 €	306,00 €
2024	12,8	960,00 €	288,00 €
2025	12,0	900,00 €	270,00 €
2026	11,2	840,00 €	252,00 €
2027	10,4	780,00 €	234,00 €
2028	9,6	720,00 €	216,00 €
2029	8,8	660,00 €	198,00 €
2030	8,0	600,00 €	180,00 €
2031	7,2	540,00 €	162,00 €
2032	6,4	480,00 €	144,00 €
2033	5,6	420,00 €	126,00 €
2034	4,8	360,00 €	108,00 €
2035	4,0	300,00 €	90,00 €
2036	3,2	240,00 €	72,00 €
2037	2,4	180,00 €	54,00 €
2038	1,6	120,00 €	36,00 €
2039	0,8	60,00 €	18,00 €
2040	0,0	0,00 €	0,00 €

Bis zum Jahr 2020 erfolgte eine jährliche Minderung um 1,6 %, danach beträgt die jährliche Minderung 0,8 %.

Altersentlastungsbeträge und deren Höchstbeträge

auf die Vollendung des 64. Lebensjahres folgendes Kalenderjahr	Altersentlastungs- betrag gemäß § 24a EStG in %	jährlicher Höchstbetrag	monatlicher Höchstbetrag
2005	40,0	1.900,00 €	159,00 €
2006	38,4	1.824,00 €	152,00 €
2007	36,8	1.748,00 €	145,67 €
2008	35,2	1.672,00 €	139,33 €
2009	33,6	1.596,00 €	133,00 €
2010	32,0	1.520,00 €	126,67 €
2011	30,4	1.444,00 €	120,33 €
2012	28,8	1.368,00 €	114,00 €
2013	27,2	1.292,00 €	107,67 €
2014	25,6	1.216,00 €	101,33 €
2015	24,0	1.140,00 €	95,00 €
2016	22,4	1.064,00 €	88,67 €
2017	20,8	988,00 €	82,33 €
2018	19,2	912,00 €	76,00 €
2019	17,6	836,00 €	69,67 €
2020	16,0	760,00 €	63,33 €
2021	15,2	722,00 €	60,17 €
2022	14,4	684,00 €	57,00 €
2023	13,6	646,00 €	53,83 €
2024	12,8	608,00 €	50,67 €
2025	12,0	570,00 €	47,50 €
2026	11,2	532,00 €	44,33 €
2027	10,4	494,00 €	41,17 €
2028	9,6	456,00 €	38,00 €
2029	8,8	418,00 €	34,83 €
2030	8,0	380,00 €	31,67 €
2031	7,2	342,00 €	28,50 €
2032	6,4	304,00 €	25,33 €
2033	5,6	266,00 €	22,17 €
2034	4,8	228,00 €	19,00 €
2035	4,0	190,00 €	15,83 €
2036	3,2	152,00 €	12,67 €
2037	2,4	114,00 €	9,50 €
2038	1,6	76,00 €	6,33 €
2039	0,8	38,00 €	3,17 €
2040	0,0	0,00 €	0,00 €

Auszug aus der Pfändungstabelle (01.07.2021 bis 30.06.2023)

monatliches Nettoeinkommen in €	pfändbarer Betrag in € nach Anzahl der unterhaltspflichtigen Personen					
bis	0	1	2	3	4	5
1259,99	0,00	0,00	0,00	0,00	0,00	0,00
1269,99	5,15	0,00	0,00	0,00	0,00	0,00
1279,99	12,15	0,00	0,00	0,00	0,00	0,00
1289,99	19,15	0,00	0,00	0,00	0,00	0,00
1299,99	26,15	0,00	0,00	0,00	0,00	0,00
1739,99	334,15	2,96	0,00	0,00	0,00	0,00
1749,99	341,15	7,96	0,00	0,00	0,00	0,00
1759,99	348,15	12,96	0,00	0,00	0,00	0,00
1769,99	355,15	17,96	0,00	0,00	0,00	0,00
1779,99	362,15	22,96	0,00	0,00	0,00	0,00
1999,99	516,15	132,96	1,31	0,00	0,00	0,00
2009,99	523,15	137,96	5,31	0,00	0,00	0,00
2019,99	530,15	142,96	9,31	0,00	0,00	0,00
2029,99	537,15	147,96	13,31	0,00	0,00	0,00
2039,99	544,15	152,96	17,31	0,00	0,00	0,00
2259,99	698,15	262,96	105,31	0,19	0,00	0,00
2269,99	705,15	267,96	109,31	3,19	0,00	0,00
2279,99	712,15	272,96	113,31	6,19	0,00	0,00
2289,99	719,15	277,96	117,31	9,19	0,00	0,00
2299,99	726,15	282,96	121,31	12,19	0,00	0,00
2529,99	887,15	397,96	213,31	81,19	1,59	0,00
2539,99	894,15	402,96	217,31	84,19	3,59	0,00
2549,99	901,15	407,96	221,31	87,19	5,59	0,00
2559,99	908,15	412,96	225,31	90,19	7,59	0,00
2569,99	915,15	417,96	229,31	93,19	9,59	0,00
2789,99	1069,15	527,96	317,31	159,19	53,59	0,53
2799,99	1076,15	532,96	321,31	162,19	55,59	1,53
2809,99	1083,15	537,96	325,31	165,19	57,59	2,53
2819,99	1090,15	542,96	329,31	168,19	59,59	3,53
2829,99	1097,15	547,96	333,31	171,19	61,59	4,53
3829,99	1797,15	1047,96	733,31	471,19	261,59	104,53
3839,99	1804,15	1052,96	737,31	474,19	263,59	105,53
3840,08	1811,15	1057,96	741,31	477,19	265,59	106,53

Der Mehrbetrag über 3.840,08 € ist voll pfändbar.

Übersicht zur steuer- und sozialversicherungsrechtlichen Behandlung von Beiträgen zur betrieblichen Altersvorsorge

Vorsorgeform	lohnsteuerrechtliche Behandlung der Beiträge	sozialversicherungsrechtliche Behandlung der Beiträge	
		Art der Beitragsfinanzierung	

Pensionszusage / Direktzusage	vollständig **steuerfrei**	zusätzlich durch AG	vollständig **beitragsfrei**
		durch Entgeltumwandlung	**beitragsfrei bis zu 4 %** der BBG der RV (West)

Unterstüt-zungskasse	vollständig **steuerfrei**	zusätzlich durch AG	vollständig **beitragsfrei**
		durch Entgeltumwandlung	**beitragsfrei bis zu 4 %** der BBG der RV (West)

Pensionsfond	**steuerfrei bis zu 8 %** der BBG der RV (West)	zusätzlich durch AG	**beitragsfrei bis zu 4 %** der BBG der RV (West)
	ab 01.01.2005: Freibetrag gilt bei AG-Wechsel pro AG im ersten Arbeitsverhältnis	durch Entgeltumwandlung	**beitragsfrei bis zu 4 %** der BBG der RV (West)
	darüber hinaus: **individuell** zu versteuern		**beitragspflichtig**

Pensionskasse (kapitalgedeckt) erstes Dienstverhältnis pro Kalenderjahr	Altverträge bis 31.12.2004		
	steuerfrei bis zu 8 % der BBG der RV (West)	zusätzlich durch AG	**beitragsfrei bis zu 4 %** der BBG der RV (West)
		durch Gehaltsumwandlung	**beitragsfrei bis zu 4 %** der BBG der RV (West)
	bis **1.752,00 € / 2.148,00 € (Gruppen) mit 20 % pauschalierbar (auf steuerfreien Betrag anzurechnen)**	zusätzlich durch AG	**beitragsfrei,** soweit pauschal versteuert
		durch Gehaltsumwandlung	nur aus Einmalentgelt **beitragsfrei,** soweit pauschal versteuert
	darüber hinaus: **individuell** zu versteuern		**beitragspflichtig**
	Behandlung ab 01.01.2005 (auch Altverträge, da Verzicht auf Steuerfreiheit nicht möglich)		
	steuerfrei bis zu 8 % der BBG der RV (West)	zusätzlich durch AG	**beitragsfrei bis zu 4 %** der BBG der RV (West)
	Freibetrag gilt bei AG-Wechsel pro AG im ersten Dienstverhältnis	durch Gehaltsumwandlung	**beitragsfrei bis zu 4 %** der BBG der RV (West)
	darüber hinaus: **individuell** zu versteuern		**beitragspflichtig**

Vorsorgeform	**lohnsteuerrechtliche** Behandlung der Beiträge	**sozialversicherungsrechtliche** Behandlung der Beiträge	
		Art der Beitragsfinanzierung	

Direktversiche-rung je erstes Arbeits-verhältnis pro Kalenderjahr	**Altverträge bis 31.12.2004** und Verzicht auf Steuerfreiheit ab 01.01.2005 – vorzulegen bis 30.06.2005		
	bis **1.752,00 € / 2.148,00 € (Gruppen) mit 20 % pauschalier-bar (auf steuerfreien Betrag anzurechnen)**	zusätzlich durch AG	**beitragsfrei,** soweit pauschal versteuert
		durch Entgeltumwandlung	nur aus Einmalentgelt **beitrags-frei,** soweit pauschal versteuert
	darüber hinaus: **individuell** zu versteu-ern		**beitragspflichtig**
	Neuverträge ab 01.01.2005 bzw. entsprechende Altverträge ab 01.01.2005 ohne Ver-zichtserklärung des AN		
	steuerfrei bis zu 8 % der BBG der RV (West)	zusätzlich durch AG	**beitragsfrei bis zu 4 %** der BBG der RV (West)
	Freibetrag gilt bei AG-Wechsel pro AG im ersten Dienstverhältnis	durch Entgeltumwandlung	**beitragsfrei bis zu 4 %** der BBG der RV (West)
	darüber hinaus: **individuell** zu versteu-ern		**beitragspflichtig**

Tarifpartner-modell, Sozial-partnermodell ab 01.01.2018	**steuerfrei bis zu 8 %** der BBG der RV (West)	durch Entgeltumwandlung	**beitragsfrei bis zu 4 %** der BBG der RV (West)
	darüber hinaus: **individuell** zu versteu-ern		**beitragspflichtig**

Glossar

Abzugsbeträge
Als gesetzliche Abzugsbeträge werden die Steuern und Abgaben bezeichnet, die der Arbeitgeber im Rahmen der Lohn- und Gehaltsabrechnung vom Gesamt-Brutto eines Arbeitnehmers abzieht und an das Finanzamt bzw. die Krankenkasse abführt. Dazu gehören die Lohnsteuer, die Kirchensteuer und der Solidaritätszuschlag sowie die Beiträge zur gesetzlichen Sozialversicherung.

Arbeitgeber
Arbeitgeber ist, wer einen Arbeitnehmer in einem Arbeitsverhältnis beschäftigt und dabei Gläubiger von Arbeitsleistung und Schuldner von Arbeitsentgelt ist. Arbeitgeber können u. a. Unternehmen, Freiberufler, Gewerbetreibende, Kommunen, Länder und der Bund sowie Privathaushalte sein.

Arbeitnehmer
Arbeitnehmer ist, wer sich vertraglich gegenüber einem Anderen gegen Entgelt zur Leistung von Diensten verpflichtet hat und dabei in einer persönlichen Abhängigkeit zum Arbeitgeber steht, d.h. den Weisungen des Arbeitgebers unterliegt, fest in die Arbeitsorganisation eines Betriebes eingebunden ist und kein eigenes unternehmerisches Risiko trägt.

Arbeitsentgelt / Arbeitslohn
Arbeitsentgelt ist die Vergütung, die ein Arbeitnehmer im Rahmen eines Arbeitsverhältnisses vom Arbeitgeber für seine Arbeitsleistung erhält. Das steuer- und sozialversicherungspflichtige Gesamt-Brutto dient als Bemessungsgrundlage zur Berechnung der gesetzlichen Abzugsbeträge. Arbeitsentgelt kann in Form von Geldleistungen oder Sachbezügen als laufende oder einmalige Zahlung erbracht werden.

Arbeitslosenversicherung
Die Arbeitslosenversicherung ist ein Zweig der gesetzlichen Sozialversicherung. Sie sichert unter bestimmten Voraussetzungen das Risiko einer Arbeitslosigkeit ab. Träger ist die Bundesagentur für Arbeit.

Arbeitsverhältnis
Als Arbeitsverhältnis wird ein vertraglich geregeltes Beschäftigungsverhältnis zwischen einem Arbeitnehmer und einem Arbeitgeber bezeichnet.

Beitragsbemessungsgrenze
In den einzelnen Zweigen der Sozialversicherung sind jeweils nur Beiträge auf Arbeitsentgelt bis zu einer Höchstgrenze zu leisten. Entgelte, die über diese Beitragsbemessungsgrenze hinaus gehen, sind beitragsfrei in der Sozialversicherung.

Bemessungsgrundlage
Als Bemessungsgrundlage wird der Entgeltbetrag bezeichnet, der als Berechnungsbasis für eine Erhebung von Steuern oder Sozialversicherungsbeiträgen dient. Man spricht in diesem Zusammenhang auch vom Gesamt-Brutto.

Direktversicherung
Die Direktversicherung ist eine Form der betrieblichen Altersvorsorge, bei der Beiträge in eine Kapitallebensversicherung oder Rentenversicherung eingezahlt werden.

Einmalzahlung / sonstiger Bezug / Einmalentgelt
Einmalzahlungen (steuerrechtlich sonstige Bezüge genannt) sind Entgeltbestandteile, die nicht fortlaufend (z.B. monatlich) sondern nur einmalig gezahlt werden. Darunter fallen z.B. Weihnachtsgeld, Urlaubsgeld, Abfindungen usw.

ELStAM-Datei
In der ELStAM-Datei sind die persönlichen Daten und die Lohnsteuerabzugsmerkmale eines Arbeitnehmers eingetragen.

Entgeltfortzahlung
Arbeitgeber sind gesetzlich verpflichtet Arbeitsentgelt für bestimmte Ausfallzeiten zu zahlen, so als hätte der Arbeitnehmer in diesem Zeitraum gearbeitet. Dazu gehören gesetzliche Feiertage, krankheitsbedingte Arbeitsunfähigkeit, bezahlter Erholungsurlaub und Mutterschutzzeiten.

Freibetrag
Ein Freibetrag ist ein Betrag, der bei der Besteuerung immer steuerfrei bleibt, er mindert die Steuerbemessungsgrundlage. Bei Überschreitung des Freibetrags muss - im Gegensatz zur Freigrenze - nicht der gesamte Betrag versteuert werden, sondern nur der Betrag, der den Freibetrag übersteigt.

Freigrenze
Eine Freigrenze ist ein Betrag, bis zu welchem die Besteuerung steuerfrei bleibt. Bei Überschreitung der Freigrenze muss - im Gegensatz zum Freibetrag - der Gesamtbetrag versteuert werden.

Geringfügig entlohnte Beschäftigte
Beschäftigungsverhältnisse, die mit einem monatlichen Entgelt von höchstens 520,00 € vergütet werden, sind so genannte geringfügig entlohnte Beschäftigungsverhältnisse. Sie unterliegen in der Steuer und Sozialversicherung besonderen Ermäßigungen und Erhebungsverfahren.

Übergangsbereich
Als Übergangsbereich wird das monatliche Arbeitsentgelt zwischen 520,01 € und 2.000,00 € bezeichnet. Anhand einer besonderen Berechnungsformel werden für diese Entgelte die Arbeitnehmerbeiträge zur Sozialversicherung auf Basis einer verminderten Bemessungsgrundlage erhoben.

Kirchensteuer
Erhebungsberechtigte Religionsgemeinschaften sind in Deutschland berechtigt von ihren Mitgliedern Kirchensteuer zu erheben. Sie wird als Zuschlagsteuer beim Lohnsteuerabzugsverfahren vom Arbeitgeber einbehalten und an das Betriebsstättenfinanzamt abgeführt. Bemessungsgrundlage ist der Lohnsteuerbetrag.

Krankenversicherung
Die Krankenversicherung ist ein Zweig der gesetzlichen Sozialversicherung. Sie sichert die allgemeine ärztliche und zahnärztliche Versorgung der Mitglieder ab. Träger sind die Allgemeinen Ortskrankenkassen (AOK), Ersatzkassen (DAK, KKH, BEK), Innungskrankenkasse (IKK), Betriebskrankenkasse (BKK), Deutsche Rentenversicherung Knappschaft-Bahn-See, See-Krankenkasse, Landwirtschaftliche Krankenkasse und die Künstlersozialkasse.

Künstlersozialkasse

Die Künstlersozialkasse ist ein Geschäftsbereich der Unfallversicherung Bund und Bahn und ist verantwortlich für die Kontrolle der Einhaltung und Umsetzung der Künstlersozialversicherungsgesetze.

Künstlersozialversicherung

Die Künstlersozialversicherung ist Teil der gesetzlichen Sozialversicherung, speziell für Künstler und Publizisten.

Kurzfristig Beschäftigte

Kurzfristige Beschäftigungsverhältnisse sind im Sozialversicherungsrecht solche Arbeitsverhältnisse, die von vornherein auf drei Monate oder 70 Arbeitstage im Jahr begrenzt sind und nicht berufsmäßig ausgeübt werden. Das Steuerrecht definiert kurzfristige Beschäftigungen als Arbeitsverhältnisse, die nur gelegentlich und nicht mehr als 18 zusammenhängende Arbeitstage bestehen und deren Vergütung einen Stundenlohn von 19,00 € und 150,00 € pro Arbeitstag durchschnittlich nicht übersteigt.

Lohnsteuer

Die Lohnsteuer ist eine besondere Erhebungsform der Einkommensteuer auf das Arbeitsentgelt abhängig beschäftigter Arbeitnehmer. Bemessungsgrundlage ist der steuerpflichtige Bruttoarbeitslohn.

Lohnsteuerabzug

Im Lohnsteuerabzugsverfahren errechnet der Arbeitgeber für jeden seiner Arbeitnehmer auf Basis des steuerpflichtigen Bruttoarbeitslohns und der persönlichen Lohnsteuerabzugsmerkmale die Steuerabzugsbeträge, die vom Bruttoentgelt einbehalten und an das zuständige Betriebsstättenfinanzamt abgeführt werden.

Lohnsteuerklassen

Arbeitnehmer sind in Lohnsteuerklassen eingeteilt. Je nach Steuerklasse unterscheidet sich der Lohnsteuersatz und somit die monatliche Steuerbelastung durch den Lohnsteuerabzug. Durch die unterschiedlichen Steuerklassen werden z.B. Familien durch den Gesetzgeber steuerlich begünstigt.

Lohnsteuertabelle

Die Lohnsteuertabelle (Tages-, Monats- oder Jahreslohnsteuertabelle) dient dem Arbeitgeber zur korrekten Ermittlung der Steuerabzugsbeträge im Rahmen des Lohnsteuerabzugsverfahrens.

Meldungen

Für jeden Arbeitnehmer hat der Arbeitgeber bestimmte Sachverhalte (Bruttoentgelte, Beginn, Ende, Änderungen des Arbeitsverhältnisses usw.) der zuständigen Krankenkasse zu melden. Es sind insbesondere An- und Abmeldungen, Unterbrechungsmeldungen, Änderungsmeldungen und Jahresmeldungen zu erstatten.

Mindestlohn

Ab dem 01.10.2022 hat jeder Arbeitnehmer Anspruch auf einen Mindestlohn in Höhe von 12,00 € (Sonderregelungen siehe Kapitel 1.2 im Lehrbuch *Lohn für Einsteiger*). Eine Erhöhung kann alle zwei Jahre durch die Mindestlohnkommission erfolgen.

Nettolohn / Nettoverdienst

Das um die gesetzlichen Abzugsbeträge geminderte Gesamt-Brutto wird als Nettolohn bzw. Nettoverdienst bezeichnet. Vom Nettolohn können in der Gehaltsabrechnung weitere Beträge abgezogen oder hinzugerechnet werden, um den Auszahlungsbetrag zu erhalten.

Pauschale Lohnsteuer

Der Gesetzgeber ermöglicht für bestimmte Entgeltbestandteile eine pauschale Erhebung der Lohnsteuer. Die Steuerabzugsbeträge werden dann nicht anhand der individuellen Lohnsteuerabzugsmerkmale ermittelt, sondern mit einem pauschalen Steuersatz abgezogen. Mit festen Sätzen pauschal versteuerter Arbeitslohn ist in den meisten Fällen beitragsfrei in der Sozialversicherung.

Pflegeversicherung

Die Pflegeversicherung ist ein Zweig der gesetzlichen Sozialversicherung. Sie sichert die Versorgung der Mitglieder im Pflegefall ab. Träger sind die Pflegekassen der gesetzlichen Krankenkassen.

Progressionsvorbehalt

Bezüge, die dem Progressionsvorbehalt unterliegen sind zwar selbst steuerfrei, erhöhen aber die Steuer auf übrige steuerpflichtige Einkünfte.

Rentenversicherung

Die Rentenversicherung ist ein Zweig der gesetzlichen Sozialversicherung. Sie sichert das wirtschaftliche Risiko im Alter durch eine Altersrente und eine vollständige oder teilweise Erwerbsunfähigkeit durch eine Erwerbsminderungsrente ab. Träger sind die Landes- und Bundesversicherungsanstalten und die Knappschaft-Bahn-See.

Sachbezug

Als Sachbezüge werden geldwerte Vorteile bezeichnet, die einem Arbeitnehmer aus einem Arbeitsverhältnis zufließen. Darunter fallen z.B. die private Nutzung eines Firmenwagens, kostenlose Verpflegung oder eine kostenlose Unterkunft.

Solidaritätszuschlag

Der Solidaritätszuschlag wird als Zuschlagssteuer beim Lohnsteuerabzugsverfahren vom Arbeitgeber einbehalten und an das Betriebsstättenfinanzamt abgeführt. Bemessungsgrundlage ist der Lohnsteuerbetrag. Es gibt Freigrenzen bis zu denen kein Solidaritätszuschlag erhoben wird. Werden diese Freigrenzen überschritten setzt die Milderungszone ein. Innerhalb dieser Milderungszone erhöht sich der Prozentsatz zur Berechnung des Solidaritätszuschlages von 0 % auf 5,5 %. Ab den Jahreslohnsteuerbeträgen von 32.619,00 € (Lohnsteuerklassen I, II, IV, V, VI) und 65.238,00 € (Lohnsteuerklasse III) beträgt der Zuschlagssatz 5,5 %.

Sozialversicherung

Die gesetzliche Sozialversicherung besteht aus den fünf Zweigen Kranken-, Pflege-, Renten-, Arbeitslosen- und Unfallversicherung. Die Beiträge werden auf der Bemessungsgrundlage des Bruttoarbeitsentgeltes erhoben und von Arbeitnehmer und Arbeitgeber je zur Hälfte getragen. Ausnahme ist die gesetzliche Unfallversicherung, deren Beiträge zahlt der Arbeitgeber allein.

Steuerabzugsbeträge

Die Steuerabzugsbeträge setzen sich aus der abzuführenden Lohnsteuer, der Kirchensteuer und dem Solidaritätszuschlag zusammen.

Umlagen

Kleine und mittlere Betriebe sind zur Teilnahme an den Lohnfortzahlungsversicherungen verpflichtet. Gegen die Zahlung der Umlagen U1 und U2 erhalten kleine oder mittlere Betriebe von der Ausgleichskasse die Aufwendungen für Lohnfortzahlungen im Krankheitsfall und bei Mutterschutz teilweise oder vollständig erstattet. Eine weitere Umlage ist die Insolvenzgeldumlage (U3). Umlagepflichtig sind alle Arbeitgeber; ausgenommen von der U3 sind Privathaushalte, der Bund, Länder und Gemeinden sowie Körperschaften, Stiftungen und Anstalten des öffentlichen Rechts (über deren Vermögen ein Insolvenzverfahren nicht zulässig ist). Im Falle der Zahlungsunfähigkeit eines Arbeitgebers haben Arbeitnehmer Anspruch auf Ersatz des nicht gezahlten Arbeitslohns für die letzten 3 Monate vor Eröffnung des Insolvenzverfahrens von der Bundesagentur für Arbeit.

Abkürzungsverzeichnis

AAG	Aufwendungsausgleichgesetz
AEntG	Arbeitnehmer-Entsendegesetz
AGG	Allgemeines Gleichbehandlungsgesetz
AltEinkG	Alterseinkünftegesetz
AltTZG	Altersteilzeitgesetz
ArbnErfG	Arbeitnehmererfindungsgesetz
ArbZG	Arbeitszeitgesetz
ArbZAbsichG	Gesetz zur sozialrechtlichen Absicherung flexibler Arbeitszeitregelungen
AUV	Auslandsumzugsverordnung
AÜG	Arbeiterüberlassungsgesetz
AV	Arbeitslosenversicherung
BAföG	Bundesausbildungsförderungsgesetz
BAFzA	Bundesamt für Familie und zivilgesellschaftliche Aufgaben
bAV	betriebliche Altersvorsorge
BBG	Beitragsbemessungsgrenze
BBiG	Berufsbildungsgesetz
BEEG	Bundeselterngeld- und Elternzeitgesetz
BerzGG	Bundeserziehungsgesetz
BetrAVG	Gesetz zur Verbesserung der betrieblichen Altersvorsorge
BFH	Bundesfinanzhof
BFM	Bundesfinanzministerium
BGB	Bürgerliches Gesetzbuch
BKEG	Bürokratieentlassungsgesetz
BMG	Beitragsbemessungsgrundlage
BpO	Betriebsprüfungsordnung
BRKG	Bundesreisekostengesetz
BRSG	Betriebsrentenstärkungsgesetz
BUG	Bildungsurlaubsgesetz
BürgEntlG	Bürgerentlastungsgesetz
BurlG	Bundesurlaubsgesetz
BUKG	Bundesumzugskostengesetz
BVV	Beitragsverfahrensverordnung
BZSt	Bundeszentralamt für Steuern
DBA	Doppelbesteuerungsabkommen
DEÜV	Datenerfassungs- und Datenübermittlungsverordnung
DSRV	Datenstelle der Rentenversicherung
DTA EEL	Datenaustausch Entgeltersatzleistungen
DV	Direktversicherung
eAU	elektronische Arbeitsunfähigkeitsbescheinigung
EBV	Entgeltbescheinigungsverordnung
eGK	elektronische Gesundheitskarte
EntgFG	Entgeltfortzahlungsgesetz
ELStAM	elektronische Lohnsteuerabzugsmerkmale
EmoG	Elektromobilitätsgesetz
EStG	Einkommensteuergesetz
eTIN	elektronische Transfer Identifikations-Nummer
euBP	elektronisch unterstützte Betriebsprüfung
ev	evangelisch
EZulV	Erschwerniszulagenverordnung
FELEG	Gesetz zur Förderung der Einstellung der landwirtschaftlichen Erwerbstätigkeit
FPfZG	Familienpflegezeitgesetz
GKV	Gesetzliche Krankenversicherung

GoBD	Grundsätzen zur ordnungsgemäßen Führung und Aufbewahrung von Büchern, Aufzeichnungen und Unterlagen in elektronischer Form sowie zum Datenzugriff
GVWG	Gesundheitsversorgungsweiterentwicklungsgesetz
gwV	geldwerter Vorteil
HGB	Handelsgesetzbuch
IfSG	Infektionsschutzgesetz
JAEG	Jahresarbeitsentgeltgrenze
JAL	Jahresarbeitslohn
KiSt	Kirchensteuer
KldB	Klassifikation der Berufe
KSAStabG	Künstlersozialabgabestabilisierungsgesetz
KSchG	Kündigungsschutzgesetz
KSK	Künstlersozialkasse
KSVG	Künstlersozialversicherungsgesetz
KuG	Kurzarbeitergeld
KugverlV	Kurzarbeitergeldverlängerungsverordnung
KugZuV	Kurzarbeitergeldzugangsverordnung
KV	Krankenversicherung
LSt	Lohnsteuer
LStDV	Lohnsteuerdurchführungsverordnung
LStR	Lohnsteuerrichtlinie
LStÄR	Lohnsteueränderungsrichtlinie
MiLoG	Mindestlohngesetz
MuSchG	Mutterschutzgesetz
NachwG	Nachweisgesetz
PAP	Programmablaufplan
PflegeZG	Pflegezeitgesetz
PV	Pflegeversicherung
rk	römisch-katholisch
RV	Rentenversicherung
Saison-KuG	Saison-Kurzarbeitergeld
Schwarz-ArbG	Schwarzarbeitsbekämpfungsgesetz
SvEV	Sozialversicherungsentgeltverordnung
SGB	Sozialgesetzbuch
SolZ	Solidaritätszuschlag
SolzG	Solidaritätszuschlaggesetz
SvEV	Sozialversicherungsentgeltverordnung
TVG	Tarifvertragsgesetz
TzBfG	Teilzeit- und Befristungsgesetz
USG	Unterhaltssicherungsgesetz
USt	Umsatzsteuer
UVB	Unfallversicherung Bund und Bahn
VermBG	Vermögensbildungsgesetz
vwL	vermögenswirksame Leistungen
ZAG	Zahlungsdiensteaufsichtsgesetz
ZPO	Zivilprozessordnung

Internetseiten

www.arbeitsagentur.de

www.bildungsurlaub.de

www.bgbl.de (Bundesgesetzblatt)

www.bzst.de (Bundeszentralamt für Steuern)

www.bundesanzeiger-verlag.de

www.bundesfinanzministerium.de

www.deutsche-rentenversicherung.de

www.gesetze-im-internet.de

www.juris.de (Onlineportal für Rechtsinformationen)

www.kbs.de (Knappschaft-Bahn-See)

www.kirchensteuerinfo.de

www.kuenstlersozialkasse.de

www.mindestlohn-kommission.de

www.uv-bund-bahn.de (Unfallversicherung Bund und Bahn)

www.zoll.de

Sachwortverzeichnis

Business Coach

Titel	Preis*	ISBN/Bestellnr.
Finanzbuchhaltung für Einsteiger	24,95 €	978-3-86718-800-5
Finanzbuchhaltung für Einsteiger - Übungen und Musterklausuren	27,95 €	978-3-86718-801-2
Finanzbuchhaltung für Fortgeschrittene	24,95 €	978-3-86718-802-9
Finanzbuchhaltung für Fortgeschrittene - Übungen und Musterklausuren	27,95 €	978-3-86718-803-6
Finanzbuchhaltung mit Lexware	25,95 €	978-3-86718-804-3
Up-To-Date 2023 - Finanzbuchhaltung	12,95 €	978-3-86718-031-3
Einnahmenüberschussrechnung - EÜR	24,95 €	978-3-86718-805-0
Lohn und Gehalt für Einsteiger	25,95 €	978-3-86718-806-7
Lohn und Gehalt für Einsteiger - Übungen und Musterklausuren	27,95 €	978-3-86718-807-4
Lohn und Gehalt für Fortgeschrittene	25,95 €	978-3-86718-808-1
Lohn und Gehalt für Fortgeschrittene - Übungen und Musterklausuren	27,95 €	978-3-86718-809-8
Lohn und Gehalt mit Lexware	25,95 €	978-3-86718-810-4
Up-To-Date 2023 - Lohn und Gehalt	12,95 €	978-3-86718-032-0
Kostenrechnung für Einsteiger	25,95 €	978-3-86718-811-1
Controlling für Einsteiger	27,95 €	978-3-86718-815-9
Controlling für Einsteiger - Übungen und Musterklausuren	25,95 €	978-3-86718-816-6
Bilanzierung für Einsteiger	27,95 €	978-3-86718-813-5
Bilanzierung für Einsteiger - Übungen und Musterklausuren	25,95 €	978-3-86718-814-2
Steuern im Unternehmen	29,95 €	978-3-86718-819-7
Finanzierung für Firmen	25,95 €	978-3-86718-817-3
Finanzierung für Firmen - Übungen und Musterklausuren	25,49 €	978-3-86718-818-0
Personalwirtschaft für Einsteiger	25,95 €	978-3-86718-821-0
Personalwirtschaft für Einsteiger - Übungen und Musterklausuren	25,95 €	978-3-86718-822-7
Finanzbuchführung mit DATEV	25,95 €	978-3-86718-892-0
Lohn und Gehalt mit DATEV	25,95 €	978-3-86718-895-1

Xpert Business
WirtschaftsWissen

Titel	Preis*	ISBN/Bestellnr.
Systeme und Funktionen der Wirtschaft	17,95 €	978-3-86718-600-1
Wirtschafts- und Vertragsrecht	17,95 €	978-3-86718-601-8
Unternehmensorganisation und -führung	17,95 €	978-3-86718-602-5
Produktion, Materialwirtschaft und Qualitätsmanagement	17,95 €	978-3-86718-603-2
Finanzen und Steuern	17,95 €	978-3-86718-604-9
Marketing und Vertrieb	17,95 €	978-3-86718-605-6
Personal- und Arbeitsrecht	17,95 €	978-3-86718-606-3
Rechnungswesen und Kostenrechnung	17,95 €	978-3-86718-607-0
Betriebswirtschaft kompakt	29,95 €	978-3-86718-613-1
WirtschaftsWissen plus	29,95 €	978-3-86718-614-8

Buchungstrainer
Interaktive Lernsoftware

Programmversion		Preis ab*	ISBN/Bestellnr.
Buchungstrainer Finanzbuchhaltung für Einsteiger	mit 250 Belegen	24,95 €	978-3-86718-932-3
	mit 500 Belegen	39,95 €	
	mit 750 Belegen (Bundle)	49,95 €	
Buchungstrainer Finanzbuchhaltung Fortgeschrittene	mit 250 Belegen	24,95 €	978-3-86718-933-0
	mit 500 Belegen	39,95 €	
	mit 750 Belegen (Bundle)	49,95 €	

Wissenstrainer
Interaktive Lernsoftware

Programmversion		Preis ab**	ISBN/Bestellnr.
Wissenstrainer Starter Buchhaltung für Einsteiger	560 Wissenskontrollfragen	24,95 €	978-3-86718-972-9
Wissenstrainer Advanced Buchhaltung für Fortgeschrittene	558 Wissenskontrollfragen	24,95 €	978-3-86718-973-6

** Edu-Versionen (für berechtigte Kunden wie Schüler, Studenten, Lehrkräfte, Kursteilnehmer, Bildungseinrichtungen)

EduMedia Script Service

Titel	Preis*	ISBN/Bestellnr.
Buchführung Nachschlagewerk	19,90 €	978-386718-152-5
Buchführung - Aufgaben Version für Dozierende	22,40 €	978-386718-154-9
Buchführung - Aufgaben Version für Teilnehmende	16,60 €	978-386718-155-6
Einstieg in Finanzbuchhaltung mit DATEV Nachschlagewerk	13,40 €	978-386718-153-2
Einstieg in Finanzbuchhaltung mit DATEV - Fallstudien Version für Dozierende	17,90 €	978-386718-150-1
Einstieg in Finanzbuchhaltung mit DATEV - Fallstudien Version für Teilnehmende	16,40 €	978-386718-151-8
Einstieg in Lohn und Gehalt mit DATEV Nachschlagewerk	13,40 €	978-386718-158-7
Einstieg in Lohn und Gehalt mit DATEV - Fallstudien Version für Dozierende	18,40 €	978-386718-156-3
Einstieg in Lohn und Gehalt mit DATEV - Fallstudien Version für Teilnehmende	16,40 €	978-386718-157-0

* Preise inkl. MWSt., Änderungen vorbehalten. Aktuelle Preise finden Sie auf https://edumedia.de/shop